中等专业学校教材

城市规划原理

黑龙江省建筑工程学校	李志伟	主编
黑龙江省建筑工程学校	李志伟 周晓东 宿恩明 田立臣	编
哈尔滨市城市规划局	刘秀春	
江西省建筑工程学校	徐友岳	主审

中国建筑工业出版社

图书在版编目（CIP）数据

城市规划原理/李志伟主编. —北京：中国建筑工业出版社，1997（2024.6重印）
中等专业学校教材
ISBN 978-7-112-02975-4

Ⅰ. 城… Ⅱ. 李… Ⅲ. 城市规划—专业学校—教材 Ⅳ. TU984

中国版本图书馆 CIP 数据核字（2005）第 090026 号

本书系统地阐述了城市规划的基本原理、城市规划设计的原则与方法，以及城市规划的技术经济等方面的问题。

本书共分十章，主要包括城市总体规划与详细规划两大部分。内容有城市规划的任务与工作阶段，城市性质与规模，城市各组成要素的规划布置，城市总体布局，城市工程规划，居住区与城市中心详细规划，城市规划中的社会与经济问题研究。城市规划的实施和管理等。

本书内容比较全面、系统，并浅显易懂，可作为普通中等专业学校城市规划与建筑设计技术（建筑学）专业的教学用书，同时也是二级注册建筑师资格考试复习参考辅助教材，亦可供有关工程技术人员参考。

中 等 专 业 学 校 教 材
城 市 规 划 原 理

黑龙江省建筑工程学校	李志伟	主编
黑龙江省建筑工程学校	李志伟 周晓东 宿恩明 田立臣	编
哈尔滨市城市规划局	刘秀春	
江西省建筑工程学校	徐友岳	主审

*

中国建筑工业出版社出版、发行（北京西郊百万庄）
各地新华书店、建筑书店经销
建工社（河北）印刷有限公司印刷

*

开本：787×1092 毫米 1/16 印张：20¼ 字数：493 千字
1997 年 6 月第一版 2024 年 6 月第二十次印刷
定价：28.00 元
ISBN 978-7-112-02975-4
（17703）

版权所有 翻印必究
如有印装质量问题，可寄本社退换
（邮政编码 100037）

出 版 说 明

　　为适应全国建设类中等专业学校教学改革和满足建筑技术进步的要求，由建设部中等专业学校建筑与城镇规划专业指导委员会组织编写，推荐出版了建筑设计技术专业系列教材，由中国建筑工业出版社出版。

　　这套教材采用了国家颁发的现行标准、规范和规定，内容符合建设部制定的中等专业学校建筑设计技术专业教育标准、专业培养方案和课程教学大纲的要求，符合全国注册建筑师管理委员会制定的"二级注册建筑师教育标准"的要求，并且理论联系实际，取材适当，反映了目前建筑科学技术的先进水平。

　　这套教材适用于中等专业学校建筑设计技术专业教学，也是二级注册建筑师资格考试复习参考资料的辅助用书，同时也适用于建筑装饰等专业相应课程的教学使用。为使这套教材日臻完善，望各校师生和广大读者在教学过程中提出宝贵意见，并告我司职业技术教育处或建设部中等专业学校建筑与城镇规划专业指导委员会，以便进一步修订。

建设部人事教育劳动司

前 言

《城市规划原理》是城市规划专业和建筑设计技术专业（建筑学）的一本重要教材。本书是根据"二级注册建筑师考试申请者教育标准"（试行稿）、建设部颁发"普通中专建筑设计技术专业（建筑学）培养方案"中《城市规划原理》课程教学大纲的要求编写的，可作为中专建筑设计技术专业（建筑学）、城市规划专业教学用书，是二级注册建筑师资格考试复习参考辅助教材，也可作为工程技术人员参考用书。

作者结合我国城市规划的工作实践，搜集整理了一些较新的观点和内容，根据中专教学的特点与二级注册建筑师应知必会的内容，尽量使教材简明实用，便于学员掌握重点。

本书由哈尔滨市城市规划局刘秀春同志编写了第五章第七节；黑龙江省建筑工程学校田立臣同志编写了第七章第十二节、第十章；宿恩明同志编写了第一章、第八章第三节；周晓东同志编写了第四章、第八章第一节、第二节、第四节；李志伟同志编写了第二章、第三章、第五章第一节～第六节、第六章、第七章第一节～第十一节、第九章。全书由李志伟同志主编，江西省建筑工程学校徐友岳同志主审。

由于编者水平有限，编写时间仓促，书中难免会有许多不妥之处，恳请使用本书的广大师生和读者提出宝贵意见，便于今后进一步修改补充。

目 录

第一章 城市的产生与发展 ………………………………………… 1
    第一节 原始居民点的形成及城市的产生 ………………………… 1
    第二节 外国古代城市 ……………………………………………… 1
    第三节 外国近代城市 ……………………………………………… 9
    第四节 中国古代城市 ……………………………………………… 11
    第五节 中国近代城市 ……………………………………………… 15
    第六节 现代城市规划学科的产生和发展 ………………………… 16

第二章 城市规划的任务与编制 …………………………………… 20
    第一节 国土规划与区域规划 ……………………………………… 20
    第二节 城市规划的任务及工作阶段 ……………………………… 22
    第三节 城市规划工作的调查研究 ………………………………… 29

第三章 城市性质与规模 …………………………………………… 31
    第一节 城市性质与城市分类 ……………………………………… 31
    第二节 城市规模 …………………………………………………… 33
    第三节 城市用地 …………………………………………………… 41

第四章 城市自然环境与技术经济分析 …………………………… 46
    第一节 城市自然环境条件的分析 ………………………………… 46
    第二节 城市技术经济条件分析 …………………………………… 52
    第三节 城市用地选择与评定 ……………………………………… 55
    第四节 城市环境保护 ……………………………………………… 59
    第五节 城市环境容量 ……………………………………………… 81

第五章 城市组成要素的用地规划 ………………………………… 84
    第一节 城市对外交通 ……………………………………………… 84
    第二节 城市工业 …………………………………………………… 95
    第三节 城市仓库 …………………………………………………… 102
    第四节 城市生活居住 ……………………………………………… 108
    第五节 城市公共建筑 ……………………………………………… 114
    第六节 城市郊区 …………………………………………………… 118
    第七节 城市经济技术开发区 ……………………………………… 122

第六章 城市总体布局 ……………………………………………… 127
    第一节 城市用地功能组织 ………………………………………… 127
    第二节 城市总体布局的基本方法 ………………………………… 137
    第三节 城市总体艺术布局 ………………………………………… 144
    第四节 城市总体规划实例 ………………………………………… 146

第七章 城市基础设施与工程规划 ………………………………… 153

第一节　城市基础设施 …………………………………………………… 153
　　第二节　城市给水工程规划 ……………………………………………… 155
　　第三节　城市排水工程规划 ……………………………………………… 161
　　第四节　城市供电工程规划 ……………………………………………… 165
　　第五节　城市邮电工程规划 ……………………………………………… 167
　　第六节　城市燃气工程规划 ……………………………………………… 169
　　第七节　城市供热工程规划 ……………………………………………… 172
　　第八节　城市管线工程综合 ……………………………………………… 174
　　第九节　城市防灾工程规划 ……………………………………………… 178
　　第十节　城市用地竖向设计 ……………………………………………… 186
　　第十一节　城市道路交通规划 …………………………………………… 194
　　第十二节　城市园林绿地规划 …………………………………………… 220
第八章　城市详细规划 ………………………………………………………… 224
　　第一节　居住区规划综述 ………………………………………………… 224
　　第二节　居住区的规划设计 ……………………………………………… 232
　　第三节　城市中心规划 …………………………………………………… 283
　　第四节　详细规划的技术经济分析 ……………………………………… 291
第九章　城市规划中的经济与社会研究 ……………………………………… 305
　　第一节　城市经济学与城市发展 ………………………………………… 305
　　第二节　城市社会学与城市规划 ………………………………………… 308
第十章　城市规划管理 ………………………………………………………… 312
　　第一节　城市规划的审批 ………………………………………………… 312
　　第二节　城市规划的实施与管理 ………………………………………… 313

第一章 城市的产生与发展

第一节 原始居民点的形成及城市的产生

在原始社会，人类主要的经济生活是狩猎与采集。在漫长的岁月中，人类逐渐模仿山洞、鸟巢建造人为的居住空间，出现了穴居、巢居等居住形式，但还没有形成固定的居民点。

旧石器初期，人们只会用极简单的工具。旧石器中期，人们能创造较多的工具，开始集体狩猎，形成比较稳定的劳动群体——原始群（50～100人），仍以穴居、巢居为主，原始公社开始萌芽。中石器时代，人们开始从事农业生产，逐渐产生劳动分工，将农业、畜牧业与狩猎分开。农业劳动的对象是土地，土地是不能随意移动的，因而逐渐形成相对固定的居民点。以农业为主的生产方式及氏族公社的形成，必然产生聚族而居的固定居民点。以农业为主的固定居民点是人类第一次劳动大分工的产物。

随着生产工具的不断进步，生产力的逐渐发展，劳动产品有了剩余，出现了私有制，有了商品交换，产生了手工业与农业、牧业的分工，出现了人类社会第二次大分工，即商业、手工业与农业的分工。生产方式与生活方式的变化导致了居民点的分化，形成了以农业生产为主的居民点——乡村，和以商业、手工业为主的居民点——城市。城市是在原始社会向奴隶制社会发展的过程中产生的，所以城市也是私有制和阶级社会的产物。

第二节 外国古代城市

一、古埃及的城市

古代埃及位于非洲北部尼罗河下游，尼罗河贯穿全境。每年河水定期泛滥，增加了土地肥力，农业较发达，成为古代文化的摇篮。城市及人口多集中在这一带，公元前3000年就出现了城市。在这些城市中为满足帝王及贵族消费的需要，集中居住着很多商人及手工业者。王权与神权相结合，城市内集中了大量寺庙建筑。这些城市既是政治经济中心，也是宗教中心。

卡洪城（图1-2-1）是古代埃及有名的城市。该城建于公元前2500年，平面为长方形，长为380m，宽为260m，用砖墙围着。城市又用厚厚的墙划分为东西两部分。墙的西部为贫民居住区，在260m×108m的范围内挤满250个用棕榈枝、芦苇和粘土建造的棚屋。这个区仅有一条8～9m宽的南北向道路通向城门。墙的东部被一条东西向的大道分为南北两部分，道路宽阔、整齐，并用石条铺筑路面。北部为贵族区，面积与贫民区差不多，只有十几个大庄园。南部是商人、手工业者、小官吏等中产阶层的住所，其平面成曲尺形，房屋零散地分布着。

城东有市集，城市中心有神庙，城东南角有一大型坟墓。整个城市的结构分区表现了

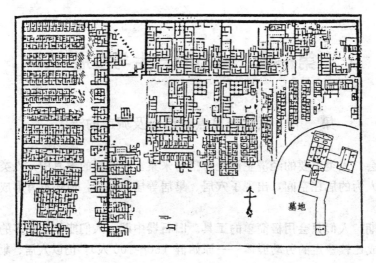

图 1-2-1 卡洪城

强烈的阶级差别与对立。

二、两河流域的城市

在亚洲西部阿尔明尼亚群山之中，有两条河流从这里发源流向南方，出口于波斯湾。西面的一条称为幼发拉底河，东面的一条称为底格里斯河。两河之间的地方希腊文称为"美索不达米亚"，意即"河间之地"。我们通常称这一地区为两河流域。两河流域的上游为亚述，下游为巴比伦。早在公元前 4000 年，苏马连人（Sumerian）和阿卡德人（Akkadian）

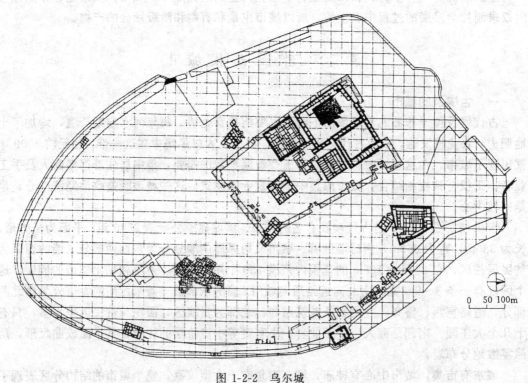

图 1-2-2 乌尔城

就在两河流域创造了灿烂的文化，建设了许多城市。

两河流域信仰多神教，但君主制将国王神化，崇拜国王和崇拜天体相结合，宫殿常与山岳台相邻。而山岳台往往又与庙宇、商场等在一起形成城市的宗教、商业和社会活动中心。

乌尔城（Ur）（图1-2-2）位于两河流域的南部，约建于公元前2200～前2100年，城市平面为卵形，有城墙与城壕。城中央建有由高耸的台阶式山岳台、神堂及帝王宫殿组成的城寨，城寨四周是用障壁和围墙围起来的外城。外城中保留着大量耕地，有几处零星的居民点散居在耕地中。房屋排列密集，街道仅3m宽左右，有利于阻挡暴晒的烈日。

巴比伦城（图1-2-3）略近于长方形，横跨幼发拉底河两岸。周围城墙是两层的，有九个城门。通向城门的大道均匀地划分城市，道路几乎是垂直的。城市的主干道叫普洛采西大道（Processie），宽约7.5m。沿大道及河岸布置宫殿、山岳台与神庙。大道北部是皇帝的宫殿，围有坚固的宫墙，占有一个梯形地段，面积约4.5ha。神庙位于大道中部西侧，内有一个八层高的山岳台正对着大门。城中的小巷曲折而狭窄，两边房屋的土墙几乎没有窗户，

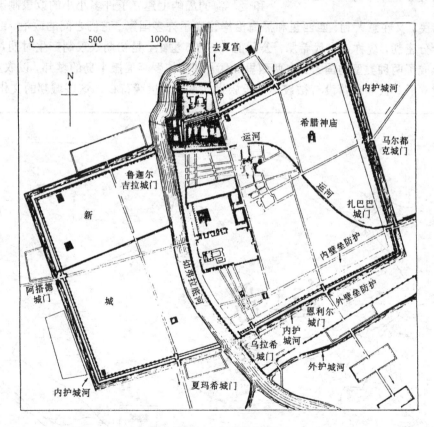

图1-2-3 巴比伦城

小巷显得很闭塞。房屋大都向内开门窗，一般为平顶。巴比伦的空中花园建在20多米高的台地上，引幼发拉底河水浇灌高处的植物，希腊人称之为世界七大奇迹之一。

三、古代印度的城市

印度是世界上古老的文化发源地之一。印度河流域早期的城市主要有莫亨约-达罗

（Mohenjo-Daro）和哈拉巴（Harappa）等城。

莫亨约-达罗城（图1-2-4）是奴隶社会初期达罗毗荼人所建。此城周长5km多，平面为方形，约1km见方。有3条南北大道和两条东西大道，形成棋盘式道路骨架。城市主要道路与建筑物均按当地主要风向取正南北向。与古印度其他文化遗迹相似，莫亨约-达罗分成两部分，西侧稍高的是"卫城"，东侧是低而广的街市。"卫城"由砖砌厚墙围护，主要建有窣堵波（Stupa）、大谷仓、大浴场、列柱厅及两个大型建筑物。东部街市由道路划成较大的街坊，房屋面向小径，面积大小不一，有的房屋为两层。排水系统比较完善。

四、古代希腊的城市

公元前8世纪起，在巴尔干半岛、小亚细亚西岸和爱琴海的岛屿上建立了许多小小的奴隶制国家，它们向外移民，又在意大利、西西里和黑海沿岸建立了许多国家。它们之间的政治、经济、文化关系十分密切，统称为古代希腊。公元前8～前6世纪，是初期奴隶制产生时期，在这一过程中形成了两种类型的国家。在西西里、意大利和伯罗奔尼撒半岛的城邦，以农业为主，奴隶制建立后，氏族部落没有被破坏，氏族贵族享受着世袭特权。这些城邦的文化落后而

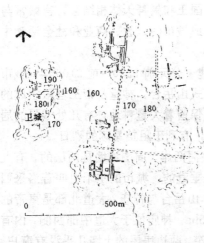

图1-2-4 莫亨约-达罗城

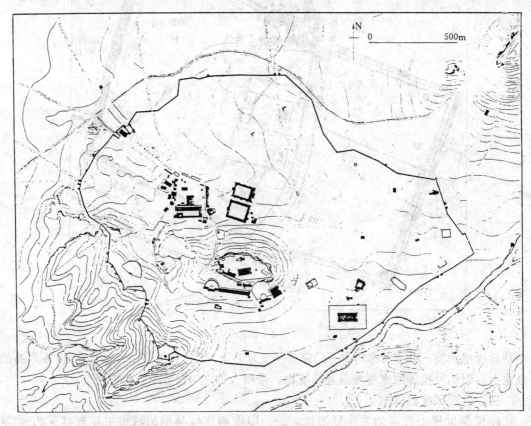

图1-2-5 雅典城

保守。在小亚细亚、爱琴海和阿提加地区,许多平民从事手工业、商业和航海业,他们同氏族的关系薄弱,建立了共和政体。这些城邦是古代希腊最先进的城邦,经济繁荣,文化发达,它们在全希腊占着主导地位。

雅典城(图1-2-5)背山面海,城市呈不规则布局。城市的中心是卫城,最早的居民点形成于卫城山脚下,在卫城的西北方向形成城市广场。与其他早期希腊城市一样,广场无定形,建筑自由布置。庙宇、雕像、喷泉、作坊或临时性的商贩摊床自发地、因地制宜地、不规则地布置在广场侧旁或其中。广场是市民集聚的场所,有司法、行政、商业、手工业、宗教、文娱交往等社会功能。道路曲折狭窄,城市依地形变化自由发展。

公元前5世纪的规划建筑师希波丹姆(Hippodamus)在城市规划中采用了几何形布局,以棋盘式路网为城市骨架。这类城市以米列特城(Miletus)等为代表。

米列特城三面临海,四周筑有城墙。城市路网采用棋盘式。城市中心位于三个港湾附近,为"L"形的开敞式空间,有多个广场,将城市分为南北两个部分。道路与地形良好配合。数十条道路中没有主次道路之分,也没有和建筑群相结合的轴线。城市用地的选择适合于港口运输与商业贸易要求。

五、古代罗马的城市

当希腊人形成雅典城邦的时期,地中海中部亚平宁半岛上的古代意大利人也在拉丁平原形成另一个城邦,它就是历史上有名的罗马。根据公元前1世纪罗马作家瓦罗所记的传

图1-2-6 罗马城

说，早在公元前 8 世纪的中叶，在拉丁平原距海不远的七个山岗之间已经建立了罗马城。

罗马城（图 1-2-6）始建于公元前 8 世纪，城市是在一个较长的时间内自发形成的，布局紊乱，没有统一规划。整个城市在七个山丘之间发展，其中帕拉丢姆（Palatium）为中心，面积为 300m×300m，向西北倾斜。山顶有天然蓄水池，供应全城用水。古罗马城在公元前 4 世纪筑起了城墙，城市中保留有空地，作为被敌人包围时的粮食供应地。城市中心在帕拉丢姆以北，逐步形成广场群。建筑大部分是石造的，采用拱券，体量雄伟。建筑群及广场较完整，是城市社会、政治和经济活动的中心。城市道路紊乱，不成系统。

庞贝城（Pompeii）（图 1-2-7）始建于公元前 4 世纪左右，位于维苏威火山脚下，是公元 79 年维苏威火山爆发时淹没的罗马共和时期的古城。城市平面不规则，东西长 1200m，南北宽 700m。由通向城门的道路形成城市骨架。通过中心广场的十字形道路宽约 6～7m，次要道路为 2.4～4.5m 之间。通往广场的街道用块石，一般的道路用乱石砌筑。道路都有缘石和人行道，在道路上人工地做出车辙的转弯半径。广场面积为 117m×33m，四周的公共建筑是逐渐形成的，缺少整体感，后来沿四周建造了一圈两层高的柱廊，通过柱廊实现了广场的总体完整。广场地坪比柱廊低，目的是阻止车辆进入广场。城市一般房屋是一层的，房屋围绕天井，天井种植花木。

庞贝城平面不规则，但主要街道的走向和主要公共建筑、大府邸的轴线基本上是对着维苏威火山的，体现出以火山为中心构图的思想。庞贝城是由营寨发展而成的商业、休养城市。

提姆加得城（Timgad）建于公元 100 年，是古罗马的营寨城市。平面为正方形，地势平坦，东西有 12 排街坊，南北有 11 排街坊，每个街方 25m 见方。东西向大道称 Decumanus，南北向大道称 Cardos，止于广场前。广场比道路高出 2m，用台阶连接。公共建筑有的占 2 个或 4 个街坊用地。广场向北稍有坡度以利排水。广场四周有柱廊，对以后城市广场建设有一定影响。因为城市面积小，在建成 20 年后就已住满，不得不向城外发展。

六、中世纪欧洲的城市

欧洲封建社会，一般指罗马帝国衰亡至英国产业革命的历史时期。从城市发展来看，又可分为三个时期，即中世纪初期（5～10 世纪），中世纪中期（10～15 世纪），资本主本萌芽及绝对君权时期（15～18 世纪）。

中世纪初期城市处于衰落状态。日尔曼人南迁，以农业为主的自然经济使城市手工业和商业萧条下来，生活中心转入乡村，城市大多荒废。战争频繁，封建割据，宗教神权统治着一切。仅有的一些建筑活动，大多是封建领主的城堡或教会建筑。在相当长的时期内，几乎没有城市建设。中世纪初期城市的衰落是暂时的，封建制毕竟比奴隶制先进，9～10 世纪经济恢复，手工业、商业发展，城市建设再度兴起。欧洲中世纪城市是自发成长起来的，主要有三种类型。第一种是营寨型，是以罗马营寨为基础发展起来的城市。第二种是城堡型，城市是在封建领主城堡附近发展起来的。第三种是商业交通型，这类城市完全由于地理位置的优越，而在商业、交通运输活动的基础上发展起来的，如通航河道入口，河道交叉点，重要陆路与河流交叉点等，这些地方通常是进行商品交换的手工业者和商人集中居住的地区，并以交易市场为中心自发地形成城市。

14 世纪资本主义生产关系萌芽，工场手工业在城市中陆续出现。15 世纪末新大陆与新航路的发现，海上贸易发达，更加刺激了城市的发展。反映资本主义萌芽的文化思想是文

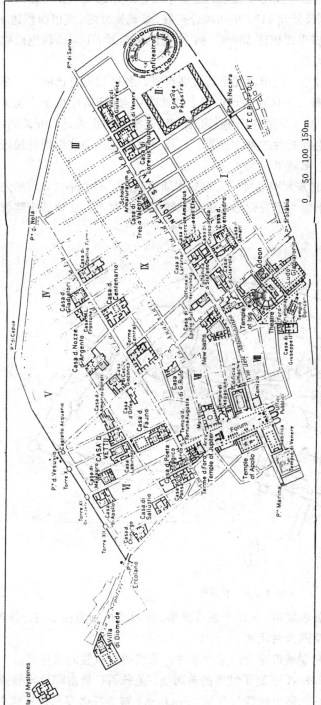

图 1-2-7 庞贝城

艺复兴，对建筑艺术影响很大，在城市中比较有影响的是一些建筑群和广场的建设。17世纪西欧的一些国家建立了中央绝对君权，开始进行大规模的皇家建设及城市改建工程。

佛罗伦萨是意大利纺织业和银行业比较发达的经济中心。城市最初仅在阿诺河的一侧发展。平面为长方形，路网较规则。公元1172年向城外扩展，修筑新城墙，城市面积达97ha。公元1284年又向外扩建城墙，城市面积达480ha。到14世纪有9万人口，市区也已越过阿诺河向四面放射，呈自由布局状态。

锡耶纳，也是意大利著名城市。城市由几个行政区组成，各区都有自己的小广场。美丽的市中心坎波（Campo）广场是几个区在地理位置上的共同焦点，市政厅位于广场重要位置，高塔控制广场的建筑景观。城市街道在广场上汇合，经过窄小的街道进入开阔的广场，使广场具有异常的吸引力并产生戏剧性的美学效果。广场上重要建筑物的细部处理均考虑从广场不同位置观赏时的视觉艺术效果。

卡卡松（图1-2-8）是法国北方大城都鲁司入海的水陆交叉点。初为小村，后来先后建设了教堂、府邸及城墙。城市平面为不规则形，道路呈蛛网状放射形，反映城市建设的自发性。

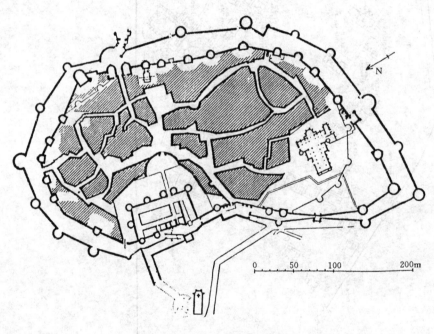

图1-2-8 卡卡松城

诺林根是德意志中世纪的著名城市。城市平面近圆形，以教堂广场为核心向外放射。道路呈蛛网状，曲折狭窄。城市空间为封闭式。

罗马城的改建是文艺复兴时期城市建设的重大事件。圣彼得大教堂的重建是这个时期的壮举。教堂穹窿顶点离地137.8m，丰富了城市的轮廓线。圣彼得广场由梯形与椭圆形平面组合而成，十分雄伟。17世纪巴洛克时期封丹纳（Fonfana）被委托做罗马改建规划。他修直了几条街道，建造了几个广场和25座以上的喷泉。开辟了3条笔直的道路通向波波罗（Popolo）城门，它们的中轴线在城门之里的椭圆形广场上相交。在交叉点上设一个方尖碑，

8

作为3条放射路的对景。这一时期轴线构图被广泛运用,建筑物的立体构图受到强调。多数教堂采用集中式构图,使其具有更强的纪念碑性格。这种构图符合建立中央集权的思想。

卡尔斯鲁始建于1715年,是德意志君权专制时代的城市。城市以同心圆组成。中心为王宫,32条以王宫为中心的放射路全对着王宫的尖顶,其中23条放射路位于花园绿地之中,仅9条为城市街道。其规划思想是统治者企图使市民在生活中处处感到王权的威力。这个城市仅按原规划建设了一部分,但原规划布局与轮廓仍一直保留下来。

第三节 外国近代城市

欧洲产业革命的兴起,使工业在城市中集中起来,城市规模不断扩大,城市人口迅速增长。由于生产、生活方式的变化,城市的结构布局有了突破性的发展,完全改变了中世纪功能简单和封闭的城市形态。资本主义生产的盲目性和城市的迅速膨胀,使城市出现了许多矛盾。如布局混乱、工业污染、房荒严重、交通堵塞,这些矛盾日益加剧,严重阻碍了城市的正常发展,引起了各国统治者的注意,试图找出一些办法,并着手对这些充满矛盾的城市进行改造。

一、伦敦改建规划

在资本主义产生最早的英国,当时的首都伦敦不仅是英国的生产和贸易中心,也是世界的经济中心。17世纪后半叶人口已接近50万人,市内人口拥挤,建筑简陋。1666年伦敦发生大火,几乎毁灭了城市。克里斯托弗·伦(Christopher Wren)提出了重建伦敦的规划方案。这个方案的道路网采用了古典主义的形式,根据功能需要将城市主要部分联系起来。一条中央大街连接三个广场,对城市起控制作用。一个圆形广场位于郊外,有8条放射大道;另一个是在两条道路的交叉点上的三角形广场,建有圣保罗教堂;第三个是椭圆形的市中心广场,有10条道路相交于此,广场正中是皇家交易所,周围有邮局、税务局、保险公司、造币厂等。这个中心广场有笔直的道路通向泰晤士河岸的船埠。船埠有半圆形广场,放射出4条道路直接联系着大半个城市。这种市中心、船埠及交通的功能布局,反映了资本主义城市重视经济职能的新的特征(图1-3-1)。

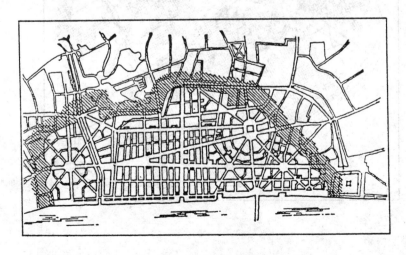

图1-3-1 1666年伦敦规划

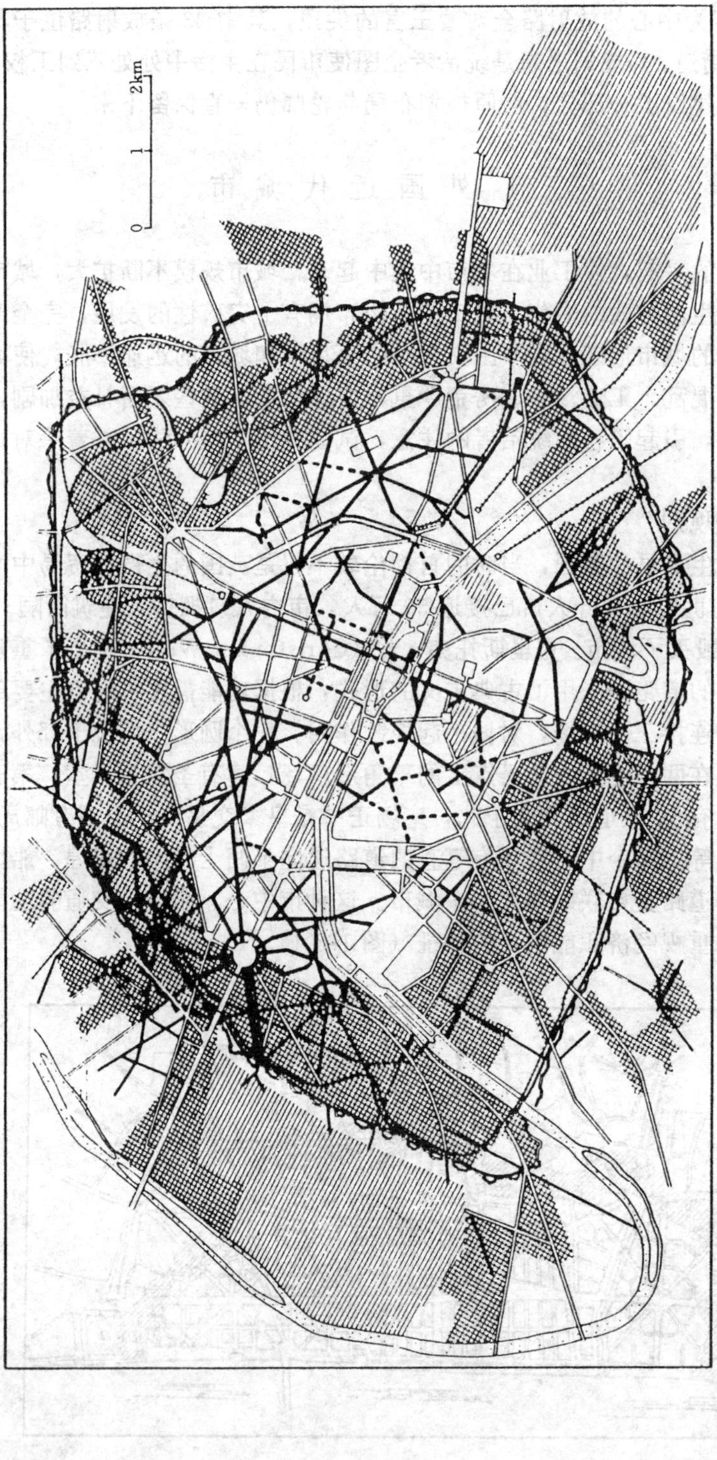

图 1-3-2 巴黎改建规划

这个规划设有很好的结合地形与现状条件,并且要求改变私人土地的所有权,而当时伦敦的主要土地分属于几十个贵族或富商所有,所以没有得到采纳。

二、巴黎改建规划

巴黎从17世纪以来,城市建设偏重于雄伟壮丽的形式构图,推崇圆形广场和放射形道路。工业革命之后,大工业在巴黎郊区发展起来,城市迅速发展,城市原有的功能结构很难适应发展需要,产生了种种矛盾。城市的改建既有功能要求,又有改善市容、美化首都的要求。拿破仑三世时期(1852～1870年)奥斯曼主持巴黎的改建规划,主要对城市干道进行了重新规划。在城市中心两条大道十字相交:东西大道的东段是繁华的商业街,西段是著名的香榭里舍大街,连接着罗浮宫和凡尔赛宫;南北向为林荫大道。为了解决交通问题,修建了内环路和外环路,开辟了许多顺直宽阔的道路,并在道路的交汇处形成广场。民族广场和明星广场是市区东、西两部分的交通中心,有许多道路从广场放射出去,构图华丽壮观(图1-3-2)。

巴黎的改建使城市交通有了明显的改善,满足了马车时代的要求。在重点地段加强了道路绿化,修建了许多街心花园、喷水池、林荫道、大广场。在主要道路两侧规定了建筑高度,彻底改变了欧洲封建城堡闭塞、狭隘的面貌,形成了开阔、宏伟的城市景观。巴黎的改建对欧洲及世界各国大城市的建设影响很大,成为许多城市仿效的楷模。但是改建并没有能解决城市发展所出现的众多问题,仅着重在形式外表上的美化,付出了很高代价。一些形式主义的广场成为城市交通发展的障碍。

三、纽约规划

纽约在美国独立后,城市迅速发展,人口日益增长,成为美国东北部的工业中心及国际贸易中心。19世纪初,美国政府任命两位律师兼地产商与测量师共同制定规划,将整个曼哈顿岛(Manhattan)用纵横垂直相交的街道划分为许多整齐的方格网。政府和地产商最关心是如何在地价日益昂贵的情况下收取更多的地产利润,在规划中尽量增加建筑用地特别是地价更为昂贵的沿街用地,其方法是缩小道路方格增加沿街地段的长度。在长20km宽5km的曼哈顿岛上,纵向开了12条大街,横向开了158条路,把整个城市划成密密麻麻的小方格,市中心只有一个27.6ha的阅兵场,22ha的市场和5个小公园,没有其他绿地。道路面积占总用地的30%,道路不分主次,交叉口特别多,降低了道路的通行能力,使城市布局不合理。

这种方格网道路系统,是在市内机动交通尚不发达情况下产生的,19世纪末20世纪初许多国家的一些城市都曾采用这种道路系统,但很快就不能适应日益增加的机动交通的发展,给城市的进一步发展造成了很难解决的问题。

第四节 中国古代城市

一、奴隶社会的城市

中国古代城市是在奴隶主的封地中心——邑——的基础上发展起来的。目前发现最早的城市是商城,距今约有3500年的历史,位于今郑州市中心一带。城市规模很大,城墙范围东西约1700m,南北约2000m。发现的住屋小的为穴居或半穴居,可能为奴隶或平民居住,也有较大的可能是奴隶主的住宅。在城市北面和南面均发现有较大的冶铜、制陶、制骨及酿造作坊等(图1-4-1)。

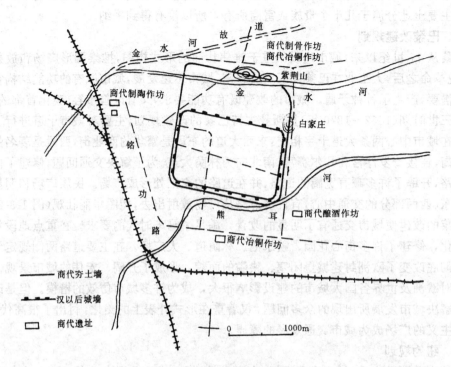

图 1-4-1 郑州商代城址

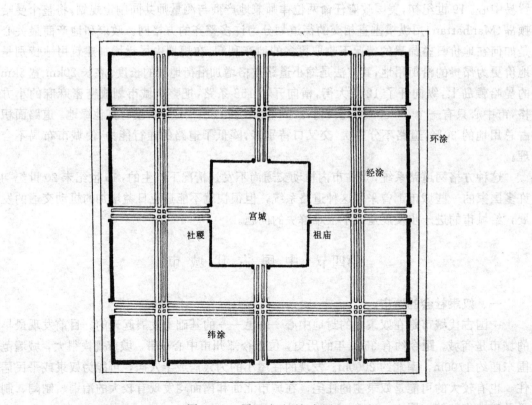

图 1-4-2 周王城平面想象图

商城附近有贾鲁河、金水河、须索河等,可见城市与河流有密切关系,也说明早期城市与农业也有密切关系。这种早期的奴隶制社会的城市与乡村还没有严格的分野。

公元前11世纪周取代商,建有都城丰、镐,均在今西安西南的丰水旁。以后东周在洛阳建洛邑及成周。周代城市建设明显表现了奴隶制的等级制度。城市大小分等级,帝王都城方九里,诸侯的都城分别为七里和五里。城市中有"城"与"廓"之分,"城"指中心的王宫部分,"廓"指外城,即一般平民居住的地方。

关于周代的王城(图1-4-2),《周礼·考工记》中记载的"匠人营国,方九里,旁三门,国中九经九纬,经涂九轨,左祖右社,前朝后市,市朝一夫",是对奴隶制时代城市布局模式的描述。对中国2000多年封建社会的城市发展有很大的影响。

二、封建社会的城市

春秋战国是中国从奴隶制向封建制过渡的时期。这时各国经常攻战,城的防御作用很突出,如齐临淄、赵邯郸、郑韩故城等都有城与廓,以加强防卫。城市布局都不规整,城市中有许多手工作坊,商业也很发达。当时城市有的很大,如齐临淄估计有30万人居住。

秦统一全国后,对都城咸阳进行扩建,将各地的富户12万户集中到咸阳。城市跨渭河两岸,在渭河南岸修筑规模宏大的阿房宫;还建造许多离宫禁苑。

汉长安城,历史上称为斗城,由于是先建宫室后筑城墙,城市布局及平面呈不规则形。城北为避开渭水,而呈曲尺形。在宫殿之间布置居住闾里,共有160多个闾里,有一部分在城外,有居民30多万。城内有9个市,按行业分肆。通向城门的道路是城市主要干道,道路很宽,设有皇帝专用御道。

南北朝以后,隋统一全国,修建大运河,沟通关中与江淮流域,加强了南北交流,繁荣了经济,兴建了大兴城。不久唐朝取代了隋,将大兴城改名为长安,继续扩建完善。唐长安的建设继承和发扬了曹魏邺城及北魏洛阳城的建城经验,对后代的都城建设有重大影响。

唐长安(图1-4-3)南北长9721m,东西宽8761m,总平面呈长方形。城市布局严整,宫城居中偏北,其南为皇城,集中布置中央官府衙门、官办作坊、仓库及禁卫军营等。城中共有108个居住坊里,坊里有坊墙、坊门,有严格的管理制度。道路为整齐的方格网,对着城门的是主道。朱雀大街宽达150m,正对皇城及宫城大门和宫城的主要建筑群,形成明确的中轴线。城中对称布置东西两市,市内有井字形道路,分布着按行业分类的店铺。

唐长安人口多达百万,是当时世界最大的城市。城市按规划统一进行建造,道路的划分、坊里的布局、市的布置、宫殿建筑群的布局,都有条不紊,组成了一个整体。

北宋都城汴梁也是中国封建社会高度发展时期的大城市,它与唐长安不同点是在原来城市基础上改建的。城市有三重城墙,外城、内城、皇城,皇城居中。通向城门的主干道以皇城为中心形成井字形道路骨架。中央的南北大道正对宫门,为城市中轴线。城市中有许多常设的及定期的市集,还有些集中着文娱、杂技、酒楼等的"瓦子"。居住区由街巷联结一些院落式的住宅组成。城市人口最多时达150~170万,人口密度非常高。

明清北京城是中国封建社会后期的代表。明北京是在元大都的基础上建造的。城市由三重城墙组成:宫城居中;它的外面是皇城,居住着内府官员及贵族;外城为一般市民居住,其中也分散着一些王府及贵族官吏的府弟。清代重建了很多宫殿,但城市布局仍循明制。

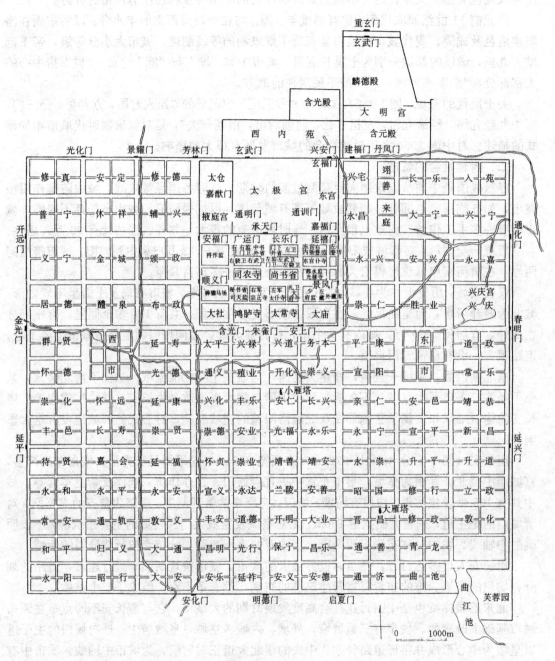

图 1-4-3 唐长安城

北京的平面布局集中表现了中国古代都城的规划制度（图 1-4-4），在总体布局上也充分体现了中国古代都城的艺术特色。长达 8km 的中轴线，由城门、干道、广场、建筑群、制高点等形成，突出了主要建筑群——皇宫。道路系统由南北东西正交的几条干道形成骨架，连接次要道路，再连接支路——胡同。充分利用自然地形，把一些河湖水面、公共绿地、私家园林组织在规划布局之中，形成优美的城市风貌。城市居住区由许多院落式住宅组成，层

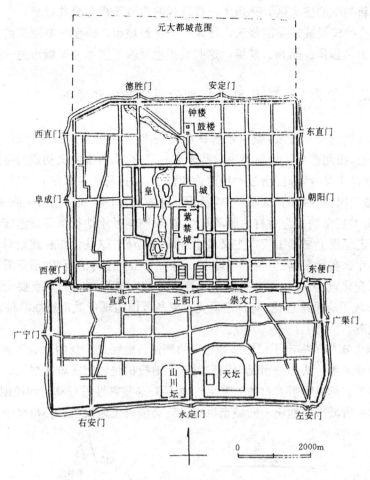

图 1-4-4 明代北京城

数低，建筑密度及人口密度较高，但居住环境很安静。

第五节 中国近代城市

1842年鸦片战争后，帝国主义的侵略使中国沦为半封建半殖民地社会，并使中国在漫长的封建社会中发展缓慢的城市发生很大变化，出现了与封建社会完全不同的城市。

在一些地理位置优越的地区，如江河的出海口或是优良的港湾，由于帝国主义的直接侵入，迅速地出现了一些大城市。由于帝国主义占领方式的不同，有两种类型。一类是由几个帝国主义国家共同占领的，城市中有各国的租界。城市布局混乱，租界分割，互不联系，道路不成系统，如上海、天津等城市。另一类是在一个帝国主义国家独占下建设起来的城市，如青岛、大连、哈尔滨等，有明显的规划意图，并且能按规划修建。如德国占领的青岛，港口、工业布置合理，将最好的面海的东南地段作为生活居住用地。注重绿化和建筑群体布局，构成碧海、蓝天、绿树、红房的城市景观。在大连、哈尔滨的城市规划中，反映出当时盛行的形式主义规划手法，如圆形广场、对角线和放射环路等。

现代工业的兴起及铁路的修建也给一些原来的大城市带来了局部变化。如北京、南京、济南等，出现了新类型的住宅区，建造了一些现代的市政工程与公共设施。

由于工矿企业的建设或铁路的修筑，出现了一些新城市，或使一些原来的封建城市有较大发展。如唐山、焦作、郑州、蚌埠。这些城市也反映了资本主义城市的一些特征。

第六节　现代城市规划学科的产生和发展

随着资本主义的进一步发展，城市矛盾日益尖锐，既危害劳动人民的生活，也妨碍了资产阶级自身的利益，因此产生了如何解决这些矛盾的理论。从资本主义初期的空想社会主义者，到各种社会改良主义者，都提出过种种理论和设想。如托马斯·摩尔的"乌托邦"、安得累雅的"基督徒之城"、康帕内拉的"太阳城"以及傅立叶的"法郎基"和罗伯特·欧文的"新协和村"等都是针对资本主义城市与乡村的脱离和对立、私有制及土地投机等所造成的种种矛盾而提出的。在一定程度上揭露了资本主义城市矛盾的实质。这些设想和理论对当时的城市建设并没有产生什么实际影响。但他们把城市作为一个社会经济的范畴，而且看到城市应为适应新的生活而变化，这显然比那些把城市和建筑停留在造型艺术的观点要全面一些。到19世纪末逐渐形成了有系统理论、有特定研究对象和范围的现代城市规划学科。

一、田园城市

1898年英国人霍华德提出了"田园城市"的理论。他经过广泛的社会调查，看到了资本主义城市的种种矛盾。认为城市无限制发展与土地投机是城市灾难的根源，提出城市人口过于集中是由于它具有吸引人口的"磁性"。如果对这些磁性进行移植和控制，城市就不会盲目膨胀。如果将城市土地统一归城市机构，就会消灭土地投机。提出城市要与乡村相

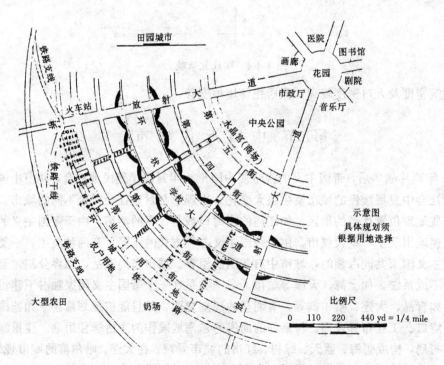

图 1-6-1　田园城市示意

结合，并作了一套田园城市设想方案。城市人口为3.2万人，占地400ha，外围有2000ha永久性绿地。城市由一系列同心圆组成，六条大道由圆心放射出去。城市中心是花园与公共建筑，外围为居住区，工业区设在城市边缘，有便利的交通。整个城市像一座大花园（图1-6-1）。霍华德主张城市发展到一定规模时，可在它邻近另建一个相同的城市，由若干田园城市围绕一中心城市，构成城市群，用铁路和道路把各个城市连接起来。

霍华德把城市当作一个整体来研究，把城市和乡村结合起来。提出适应现代工业的城市规划问题，设想了带有先驱性的城市模式，有比较完整的城市规划思想体系，对现代城市规划思想具有重要的启蒙作用。

二、带形城市

19世纪末西班牙工程师苏里亚·伊·马塔（Sorya Y Mata）提出"带形城市"理论。他认为传统的从核心向外一圈圈扩展的城市形态已经过时，它会使城市拥挤、卫生恶化。他提出城市发展应依赖交通运输线成带状发展，城市宽度应有限制，但其长度可以无限延伸。使城市既接近自然又便利交通。他于1882年在西班牙马德里外围建设了一个4.8km长的带形城市（图1-6-2），后于1892年又在马德里周围规划了一个未建成的马蹄状的带形城市。

带形城市理论突破了传统的城市形态，认识到交通运输方式与城市发展的关系，不仅要使交通方便，而且应使城市形态适应交通的发展。提出城市与自然环境如何接近的设想。这一理论对以后的城市分散主义有一定的影响。

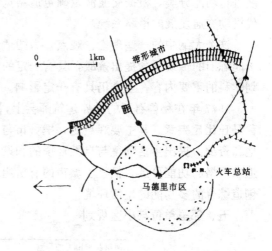

图1-6-2 带形城市

三、卫星城市

20世纪初，大城市的恶性膨胀，使如何控制及疏散大城市人口成为更突出的问题。霍华德田园城市理论的追随者恩维于1922年提出了卫星城市的概念。卫星城是在大城市附近，在生产、经济和文化生活等方面受中心城市的吸引而发展起来的小城或工人镇，是城市集聚区或城市群的外围组成部分。

1912～1920年，巴黎制定的郊区居住建筑规划，打算在离巴黎16km范围内建立28座居住城市，居民的工作及文化生活需去巴黎解决，这种城镇一般称为"卧城"。1918年芬兰建筑师沙里能按照有机疏散的原则主张在大赫尔辛基附近建立一些半独立的城镇，以控制城市进一步扩展，把卫星城理论又向前推进了一步。半独立的卫星城不同于卧城，除了居住建筑外，还设置一定数量的工业企业和服务设施。使一部分居民能就地工作，另一部分居民仍去母城工作。

卧城及半独立的卫星城产生大量与母城之间的汽车交通，也解决不了疏散大城市人口的问题，反而加剧了大城市交通拥挤的程度。独立的卫星城可称为第三代卫星城，英国在60年代建设的米尔顿·凯恩斯是其代表。其特点是城市规模从第一、二代卫星城的6～10万人扩大到25～40万人。规划目的是疏散伦敦的人口。城镇具有多种就业机会，社会就业基本平衡，交通便捷，生活接近自然，规划方案具有灵活性和经济性。

四、雅典宪章和马丘比丘宪章

1933年国际现代建筑协会（CIAM）在雅典开会，研究城市规划与建筑问题，制定了一个城市规划大纲。提出城市要与其周围影响地区作为一个整体来研究，城市规划的目的是解决居住、工作、游憩与交通四大功能活动的正常进行。后来这个大纲被称为雅典宪章。

大纲指出，城市的种种矛盾是由于大工业生产方式的变化及土地私有引起的。城市应按居住、工作、游憩进行分区及平衡后，再建立三者联系的交通网。大纲分析了居住、工作、游憩和交通四大功能活动存在的问题，指出居住是城市的主要因素，应从人的需求出发，以住宅为细胞组成邻里单位。建议有计划地确定工业与居住的关系，避免因工作而形成过分拥挤、集中的人流交通。关于游憩，大纲中提出要增加城市绿地，减少旧区的建筑密度和人口密度，在市郊保留良好的风景地带。关于交通，提出道路应根据车辆的行驶速度进行功能分类，根据交通流量确定道路宽度，应从整个道路系统的规划入手建立适应现代机动交通发展的道路系统。

这个大纲中的一些理论、观点，力图适应生产及科学技术发展给城市带来的变化，敢于向陈旧的传统观念提出挑战，具有一定的生命力。大纲中的一些基本论点也成为现代规划学科的重要内容，至今仍具有一定影响。

1977年在秘鲁召开的世界建筑师会上，围绕城市问题的讨论，发表了马丘比丘宣言，也称马丘比丘宪章。其主要观点是，把城市与区域联系在一起考虑，要有效地使用人力、土地和资源。提出生活环境与自然环境的和谐问题，要重视历史文化和地区特色。同时提出追求严格的功能分区，牺牲了城市的有机组织，忽视了人与人之间多方面的联系。应努力创造综合的多功能的生活环境。

五、邻里单位与小区规划

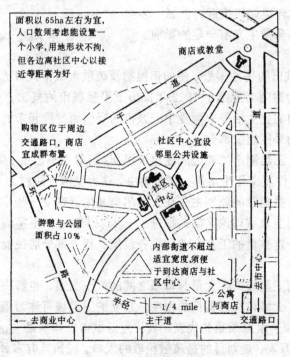

图 1-6-3 邻里单位示意

1929年美国建筑师佩利（Clerance Perry）针对大城市人口密集、房屋拥挤、居住环境恶劣和交通事故严重等现实，提出了"邻里单位"的概念（图1-6-3）。

邻里单位理论要求在较大范围内统一规划居住区，以邻里单位为细胞组成居住区。邻里单位内设置小学，并以此来控制及计算邻里单位的人口及用地规模。儿童上学不穿越交通道路。邻里单位内设置日常生活所必需的商业服务设施。建筑自由布置。住宅要有充分的日照、通风和庭园。要防止外部交通穿越邻里单位。

邻里单位因为适应现代城市由于机动交通发展而带来规划结构上的变化，重视居住的安静、朝向、卫生和安全等，因此对以后居住区规划影响很大。

第二次世界大战后，在欧洲一些城市的重建和卫星城的规划建设中，邻里单位的理论更进一步被应用、推广，并在它的基础上发展成为"小区"规划理论。把小区作为居住区的细胞，其规模不限于以一个小学来控制，用地以交通干道或其他天然或人工的界限为界。在小区内将居住建筑、公共建筑、绿地、道路有机地组织在一起。小区道路与城市道路有明显划分。公共建筑的项目和规模扩大，除日常必需品的供应以外，一般的生活服务都可以在小区内解决。

第二章　城市规划的任务与编制

第一节　国土规划与区域规划

一、国土规划

国土是指一个国家所管辖的领土、领海及领空，包括陆地、江河、湖泊和领海范围内的滩涂、大陆架及其地上和地下。国土是一个国家人民的生产场所和生产基地，是国家赖以生存的物质基础。国土资源是指土地、水、气候、生物和矿藏等资源。国土整治是对国土资源的考察、开发、利用、治理和保护的总称。国土规划就是国土整治规划，是综合研究并确定在一定时期内这些资源以及和这些资源相辅相成的社会经济资源在开发、利用、治理、保护中相互协调发展的最佳模式，以达到宏观上的最大经济效益，生态效益和社会效益。

国土规划是国民经济建设中的一项基础工作，是制定国民经济中长期规划的前期工作。国土规划一般可以分为两类：一类是国土区域规划，这是国土规划的主要形式，其核心内容是生产力布局和城镇布局，经过系统的调查研究，结合生产力布局对城镇的分布和发展进行全面的规划，如黑龙江省国土规划，上海经济区发展规划等；另一类是国土的专题规划，如大的江河开发、整治规划、高原开发治理规划及沙漠的治理规划等。

我国在1981年经国务院批准，在国家建委设置了"国土局"，1982年其业务和机构归国家计委主管。从1981年起，各省、市、自治区开始组建机构，安排了一批区域性国土考察、规划项目。1985年，国家计委作出编制全国国土总体规划纲要的工作部署，部分省开始了省域国土规划的编制工作。

二、区域规划

（一）区域规划的性质

区域规划是在一定地域范围内进行的国民经济建设总体部署，即对一定地区的国土进行综合开发，对国民经济各个部门的生产性和非生产性的建设在规划地域范围内进行综合布局，规划的成果主要表现在用地布局上。

在国外有关文献中，对区域规划的性质有广义与狭义两种理解。广义的区域规划包括区际规划和区内规划。区际规划也就是在各有关区域之间进行规划，主要解决区域之间的发展不平衡或区际分工协作问题。区内规划即对某一特定区域的发展和建设进行内部协调的统一规划，包括该区域的国土建设规划和经济与社会的发展规划。而狭义的区域规划则主要指一定区域内的国土建设规划。因为我国是社会主义国家，对全国及各地区的国民经济发展要制定长期规划，因此将制定区域发展规划的工作纳入地区国民经济发展计划的范畴，并将区际规划中有关明确区域间的分工协作和各地区发展方向的工作称之为经济区划。所以我国对区域规划的性质多作狭义的理解，把区域规划主要看成是与区域发展规划有密切联系的区域建设规划。虽然有的区域规划也包含有大量发展规划的内容，但重点仍放在区域各项建设的综合布局上。

（二）区域规划的任务

我国目前开展区域规划的主要任务，可归纳为下列几方面：

（1）进行资源综合评价与地方发展方向预测。在全面分析评价区域资源与建设条件的基础上，通过与相关地区的对比，明确长处与短处，使各项建设事业的发展和布局与客观可能提供的条件相适应，明确该地区经济与社会发展的长远方向。

（2）搞好区域内工农业生产的合理布局，包括区内工业的地域分工，新建骨干企业的选址，老企业的调整与扩建改造，工业企业在一定工业区域内的合理组合，因地制宜地安排农、林、牧、副、渔的各项生产用地，妥善解决工农业之间和各项用地之间的矛盾等。

（3）对城乡居民点体系进行发展规划及城镇合理布局。预测区域内城乡人口的变化和城市化的趋势，解决人口的合理分布问题，确定各主要城镇的性质、规模和布局，组织城乡居民点体系中各类城镇之间和城乡之间的合理分工联系。

（4）基础设施的建设与发展生产、方便生活的要求相适应，使交通运输、动力供应、给排水、邮电、生活服务等各项基础设施的布局与工农业生产和城镇居民点的布局相互协调配合。要综合开发、利用水资源，并解决各部门与各地区之间用水的合理分配问题。

（5）搞好环境保护与治理，防止重要水源地、城镇居民点与风景旅游区的污染，保护有价值自然区域与历史文物古迹，恢复已破坏的生态平衡，减轻或免除自然灾害的威胁，使其向良性循环发展，从而达到改善和美化环境的目的。

（三）区域规划的地位与作用

1. 区域规划与国民经济发展规划的关系

国民经济发展规划里与区域规划关系最密切的是地区经济与社会发展规划中有关生产力布局及人口、城乡建设、环境保护等内容。国民经济发展规划对生产力布局和居民点的地域安排作总体部署；区域规划则根据国民经济发展规划确定的原则在本区域内进行用地布局，使各项建设能相互协调配合，各得其所，以便更好地适应该地区生产力发展和城市人口变化的需要。

2. 区域规划与经济区划、国土规划的关系

经济区划是将不同水平且各具特色的地域经济系统或地域生产综合体划分经济区，并规划组织各经济区之间合理的分工协作和各经济区内的合理经济结构，重点解决各地区如何因地制宜，扬长避短，发挥真正的地区优势。因此经济区划工作既可为编制地区经济发展规划提供重要的科学依据，也可为开展区域规划工作打下良好的基础。实际工作中，最好是先开展经济区划工作，然后再按经济区分别进行区域规划，也可将二者结合同时进行。这样既可使经济区划所制定的各地区的经济发展方向通过区域规划进一步落实和具体化，又可以针对在布局落实过程中发现的某些不合理部分，反过来及时对经济区划进行适当的修改与调整。

国土规划与区域规划的关系是整体与局部的关系，区域规划是国土规划的一部分，区域规划在实质上也就是区域性的国土规划。主要不同之处是国土规划要从全国的角度考虑问题。而区域规划则是根据国土规划的布局原则在区域内进行生产力布局。

3. 区域规划与城市规划的关系

区域规划可以为城市规划提供有关确定城市性质、城市发展方向和生产力布局的重要

依据，而城市的发展也会影响整个区域社会经济发展与建设布局。由于种种原因，我国许多地区都没开展区域规划工作，在这种情况下编制城市规划，必须首先进行城市发展的区域分析，研究生产力布局及城市之间分工合理化的客观要求，为确定城市性质、规模和发展方向寻找科学依据，这也等于将一部分区域规划的工作内容渗入到城市规划工作中了。条件允许时应将区域规划与城市规划相互配合进行。区域规划中提出的各个规划建设项目，由城市规划具体安排落实；在落实过程中出现问题可以及时对区域规划进行必要的补充与调整。

（四）区域规划的编制

区域规划是一项战略性、综合性、地域性及政策性很强的技术经济工作。要由具有较高权威的领导机构主持，并需经济地理、社会人文、工程技术及城市规划等多项学科的专家共同参与，工、农、能源、交通、旅游、商业服务、文教、邮电、水利、环保、城乡建设等各专业部门的有关人员也应参加。

区域规划在各专业部门提供的各种详尽的基础资料（如资源、建设条件、生产力布局及居民点现状和远期规划设想等）基础上，从区域的角度进行综合调查研究、论证分析与协调规划工作。经多方案比较后确定最佳规划决策，按要求完成相应的区域规划及各专项规划的图纸、文件。

（五）城镇体系规划

城镇体系规划就是对城镇发展进行研究，在一个地区范围，如全国、省或地区、市域、县域等范围内进行合理的城镇布局，明确不同层次城镇的地位、性质和作用，确定其隶属关系，提出必须协调的相互关系，以促进共同繁荣发展。城镇体系规划是社会经济发展的空间表现形式，是政府对全国或者一定地区经济社会发展实行宏观调控和引导的重要手段。城镇体系规划属于以城市为中心的区域规划，主要有以下一些内容：

（1）确定全国或一定地区的经济社会发展战略，对产业结构的变化及城市化水平进行预测和规划；

（2）根据生产力和区域交通运输网的发展，对城镇的规模及其分布进行预测与规划；

（3）分析全国或一定区域各级中心城市的影响范围，并确定各中心城市的职能及其发展方向；

（4）在分析各城镇历史沿革及发展条件的基础上，规划新设置市、镇的数量；

（5）提出近期宣传重点发展的城市，明确其发展方向及人口、用地的规模；

（6）提出完善的城镇体系所必需的重要基础设施建设目标和布局；

（7）提出实施规划的政策和措施。

第二节 城市规划的任务及工作阶段

一、城市与城市规划

（一）城市的含义

《城市规划法》中明确规定："城市是指国家按行政建制设立的直辖市、市、镇。这里所提的镇，是指按行政建制设立的镇，不包括使用'镇'这一名词命名的乡村和集镇"。

对于城市的概念，不同的国家和不同的学科，甚至同一国家同一学科的不同的学者，对其解释都是不尽相同的。法国地理学家潘化梅尔（P. Pinchemel）曾说："城市现象是个很难下定义的现实：城市既是一个景观、一个经济空间、一种人口密度；也是一个生活中心和劳动中心。更具体点说，也可能是一种气氛、一种特征或者一个灵魂。"

城市相对于乡村的基本特征，是人口、社会经济活动、物质设施及人类文明高度集中，单位面积土地取得高效益的地区。同时，城市也是一个复杂的不断发展变化的有机的社会实体。城市能否合理发展，不论对一个地区还是一个国家来说，都是至关重要的。

（二）城市规划的含义

城市规划是为了实现一定时期内城市经济和社会发展目标，合理利用城市土地，协调城市空间布局和各项建设所作的综合部署和具体安排，也是城市建设和管理的基本依据。

（三）城市规划的工作特点

城市规划的制定，将直接影响到国家经济建设和人民的生活，涉及政治、经济、社会、工程技术与文化艺术等方方面面，内容复杂而广泛。相对来说，城市规划工作有如下一些特点：

1. 政策性

城市规划几乎涉及到国民经济的各个部门、社会发展的各个方面，无论是规划指导思想，还是具体的工作依据都有一个如何贯彻和体现国家有关方针政策的问题。从本质上讲，规划本身就是利用规划文件和技术图纸表达的一种政策。

2. 综合性

城市规划的中心任务就是要统筹安排城市用地范围内的几乎所有的建设项目。既有社会、经济问题，亦有技术和艺术问题。要求规划工作者应具有广泛的知识和较强的协调能力，能以全局利益为出发点，综合处理好各项建设。

3. 长期性

城市是一个复杂的有机体，是在不断发展变化着的。所以在城市规划中就应既立足当前，又要适应远期发展的需要，做到远近期结合。

4. 地方性

各个城市都有自己的历史、自然、社会文化及现状发展条件，还有各自不同的文化景观和建筑风貌，如何保持和发展各地的固有的优势和风貌特色，是城市规划中的一个重点要解决的问题。

二、城市规划的编制阶段，编制原则与编制内容

（一）城市规划的编制阶段

城市规划的编制一般分为总体规划与详细规划两个阶段。大、中城市可以在总体规划基础上增加一个分区规划阶段，详细规划可以包括控制性详细规划和修建性详细规划两个部分。目前，我国大多数城市所进行的城市规划，侧重城市的物质结构和城市形态的规划，对经济、社会和政治的作用考虑较少，规划的内容及表现的形式也多为土地的合理分配与利用，只能静止地表现规划期末的最终状态，在规划执行过程中不够灵活，不能适应社会、经济的变化。为此，许多专家提出应吸取国外成功经验，提倡从偏重平面图转变为主要研究城市结构的形式；从偏重物质环境规划转向应用社会科学的方法进行基础研究；从编制一次性的最终状态规划转向成为一种渐进的程序，强调随时调整、不断修订，以适应各种可能出现的变化等。

(二) 城市规划的编制原则

编制城市规划应遵循以下一些原则：

(1) 城市总体规划应和国土规划、区域规划及城镇体系规划相协调，应当依据国民经济、社会发展规划及当地的自然特色、历史和现状的特点，统筹兼顾，综合部署。

(2) 编制城市总体规划必须从实际出发，考虑我国国情，科学地预测城市远景发展的需要，正确处理近期建设与远期发展的关系；坚持适用、经济的原则，节约用地，使城市的发展规模、各项建设标准、定额指标、开发程序同国家和地方经济技术水平相适应。

(3) 规划中应注意保护和改善城市生态环境，防止污染和其他公害，加强绿化建设和市容环卫建设，保护历史文化遗产、城市传统风貌及自然景观。

(4) 应贯彻有利生产、方便生活、促进流通、繁荣经济、促进科学技术与文化教育事业发展的原则。

(5) 应当符合城市防灾和治安、交通管理、防空备战等方面的要求。在可能发生灾害的地区，必须在规划中采取相应的防灾措施。

(三) 城市总体规划的任务和内容

城市总体规划的任务是根据城市规划纲要综合研究和确定城市性质、规模、容量和发展形态，统筹安排城市各项建设用地，合理配置城市各项基础工程设施，并保证城市每个阶段的发展目标、发展途径、发展程序的优化和布局的科学性，使城市得到健康合理的发展。

1. 城市规划纲要

为使城市总体规划编制有所依据，在正式编制之前，可由城市人民政府组织制定城市规划纲要。纲要的主要任务是确定总体规划的重大原则问题，结合国民经济长远规划、国土规划、区域规划，根据当地自然、历史、现状情况，确定城市地域发展的战略部署。纲要要经过城市人民政府同意，作为编制城市规划的依据。

城市规划纲要主要有如下一些内容：

(1) 论证城市发展的技术经济依据和发展条件；

(2) 拟定城市社会经济发展目标；

(3) 论证城市在区域中的战略地位，原则确定市域城镇布局；

(4) 论证并原则上确定城市性质、规模、总体布局和发展方向。

城市规划纲要的成果以文字说明为主，辅以必要的城市发展示意图。

2. 城市总体规划的主要内容

(1) 对市和县辖行政区范围内的城镇体系、交通系统、基础设施、生态环境、风景旅游资源开发进行合理布置和综合安排；

(2) 确定规划期内城镇人口及用地规模，划定城市规划区域范围；

(3) 确定城市用地发展方向和布局结构，确定市、区中心区位置及功能分区；

(4) 确定城市交通系统的结构和布局，编制城市交通运输和道路系统规划，确定主要广场、停车场及主要交叉路口形式；

(5) 确定城市供水、排水、防洪、供电、通讯、燃气、供热、消防、环保、环卫等设施的发展目标和总体布局，并进行综合协调；

(6) 确定城市河湖水系和绿化系统的治理、发展目标和总体布局；

（7）根据城市防灾要求，做出人防建设和抗震防灾规划；

（8）确定需要保护的自然地带、风景名胜、文物古迹、传统街区，划定保护和控制范围，提出保护措施；历史文化名城还应编制专门的保护规划；

（9）确定旧城改造用地调整的原则、方法和步骤，提出控制旧城人口密度的要求和措施；

（10）对规划区内的农村居民点、乡镇企业等建设用地和蔬菜、牧场、林木花果、副食品基地做出统筹安排，划定保留的绿化地带和隔离地带；

（11）进行综合技术经济论证，提出规划实施步骤和方法的建议；

（12）编制近期建设规划，确定近期建设目标、内容和实施部署。

建制镇总体规划的内容可以根据其规模和实际需要适当简化。

3．城市总体规划期限

城市总体规划的期限一般为 20 年。同时，应对城市远景发展作出轮廓性的规划安排。近期建设规划是总体规划的一个组成部分，应当对城市近期的发展布局和主要建设项目作出安排。近期建设规划期限一般为 5 年。

建制镇总体规划的期限可以为 10～20 年，近期建设规划可以为 3～5 年。

4．总体规划的成果

总体规划的成果包括规划文件和主要图纸及附件三部分。规划文件包括文本和附件。规划说明及基础资料收入附件。规划图纸主要包括：

（1）城市现状图；

（2）城市用地评价图；

（3）城市环境质量现状分析或评价图；

（4）城市规划总图；

（5）城市各项工程规划和专业规划图，包括：城市综合交通体系及道路交通规划图，城市给水、排水工程规划图，城市电力、电信、热力、燃气工程规划图，城市环境卫生设施与环境保护规划图，城市绿化系统及园林绿化规划图，名胜古迹和风景规划图，城市人防工程规划图，河湖及城市防汛规划图等；

（6）城市近期建设规划图；

（7）城市郊区规划示意图；

（8）市域城镇体系规划图。

城市总体规划图纸比例：大中城市为 1：10000 或 1：25000；小城市为 1：5000 或 1：10000，城市郊区规划图和城镇体系规划图比例可适当缩小为 1：50000 或 1：100000。

（四）城镇分区规划

在实际工作中，大中城市的总体规划的图纸比例较小，深度也是有限的，主要是在结构上作轮廓性的规定。为了提高详细规划的设计质量，大中城市常常在总体规划和详细规划之间增加分区规划这一程序。

分区规划的主要任务是：根据总体规划的要求，对城市土地利用、人口分布和公共设施、城市基础设施的配置作出进一步的安排，以便与详细规划更好地衔接。分区规划宜在市区范围内同步开展以便综合协调。

1．分区规划的地域划分

分区规划的首要问题是如何划分彼此相对独立的地域分区,一般应综合考虑下列因素:

(1) 应有利于体现总体规划的意图,与总体规划的指导思想保持基本一致;

(2) 在考虑自然地形因素的同时,应重点考虑行政区划界限,这样将有利于分区规划的编制和实施的组织管理;

(3) 被划定的分区地域应具有相对的独立性,其规模在 $5\sim 10 km^2$ 为宜,过大则失去了分区规划的意义,过小则不经济,不如直接搞控制性详细规划。

2. 分区规划的内容

(1) 原则规定分区内土地使用性质、居住人口分布、建筑及用地的容量控制指标;

(2) 确定市、区、居住区级公共设施的分布及其用地范围;

(3) 确定城市主、次干道的红线位置、断面、控制点坐标和标高,确定支路的走向、宽度以及主要交叉口、广场、停车场位置和控制范围;

(4) 确定绿地系统、河湖水面、供电高压线走廊、对外交通设施、风景名胜的用地界线和文物古迹、传统街区的保护范围,提出空间形态的保护要求;

(5) 确定工程干管的位置、走向、管径、服务范围以及主要工程设施的位置和用地范围。

3. 分区规划文件及主要图纸

(1) 分区规划文件包括规划文本和附件。规划说明及基础资料收入附件。

(2) 分区规划图纸包括:规划分区位置图、分区现状图、分区土地利用及建筑容量规划图、各项专业规划图。图纸比例为 1:5000。

(五)城市详细规划

详细规划是总体规划的深化和具体化,其主要任务是:以总体规划或分区规划为依据,详细规定建设用地的各项控制指标和其他管理要求,或直接对建设作出具体的安排和规划设计。

根据不同的工作要求,详细规划分为控制性详细规划和修建性详细规划。

1. 控制性详细规划

控制性详细规划有两个特点:一是编制速度快;另一个是有一定的弹性,比较灵活,便于实施。

控制性详细规划的主要内容有:

(1) 详细规定所规划范围内各类不同使用性质用地的界线,规定各类用地内适建、不适建或者有条件地允许建设的建筑类型;

(2) 规定各地块建筑高度、建筑密度、容积率、绿地率等控制指标;规定交通出入口方位、停车数量、建筑后退红线距离、建筑间距等要求;

(3) 提出各地块的体量、体型、色彩等要求;

(4) 确定各级支路的红线位置、控制点坐标和标高;

(5) 根据规划容量,确定工程管线的走向、管径和工程设施的用地界线;

(6) 制定相应的土地使用与建筑管理规定。

控制性详细规划的成果包括文件和图纸及附件三部分。

控制性详细规划的文件包括土地使用与建设管理细则。规划说明及基础资料收入附件。规划图纸主要包括规划范围现状图、控制性规划图等。图纸比例为 1:1000~1:2000。

2. 修建性详细规划

（1）概述　修建性详细规划适用于当前成片开发、改建、新建的地区和建设工程项目比较落实的地区。特点是直接对建设项目作出具体的设计和安排。

（2）主要内容

1）建设条件分析和综合技术经济论证；

2）建筑和绿地的空间布局、景观设计、布置总平面；

3）道路系统规划设计；

4）绿地系统规划设计；

5）工程管线规划设计；

6）竖向规划设计；

7）估算工程量、拆迁量和总造价，分析投资效益。

（3）规划成果　修建性详细规划的成果包括规划文件和规划图纸两部分。规划文件为规划设计说明书，内容说明示意图和技术经济分析。规划图纸主要包括：

1）规划地段的现状图。按规划设计的需要在地形测量图上，分门别类标示建筑物、构筑物、道路、绿地、管线工程和人防工程等的现状。

2）详细规划总平面图。标明各类用地界线建筑物、构筑物、道路、绿化、管线工程和人防工程等的布置，分清哪些是保留的，哪些是规划改造、新建的。

3）道路和竖向规划图。标明道线界线、断面、宽度、长度、坡度、曲率半径、交叉点及转折点的标高及地形的设计处理等。

4）各项设施的综合图。标明各项管线工程的位置、标高、坡度、相互之间的关系等。

5）重要的工程规划和各项专业规划。

6）反映规划设计意图的透视图。

详细规划的深度，一般应满足房屋建筑和各项工程编制初步设计的需要。其内容和图纸可根据具体要求的条件有所增减。图纸比例一般用1∶2000，也可以用1∶500或1∶1000。

（六）城市设计

1. 概述

城市设计是从城市的整体出发，在总体规划指导下，根据社会经济、现状生活环境及物质条件，对城市中某一地段各项物质要素进行综合设计，以创造出能满足居民的物质与精神需求的美好环境。

（1）城市设计与城市规划我国的城市规划工作一般分为总体规划与详细规划两个阶段。总体规划主要解决有关城市性质、规模、布局等全局性问题。详细规划重点处理好具体建设项目的安排。在具体的设计上，详细规划与城市设计都要以城市总体规划为依据，对城市局部地段的物质要素进行设计。其不同点在于：详细规划的涉及范围更大一些，且偏重于用地性质、建筑和道路管线等方向的布置，而城市设计则偏重于建筑群和绿地、小品的三向空间布置；详细规划主要涉及工程问题和经济技术问题，而城市设计主要涉及规划的空间环境对人们行为和心理上的影响，特别是要研究空间环境的视觉效果；在设计深度上，详细规划一般用的图纸比例是1∶500～1∶1000，而城市设计则多用1∶200～1∶500，设计表达较详细规划更为细致。

（2）城市设计与建筑设计　城市设计最基本的特征是将组成城市环境空间的各物质要素组合成一个有机的整体。因此，城市设计时除了要考虑各物质要素自身的要求外，还要考虑各物质要素之间的关系，即城市设计虽然也包括城市中单个物体的设计，但它与个体建筑设计不同，是从城市的整体出发，将其所设计的对象，作为城市空间体系中的一个组成部分来设计。建筑单体设计则是以其单体本身为中心进行考虑及处理其周围的环境与空间。这样，则易缺乏对城市空间整体的认识与把握。当建筑设计一旦接受了城市设计的指导或制约，则它便成为城市设计的延续和组成部分。所以，这种设计也可以说是微观化的城市设计。因此，可以说城市设计着重于群体，建筑设计则偏重于单体。单体是群体的一部分，故建筑设计与城市设计有着从属、主次的关系。

现实生活中，建筑师把自己设计的房子常常看作是孤立于原有环境的独立因素，它的视点着眼于空间中某一静止的景点。而城市设计师的视点则是连续的，是运动着的整个空间，追求的是城市宏观的总体效果。在设计城市空间时，把城市空间看作是一系列分化着的构图，有连续相贯的首尾，用对比和协调的手法连接，而不是停留在一幅幅互不相关的"景片"上，用德国规划专家埃赛（Etnsele）的话说："城市造型应是电影，而不是照片"。

2. 城市设计的基本原则

城市设计有如下一些基本原则：

（1）城市设计必须遵循总体规划。如前所述，城市设计是城市规划工作的一个组成部分，所以工作中必须在总体规划的指导下进行。同时，这样做也会有助于城市规划设计整体质量的提高。因为城市设计多从感性出发，考虑空间形体艺术和人的知觉感受，是具有实体艺术形象的城镇三度空间设计。城市的性质和规模及社会文化特点一旦由城市设计正确地体现出来，将会使这些特点或特征由枯燥的、抽象的文字和数字变成看得见、摸得着的鲜明的物质形象。

（2）城市设计应该立足于满足人的需要。美国心理学家马斯洛（A. Maslow）在《人类动机理论》一书中提出需要等级学说，把人的基本需要按发生顺序，由低到高分为五个等级，从最基本的"生理需要""安全的需要""社交的需要""心理的需要"一直到最高级的"自我完成的需要"。这五个等级的需要与城市设计工作都有关系，尤其和满足人的生理需要、社交需要、心理需要三方面的关系更为密切。城市设计工作者应充分考虑人的活动的多样性和复杂性，并把满足这些活动的要求作为自己工作的出发点和检验标准。

（3）城市设计应突出城市的自身形象特征。在自然环境、历史文化传统、地域位置等方面，每个城市均有自身的特征。城市设计通过群体空间造型，天际轮廓线的控制，有代表性的建筑或构筑物、道路、绿化及小品等来反映这些特征、突出城市自身形象中的个性。

（4）城市设计应提供多样性服务的可能。随着现代社会的发展，人们业余时间的增多，人们的观念也呈多样化，要求也日趋多样。城市设计应充分利用现状条件，创造出各种不同的城市环境，以满足不同层次、不同爱好的居民的需求。

（5）城市设计应按功能要求和美学原则组织城市各项物质要素。城市设计是各物质要素的综合设计，应满足功能和美观两方面的要求。作为功能要求，主要应满足如前述的人的生理要求和多样化的活动要求。对于美学原则，则应处理好平面布局的清晰、空间展开的序列等方面的问题，在进行色彩、质感、型体设计时把握好"多样而统一"这一基本原则。

3. 城市设计的任务与方法

城市设计的任务是具体组织建筑物、道路、绿化、小品等设计要素，使之构成一个协调的、符合人们心理和生理需要的人工环境。其工作步骤包括：接受任务、调查研究、方案设计、方案选择、方案实施和反馈意见。

现代城市设计工作的方法，主要来自三个方面：建筑和规划设计、社会学、数据统计与计量经济学。同时，电脑辅助设计在整个城市设计工作中所占的比重，也愈来愈大。

第三节　城市规划工作的调查研究

为了使城市规划能够从实际出发，符合城市发展的客观规律，适应建设的需要，避免主观主义和脱离实际，必须在编制城市规划时首先进行认真细致的调查研究，作好资料的收集、整理和分析计算工作。这既是认识城市的手段，也是进行规划设计的依据。

一、城市规划现状调查的内容

编制城市规划所需的基础资料内容如下：

1. 自然条件和历史方面

地形图，气象、水文、地质资料，城市的历史成因、沿袭、兴衰情况。

2. 技术经济方面

自然资源，农村产品资源，人口状况，城市土地使用现状，工企事业单位情况，对外交通条件，大专院校与科研水平。

3. 用地建筑方面

城市现状中住宅，各类公建、基础设施及公用事业水平，园林绿化，名胜古迹，人防设施。

4. 城市环境方面

生产与生活中的"三废"现状及处理水平，其他影响城市环境质量的有害因素，地方病及流行性疾病情况。

二、城市现状资料的调查与整理

（一）调查的工作方法

调查研究是为了熟悉情况，发现和解决问题，所以调查的方法及调查的内容和深度也应以此为出发点。一般主要有以下几种方法：

1. 现场踏勘

带着现状地形图和有关资料到现场踏勘，对实际情况加以印证，掌握第一手资料。对于重大的项目和问题，要反复多次踏勘，并邀请有关单位的领导和专家参加论证。现场踏勘的内容是了解地形、用地现状，评定建筑质量、了解交通状况、"三废"污染及项目选址等等。

2. 召开座谈会

召集有关单位和部门就有关规划项目进行座谈。会前应将拟议问题通知各方人员，让其有备而来；也可将事先印好的各系统或专题调查表格发至有关单位和部门的人员手中，请其共同参加或协助调查。

城市规划的现状基础资料调查，是一项细致和艰苦的工作，来不得半点粗心大意，一定要准确无误。要求调查人员应多走、多看、多想、多问、多记。

（二）调查资料的整理与分析

调查搜集资料不是目的，只是以此来熟悉情况和发现问题，为最终解决问题做好基础工作。这就需要对到手的大量资料进行分析和整理，从中找出城市发展过程中存在的主要问题，进而提出有针对性的调整和改进方案。

在具体进行资料分析，整理时应注意以下问题：

1. 保证资料的准确性

现状基础资料的准确性是保证规划质量的关键，不真实的资料会导致所做规划背离客观实际，很容易给工作带来损失或不利影响。因此，要通过对基础资料的来源、调查方式和统计口径进行分析，判明其真伪程度和利用价值，便于使用。

2. 抓主要矛盾

通过调查，会发现现状存在着许多千差万别的问题，如资源开发不合理、住宅拥挤、小学上学难，交通堵塞等等。应该对问题进行整理，同时在众多的问题当中找出主要矛盾，要重点搞清如下问题：

(1) 本城在周围地区中的影响、地位（主要优势所在）；
(2) 历史发展特点（城市的历史成因及主要发展阶段）；
(3) 人口构成（年龄、性别构成及增长变化）；
(4) 经济结构（各行业所占比重、发展趋势）；
(5) 用地构成（各类用地比例及存在问题）；
(6) 对外交通构成（各种对外交通形式、比例、发展趋势）；
(7) 道路系统（道路交通现状及问题所在）；
(8) 公建服务质量，住宅发展水平（公建项目、规模、住宅人均面积及居住条件）；
(9) 市政工程服务水平（上、下水、电、通讯、环卫、供热、燃气等）。

3. 城市基础资料的表述形式

一般可用文字、图、表格进行表达。这几种形式常常同时使用，以求形象而具体地反映出调查的内容。图纸表达直观形象；文字表达细致全面而且容易深入；表格形式既能使人一目了然，又可以帮助发现问题。

第三章 城市性质与规模

第一节 城市性质与城市分类

一、城市性质

城市性质是指城市在国家经济和社会发展中所处的地位与所起的作用,是城市主要职能的反映。城市的形成和发展是历史进步的产物,自有历史以来,城市的特征,均因特殊的需要而改变;如军事性的防御、行政制度、科技进步、生产和交通方式的发展改变等等都影响到城市的特征。因此,城市的性质就应该体现城市的个性,反映其所在区域的政治、经济、社会、地理、自然等因素的特点。城市是随着科学技术的进步、社会政治经济的改革而不断变化的。因此,城市的特征也应该是不断变化的动态过程,而不是一成不变的。所谓确定城市性质,必须建立在一定的时间范畴内。城市是一个综合实体,除了是一定地域内的政治、经济、文化中心以外,往往还兼有一些诸如某种经济职能、交通枢纽和旅游等方面的职能,这其中最能体现城市最基本特征的城市的主导职能,就是这个城市的性质。

二、确定城市性质的意义

城市性质是城市建设的总纲,科学地确定城市性质,可以为城市建设发展提供明确的方向,做到合理选择建设项目,从而使城市总体布局更具科学性,城市发展规模得到合理的控制。

不同的城市性质决定着不同的城市规划特征,对城市规模的大小,城市用地组织的特点和各种城市基础设施的水平起着非常重要的作用。所以,确定城市性质是编制城市总体规划的首要工作,是决定一系列技术经济措施及其相适应的技术经济指标的前提和基础。同时,明确城市的性质,便于在城市规划设计中把规划的一般原则与城市的特点结合起来,使城市规划更切合实际。

我国城市规划与建设的实践证明:凡是能正确确定城市发展性质的,城市就能沿着科学合理的方向建设发展,从而取得良好的城市环境与经济效果,如哈尔滨、洛阳、合肥等城市。反之,城市发展方向不明,规划建设被动,规模难以控制,并容易造成布局混乱。我国的首都北京建国 30 多年来,过多地发展了消耗原材料、多耗能源、运输量大、占地多、用水量大且污染严重的钢铁、石油、化工等多项工业,使北京成为既是政治、文化中心,又是经济和工业中心的特大城市,使城市的自然环境受到严重的破坏。城市交通复杂,人口大量集中,特别是对有悠久历史文化的古城区进行了不适当的改造,使有历史传统特色的风貌受到了较多的破坏。对此,1981 年中共中央书记处对北京的城市建设方针提出了四点建议,其中心就是对于北京作为全国的首都,必须突出其政治、文化中心的职能,而不再发展工业。美国首都华盛顿在 1797 年进行城市规划时,就明确规定它只是美国的政治、行政中心,并限制地方工业的发展,经过了 200 年的建设,文化职能有了较大的发展,对工业则一直进行严格的控制，所以至今华盛顿城市绿化面积大，中心地段建筑层数不高，形成了优美的环境和良好的城市面貌。

三、城市的分类

城市分类，一般有按城市性质、按城市规模和按行政建制分类等几种方法。因为城市性质对城市人口构成、用地组织、规划布局、生活服务设施的内容与标准、基础设施水平等诸方面，都有很大的影响，所以在城市规划中更偏重城市按性质分类。世界各国具体情况差异较大，故按性质进行城市分类的情况也不一样（见表3-1-1）。

世界一些国家城市性质分类　　　　　　表 3-1-1

美　　　国	前　苏　联	日　　　本
(1) 工业城市	(1) 共和国和省中心多职能城市	(1) 政治文化城市
(2) 零售商业中心城市	(2) 工业城市	(2) 地方中心城市
(3) 批发商业中心城市	(3) 运输中心城市	(3) 轻工业城市
(4) 非专业化城市	(4) 工业运输业与非工业过渡城市	(4) 矿业城市
(5) 运输中心城市	(5) 新建工业城市	(5) 工业城市
(6) 矿业中心城市	(6) 为农林业服务地区城市	(6) 水产业城市
(7) 大学城市	(7) 疗养中心城市	(7) 海湾城市
(8) 旅游城市		(8) 游览城市
		(9) 居住城市

我国城市按性质分类大致有以下几种类型：

（一）中心城市

这类城市往往具有政治、经济、文化、等多方面的职能，在用地组成与规划布局上较为复杂，城市规模较大。又可再分为全国性（如北京、上海等）和地方性中心城市（如省会、自治区首府等）。县城也是一种中心城市，它与上述类型主要区别是起着联系广大农村的纽带作用的地方性小规模中心城市。

（二）工业城市

以工业生产为主，工业与对外交通用地占有较大比重。依工业构成情况又可分为：

(1) 多种工业城市：如常州、淄博市；

(2) 单一工业城市：石油化工城市大庆、玉门等；森林工业城市伊春、牙克石市；煤矿城市鸡西、平顶山、淮南市等。

（三）交通港口城市

这类城市的对外交通、工业和仓库用地在城市中占有较大比例，根据运输条件又可分为：

(1) 铁路枢纽城市：如徐州、哈尔滨市等；

(2) 海港城市：如宁波、青岛市等；

(3) 内河港埠：如宜昌、九江市等。

（四）特殊职能的城市

这类城市按其职能特点又可分为：

(1) 革命历史城市：如延安、遵义市等；

(2) 风景旅游城市：如杭州、桂林、苏州市等；
(3) 边防城市：如旅顺、大连市等。

四、确定城市性质的依据

一个城市的性质可以从两个方面去认识：一是该城市在其所在地区内的政治、经济、文化和社会生活中处的地位和起的作用；另一是该城市在形成与发展过程中起主要作用的基本因素。具体地说，确定城市性质的依据有以下一些内容：

(1) 党和国家的方针政策及国家经济发展计划对该城市建设的要求；
(2) 该城市在所处区域中的地位与作用；
(3) 该城市自身所具备的条件（诸如历史形成特点、资源情况、自然地理与建设条件等）。

不同的历史时期，不同的城市，上述各种因素对确定城市性质的影响程度也是不同的。如以外向型加工工业为主的深圳市，完全是因为党的开放政策迅速发展起来的。另一方面应该注意的是，城市性质不是一成不变的。一旦确定城市性质的主要依据条件发生了变化，往往城市的性质也将随之改变。如新发现的各种资源，城市能源、交通条件的改善，新的科学技术的出现等等。

五、确定城市性质的方法

确定城市性质一般采用定性分析与定量分析相结合，以定性分析为主的方法。

定性分析就是在进行深入调查研究之后，全面分析城市在政治、经济、文化生活中的作用和地位。定量分析则是在定性分析的基础上对城市的诸项职能的技术经济指标进行分析，从数量上去确定起主导作用的行业（或部门）。定量分析一般从以下几方面入手：

(1) 起主导作用的行业（或部门）在全国或地区的地位与作用；
(2) 采用同一经济技术标准（如职工人数、产值、产量等）去分析其比重占的份量有多大，是否占绝对优势；
(3) 分析其行业（或部门）用地规模在总用地中所占比重的大小。

有的行业，如采掘工业（煤矿等），从业职工多，但产值并不高，而用地又很大；有的如高科技等行业，则占地小、职工少但产值却很高，对城市的长远发展影响更大一些。因此，在确定城市性质时，要深入了解主导行业的基本特点，对以上几方面的情况做综合分析，以得出正确的结论。

第二节 城 市 规 模

一、城市人口

城市规模指的是城市人口规模和用地规模。但是，用地规模随人口规模而变；所以城市规模通常以城市人口规模来表示。城市人口规模就是城市人口总数。人口规模估计得合理与否，对城市建设规模影响很大；如果人口规模估计得比合理发展的现实趋势大，用地必然过大，相应的设施标准过高，造成长期的不合理与浪费；如果人口规模估计得比合理发展的现实趋势小，用地亦过小，相应的设施标准不能适应城市发展的要求，成为城市发展的障碍。

因此，确定城市规模是城市总体规划首要工作之一，是城市规划经济工作的重要组成部分。

从城市规划的角度来看,城市人口应该是指那些与城市的活动有密切关系的人口,他们常年居住生活在城市的范围内,构成了该城市的社会,是城市经济发展的动力,是建设的参与者又都是城市服务的对象,他们以城市而生存又是城市的主人。

各国依据本国生产力发展水平及当时的社会、政治条件,把通过法律确认的城镇地区的常年居住人口称为城市人口。城市划分的标准一般确定于人口规模、人口密度、非农业人口比重和政治、经济等因素。各国的划分标准不一样,单从人口规模上看,如美国把2500人以上的居民点称为城市或城镇;英国则为3500人;法国为5000人;印度为5000人;前苏联为1000～2000人。国际统计学会则建议,凡2000以上的居民点算城市居民区。

我国所称的"城市",按《中华人民共和国城市规划法》规定,是指国家按行政建制设立的直辖市、市、镇。城镇与城市的设置,按国务院有关规定:总人口在2万人以下的乡,乡政府驻地非农业人口超过2000人的,可以建镇;总人口在2万人以上的乡,乡政府驻地非农业人口占全乡人口10%以上的,也可以建镇。非农业人口(含县属企、事业单位聘用的农民合同工,长年临时工,经工商行政管理部门批准登记的有固定经营场所的镇、街、村和农民集资或独资兴办的第二、三产业从业人员,城市中等以上学校招收的农村学生,以及驻镇部队等单位的人员)6万人以上,年国民生产总值2亿元以上,已成为该地经济中心的镇,可以设置市的建制。少数民族地区和边远地区的重要城镇、重要工矿科研基地、著名风景名胜区、交通枢纽、边境口岸,虽然非农业人口不是6万人,年国民生产总值不是2亿元,如确有必要,也可以设市建制。

二、城市人口的构成

就城市本身来讲,用地的多少,公共生活设施和文化设施的内容与数量,交通运输量,交通工具的选择,道路的等级与指标,市政公共设施的组成与能力,住宅建设的规模与速度,建筑类型的选定,郊区的规模以及城市的布局等等,无不与城市人口的数量与构成有着密切关系。

城市人口的状态是在不断变化的,可以通过对一定时期城市人口的各种现象,如年龄、寿命、性别、家庭、婚姻、劳动、职业、文化程度、健康状况等方面的构成情况加以分析,反映其特征。在城市规划中,需要研究的主要有年龄、性别、家庭、劳动、职业等构成情况。

(一)年龄构成

年龄构成是指城市人口各年龄组的人数占城市人口总数的比例。

1. 年龄构成分组

一般按不同年龄为6组:

(1) 托儿组,年龄在0～3岁。

(2) 幼儿组,年龄在4～6岁。

(3) 小学组,年龄在7～12岁。

(4) 中学组,年龄在13～18岁。

(5) 成年组,男性年龄在19～60岁,女性年龄在19～55岁。

(6) 老年组,男性组年龄在60岁以上,女性年龄在55岁以上。

在不同城市或不同年代，城市各年龄组的人数占城市人口总数的比例都不会相同，为了便于研究，常根据城市人口年龄统计资料作出人口年龄构成分析图，图中应包括百岁图和年龄构成图二张分图。图3-2-1是某城市的人口年龄构成分析图。

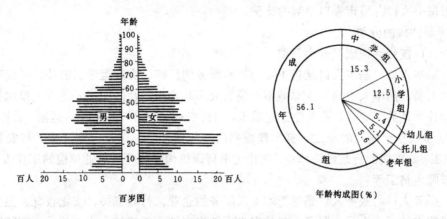

图 3-2-1 某城市人口的年龄构成分析图

2. 影响城市人口年龄构成的因素

（1）城市人口自然增长的因素　若城市自然增长率高，婴幼儿的人数就多，占总人口的比重也会增加，成年人口的比重就相应减少。若城市人口的平均寿命增加，老年人比重相应增多，其他年龄组的比重就相对减少。

（2）不同类型城市的因素　地区中心城市（如县城）单身职工较多，因而成年组比重较大，其他年龄组的人口比重就小。

（3）城市不同发展阶段的因素　如新建城市在建设初期，单身职工多，成年人口比重较大，儿童与老年人比重就相对减少。随着城市的发展，人口年龄构成也逐渐产生变化。有些老城市，儿童与老年人人数较多，成年人比重就比较小。

3. 分析人口年龄构成的意义

（1）比较成年组人口数与就业人数，可以看出城市就业率的高低及劳动力的潜力大小。

（2）掌握学龄前儿童和学龄儿童的人数和发展趋向，是拟定托儿所、幼儿园、中小学等公共建筑规划指标的依据。

（3）掌握劳动后备军的数量和被抚养人口（主要指儿童与老年人）的比重，对于估算人口发展规模有着十分重要的作用。在作这项分析时，可以把成年组人口再细分成几个年龄段。其中，目前接近老年的人数将要转变成被抚养人口。根据婚龄育龄人口可推测出生人口数，出生人口的多少既影响人口自然增长数，也影响到被抚养人口的数量与比重。

（二）性别构成

性别构成是指男女的人数和比例。一般说来，每个城市都应保持男女人数的基本平衡。但性别构成与城市性质、规模有一定的关系。如矿业城市和重工业城市，男职工比例大；而纺织工业、轻工业城市的女职工比例大。新建城市和小城镇，往往男性多于女性，这是由于这些城市与其周围的农村地区有着密切联系，城市中许多职工的家眷都住在附近农村。

在分析城市人口的性别构成时应特别注意分析职工性别构成（或成年人性别构成）问题。要考虑城市男女职工大体平衡，如果失去这种平衡，将会出现很多社会问题。因此，在配置城市工业时，轻重工业要适当配合，使吸收男职工的劳动岗位和吸收女职工的劳动岗位大体数量相当，以保持城市男女职工人数的基本平衡。

（三）劳动构成

劳动构成亦称城市人口构成。劳动构成是按从事劳动的不同情况将城市人口分为几类并计算出每类人口占城市人口总数的比例。

1. 劳动构成的分类

城市人口按劳动构成可分为三类：

（1）基本人口　基本人口是指主要为外地服务的厂矿、交通运输、机关、学校等机构中工作的人员。基本人口的多少对城市规模的大小起着决定性的作用。基本人口包括：产品主要销往外地的工业、企业及手工业职工，对外交通运输业（包括铁路运输、公路运输、水路运输和航空运输）的职工，基本建设部门（包括勘察、设计、建筑施工与安装等单位）的职工，非市属的行政经济单位、文化艺术科研机构和休疗旅游业单位的工作人员，大中专院校师生员工等。

（2）服务人口　服务人口是指为本城市服务的企业、行政机关、文化教育、卫生福利设施等机构中的工作人员。服务人口的多少不能决定城市规模的大小；相反，它随城市规模的大小而变动，同时它又与经济发展状况与服务水平高低等因素相关联。城市大，经济发达，服务设施齐全及服务水平高，服务人口就比较多；反之，就比较少。服务人口包括：为本市服务的工业及手工业职工，市属的以养护维修为主的建筑业职工，市内交通运输业职工、市公用事业机构（包括自来水公司、煤气公司、污水处理站、消防队、环境卫生机构等部门）的工作人员，市属党政工团等机关职工，市属商业系统和服务业职工，市属医疗卫生、文化教育机构的工作人员等。

（3）被抚养人口　被抚养人口是指依靠家庭或社会抚养的人口。被抚养人口的多少与城市性质、规模、发展阶段、城市人口就业状况和职工带眷系数、人口自然增长率以及卫生福利水平等都有联系。被抚养人口包括：学龄前儿童和学龄青少年，超过退休年龄的不在职老年人，从事家务劳动妇女，丧失劳动能力不能从事社会劳动的人口及其他未就业的人口等。

在这三类人口中，基本人口和服务人口被称之谓劳动人口，被抚养人口叫做非劳动人口。调查与分析城市人口的劳动构成，为估算城市人口发展规模提供了重要的依据。

2. 影响劳动构成的因素

（1）城市性质　城市性质不同，劳动构成也不相同。例如，新建的工矿城市基本人口的比例一般较高；而地区中心、交通枢纽和风景游览城市，由于流动人口多，造成了这些城市服务人口比例较高。又如，县城和市的公共服务设施除为本市（或镇）居民服务外，还要服务于周围农村地区，加上市（或镇）内的部门职工家属住在农村，则使这类城市服务人口比例偏高，基本人口的比例更高，而被抚养人口的比例就比较低。

（2）城市规模　大城市公共服务设施门类齐全，且规模大标准高，服务人口的比例一般要高于中小城市。

（3）人口的自然增长率　人口的自然增长情况直接影响年龄构成。自然增长率高，未成年人口多，被抚养人口比例就高；反之，自然增长率低，被抚养人口的比例也随之而降低。

(4) 劳动力就业情况　城市劳动就业率高,基本人口和服务人口的比例就高,被抚养人口比例相应减少;如果就业率低,则与此相反。

(5) 城市建设的阶段　城市建设初期,单身职工多、家眷少,基本人口比例就大;随着家眷迁入,服务设施的增多,基本人口的比例会下降,而服务人口与被抚养人口的比例会大大增加。

除此之外,城市人口的劳动构成还受到各个时期的政策的影响。例如,过去曾一度强调"先生产,后生活",忽视生活服务设施的建设,这不仅造成服务人口比例偏低,也影响了城市居民生活。又如在十年动乱期间,大量城市人口外迁下放下乡,使城市人口数与构成都出现了异常情况。在进行人口分析时,应注意这些问题给城市带来的影响。

(四) 流动人口

流动人口是指在本城市无固定户口的人员。流动人口一般分为常住流动人口和临时流动人口两类。前者大多指临时工、季节工以及长期借调人员等;而后者一般指进城开会、出差、参观学习或路过而作短时间停留的人员。流动人口比例的多少直接牵涉到城市公共服务设施的规模与布置。据1985年统计,京、沪、津及武汉、南京等中心城市,流动人口已占本区人口的17%～23%(平均20%左右),县城等地区中心的小城市,流动人口比例也迅速上升,再有一个特点就是白天城市人口大大超过夜间人口。因此,在城市规划中必须将流动人口也考虑为影响城市规模的重要因素。

(五) 职工带眷比与带眷系数

职工带眷比是指带有家眷的职工人数占职工总人数的比值。带眷系数是指职工带眷属的平均人数。这可作为新建工矿城市在确定城市人口发展规模时的依据。

(六) 人口增长率

一个城市的人口增长来自两个方面:

1. 自然增长

自然增长是指城市出生人数减去死亡人数的人口净增值。自然增长与计划生育、医疗卫生条件及社会福利事业有着密切的联系,一般用年自然增长率来表示,即

$$年自然增长率 = \frac{年内人口自然增长数}{年初人口总数} \times 1000‰$$

2. 机械增长

机械增长是指城市非自然增长的人口净增数。即由于城市的发展与变化,从外地迁入人数减去从本城迁出人数的净增数。机械增长与城市的发展、当时的政策和国民经济增长等因素有关,一般用年机械增长率来表示,即:

$$年机械增长率 = \frac{年内人口机械增长数}{年初总人口数} \times 1000‰$$

人口自然增长数与机械增长数之和便是人口的增长数。一般用年增长率来表示,即:

$$年增长率 = \frac{年内人口增长数}{年初总人口数} \times 1000‰$$

根据城市历年人口统计资料,就可以绘制出历年人口增长率、自然增长率和机械增长率的变化曲线,如图3-2-2所示。还可以计算历年人口平均增长率和平均增长数,以及自然增长与机械增长的平均增长数和平均增长率。这对于估算城市人口发展规模有一定的参考价值。

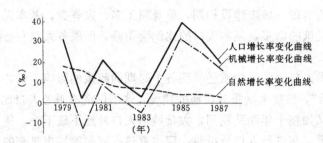

图 3-2-2　历年人口增长率、自然增长率、机械增长率变化曲线

三、城市人口发展规模的估算

（一）估算城市人口发展规模的基本原理和依据

劳动是一切社会形态存在和发展的最基本条件。城市是劳动创造的，城市人口的发展规模取决于城市对社会总劳动的需要量。而这种社会总劳动的需要量不是任意的，在社会生活中人们有各种不同的需要，要获得满足这些需要的物质产品和精神产品，就要付出一定数量的社会总劳动量。这个总劳动量是由各种不同的劳动量组成的，而各种不同的劳动量是由不同的劳动人口提供的。这就是"按一定比例分配社会劳动"的原理，是估算城市人口发展规模的理论基础。此外，对生产各种产品的不同劳动量的需求，也就决定了城市人口的劳动构成；而这些劳动力的重要量就要受"按一定比例分配社会劳动"这个客观规律支配。

估算城市人口发展规模的主要依据就是国民经济和社会发展计划。发展计划中对一定时期内社会各部门的发展提出了明确的目标，从而可以预测在这个时期内各部门从业人员的多少，计算出总的劳动人口数，再加上与其相适应的非劳动人口数，便可得出城市人口发展规模。

估算城市人口发展规模也不能仅仅着眼于城市本身，而要从更大的区域范围内来考虑，根据某一个区域经济发展的要求，分析确定区域内各个城市的性质和人口发展规模，这是区域规划的任务之一。区域规划是估算城市人口发展规模的重要依据。

城市人口发展的速度和规模，受人口自然增长率和机械增长率所制约，推算城市人口发展规模要符合人口增长的发展规律和经济发展规律。在社会主义制度下，人口的自然增长是有计划的。人口的机械增长是根据国家社会主义建设的需要而变化，是可以预测的。城市人口的机械增长其实质是为其补充劳动力。在研究这个问题时，首先要充分挖掘城市内部的潜力，再分析吸收外地劳动力（优先考虑附近农村劳动力）的可能性，考虑吸收的速度和规模，以求得城市发展对劳动力的需求和劳动力来源之间的大体平衡，使城市人口发展规模的推算有比较可靠的基础。

（二）估算城市人口发展规模的方法

我国城市数量大、类型多，人口的劳动构成和人口的增长状况又各有特点；而各地编制国民经济和社会发展计划的详尽程度也不一样，有关人口资料的完备程度也不同，估算城市人口发展规模的方法就不能强求一致。在估算城市人口发展规模时，一般采用以某种方法为主进行计算，以其他方法为辅进行校核。下面介绍几种常用的估算城市人口发展规模的方法。

1. 劳动平衡法

劳动平衡法是以国民经济和社会发展计划为依据,在分析、确定劳动力合理使用和分配比例的基础上,估算城市人口发展规模。其步骤是:

(1) 分析确定基本人口在规划期末将达到的人数。这就要全面了解属于基本人口范围的那些单位在规划期末将拥有的职工人数。如果缺乏长远规划或规划不够落实的,可根据城市发展条件与目标,会同有关部门,对规划期内可能的发展作出一个较切合实际的估计。

(2) 分析确定城市总人口中被抚养人口和服务人口的比例。这些比例的确定,应充分考虑城市人口年龄构成、人口自然增长和机械增长情况、劳动力就业情况、城市的性质与规模、居民生活水平、公共服务设施可能达到的标准等多种因素,并在此基础上作出合乎实际的估计。也可参考《城市规划定额指标暂行规定》中有关人口劳动构成比例表。

(3) 在确定了基本人口在规划期末达到的人数和被抚养人口、服务人口的比例后,可按下式推算规划期内城市人口发展规模。

例如,某城市现状人口为50000人,现状服务人口与被抚养人口比例分别为14%和49%。根据城市发展规划并进行充分的调查研究分析后,确定规划期末基本人口数将达到28000人,考虑到现有服务人口比例较低应适当提高,而被抚养人口因计划生育和充分就业等的影响将会有所下降,故分别确定为18.5%和46.5%。则规划期内城市人口发展规模为:

$$规划期内城市人口发展规模 = \frac{28000}{1-(18.5\%+46.5\%)} = 80000 人$$

劳动平衡法适用于将有较大发展、国民经济发展规划比较具体落实、人口统计资料比较齐全的中小城市和新兴工业区。

2. 劳动比例法

劳动比例法的原理与劳动平衡法的原理基本相似,不过在劳动构成的分类方面与我国现行的城市人口和劳动职工的统计口径相一致,所以使用起来比较简便。

我国现行的城市人口和劳动职工的统计分类是按是否从事劳动和从事哪一种劳动来划分的,具体分法如下:

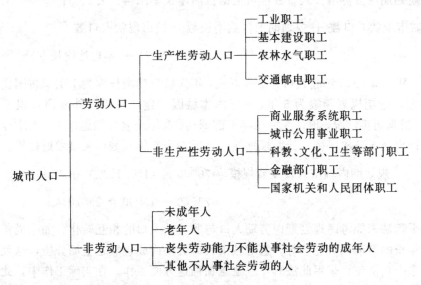

用劳动比例法推算人口发展规模的步骤是:

(1) 分析确定生产性劳动人口在规划期末将达到的人数。

(2) 分析确定城市总人口中劳动人口与非劳动人口的比例,以及生产性劳动人口与非生产性劳动人口的比例。

据有关统计资料,劳动人口占总人口的比例,一般在45%～60%左右;生产性劳动人口占劳动人口的比例,一般在60%～85%之间。确定某个城市的人口比例时,可以参考它历年职工构成和国民经济发展情况,并结合该城市的具体条件来确定。

(3) 按下式推算城市人口发展规模。

$$规划期内城市人口发展规模 = \frac{生产性劳动人口的规划人数}{生产性劳动人口占劳动人口的百分比 \times 劳动人口占总人口的百分比}$$

$$= \frac{生产性劳动人口的规划人数}{生产性劳动人口占总人口的百分比}$$

例如,某城市现状人口为60000人,根据调查研究分析,确定规划期末生产性劳动人口为35000人,劳动人口占总人口的比例为50%,生产性劳动人口占劳动人口的比例为70%,则

$$规划期内城市人口发展规模 = \frac{35000}{70\% \times 50\%} = 100000 人$$

3. 综合平衡法

有些城市对基本人口(或生产性劳动人口)的规划数难以确定时,可以采用这种方法。它是根据城市的人口自然增长和机械增长来推算城市人口的发展规模。因此,采用这种方法需要有历年来城市人口自然增长和机械增长方面的调查资料,再分析确定规划期内的人口自然增长和机械增长的人口数。在掌握这些数据后,可按下式进行计算:

规划期内城市人口发展规模 = 城市现状人口数 + 规划期内自然增长人口数

+ 规划期内机械增长人口数

式中规划期内自然增长人口数也可根据自然增长率求得。公式为:

城市现状人口数 + 规划期内自然增长数 = 城市现状人口数

$$\times (1 + 年自然增长率)^{规划年限}$$

例如,某城市1990年底人口为70000人,年人口自然增长率为10‰,按国民经济和社会发展计划,近期规划年限为5年,5年内本城因新建项目需从外地调入职工及家眷共15000人,根据历年情况,预计今后每年干部调动,参军与复转荣退军人,大中专学生升学与毕业等迁出迁入基本平衡,计算规划期内(近期为5年)城市人口发展规模。

$$规划期内城市人口发展规模 = 70000 \times (1 + 10‰)^5 + 15000$$

$$= 73570 + 15000 = 88570 人$$

综合平衡法未能考虑规划期内劳动人口与非劳动人口的相互转化,如未成年人长大参加工作,年长的劳动人口退休等。它对城市人口劳动构成也缺乏全面分析,这就给城市配套建设带来一定困难。采用此法时,应注意加强这方面工作。在实际工作中,此法常用于城市人口就业充分,但人口资料不够完备的中小城市和独立工业区等。

4. 职工带眷系数法

职工带眷系数法适用于新建的工矿类小城镇。它是根据职工人数与部分职工带眷情况来计算城市人口发展规模的。其计算式为：

规划期内城市人口发展规模 = 带眷职工人数 × (1 + 带眷系数) + 单身职工

例如，某新建矿业城市确定规划期末职工人数为 27000 人，其中单身职工占职工人数的 2/3，带眷职工占职工人数的 1/3，带眷系数为 2，计算规划期内城市人口发展规模。

$$规划期内城市人口发展规模 = 27000 \times \frac{1}{3}(1+2) + 27000 \times \frac{2}{3}$$
$$= 27000 + 18000 = 45000 人$$

第三节 城 市 用 地

一、城市用地性质

城市用地，一般是指已列入城市规划区域内的土地，不论其是否开发或开发到什么程度。城市规划工作最后一定要落实到城市土地利用规划上，通过规划过程具体地确定城市用地的性质、规模及具体位置，经过科学的用地功能组织使其用地的利用率尽可能的高。鉴于我国可用土地有限，地少人多，城市用地偏于紧张，所以有效而合理地使用土地是我国城市规划工作的重要原则之一。作为城市用地，一般具有下列性质：

（一）自然属性

土地具有明确的空间定位性与不可移动性，由此导致每个区域的土地具有各自的土壤构成、地貌特征和相对的地理优（或劣）势。土地的变化只可能是人为地或自然地改变土地的表层结构或形态，一般的情况下土地不可能生长或毁失。

（二）社会属性

地球表面极大部分的土地已有了明确的隶属，也就是说土地的一般情况下必然地依附于一定的拥有地权的社会权力。城市土地的集约利用和社会强力的控制与调节，特别在我国土地公有制的条件下，明显地反映出城市用地的社会属性。

（三）价值属性

土地是从以下三个方面显示出其价值：

1. 土地的生态用途

生态系统是由有机体与其生存的外部环境所组成，土地就是其中的一种外部环境，其他外部环境包括水、阳光和空气；通过生态系统中的能量转换和食物链的机制，包括人类在内的有机体获得各自生存所需要的能量和养分。

2. 土地的景观用途

景观用途是非物质性的，现代社会中日益增长的公众意识把具有美学价值的自然景观作为一种环境资源（Ambient Resource），如同水、阳光和空气，是人类的公共利益所在，而并不取决于谁拥有这些土地。

3. 土地的空间用途

空间用途是指土地作为人类活动空间的物质载体，这是城市用地区别于非城市用地的本质属性。人类开发农业用地是为了获取其生存所需要的食物，人类开发城市用地则是为了获得其生存所需要的空间。城市开发实质上就是开发空间的经济活动，它以城市的经济和社会发展为背景，目的是为了满足各种城市活动（如居住、工业、商业、娱乐等）的空间需求。城市用地的价值更多地表现在其城市的区位上。此外，通过人为地对土地进行开发，可以使之具有更好的利用条件；如对土地"六通一平"（上水、下水、电源、电讯、煤气、道路通、平整地面），可以大大提高土地的可利用性，由此而转化为建设的经济效益。

（四）法律属性

在商品经济条件下，土地是一项资产。由于它的不可移动的自然属性，而归之于不动产的资产类别。同时，土地地权的社会隶属（如我国实行的土地使用权有偿转让等），都经过立法程序而得到法律的认可与支持，因而使土地具有法律的属性。

二、城市用地的区划

《中华人民共和国土地管理法》中规定："中华人民共和国实行土地的社会主义公有制，即全民所有制和劳动群众集体所有制……""国有土地可以依法确定给全民所有制单位或者集体所有制单位使用，国有土地和集体所有土地可以依法确定给个人使用……"。即是国家或集体拥有地产权，但按照土地所有权与土地使用权可以分离的原则，单位或个人虽无地产权，但可通过合法手续获得土地使用权。它在有效的使用期内，同样受到法律保护，任何单位或个人不得侵犯。城市用地在使用过程中，因有各种不同的目的而被划分成不同的范围或地块。城市规划过程中，也必须要考虑到土地种种既定的区划范围，作为规划依据。一般情况下有以下几种区划方式：

（一）行政区划

按照行政管辖所划定的用地范围，如市区、郊区等，还有市区内部按行政管理所作的区或街道等的区划。

（二）用途区划

按照城市规划所确定的土地利用的功能与性质，对土地作出的划分。如工业用地、对外交通用地等。

（三）地权区划

按照地产所有权或土地使用权所作的土地区划。

此外，还有诸如环境区划、农业区划等项专业用地区划。

以上用地区划中，行政区划与地权区划一般都有明确的立法支持，而用途区划可以是城市规划的一项结果，当被法定化后，同样具有法律性质。

上述各种用地区划的界限与范围都是有可能变动的。城市规划过程中，既要考虑到各种区划的作用和所涉及方面的利益，同时在必要时亦可按照规划的合理需要提出维持或调整的建议。

三、城市用地构成与分类

（一）用地构成

随着城市性质或规模的不同，城市用地有着不同的构成形态（图3-3-1、图3-3-2）。中小城市一般有市区、郊区之分。

在大城市和特大城市，由于城市功能关系比较复杂，在行政区划上常有多重层次的隶属关系，如市辖县（包括县级市）、县属镇等；在构成上一般有市区、近郊区、近郊工业区、

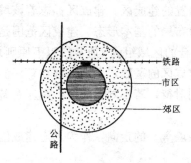
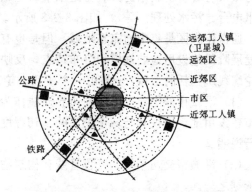

图 3-3-1 中小城市用地构成示意　　　　图 3-3-2 大城市用地构成示意

远郊区、卫星城等。在行政区划上有：市区、县区、乡或镇等。

（二）城市建成区的划分

城市建成区是指城市建设在地域分布上的客观反映，是城市行政管辖的范围内征用的土地和实际建设发展起来的非农业生产建设地域，包括市区集中连片的部分以及分散在郊

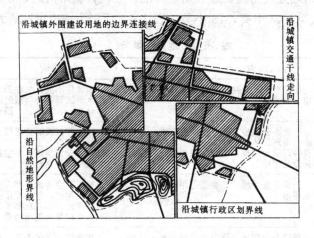

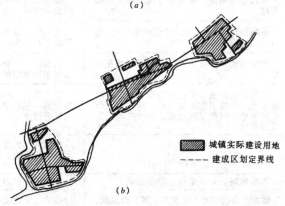

图 3-3-3　城市建成区范围划分示意
(a) 城市建成区范围划定示意；(b) 一城多市建成区范围划定示意

43

区与城市有着密切联系的具有一定水平的基础设施的城市建设用地（如机场、铁路编组站、通讯电台、污水处理厂等），如图3-3-3所示。

通常建成区是集中的完整地域，但是也有分散布置的建成区。建成区标志着该城市某一发展阶段建设用地的规模和分布特点，反映了城市布局的基本形态。建成区范围是它的外轮廓线所包括的地域，一般由一个或几个轮廓线闭合的区域组成，通常按以下原则划定：

（1）沿城市外围建设用地的边界连线作为划定建成区的基础，个别分散在郊区的小片城市建设用地，可视其与城市关系的密切程度，分别对待，若不划建成区，则应在备注中另行说明。

（2）沿城市交通干线、工程管线和构筑物（如城墙等）的走向，作为划定建成区界线的依据之一。

（3）参照城市外围自然地形（如河流、湖岸、丘陵山地等）的界线来划定建成区界线。

（4）在自然条件与建设条件允许的情况下，划定建成区界线时应考虑与城市行政区划界线一致。

（三）城市用地的用途分类

按照所担负的城市功能不同，城市用地划分成不同的用途类型。

按照国标《城市用地分类与规划建设用地标准》规范，城市用地划分成大类、中类和小类三级，共分10大类，43中类，78小类。表3-3-1所列为城市用地的大类项目。

城市用地分类表 表3-3-1

代码	用地名称	内容	说明
R	居住用地	住宅用地、公共服务设施用地、道路用地、绿地	指居住小区、居住街坊、居住组团和单位生活区等各种类型的成片或零星的用地分有一、二、三、四类居住用地
C	公共设施用地	行政办公用地、商业金融业用地、文化娱乐用地、体育用地、医疗卫生用地、教育科研设计用地、文物古迹用地、其他公共设施用地	指居住区及居住区级以上的行政、经济、文化、教育、卫生、体育以及科研设计等机构和设施用地，不包括居住用地中的公共服务设施用地
M	工业用地	一类工业用地、二类工业用地、三类工业用地	指工矿企业的生产车间、库房及其附属设施等用地，包括专用的铁路、码头和道路等用地。不包括露天矿用地，该用地应归入水域和其他用地类
W	仓储用地	普通仓库用地、危险品仓库用地、堆场用地	指仓储企业的库房、堆场和包装加工车间及其附属设施等用地
T	对外交通用地	铁路用地、公路用地、管道运输用地、港口用地、机场用地	指铁路、公路、管道运输、港口和机场等城市对外交通运输及其附属设施等用地
S	道路广场用地	道路用地、广场用地、社会停车场库用地	指市级、区级和居住区级的道路、广场和停车场等用地
U	市政公用设施用地	供应设施用地、交通设施用地、邮电设施用地、环境卫生设施用地、施工与维修设施用地、殡葬设施用地、其他市政公用设施用地	指市级、区级和居住区级的市政公用设施用地，包括建筑物、构筑物及管道维修设施等用地
G	绿地	公共绿地、生产防护绿地	指市级、区级和居住区级的公共绿地及生产防护绿地，不包括专用绿地、园地和林地
P	特殊用地	军事用地、外事用地、保安用地	指特殊性质的用地
E	水域和其他用地	水域、农村用地、闲置地、露天矿用地、自然风景区用地	指除以上九大类城市建设用地之外的用地

注：在计算城市现状和规划用地时，应统一以城市总体规划用地的范围为界进行汇总统计。

在详细规划阶段，用地进一步细分，在用地名称上，除相同功能性质的仍然沿用外，还需增加新的用途类别。如上述总体规划用地分类中的居住用地，在详细规划阶段，居住小区又可细分为：住宅用地、道路用地、绿地、公共服务设施用地等，一般使用上述用地分类规范中的小类。

第四章 城市自然环境与技术经济分析

第一节 城市自然环境条件的分析

影响城市规划和建设的自然环境条件主要有气候、地形、地貌、水文、地质、土壤、动植物以及其他自然资源等环境要素。城市的各项建设，都对规划地区的自然环境条件有着不同的要求；而不同地区的具体的自然环境条件，又都以不同的方式，在不同程度上起到促进或限制城市的生存和发展的作用。

一、工程地质条件

工程地质条件的分析主要是指对城市用地选择和各项工程建设有关的工程地质方面的分析。

（一）建筑土壤与地基承载力

在城市建设用地范围内，由于地层的地质构造和土壤的自然堆积情况存在着差异，加之受地下水的影响，地基承载力大小相差悬殊，如表4-1-1所示。全面了解建设用地范围内各种地基的承载能力，对城市建设用地选择和各类工程建设项目的合理布置以及工程建设的经济性，都是十分重要的。

不同地层的地质构造的地基承载力（单位：kPa） 表4-1-1

类 别	地基承载力	类 别	地基承载力
碎石（中密）	400～700	细砂（很湿）（中密）	120～160
角砾（中密）	300～500	大孔土	150～250
粘土（固态）	250～500	沿海地区游泥	40～100
粗砂、中砂（中密）	240～340	泥炭	10～50
细砂（稍湿）（中密）	160～220		

值得注意的是，有些地基土壤常在一定条件下改变其物理性状，从而给地基承载力带来影响。例如：湿陷性黄土，在受湿状态下，由于土壤结构发生变化而下陷；膨胀土，具有受水膨胀、失水收缩的性能；沼泽地段的土壤，由于常年处于水饱和状态，地基承载力较低。选择这些地段进行城市建设时，应妥善安排建设项目，或者应提高相应的地基处理措施。

（二）冲沟

冲沟是由间断流水在地表冲刷形成的沟槽。在有冲沟的地段，土地的使用受到限制，如道路的走向往往受其影响而增加线路长度和增设跨沟工程。特别是在冲沟发育地区，水土流失严重，往往损害耕地、建筑和地下管道，给工程建设带来困难。所以，在基础资料调查时，应弄清冲沟的分布、坡度、活动状况，以及分析冲沟的发育条件，以便规划时及时采取相应的治理措施，如对地表水导流或通过绿化工程等方法防止水土流失。

（三）滑坡与崩塌

滑坡产生的原因，是由于斜坡上大量滑坡体（即土体或岩体）在风化、地下水以及重力作用下，沿一定的滑动面向下滑动而造成的，如图 4-1-1 所示。这种现象常发生在山区或丘陵地区。位于山区或丘陵地区的城市，在利用坡地或紧靠崖岩进行建设时，容易发生滑坡现象而造成工程设施的损坏。在进行工程地质条件分析时，需要了解滑坡的分布及滑坡地带的界线、滑坡的稳

图 4-1-1　滑坡示意图

定性状况，需对该地段的地形特征、地质构造、水文、气候及土体或岩体的物理力学性质作出综合分析，以便在选择城市建设用地时避开不稳定的坡面。同时，在用地规划时，还应确定滑坡地带与稳定用地边界的距离。在确有必要选择有滑坡可能的用地时，则应采取具体工程措施，如减少地下水或地表水的影响；避免切坡和保护坡脚等。

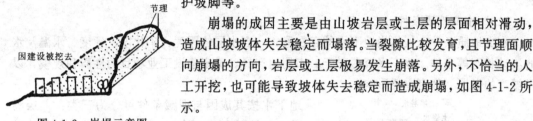

图 4-1-2　崩塌示意图

崩塌的成因主要是由山坡岩层或土层的层面相对滑动，造成山坡坡体失去稳定而塌落。当裂隙比较发育，且节理面顺向崩塌的方向，岩层或土层极易发生崩落。另外，不恰当的人工开挖，也可能导致坡体失去稳定而造成崩塌，如图 4-1-2 所示。

（四）岩溶

地下可溶性岩石（如石灰岩、盐岩等）在含有二氧化碳、硫酸盐、氯等化学成分的地下水的溶解与侵蚀下，岩石内部形成空洞（地下溶洞），这种现象称为岩溶，也称为喀斯特现象。严重的岩溶地区，会使大片的地段形成大漏斗状陷坑、坍坑，无法在该地段上建筑。有时，岩溶在地面上并不明显，而是发生在地表深处。因此，在进行城市规划时，要查清溶洞的分布、深度及其构造特点，将危险地带从城市用地中划出去。但在有的情况下，利用溶洞内景色奇特的优势，辟作旅游景点，也是十分理想的。

（五）地震

大多数地震是由地壳断裂构造运动引起的。我国是地震多发区，地震对城市建设有很大的危害性，因此，在进行城市规划时应考虑地震的影响。

地震的震级表示地震本身的强烈程度。地震的烈度是衡量地表遭受地震破坏程度的标准。一次地震只有一个震级，但随着距离震中的远近，烈度是不一样的。地震烈度分为 12 个级别。在 6 度和 6 度以下的地区，对城市建设影响不大；在烈度为 7 度和 7 度以上的地区进行建设，应考虑防震工程措施；烈度在 9 度以上的地区，一般不宜作为城市用地。

地震区的建筑物应建在可靠地基上，最适宜的是坚固的岩石，其次是均匀地覆盖在基岩上的冲积岩石，再次是土层厚度大和地下水位深的同类冲积土壤。应避免利用沼泽地区和狭窄的谷地，特别是要尽量避开地层断裂破碎的地段，以减轻地震带来的破坏和损失。此外，地震地区在城市江河的上游不宜修建水库，以免发生地震时水库堤坝受损，洪水下泄而危及城市。

二、水文及水文地质条件

(一) 水文条件

江河湖泊等水体,不仅是城市生产、生活用水的重要水源地,而且在城市水运交通、排除雨水、污水,美化环境以及改善城市小气候条件等方面都起着重要作用。另外,它也可能给城市带来不利的影响,如洪水为患、河岸的冲刷、河床的淤积等。

在城市范围内的江河湖泊的水文条件,与较大区域的气候特点,流域的水系分布,区域地质、地形条件等有着密切关系。而城市建设也可能造成对原有水系的破坏,如过量取水、排放大量污水、改变水道与断面等均能导致水文条件的变化。因此,在城市规划设计和建设实施过程中,需要经常地对水体的流量、流速、水位、水质等水文要素资料进行调查分析,随时掌握水情动态。

在靠近江河的城市,常常会受到洪水的危胁,城市为防范洪水带来的影响,在规划中应处理好用地选择,总体布局以及堤防工程建设等方面的问题。区别城市不同地区,采用不同的洪水设计标准,将有利于土地的充分利用,也有利于城市的合理布局和节约建设投资。

(二) 水文地质条件

水文地质条件一般是指地下水的存在形式,含水层的厚度、矿化度、硬度、水温及水的流动状态等条件。地下水资源对于城市用地选择、确定建设工业项目的性质和规模,以及城市的发展,都有重要影响。

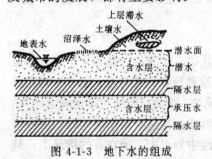

图 4-1-3 地下水的组成

地下水按其成因与埋藏条件可分为三类:上层滞水、潜水和承压水,如图 4-1-3 所示。其中,可作为城市水源的主要是潜水和承压水。潜水基本上来自地表水渗入,它主要靠大气降水补给,所以潜水水位及其水的流动状态与地面状况有关。承压水因有隔水顶板,受大气影响较小,也不易受地面污染,因此,往往是城市主要水源。

城市规划应根据地下水的流向来安排城市各项建设用地,有污染的企业应放在地下水和水源地的下游位置。以地下水作为水源的城市,应探明地下水的储量、补给量,根据地下水的补给量来决定开采的水量。地下水过量开采,将会出现地下水位下降,严重的甚至造成水源枯竭和引起地面下沉等。

三、气候条件

气候条件对城市规划与建设有许多方面的影响,尤其在为城市居民创造一个舒适的生活环境、防止污染等方面,关系十分密切。

影响城市规划与建设的气象要素主要有:太阳辐射、风象、温度、湿度与降水等几个方面。

(一) 太阳辐射

太阳辐射是世界万物生存的基本条件,也是人类取之不尽的能源。太阳辐射的强度与日照率,在不同纬度和地区存在着差异。在城市规划中,应认真分析研究所在地区的太阳运行规律和辐射强度,这对于建筑的日照标准、建筑朝向、建筑间距的确定,以及建筑物的遮阳和各项工程的采暖设施的设置,都提供了重要依据,其中某些因素将进一步影响到城市建筑群体的布置，建筑密度、用地指标与用地规模的确定。

（二）风象

风对城市规划与建设有着多方面的影响，如防风、通风，建筑的抗风设计等。尤其在城市环境保护方面，与风象的关系更为密切。

风是由空气的运动而形成的，并用风向和风速两个量来表示。风向就是风吹来的方向。表示风向最基本的特征指标是风向频率。风向频率一般是分 8 个或 16 个方位观测，累计某一时期内（如一季度、一年或多年）各个方位风向的次数，并以各个风向次数所占该时期不同风向的总次数的百分比值来表示，即：

$$风向频率 = \frac{该风向出现的次数}{风向的总观测次数} \times 100\%$$

风速是指单位时间内风所移动的距离，表示风速最基本的特征指标叫平均风速。平均风速是按每个风向的风速累计平均值来表示的。表 4-1-2 为某城市地区 25 年的风向观测记录汇总表。图 4-1-4 是根据记录汇总表所绘制的风向频率图和平均风速图（此图又称风玫瑰图）。

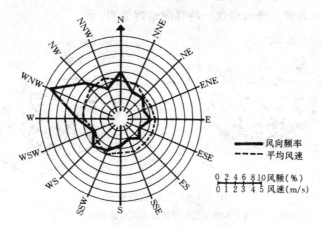

图 4-1-4 某城市地区累年风向频率、平均风速图

某城市地区1965～1989年累年风向频率和平均风速　　　表4-1-2

方　位	北	北北东	北东	东北东	东	东南东	南东	南南东
风向频率（%）	8	4	4	3	4	2	3	2
平均风速（m/s）	3.1	2.9	2.2	2.3	2.4	2.4	2.4	2.4

方　位	南	南南西	南西	西南西	西	西北西	北西	北北西	静风
风向频率（%）	3	5	6	4	7	15	9	5	16
平均风速（m/s）	2.4	2.9	2.3	2.0	2.9	3.1	3.4	3.5	0

在进行城市用地规划布局时，为了减轻工业排放的有害气体对生活居住区的危害，一般工业区应按当地盛行风向位于居住区下风侧。盛行风向又称主导风向，是按照城市不同风向的最大频率来确定的。图 4-1-5 为不同的盛行风向，城市有害工业与生活居住区相对位置的分布图示。

工业有害气体的排放对下风侧污染的程度，除了风向及其频率外，还与风速、排放口高度和大气稳定度等因素有关。污染程度与风向频率成正比，与风速成反比。这是因为风速越大，污染物越易扩散，从而降低了有害物质的浓度。它们的关系可用下式来表示：

$$污染系数 = \frac{风向频率}{平均风速}$$

污染系数越大，其下风方位的污染越严重。因此，在规划设计中，从减轻污染的角度出发，常将工业、铁路站场和码头布置在污染系数最小的方位上。

在大气候风外，城市地区由于地形的不同特点，所受太阳辐射的强弱不一，以及热量聚散速度的差异，而会形成局部地区的空气环流，即地方风，如山谷风（图 4-1-6）、海陆风（图 4-1-7）等。在山谷风占优势的地区和位于沿海、沿湖地区的城市及工业区，在规划布局时要充分考虑这一特殊的地理因素。

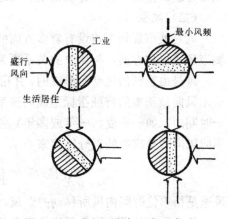

图 4-1-5　盛行风向与工业、生活居住用地布置的关系

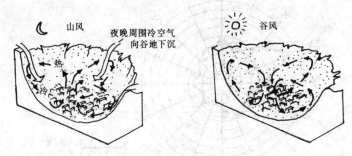

图 4-1-6　山谷风示意图
（谷地在白天和夜晚因山坡和谷底升、降温速度不一，形成方向相反的局部环流）

（三）温度

这里所讲的温度，就是气温。所谓气温通常是指离地表面 1.5m 高度处测得的大气温度，其单位用摄氏度表示。

在一般情况下，各地城市的年平均气温、极端最高气温和极端最低气温是随城市所处的地理纬度的不同而各异。地理纬度高，气温则低；反之，地理纬度低，气温则高。但不同的海拔高度和海陆气流对气温也有一定的影响。

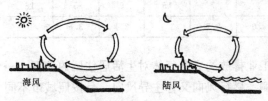

图 4-1-7　海陆风示意图
（海滨和湖滨在白天和夜晚因海面、湖面和陆地升、降温速度不一，形成方向相反的局部环流）

气温对城市规划与建设的影响是多方面的。城市的工业项目配置，需要根据气温条件，认真考虑工艺的适应性与经济性问题。在城市生活居住方面，则应根据气温状况考虑居住区的降温或采暖设备的设置问题。在日温差较大的地区（尤其在冬季），常常因为夜间城市地面散热冷却比其上部空气的散热冷

却来得快，而在城市上空出现逆温层现象，如图 4-1-8 所示。这时城市上空大气比较稳定，有害的工业烟气滞留或扩散缓慢，进而加剧了城市环境的污染。

（四）降水与湿度

降水是指降雨、降雪、降雹、降霜等气候现象的总称。雨量的多少及降雨强度，是城市地面排水工程规划设计的主要依据。此外，山洪的形成，江河汛期的威胁等也给城市用地的选择及城市防洪工程带来直接的影响。

相对湿度随地区或季节的不同而异。一般城市由于有大量人工建筑物和构筑物覆盖，相对湿度比城市郊区要低。湿度的大小不但对某些工业生产工艺有所影响，同时对居住区的居住环境是否舒适也有一定的关系。

图 4-1-8　城市逆温现象示意图

四、地形条件

地形条件对城市平面结构和空间布局，对道路的走向和线型，对城市各项工程设施的建设，对城市的轮廓、形态和面貌等，均有一定的影响。

结合自然地形，合理规划城市各项用地和布置各项建设工程，无论是从节约用地和减少平整土石方工程等的投资，或者是从城市建设和经营管理方面来看，都具有重要的意义。

此外，从城市各项工程设施的建设方面来看，它们对建设用地的坡度都有具体的要求。城市各项建设用地的适宜坡度可参考表 4-1-3。

城市各项建设用地的适宜坡度　　　　　　　　　　表4-1-3

项　　目	适 宜 坡 度	项　　目	适 宜 坡 度
工业①	0.5%～2%	城市主要道路	0.3%～6%
居住建筑	0.3%～10%	城市次要道路	0.3%～8%
绿化用地	可大可小	主要公路	0.4%～3%
机场用地	0.5%～1%	铁路站场	0～0.25%

① 工业如以垂直运输来组织生产或生产车间采用台阶式布置时，坡度可灵活掌握。

从以上对几项自然环境要素的分析，可以看出自然环境条件对城市规划与建设的影响是非常广泛的。这些影响大体可归纳为下表说明（表 4-1-4）。

自然环境条件的分析因素及对规划与建设的影响　　　　　　表4-1-4

自然环境条件	分　析　因　素	对 规 划 与 建 设 的 影 响
工程地质	地质构造、地基承载力、冲沟、滑坡、岩溶、地震、矿藏	城市布局、城市规模、用地指标、建筑层数、工程地基、抗震设施标准、工程造价、工业性质、农业
水文及水文地质	江河流量、流速、含沙量、枯水位、洪水位、地下水水位、水量、流向、水温、水质	城市规模、城市布局、用地选择、工业项目设置、给排水工程、防洪工程、桥涵工程、港口工程、农业用水
气　　象	太阳辐射、风象、降水量、蒸发量、湿度、气温、冻土深度、地温	城市工业分布、居住环境、绿地分布、环境保护、工程设计与施工、郊区农业
地　　形	型态、坡度、坡向、标高、地貌、景观	城市布局与结构、用地选择、道路系统、排水工程、用地标高、城市景观、水土保持
生　　物	生物资源、植被、生物生态	用地选择、环境保护、绿化、风景规划、郊区农业

第二节 城市技术经济条件分析

在进行区域城市居民点分布规划时,城市位置的进一步确定,还需分析与衡量以下几个方面的技术经济条件:城市是否靠近原材料、燃料产地和产品销售地区;对外交通联系是否畅通便捷;是否能经济地获得动力和用水供应;是否有足够合适的建设用地;城乡发展是否协调;城市与外界是否有良好的经济联系等。对于那些尚未进行区域规划的地区,城市上述技术经济条件的分析与评价,就成为城市规划中一个十分重要的工作阶段。

一、经济地理条件

城市与外界的经济联系,是城市存在与发展的重要经济因素。这种联系可以在周围有限的地区内,或者在广泛的范围内进行,而在与城市相邻的地区,影响则更为直接,主要表现在以下几个方面:

(一)区域规划确定的城市位置和发展会给城市建设提出某些限制和要求。

在区域城市居民点分布规划中,由于城市职能的区域分工和城市间的生产协作,产生了城市与城市之间、城市与区域之间的经济联系和制约关系。尤其是区域内小城市的建设与发展,它们与区域中心城市在社会、经济方面以及空间上的联系,就成为论证城市建设条件与评定建设用地适用性的主要内容。

在新的工业城市选址时,城市对外界的经济联系,就需要综合生产上的各种因素来考虑。如城市的位置选定往往取决于城市主导工业,而主导工业与该工业原料基地原则上应尽量靠近,以便就地取材。但除一般的采掘工业,原料、燃料消耗量较大或原料价格低廉、经长途运输成本又过高的工业外,大多数新建工业城市的选址还应从其工业的原料、动力、燃料、产品销售、运输、生产协作等诸多经济因素综合起来考虑,在此基础上进行技术经济比较,选择适宜方案。一般来说,由多种工业构成的城市对外界的经济联系就比由单一工业构成的城市更为广泛、复杂,需要考虑的因素也就更多。

(二)城市与周围农业地区的经济联系十分密切,是其周围地区的经济中心

城市的发展必须与周围地区农业发展相适应,必须根据周围地区农业的发展及可能提供的商品粮、劳动力、工业原料和农副产品等,相应确定城市的建设和发展。这是因为城市是由工业、对外交通、仓库、生活居住区等物质要素所组成,其中工业往往是决定城市建设和发展的主导因素。只有工业的发展,才能带动交通运输、文教卫生等各项事业的发展,才可能出现为这些事业服务的城市。因此,城市建设和发展,必须从属于工业的建设和发展,城市的发展速度必然从属于工业化的速度。然而,工业的发展又受到农业发展的制约,如果没有农业迅速的发展,就没有工业的发展,同时也就没有城市的发展。

城市规划和城市建设,作为国民经济的一个重要的组成部分,不能脱离周围地区农业生产的发展水平和发展的速度。像我国这样一个人口众多、粮食主要依靠自给的大国,城乡人口比例,取决于一个农业劳动力能提供商品粮的数量。城市工业和其他非农业生产的劳动力来源,主要是吸收农业剩余的劳动力。工业和城市建设的发展必须与农业生产发展水平相适应,否则,城市化速度过快,就会削弱农业,影响农业生产,就会因农业经济上不去,影响到整个国民经济各部门的均衡发展和城乡人民的生活。

城市，特别是为数众多的县城，多是一个县或一个地区范围内的经济中心，是沟通城市和广大农村的纽带，是工业品和农副产品的集散地。因此，它与周围农业地区的经济联系十分密切。城市向农村提供农机、化肥、农药等农业生产资料和日常生活用品。农村向城市提供粮食、经济作物和农副产品等。为城市的轻工业和以农副产品为原料的加工工业发展提供基础。这种工与农、城与乡之间互为促进的关系，对城市工业的组成和结构，对城市对外交通及仓库用地的组织和分布，都会带来很大的影响。

二、交通运输条件

交通运输是发展国民经济的先行官，它与国民经济各部门的发展有紧密的联系。对一个城市来说，交通运输是城市建设的重要内容。从城市的形成与发展看，交通运输条件又是城市形成和导致城市兴衰的重要因素之一。例如郑州、宝鸡等城市的建设和发展，就是与它们处在京广和陇海、陇海和宝成铁路的枢纽有关。由于铁路运输业的发展，推动了城市工业及其他事业的发展。对交通运输条件的分析与评价可以从以下两个方面来考虑：

(1) 城市所在区域范围内已经形成或规划的交通运输网络与城市的关系，以及城市在该网络中的地位与作用。

(2) 城市（尤其是客货运量大或对运输有特殊要求的工业城市）对其周围的交通运输条件（铁路、公路、水运、空运等）的要求。

铁路是我国目前最重要的交通运输手段。当铁路运输是城市的主要对外交通运输方式时，在规划中通常把运量大的工业城市靠近铁路干线布置，其优点是经济效益比较明显。当然，对于运输量大又靠近铁路干线的工业城市，规划时须对以下几个方面进行认真分析：(1) 铁路现有和规划发展的站场分布；(2) 城市是否有适宜于修建编组站的用地，并能否从某一侧方便地引支线或专用线；(3) 城市货物运输量的估算和其他有关铁路用地的技术经济问题等。

具有铁路枢纽功能的城市，必然会由于其枢纽的作用而设置各种建设项目。因此，这类城市往往与铁路之间的矛盾比较突出，如何根据各方面的条件综合地研究因设置枢纽而引发的工程项目内容与用地，如何妥善处理好城市建设和铁路各项设施的用地关系，成为此类城市总体规划的一个重大课题。

公路运输是最为方便的运输方式，它能减少途中转运，实现"门"到"门"的交通运输服务。城市建设用地若能接近现有公路，可以满足初期建设的运输需要。对于建设用地范围内或邻近的现有公路，应注意了解它们的使用性质、公路等级、交通流量、路辐宽度、通行能力、路面承载力、公路线型等技术资料。结合城市建设的需要，分析它们的使用价值及技术改造的经济性与可能性，必要时应作出新辟路段与利用旧有公路的经济比较。公路运输条件除本身的技术状况外，还取决于交通设备、交通工具的物质条件及其运输效能、经济效益等因素。

水路运输成本低廉，在有条件的地方应充分利用和发展水运。水路运输在火车和汽车还没有出现之前，曾是人类主要的交通运输手段。我国许多古城都是沿江、沿河或沿海分布的。历史上都是在水路运输较为发达的地区，出现比较繁荣的城市。由于水路运输条件绝大多数是依靠自然水道和水域，就必须对水情、航道、岸线以及陆域等建港条件进行分析，并应考虑水路运输与陆路运输（铁路、公路运输）的衔接和水陆联运等问题。

航空运输速度快，活动空间大，运量小，成本高，受气候条件的一定限制。机场投资较大，但包括航线在内总的投资并不最高。最适于长距离快速运输及客运。但须有先进的地面交通与之配合。在保证城市的航空运输方面，城市规划的任务是：(1) 确定航空港的位置；(2) 规定航空港邻近地区的建筑情况；(3) 解决城市与航空港之间的交通联系。

三、用水条件

用水条件，应主要分析研究建设地区的地面水和地下水资源，在水量、水质、水温等方面能否满足城市工业生产和居民生活的需要。目前，我国部分城市因为受用水条件的限制，影响到城市的建设和发展。还有一些城市，根据水资源的调查和勘查报告来看，水量和水质等指标是可以满足城市的生产和生活用水要求的，然而，经过一段时间以后，因城市上游地区工农业生产取水量的增加及其他各方面条件变化，造成了城市可取水量减少、水资源枯竭，或因水源受到污染等，不得不到远离城市几十公里以外，去开辟城市新的水源地。这些现象都应引起高度重视，必须在认真分析各种资料的基础上，确定城市水源及水源地的开发、保护方案，保证城市工业生产和居民生活供水的经济性和可靠性。

四、供电条件

城市用于动力供应的能源有多种多样，其中主要的是电能。工业以及城市的建设和发展与城市甚至整个地区是否具备经济、可靠的供电条件有密切的关系。对于用电量大的工业企业，选择厂址时就必须与电源电厂（包括火电和水电等）位置的选择结合起来考虑。目前，全国各地区基本上都在条件优越的地方建立了大型的火力和水力发电站，并通过建立起来的区域输电网络，向城市和乡村的工农业生产和居民生活供电。

城市的建设和发展必须具备良好的供电条件。必须对区域供电规划，建设地区输电线路的电压、容量、走向和邻近的电源情况，在本地区拟建的电厂或变电站的规模和位置，以及城市工业生产、城郊农业生产和城乡居民生活用电量，最大用电负荷等技术经济资料，进行了解和分析。

当城市需要自建电厂时，则在城市用地选择和用地组织中，要考虑电厂的规模、位置以及电力生产所需的条件。在城市中电厂设施和高压输电线路走向往往对城市建设起一定的制约作用，而成为一项重要的建设条件，它对城市的规划布局、土地利用都会有一定的影响。

五、用地条件

用地条件关系到城市的总体布局和用地规模。从某种意义上讲，城市总体规划主要的任务是进行城市用地布局规划。城市各种工程设施在建设上对用地都有着不同的要求。对用地条件的分析主要有以下几个方面：

(1) 从地质、地形、高程等方面分析用地是否适合于建设的需要。
(2) 用地形状对城市的总体布局是否有利，是否会增加城市基础设施的投资。
(3) 是否具备充足的用地，并为城市发展留有余地。
(4) 用地的工程准备在建设时间上和费用上能否节省。
(5) 拟发展范围内农田的质量和分布情况也是建设条件的制约因素，它对城市用地的选择、城市发展的方向以及城市规划布局起着一定的影响。

六、城市现状条件

城市现状条件是指组成城市各项物质要素的现有状况。城市在不断发展，建设在进行，城市各项物质要素总是经常变化着的。

除了新建城市之外，大多数城市仍要依托原有基础发展与建设。所以城市原有布局往往对发展规划的布局具有十分重要的影响，其影响程度随着城市原有基础与发展规划项目的比重而有所不同。

城市的现状条件，有时不能满足城市发展的要求，有时某些现状条件还会妨碍城市的发展和建设，这就要求在规划城市时对那些不利于城市发展的现状条件加以改造。由此可见，城市的发展也会促进和加速原有城市的改造，而这种改造也是为了更好地利用城市原有基础，充分挖掘城市的潜力。

在城市规划时，对城市现状条件的分析是一项十分复杂而又必不可少的工作，分析的目的在于充分掌握城市现状的各种矛盾和潜力。对城市现状条件的调查分析应包括两个方面，其一是技术经济方面，主要包括现状用地布局和城市现有设施及自身效能。这两者是相互联系的，城市用地布局不合理，就必然影响到城市设施效能的充分发挥，同时还可能导致城市环境的恶化；而另一方面由于城市设施本身的局限和存在的问题，需要不断改造、扩建或更新，这就可能对城市用地布局现状提出新的要求。其二是社会方面，主要包括现有城市的人口规模、人口年龄构成、人口文化素质、人口在城市各产业部门的分布以及就业率等等，从中分析城市在实现经济增长和提高居民生活水平目标方面的社会潜力，其中应包括城市社会如何通过文化、教育、体育、卫生等设施建设来不断深化内涵，并在原有基础上达到最大程度的发展。

城市现状条件的分析内容，主要侧重以下几个方面：（1）城市总体布局的分析；（2）城市规模的分析；（3）工业现状的分析；（4）交通现状的分析；（5）生活设施现状的分析；（6）郊区现状的分析等。

第三节　城市用地选择与评定

城市规划与建设所涉及的方面较多，而且彼此间的关系往往是错综复杂的。对于用地的适用性评定，在进行以自然环境条件为主要内容的用地评定以外，还须从影响规划与建设更为广泛的方面来考虑。用地条件与城市规划布局的关系，可以归纳为下列图式来表示（如图 4-3-1）。

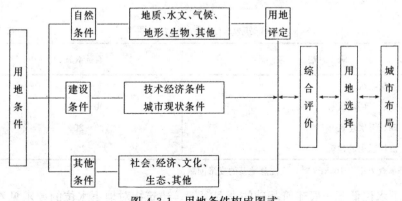

图 4-3-1　用地条件构成图式

一、城市用地选择

城市用地选择是城市规划和建设的一项重要工作内容。它是综合了城市各项设施的建设和使用要求,根据城市所在地区的自然环境条件、技术经济条件以及现有城市的分布情况和现状等具体的建设条件来进行选定的。新城市建设需要选择适宜的城址,而利用原有城市基础进行扩建或改建的城市,同样也有选择城市发展用地的问题。城市用地选择得是否恰当,直接影响到城市的功能组织和规划布局,影响到城市各项工程设施的建设和运营管理的经济合理性。

城市用地选择原则上应考虑:
(1) 贯彻有关城市建设方针,尽量少占农田,不占良田。
(2) 用地选择要按新建与旧城改建、扩建的不同特点来进行。新城市的选址一般是在区域规划过程中,从区域范围内选定;而旧城扩建用地选择则往往要考虑到与现状的关系,而有所限制。无论是新城市建设或旧城扩建都应注意到对现有城市现状的利用与改造。
(3) 城市用地选择,特别是新建城市,在选择工业用地的同时要考虑到它与城市其他用地的关系,尤其是与居住用地的相互关系。
(4) 用地选择尽可能满足城市各项设施在土地使用和工程建设以及对外界环境方面的要求,充分利用有利条件,考虑到规划与建设的合理性和经济性。

为了使用地选择得比较合理,通常是按照用地状况和用地组织的要求,不断调整,反复修改,通过方案比较来进行的。由于先进的数学方法和电子计算机的应用,为更科学、合理和快速选择用地和组织用地提供了手段。

二、城市用地适用性评定

城市建设用地的适用性评定,是在调查分析城市自然环境条件的基础上,根据用地的自然条件和人为的影响,以及修建的要求等进行全面地综合分析,以确定建设地区的用地是否符合规划建设的要求和适用程度,为正确选择和合理组织城市用地提供科学依据。按适用性评定要求,城市用地通常分为三类:

(一) 一类用地

一类用地,即适宜修建的用地。这类用地是指用地的自然环境条件较好,能适应各项城市设施的建设需要,一般不需或只需稍加工程措施即可使用的用地。其具体要求是:
(1) 非农业或者是农业生产价值较低的劣地、薄地。
(2) 土壤的允许承载力能达到一般建筑物地基的要求。建筑物对地基承载力的要求见表 4-3-1。

一般建筑物对地基承载力的要求　　　　　表 4-3-1

建 筑 层 数	地基承载力 (kPa)
一层建筑	60~100
二、三层建筑	100~120
四、五层建筑	120~200
五层以上的建筑	大于 200

注:当地基承载力小于 100kPa 时,应注意地基的变形问题。

(3) 地下水位低于一般建筑基础的埋置深度。建筑物对地下水位的要求见表 4-3-2。
(4) 没有被百年一遇洪水淹没的危险。
(5) 地形坡度在 10% 以下,最大坡度不超过 15%,符合城市各项用地的要求。

建筑物、构筑物对地下水位深度的要求　　　　　表4-3-2

建筑物、构筑物类型	地下水位距地表面的深度（m）	
一层建筑	不小于1.0	
二层及二层以上建筑	大于2.0	
有地下室的建筑	大于4.0	
各类道路	0.7～1.7	砂土类　约0.7～1.3 粘土类　约1.0～1.6 粉砂土类　约1.3～1.7

（6）没有沼泽现象，或采取简单的工程措施即可排除积水的地段。

（7）没有冲沟、滑坡、崩塌和岩溶等不良地质现象的地段。

（二）二类用地

二类用地，即基本上适宜修建的用地。这类用地是指必须采取一定的工程措施加以改善后才能进行修建的用地，它对城市各项设施的建设或工程项目的分布有一定的限制。属于这类用地的有：

（1）地质条件较差，布置建筑物时地基需要进行适当的处理（如地基加固、采用桩基础等）的地段。

（2）地下水位较高，需降低地下水位的地段。

（3）易被洪水淹没，但淹没深度不超过1～1.5m，需采取防洪措施的地段。

（4）地形坡度较大，修建时需采取一定的工程措施的地段。

（5）地面有积水或沼泽现象，需采取专门的工程措施加以改善的地段。

（6）有非活动性的冲沟、滑坡和岩溶现象，需采取一定工程准备措施的地段。

（三）三类用地

三类用地，即不适宜修建的用地。这类用地条件很差，往往要采取特殊工程措施后才能使用。属于这类用地的有：

（1）农业生产价值很高的丰产田。

（2）土壤承载力很低，一般允许承载力小于60kPa和存在厚度在2m以上的泥炭层、流沙层等，需要采取很复杂的人工地基才能修建的地段。

（3）地形坡度过陡（一般超过20%），布置建筑物很困难的地段。

（4）经常被洪水淹没，且淹没深度超过1.5m的地段。

（5）有严重的活动性冲沟、滑坡、岩溶、断层带等不良地质现象，防治时需花费很大工程量和工程费用的地段。

（6）其他限制建设的地段，如具有开采价值的矿藏、开采时对地表有影响的地带；给水水源卫生防护地带；现有铁路、机场以及其他永久性设施用地和军事用地等。

应该指出，所谓不适宜修建用地，并不是说绝对不能进行修建，但利用这类用地由于工程措施技术复杂，工程量大，需要巨额投资，因此通常不选用这类用地修建。如果由于特殊的需要，经过技术经济比较，虽增加一些投资和工程量，但从全面考虑还是合理的，那么这类用地仍可利用。

我国地域辽阔，各地的情况存在差异，因此在城市用地适用性评定时，用地类别的划分可按各地区的具体条件相对地来拟定。不同城市的用地类别不应强求统一。类别的多少也要根据用地环境条件的复杂程度和规划的要求来确定。如有的城市用地类别可分为四类或五类；而有的城市则可分为二类。因此，用地适用性评定的分类具有较强的地方性和实用性，必须因地制宜地加以确定。表 4-3-3 为用地分类参考表。

按适用性用地分类参考表　　　　　　　　　表4-3-3

用地类别		地基承载力 (kPa)	地下水位埋深 (m)	坡度 (%)	洪水淹没程度	地貌现象
类	级					
一	1	>150	>2.0	<10	在百年洪水位以上	无冲沟
	2	>150	1.5~2.0	10~15	在百年洪水位以上	有停止活动的冲沟
二	1	100~150	1.0~1.5	<10	在百年洪水位以上	无冲沟
	2	100~150	<1.0	15~20	有些年份受洪水淹没	有活动性不大的冲沟
三	1	<100	<1.0	>20	有些年份受洪水淹没	有活动性不大的冲沟
	2	<100	<1.0	>25	洪水季节淹没	有活动性冲沟

城市用地适用性评定的成果包括图纸和文字说明。图纸的比例为 1：5000 或 1：10000，一般应与总体规划图的比例一致。评定图可以按评定项目的内容（如地基承载力、地下水等深浅、洪水淹没范围、坡度等）分项绘制，也可以综合绘制于一张图上。另外，在图上要标明用地评定的分类等级的范围界限，它可以单独成为一张图纸，也可以综合在前述内容的图纸上。总之，应以表达清晰明了为目的。

在小城市用地适用性评定时，也可只表示用地类别的简图，其他内容可列表加以说明。如表 4-3-4 和图 4-3-2 为某小城镇的用地适用性评定实例。

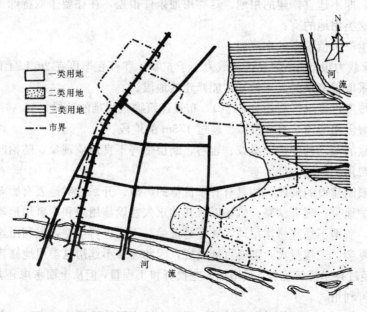

图 4-3-2　某小城镇的用地适用性评定示意图

某小城镇用地适用性评定表　　　　　　　　　　　表4-3-4

用地等级	地貌	土壤组成物质	地基承载力(kPa)	地下水位深度(m)	坡度(%)	特大洪水淹没深度(m)
一	阶地	粘土	>150	>1.5	<5	高于洪水位
二	高河漫滩	粉砂质粘土	100～150	1.0～1.5	<5	<1.5
三	河漫滩低洼地	粉砂质粘土、粉砂、细砂	<100	<1.0	<5	>1.5

第四节　城市环境保护

环境是人类赖以生存的基本条件，是发展农、林、牧、副、渔及工业生产，繁荣城乡经济的物质源泉。然而，工业的发展，人口的聚集，一方面为城市的经济发展提供了有利条件，但与此同时，也会给城市带来破坏环境和生态平衡的不利影响。因此，在城市规划中对环境保护工作应有足够的重视。

一、环境与环境保护

（一）环境

所谓环境总是相对于某一中心事物而言的，总是作为某一中心事物的对立面而存在的。它因中心事物的不同而不同，随中心事物的变化而变化。与某一中心事物有关的周围事物，就是这个中心事物的环境。

我们要讲的中心事物是人，围绕人类的一切客观事物的总和，即人类赖以生存和发展的物质条件的总体，称为人类生存环境，就城市而言，也就是我们所要讲的城市环境。城市环境包括两个部分：一为自然环境，它是在人类社会未出现之前就客观存在的。人类的生存与发展离不开周围的大气、水、土壤和动植物，以及各种矿物资源。自然环境就是指围绕着我们周围的各种自然因素的总和，由大气圈、水圈、岩石圈和生物圈等几个自然圈所组成。二是社会环境，即人类社会为了不断提高自己的物质和文化生活而创造的环境，如工业、城市、房屋、道路、娱乐场所等，都是人类社会的经济活动和文化活动所创造的环境。

1989年12月26日颁布施行的《中华人民共和国环境保护法》对环境作了更具体的概括。其中，第二条明确规定："本法所称环境，是指影响人类生存和发展的各种天然的和经过人工改造的自然因素的总体。包括大气、水、海洋、土地、矿藏、森林、草原、野生生物、自然遗迹、人文遗迹、自然保护区、风景名胜区、城市和乡村等"。这里提出的是与我们关系密切，为大家所公认，并以法律形式加以确定必须保护的环境对象，也是人类周围环境的空间组成。

1. 生态系统

一切生物都受自然条件各因素的影响，在一定的空间里，生物与生物之间，生物与周围环境之间密切联系、彼此影响、相互适应、相互制约，并通过食物链进行物质和能量的交换，这个生物与环境的结合体，称为生态系统。一个湖泊、一条河流、一片森林都可以构成一个复杂的生态系统。

以池塘为例，在池塘中有水、植物、微生物和鱼类，它们相互联系，相互制约，在一定的条件下，保持着自然的、暂时的、相对平衡的关系，形成一个复杂的生态系统。在池塘中，鱼依靠浮游动、植物为生，鱼死后，水里的微生物把它分解为基本元素和化合物，这些基本元素和化合物又是浮游动、植物的养料。微生物在分解过程中要消耗水中的氧气，而由浮游植物在光合作用下所产生的氧气，又可以补充它的消耗。浮游动物以浮游值物为食，而鱼又吃浮游动、植物。这样，在池塘里，微生物、浮游植物、浮游动物、鱼之间，相互联系、相互依赖、相互制约，构成了一个小小的、典型的生态系统（见图4-4-1）。

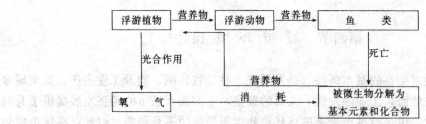

图4-4-1 水中微生物、浮游动植物、鱼类之间构成的生态系统

2. 自然界的物质循环

构成自然界的基本物质水、碳、氮等都在不断地运动，例如海洋中的水经蒸发后进入大气，遇冷后凝结成雨或雪落到地面，一部分通过土壤、岩石、江河流入海洋；一部分蒸发；一部分被植物吸收和被人类利用（见图4-4-2）。各种物质循环，一方面使生态系统保持相对的稳定，即生态平衡；另一方面可使循环中的物质得到更新，一些有毒物质不断被稀释、氧化、分解，从而使环境得到净化。

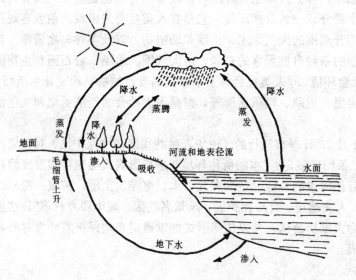

图4-4-2 生态系统水的循环示意图

（二）环境保护

环境保护是指协调人类和环境的关系，解决各种环境问题，保护、改善和创建环境的一切人类活动的总称。具体来讲，环境保护的任务就是采取行政的、法律的、经济的、教育的、科学技术的多方面措施，合理地开发利用自然资源，防止环境污染，保持生态平衡，

保障人类社会健康地发展，使环境更好地适应人类的生产和生活，以及自然生物的生存。

1. 环境保护是我国的一项基本国策

国策是立国、治国之策。只有那些对国家经济建设、社会发展和人民生活具有全局性、长期性和决定性影响的策略，才能上升为国策。环境保护就具有这样的性质，因此，我国把环境保护定为一项基本国策。

1982年12月4日，五届人大五次会议通过的新宪法第二十六条明确规定："国家保护和改善生活环境和生态环境，防治污染和其他公害"。这就在国家根本大法中，确立了环境保护的法律地位。

2. 我国环境保护工作的方针

环境保护工作的方针，是指国家在一定历史时期为达到一定的环境保护目的而确定的环境保护工作的指导原则。

我国环境保护工作的方针是："全面规划，合理布局，综合利用，化害为利，依靠群众，大家动手，保护环境，造福人民"。这条方针是1972年6月我国代表团在联合国人类环境会议上提出的。在1973年8月举行的第一次全国环境保护会议上得到了确认，并写入1989年12月颁布的《中华人民共和国环境保护法》，以法律形式确定为我国环境保护工作的基本方针。这条方针指明了环境保护是国民经济发展规划的一个重要组成部分，必须纳入国家的、地方的和部门的社会经济发展规划，做到经济与环境的协调发展；在安排工业、农业、城乡经济建设时，必须充分注意对环境的影响，把经济发展和环境保护统一起来，注意预防和消除对环境的污染；对工业、农业、人民生活中排放的污染物，要开展综合利用，做到化害为利，变废为宝；依靠人民群众保护环境，组织与发动各部门、各企业治理污染，把环境保护事业作为全国人民的事业，以达到"保护环境，造福人民"的目的。

二、环境污染与防治

由于人类的活动，不断向自然界排放大量的有害物质，当其进入环境的数量超过了生态系统能够降解它们的能力，从而打破了生态平衡，使人类赖以生存的环境发生恶化，便造成了环境污染。人类活动排放的有害物质，污染了大气、水体和土壤，这些污染物中的一部分通过各种途径到达人体，影响人体的健康。其中，空气和水中的污染物除直接通过人的呼吸和饮水进入人体外，又沿食物链通过动植物体转到人体；土壤中的污染物则只有通过动植物才能到达人体。因此，城市规划与环境保护的关系十分密切，在基本建设中要严格执行"三同时"的原则，即在新建、改建和扩建工程时，防止污染和其他公害的设施必须与主体工程同时设计、同时施工、同时投产。

（一）大气污染及防治

由于人类的活动或其他原因向大气排放的各种物质，改变了空气的正常成分，从而造成对人类健康和动植物生长的危害，甚至引起了自然界的某些变化，这就是大气污染。全世界每年向大气排放的有害物质超过6亿t，污染物的种类有100多种，但影响范围较广、对人类健康和环境威胁较大的主要有煤粉尘、二氧化硫、一氧化碳、二氧化氮、碳氢化合物以及上述物质联合作用所产生的"二次污染物"。

向大气排放的主要污染物与能源的消耗特别是大量烧煤与石油有关。工业生产、交通运输和民用燃料的消耗是城市主要的大气污染源。工业大气污染物及危害见表4-4-1、表4-4-2。

各工业部门向大气排放的主要污染物

表4-4-1

工业部门	企业名称	向大气排放的污染物
电力	火力发电厂	烟尘、二氧化硫、氮氧化物、一氧化碳
冶金	钢铁厂	烟尘、二氧化碳、一氧化碳、氧化铁、粉尘、锰尘
	炼焦厂	烟尘、二氧化碳、一氧化碳、硫化氢、酚、苯、萘、烃类
	有色金属	烟尘（含有各种金属如铅、锌、铜……）、二氧化硫、汞蒸气
化工	石油化工厂	二氧化碳、硫化氢、氰化物、氮氧化物、氯化物、烃类
	氮肥厂	烟尘、氮氧化物、一氧化碳、氨、硫酸气溶胶
	磷酸厂	烟尘、氟化氢、硫酸气溶胶
	硫酸厂	二氧化硫、氮氧化物、一氧化碳、氨、硫酸气溶胶
	氯碱厂	氯气、氯化氢
	化学纤维厂	烟尘、硫化氢、二硫化碳、甲醇、丙酮
	农药厂	甲烷、砷、醇、氯、农药
	冰晶石厂	氟化氢
	合成橡胶厂	丁二烯、苯乙烯、乙烯、异丁烯、戊二烯、丙烯、二氯乙烷、二氯乙醚、乙硫烷、氯化钾
机械	机械加工	烟尘
	仪表厂	汞、氰化物、铬酸
轻工	造纸厂	烟尘、硫酸、硫化氢
	玻璃厂	烟尘
建材	水泥厂	烟尘、水泥尘

大气污染物对人体健康的影响

表4-4-2

污染物	对人体健康的影响
烟雾	视程缩短、导致交通事故、慢性支气管炎
飞尘	阳光不足，令人讨厌、血液中毒、尘肺、肺感染
二氧化硫	刺激眼角膜和呼吸道粘膜、咳嗽、声哑、胸痛、支气管炎、哮喘，甚至死亡
二氧化氮	刺激鼻腔和咽喉、胸部紧缩、呼吸急促、失眠、肺水肿、昏迷，甚至死亡
一氧化碳	头晕、头痛、恶心、四肢无力，还可引起心肌损伤、损害中枢神经，严重时导致死亡
氟化氢	刺激粘膜、幼儿发生斑状齿、成人骨骼硬化
硫化氢	刺激粘膜、导致眼炎或呼吸道炎、头晕、头痛、恶心、肺水肿
氯气	刺激呼吸器官、支气管炎、量大时引起中毒性肺水肿
氯化氢	刺激呼吸器官
氨	刺激眼、鼻、咽喉粘膜
气溶胶	引起呼吸器官疾病
苯并芘	致癌
臭氧	刺激眼睛、咽喉、呼吸机能减退
铅	铅中毒症、妨碍红血球的发育、儿童记忆力低下

防止大气污染的规划措施有：

（1）城市要合理布局，防止污染源过于集中，并且主要污染源应位于城市主导风向的下风侧。

（2）考虑地形地物影响，特别是山间盆地地形较封闭，不利有害气体扩散，这类地区的城市不宜把工业区和居住区布置在一起。需要发展有污染的工业时，应将其布置在远离城市的独立地段。

（3）应设立必要的卫生防护带，可按工业性质和规模，以及当地地形条件和近5年的平均风速，执行我国现行的《工业企业卫生防护距离标准》（GB 11654～11666—89）。

（4）改革燃料结构，开展区域供热，如利用沼气、太阳能、天然气等代替易产生大气污染的燃料能源；在寒冷地区采用高效的热电站或区域锅炉房集中供暖，便于采用先进技术除尘、脱硫，既可减轻污染，又可节约能源。

（5）采用先进工艺，综合利用"三废"，使其变废为宝。

（6）加强城市绿化，净化空气。绿色植物对有害气体及烟尘具有阻滞、吸附和净化作用，因此，在污染区选择抗性强的树种，对减轻大气污染具有重大意义。表4-4-3为常见的环保绿化植物。

常见的环境保护绿化植物　　　　　　　　　　　表4-4-3

类别	树名	生长高度(m)	生长习性	抗毒性能				适宜生长地区							绿化用途
				SO_2	HF	Cl_2	粉尘	A	B	C	D	E	F	G	
1	2	3	4	5	6	7	8	9	10	11	12	13	14	15	16
落叶乔木	加拿大白杨	20～30	喜光，抗涝，不耐修剪，适中性和钙质土	较强		较强		√	√	√	√	√			行道树，庭园树
	毛白杨	20～30	强阳性，耐寒，生长快，寿命短，根深，适中性和钙质土	较强		较强				√	√	√	√		行道树，林带等
	钻天杨	30～40	阳性，耐寒，耐旱，生长快，根深，适中性或钙质土	较强	较强				√	√	√	√			行道树，防护林等
	悬铃木	20～30	阳性，不耐寒，根深，适微酸性土	较强	较强		较强			√	√	√	√		行道树，工矿绿化
	垂柳	～18	阳性，耐湿，根深，适中性及钙质土	强	较强		强			√	√	√	√	√	行道树，护堤树
	沙枣（桂香柳）	5～15	阳性，耐湿，耐碱土	强	强	较强	强	√	√	√					行道树，绿篱，固沙等
	丝棉木	8	喜阳光，不耐湿，适应各种土壤	强	强		强			√	√				工矿绿化，庭园
	黄葛榕	15～26	喜阳光，对土质要求不高，	强	较强	强	强							√	行道树，庭园
	银杏	30～40	阳性，生长慢，寿命长，病害少，易移植，适微酸及中性土	较强			较强			√		√	√		行道树，防火，庭园
	桑树	15	阳性，根深，适酸性和钙质土	较强	较强	强	较强	√	√	√	√				工厂绿化，防护林，风景
	白榆	15～20	阳性，适应性强，耐恶劣气候和土壤	强	较强	强	较强	√	√	√	√	√			行道树，防护林，庭园

续表

类别	树名	生长高度(m)	生长习性	抗毒性能 SO₂	HF	Cl₂	粉尘	适宜生长地区 A	B	C	D	E	F	G	绿化用途
1	2	3	4	5	6	7	8	9	10	11	12	13	14	15	16
落叶乔木	国槐	10～15	喜阳,抗寒,抗旱,耐修剪,根深,适酸、中性、钙质土	较强	较强	强	强		√	√	√	√	√	√	行道树,工矿绿化
	刺槐	10～25	强阳性,抗寒,抗旱,耐修剪,根深,适酸性土	强	强	较强	较强	√	√	√	√	√	√		行道,工矿绿化,防火
	梧桐	～16	喜阳,不耐旱,发芽迟,落叶早,根浅,适酸、中性、钙质土	较强		较强	较强				√	√	√		行道树,防风
	泡桐	～20	阳性,不耐阴,不耐水,萌芽力强,适微酸土	较强	较强	较强	较强			√		√	√	√	行道,庭荫
	构树	～20	阳性,耐湿,耐旱,萌芽力强,生长快,根浅,适酸、中性土	强	较强	较强	较强			√		√	√	√	工矿绿化,防护林(选雄株)
	合欢	～15	阳性,耐旱,根深,适微酸性土	较强		较强	较强		√	√	√	√			工厂绿化,行道,防护林
	臭椿	20～30	强阳性,抗旱,耐寒,根深	强	较强	较强	较强		√	√	√	√	√		工厂绿化,行道树
	朴树	～20	阳性,耐寒,生长快,根深,适酸、中性、钙质土	强	较强	较强	较强			√		√	√		工厂绿化,行道,庭园
	乌桕	～15	阳性,根深,耐水	较强	较强	强	较强			√		√	√	√	工厂绿化,堤岸行道树,防护林
	青杨	20～30	耐寒,不耐旱,喜肥	较强			较强	√	√	√	√	√			
	元宝枫	8～10	阳性,耐寒,耐旱,适各种土质				较强		√	√					行道,工厂绿化,庭园
	槲栎	～15	中性,喜干燥,不怕风,耐寒,耐火,根深,适酸、中性土				强	√	√		√				工厂重要绿化树,风景
常绿乔木	马尾松	20～30	强阳性,喜热,耐旱,根深,适酸性土	较强								√	√	√	行道,防风林,庭荫
	广玉兰	15～30	阳性,喜温,根深,适酸性土	强	较强	较强	较强		√			√	√	√	行道,庭院,观赏
	桉树	～35	阳性,喜热,耐寒差,根浅,适酸性土				较强						√	√	行道,医疗区,绿化
	樟树	20～30	喜热,不耐寒,抗湿,根深,适酸性粘质土	较强	较强							√	√	√	行道,隔声,防护林
	桂花	～13	喜温,喜肥,喜阳,生长慢,适微酸性沙质土	较强			差		√			√	√	√	厂前区绿化,庭院
	银桦	～20	喜温,喜肥,喜热,适微酸性肥沃土	较强								√	√	√	行道,庭园
	女贞	～13	阳性,喜温湿,生长快,耐修剪,根深,适酸、碱性土	强	较强	强	较强					√	√	√	行道,绿篱,观赏

续表

类别	树名	生长高度(m)	生长习性	抗毒性能				适宜生长地区							绿化用途
				SO_2	HF	Cl_2	粉尘	A	B	C	D	E	F	G	
1	2	3	4	5	6	7	8	9	10	11	12	13	14	15	16
常绿乔木	冬青	~13	阳性,耐湿,耐修剪,适酸性土	较强								✓	✓	✓	绿篱,庭园
	棕榈	~15	阳性,喜温湿,根深,适酸性土	强	较强	强						✓	✓	✓	工厂,城市绿化,护岸
	铁树	3~5	喜光,温暖,对土质要求不严,生长慢	强			强			✓	✓	✓	✓		厂前区,庭园,观赏
	罗汉松	16~25	生长慢,喜热,根深,适酸性土	较强		强				✓	✓	✓			厂前区,庭园,观赏
	华山松	~30	阳性,喜凉爽,喜肥土	强								✓	✓	✓	行道,防护林,庭园
	侧柏	~20	阳性,耐寒湿,耐旱,耐修剪,适酸、中性或钙质土	强		较强	强	✓	✓	✓	✓	✓			绿篱,四旁绿化
	桧柏	~20	阳性,耐寒,耐旱,耐修剪,生长慢,寿命长,适酸、中性土	较强	强			✓	✓	✓	✓	✓			绿篱,造林,风景
	樟叶械	10~20	喜阳,适肥润酸性土	强		强						✓	✓	✓	抗污染树种
	蓝桉	~20	阳性,适肥润酸性土	中	中	中							✓	✓	抗污染树种
	大叶冬青	~20	喜阳,耐潮湿,耐修剪,生长慢,适肥沃酸性土	强								✓			工矿绿化,形美
落叶灌木及小乔木	黄槿	4~7	阳性,喜水、湿,根深	中		中	吸尘							✓	抗风,防潮
	枸桔	~4	喜阳,适肥润、酸、中性土	强		较强			✓		✓	✓	✓		抗SO_2为主之绿篱
	木芙蓉	2~6	阳性,喜温暖、湿润,耐修剪,根浅,适酸性土	较强		较强	较强			✓		✓	✓	✓	厂前区,庭园
	木槿	~4	阳性,喜温暖、湿润,耐修剪,根浅,适酸性土	较强		较强				✓		✓	✓	✓	工厂绿化,庭园
	紫穗槐	1~4	耐盐碱、潮湿、干旱、适酸性土	较强		强	强	✓	✓	✓	✓	✓	✓		城市绿化,保土固沙
	接骨木	4	阳性,耐寒,耐旱,根浅,适微酸性土	较强	强	较强			✓	✓		✓			防风,沙林

续表

类别	树名	生长高度(m)	生长习性	抗毒性能				适宜生长地区							绿化用途
				SO₂	HF	Cl₂	粉尘	A	B	C	D	E	F	G	
1	2	3	4	5	6	7	8	9	10	11	12	13	14	15	16
常绿灌木及小乔木	大叶黄杨	1~3	阳性,耐阴,耐修剪,寿命长	强	较强	强						√	√	√	绿篱,观赏
	小叶女贞	~4	喜阳,根浅,适湿润微酸土	较强		强						√	√	√	行道,观赏
	凤尾兰	1~4	阳性,喜热,耐旱,根浅,适微酸性土	较强	较强	强							√	√	厂前区,观赏,绿篱
	夹竹桃	3~6	喜阳、温暖、湿润、耐旱,适酸性及钙质土	强	较强	强						√	√	√	工厂绿化,绿篱
	珊瑚树	2~5	阴性,生长快,不耐寒,根浅,适中性土	强		强						√	√	√	工厂绿化,绿篱,防火
	海桐	~3	喜阳,耐修剪,分枝力强,适湿润微酸性土	强	较强	强	较强					√	√	√	厂前区,绿篱
	山茶	~10	喜半阴及湿润空气,不耐碱土	强		较强						√	√	√	绿化树种,庭园
	瓜子黄杨	~2	喜阳,耐修剪,分枝力强,适中性土	强	强	强				√		√			绿篱,隔声林
	八角金盘	4~5	喜阴、湿、温暖,耐寒,不耐旱				较强								工厂绿化
	月季	~1	喜阳、湿、温暖,不耐寒	强							√	√	√	√	对O₃敏感,观赏
藤本植物	凌霄	~10	落叶藤本,阳性							√		√	√		花架,垂直绿化
	常青藤	~12	落叶藤本,阳性,生长快,耐寒、旱	较强		强		√	√	√	√	√	√	√	花架,门廊,山石绿化
	牵牛	~10	阳性,生长快	强											对O₃敏感,指示植物
	地锦		喜阴湿,生长快,落叶	较强	较强	较强		√	√	√	√	√	√	√	垂直绿化
草皮	野牛草	0.05~0.25	适应性强,覆盖度达90%,抗旱,耐践踏				减尘	√	√	√	√				北方草皮,净化空气
	羊胡子草	0.04~0.20	对水、光照敏感,抗旱弱,再生、竞争均弱,土质要求严	吸			减尘	√	√	√					草皮,净化空气
	狗牙根	0.1~0.4	适应性强,耐水、湿、践踏,再生强,覆盖80%				减尘					√	√	√	大气污染区草皮
	蜈蚣草	0.08~0.3	葡茎蔓延,耐践踏,再生强,易繁殖				减尘					√	√	√	南方草皮,防尘
	结缕草	0.03~0.07	适应性强,抗旱,竞争、再生均强				减尘	√	√	√	√	√	√	√	草皮,防尘

续表

类别	树名	生长高度(m)	生长习性	抗毒性能 SO₂	HF	Cl₂	粉尘	适宜生长地区 A	B	C	D	E	F	G	绿化用途
1	2	3	4	5	6	7	8	9	10	11	12	13	14	15	16
花卉	美人蕉	~1.5	适潮湿、肥土、繁殖力强	较强	较强	强						✓	✓		美化，净化空气
	玉簪	~1.5	适潮湿、沃土	强				✓	✓				✓		美化，净化空气
	菊花	~0.8	喜阳，不耐寒	强	较强		抗		✓			✓	✓		丛栽，盆栽
	金鱼草		适应性强	强								✓			美化
	蜀葵	2~3	喜阳，温暖	强				✓	✓				✓		美化，观赏
	紫茉莉				强			✓	✓						北方花草
	万寿菊							✓	✓						
	仙人掌			强									✓	✓	盆栽

注：表中9～15栏为我国自然区划分，其中
A——东北北部及内蒙古北部；
B——东北南部及内蒙古；
C——华北地区；
D——西北地区；
E——安徽、浙江、湖南三省北部，陕西南部、江苏、湖北、河南；
F——安徽、浙江、湖南三省南部、福建、云南二省北部、江西、贵州、四川；
G——广东、广西、福建、云南二省的南部。

（二）水体污染及防治

当污染物进入水体后，其含量超过水体的自净能力，而引起水质恶化，破坏了水体的原有用途或危害了人体健康，就称为水体污染。水体污染的原因有两种：一种是自然污染；另一种是人为污染。所谓自然污染是指由于地质溶解作用，降水对大气的淋洗和地面的冲刷，挟带各种污染物流入水体而形成污染。所谓人为污染是指人类生产和生活活动中的工业废水和生活污水对水体的污染。水体主要污染物及其来源和水中主要污染物对人体的危害见表4-4-4、表4-4-5。

水体主要污染物及其来源　　　　　　　　　表4-4-4

类型	污染物名称	污染物主要来源
无机无毒物	酸	矿山排水、工业酸洗废水、酸法造纸、制酸厂
	碱	碱法造纸、化纤、制碱、制革、炼油
	无机盐	同以上酸、碱两项
	氮	氮肥厂、硝石矿的开采
	磷	磷肥厂、磷灰石矿的开采
无机有毒物	汞	制药厂、仪表厂、氯碱厂
	镉	电镀厂、有色金属冶炼厂、铅锌厂、颜料厂
	铅	蓄电池厂、油漆厂、有色金属冶炼厂、铅锌厂、颜料厂
	铬	电镀厂、颜料厂、制革厂、制药厂
	氰化物	煤气制造、丙烯腈生产、有机玻璃和黄血盐的生产、电镀厂
	氟化物	磷肥生产、氟塑料生产、有色金属冶炼

续表

类 型	污染物名称	污染物主要来源
有机无毒物	碳水化合物	生活污水、禽畜养殖业污水、食品加工、农田施肥
	脂肪	屠宰厂、洗毛、制革、食品工业、肥皂厂
	蛋白质	同以上碳水化合物、脂肪两项
	木质素	造纸厂、纤维板厂
	油类	石油化工厂
有机有毒物	酚类	焦化厂、煤气站、树脂厂、绝缘材料厂、合成染料
	多氯联苯	塑料、涂料工业、生产或使用多氯联苯的工厂
	多环芳烃	煤碳、汽油和木柴的燃烧
	有机农药	农药厂、不适当地使用农药
	染料	印染厂、染料厂

水中主要污染物对人体的危害   表4-4-5

污 染 物	对人体健康的危害
汞	食用汞污染的鱼、贝后，产生甲基汞中毒，头晕、肢体末梢麻木，记忆力减退，神经错乱，甚至死亡，还可造成胎儿畸形
铅	食用含铅食物，会影响酶及正铁血红素合成，影响神经系统，铅在骨骼及肾脏中积累，有潜在的远期危害
镉	进入骨骼造成骨痛病，骨骼软化萎缩，易发生病理性骨折，最后饮食不进，于疼痛中死亡
砷	影响细胞新陈代谢，造成神经系统病变，急性砷中毒，主要表现为急性胃肠炎症状
铬	铬进入人体后，分布在肝和肾中，出现肝炎和肾炎病症
氰化物	饮用含氰化物水后，引起中毒，导致神经衰弱、头痛、乏力、头晕、耳鸣、呼吸困难，甚至死亡
多环芳香烃	长期处于高浓度的多环芳香烃环境中，可致癌
酚 类	引起头痛、头晕、耳鸣，严重时口唇发紫、皮肤湿冷、体温下降、肌肉痉挛、尿量减少、呼吸衰竭
可分解有机物	这类污染物为病菌提供了生存条件，进而影响人体健康
致病菌	引起传染病，如霍乱、痢疾、肝炎、细菌性食物中毒
硝酸盐、亚硝酸盐	引起婴儿血液系统疾病
氟化物	其浓度超过1mg/L时，发生齿斑，骨骼变形
放射性物质	经常与放射性物质接触，会引起疾病，并会遗传给后代
多氯联苯	损伤皮肤，破坏肝脏
油 类	使水体污染而失去饮用价值

防治水体污染的规划措施有：
(1) 改革工艺、节约用水、综合利用、减少排污，是污染治理的主要方向。
(2) 进行工业废水的处理和加强废水排放管理，这是防止污染外环境的直接条件。
(3) 完善城市排水系统，建立城市污水处理厂是解决城市污水污染水源的重要措施。
(4) 充分合理地利用自然净化能力，积极慎重发展污水灌溉，是防治水体污染的途径。
(5) 全面规划、合理布局是防治水体污染的前提和基础。如以河流流域为单位，兼顾上下游，合理布局，统一管理。生活饮用水水源地保护区应按表4-4-6规定的要求设置。

生活饮用水水源卫生防护地带　　　　　表4-4-6

给水方式	防护范围	防护措施
集中式地面水	取水点周围半径不小于100m内	不得停船、游泳、捕捞和从事可能污染水源的活动，并设标志
	河流取水点上游100m至下游100m内	不得排入工业废水及生活污水
	河流沿岸防护范围按具体情况确定	不设废渣堆场、有害化学品仓库或堆栈及装卸垃圾、粪便和有毒品码头；沿岸农田不得使用废水、污水灌溉及有持久性或剧毒性农药，并不得从事放牧
	专用的水库和湖泊根据情况可包括全水域及其沿岸	按上述防护措施执行
	受潮汐影响的河流取水点上、下游，湖泊，水库取水点两侧及沿岸的防护范围，均按具体情况定	按上述防护措施执行
	净化站生产区域单独设立的泵站、沉淀池和清水池时范围不小于10m内	不设居住区、牲畜饲养场、渗水厕所、渗坑；不堆放垃圾、粪便、废渣或设污水渠道，应充分绿化
	取水构筑物的防护范围，按具体情况定	按地面水净化站生产区的防护措施执行
	单井或井群的影响半径范围内，水文地质条件良好时，防护范围可小于影响半径	农田不使用废水、污水及有持久性或剧毒性农药；不设渗水厕所、渗坑、废渣场和污水渠道；不从事破坏深层土的活动
	净化站生产区的防护范围与地面水净化站同	按地面水净化站生产区防护措施执行
分散式地面水	取水点附近应参照集中式地面水水源的有关要求执行	同地面水水源防护措施
分散式地下水	水井周围20~30m内	不设渗水厕所、渗坑、垃圾堆、废渣场等污染源

（三）噪声污染及防治

凡是干扰人们休息、学习和工作的声音，即不需要的声音，统称为噪声。随着工业与交通运输的发展，城市噪声已成为破坏人类生活环境、危害人类健康、影响日常工作和生产活动的因素。有些国家将噪声列为城市的第三大"公害"。

城市噪声的声源主要有以下四个方面：

1. 交通运输噪声

据统计，交通运输噪声占城市总噪声的70%，其中以机动车辆噪声影响最大。机动车噪声来自各种车辆的起动、运行、刹车和鸣笛，其噪声级的大小，取决于车流量及街道宽度，建筑物布置方式及绿化情况等因素，有其时间特性规律，对城市道路沿线两侧居民影响较大。铁路噪声包括机车运行、轨道振动和站场作业噪声等，影响铁路沿线城市，噪声强度很大。航空噪声主要在机场和航线附近，但轰鸣声很强烈，影响范围较大。

2．工业噪声

噪声源主要有两大类：一类是气动源，如风机、风扇、排气放空等；另一类是振动源，如铆枪、凿岩机、锻锤等冲击噪声。工业噪声对工厂工人及附近居民影响较大。主要工业噪声源的噪声级见表 4-4-7。

主要工业噪声源的噪声级　　　　　表4-4-7

声级（dB）	声　　　源
130	风铲、风铆、大型鼓风机、锅炉排气放空
125	轧材热锯（峰值）、锻锤（峰值）、鼓风机
120	有齿锯锯钢材、大型球磨机、加压制砖机
115	柴油机试车、双水内冷发电机试车、振捣台、抽风机、热风炉鼓风机、震动筛、桥染生产线
110	罗茨鼓风机、电锯、无齿锯
105	电刨、大螺杆压缩机、砖碎机、织布机
100	麻、毛、化纤织机、柴油发电机、大型鼓风机站、电焊机
95	织带机、棉纺厂细纱车间、转轮印刷机
90	经纺、纬纺、梳纺、空压机站、泵房、冷冻、房、轧钢车间、饼干成型、汽水封盖、柴油机、汽油机流水线
85	车、铣、刨床、凹印、铅印、平台印刷机、折页机、装钉连动机、造纸机、制砖机、切草机
80	织袜机、针织机、平印连动机、漆包线机、挤塑机
75	上胶机、过板机、蒸发机
75以下	拷贝机、放大机、电子刻印、真空镀膜、电线成盘机

3．市政工程和建筑施工噪声

在城市修建房屋和道路工程施工期间，各种建筑机械设备的运行，以及装卸汽车等运输工具都产生噪声。此类噪声对工地附近居民生活有一定影响，但它们是临时性和间歇性的，一旦工程竣工，噪声影响也就随之消除。表 4-4-8 为距声源 15m 处测量的一般建筑工程用的机械噪声级。

4．其他噪声

主要是指城市居民日常生活和社会活动等产生的噪声，如使用家用电器、娱乐场所、学校操场、车站、商场等噪声。这类噪声强度较小，而且可能是间歇出现，影响范围也不大，但对于邻近住宅、办公机关或左邻右舍也是一种干扰。

建筑施工机械噪声　　　　　　　　　　　　　表4-4-8

施工机械类型	噪声级（dB）	施工机械类型	噪声级（dB）
推土机	78~96	刮土机	80~93
搅拌机	75~88	运土卡车	85~94
气锤气钻	82~98	打桩机	95~105
混凝土破碎机	85	压缩机	75~88
卷扬机	75~88	钻机	87

噪声对人体的危害表现为直接损害或干涉听觉，影响睡眠、休息和谈话，并可能引起高血压等多种疾病，降低工作效率等。噪声还给生产活动和经济活动造成损失。巨大的轰鸣声可使房屋墙壁震裂、玻璃震碎、烟囱倒塌等。强烈的噪声还影响精密仪器设备的正常运转，以致失灵，使科研、国防建设和现代化生产遭受损失。

防治噪声污染的规划措施：

（1）合理选择工厂厂址，尽可能将噪声大的企业或车间集中布置，并采取一定的防护措施。居住区应位于噪声源上风侧，并和噪声源保持充分的声学距离（见表4-4-9）。

工厂与居民点距离的建议值　　　表4-4-9

声源的噪声级（dB）	距离（m）
100~110	300~500
90~100	150~300
80~90	50~150
70~80	30~100
60~70	25~50

（2）合理布置城市交通运输系统，尽量避免过境交通穿过市区，减少机动车辆特别是载重汽车和拖拉机通过城市中心繁华区，城市中铁路选线及铁路车站、机场的布局要尽量避免或减少对城市的噪声干扰。

（3）在城市布局中应允分利用局部地形对噪声的隔离作用，如将噪声大的工厂布置在凹地，避免噪声大范围的扩散。并尽量避免因地形引起的噪声反射和扩散，如水面能对噪声起反射和增强作用，所以在小型河湖两岸，不宜分别布置居住区和噪声大的工厂区。

（4）合理布置建筑物，如充分利用隔声结构，沿街布置隔声要求不高的公共建筑，使其形成隔声障壁，住宅和办公楼可布置在街坊内部或采取退后红线加强绿化隔声，以及山墙朝街的手法。建筑群和院落的布置不宜过于封闭，沿街建筑之间要留出一定的间隙，不应过分密集，以免噪声多次反射或形成"声廊"。

（四）废渣污染及处理

人类在生产和生活活动中常排放许多固体废弃物，包括城市生活垃圾和各种工矿企业废渣。其中，工业废渣有采矿渣、冶金渣、燃料渣、化工渣、放射性废渣以及蔗渣、造纸废渣等（表4-4-10）。由以上物质所造成的环境污染称为废渣污染，也称固体废物污染。废渣的不合理堆放，能污染土壤、地下水、地面水和空气，并影响人类健康，影响环境卫生，影响景观且占用土地。另外，废渣堆还可能发生滑坡、坍陷和引起火灾等严重事故。因此，在规划中要尽可能考虑废渣的综合利用，以及垃圾分类回收和处理措施。

城市主要工业废渣的来源　　　　　　　　　表4-4-10

分　类	名　称	主　要　来　源
矿业废渣	采矿废石	开采各种金属、非金属矿山时剥离、掘进废石
	选矿废石	选矿富集时产生的尾矿废石
	煤矸石	采煤及洗煤中产生的矸石
冶金废渣	高炉渣	高炉炼铁排出的废渣
	钢渣	平炉、转炉、电炉等炼钢废渣
	铬铁渣	生产无碳铬铁合金排出的废渣
	有色金属渣	冶炼有色金属排出的各种废渣
化工废渣	硫酸渣	以黄铁矿为原料生产硫酸时的烧渣
	电石渣	以电石法制聚氯乙烯与醋酸乙烯的排渣
	磷渣	以磷矿石生产黄磷时的排渣
	赤泥	炼铝时浸出铝土矿中氧化铝后排出的废渣
	氯化钙	生产纯碱排出的废渣
	盐泥	电解食盐制烧碱的过程中排出的泥浆
燃料废渣	煤灰渣	燃煤火力发电厂、锅炉房、煤气炉等排的废渣
	油页岩渣	油页岩炼油或作为燃料燃烧后排出的废渣

固体废物综合利用的途径有：

(1) 制造建筑材料。利用煤矸石制作砖和水泥；利用粉煤灰和煤渣制作蒸养砖和烧结砖，生产陶粒硅酸盐砌块，作混凝土和水泥砂浆的掺合料，以及筑路和工程回填等；利用高炉渣制作水泥和湿碾矿渣混凝土；利用钢渣制作砖和水泥、作公路和铁路路基等。

(2) 提取各种金属。有色金属废渣中往往含有稀有金属和贵重金属，如金、银、钴、硒、铊、钯、铂等，可以通过提炼予以回收。

(3) 回收能源。我国每年排放的煤矸石约有7000万t以上，其热值约为6300kJ/kg，可作为沸腾炉的燃料。

(4) 作为其他工业的代用原料。电石渣或合金冶炼中的硅钙渣含有大量的氧化钙成分，可以代替石灰。煤矸石还可以代替焦炭生产磷肥。

(5) 其他方面。粉煤灰和活性污泥可直接用于农田，改良土壤。钢渣中含有五氧化二磷，可作为生产磷肥的原料。此外，目前我国采用手工分选回收办法处理城市垃圾，从中可回收金属、玻璃、造纸原料等。

对于固体废物的最终处理，可以将固体废物填筑封存在一个隔离的填埋场中，也可将可燃废物焚烧以使其体积减小，消灭细菌和回收热能。此外，固体废物还可以用固化剂固化贮存的办法来处置。对垃圾中的可燃物质采用焚烧的方法，焚烧后的残灰一般仅为原废物体积的5%～10%，焚烧每公斤垃圾可得5000～6000J的热量。焚烧的热量可以进一步利用，如寒冷地区用其供热，可提高经济效益，节省废渣的处置场地和运输费用，但必须注意防止对大气造成二次污染。对于废渣的堆放地点必须有合理的布局，要充分利用荒沟、洼地，尽量不占农田，避免对环境造成污染和对农田水利产生不利的影响。

三、环境标准

随着环境保护工作的不断发展,我国的环境标准也在不断地健全完善。环境标准是执行环境保护法规,实施环境管理的科学手段。

(一)大气环境质量标准

1. 废气排放标准

我国1973年颁布的《工业"三废"排放试行标准》第十条暂订了十三类有害物质的排放标准(见表4-4-11)。这些标准以卫生标准为依据,应用污染物在大气中的扩散规律和计算模式,推算出不同烟囱高度下的允许排放量或排放浓度的标准。这些标准为工程设计提供了参考依据,对保护大气环境起了一定的作用。

十三类有害物质的排放标准　　　　表4-4-11

序号	有害物质名称	排放有害物企业	排放标准		
			排气筒高度 (m)	排放量 (kg/h)	排放浓度 (mg/m³)
1	二氧化硫	电站	30 45 60 80 100 120 150	82 170 310 650 1200 1700 2400	
		冶金	30 45 60 80 100 120	52 91 140 230 450 670	
		化工	30 45 60 80 100	34 66 110 190 280	
2	二硫化碳	轻工	20 40 60 80 100 120	5.1 15 30 51 76 110	
3	硫化氢	化工、轻工	20 40 60 80 100 120	1.3 3.8 7.6 13 19 27	
4	氟化物(换算成F)	化工	30 50	1.8 4.1	
		冶金	120	24	

续表

序 号	有害物质名称	排放有害物企业	排放标准		
			排气筒高度 (m)	排放量 (kg/h)	排放浓度 (mg/m³)
5	氮氧化物（换算成 NO_2）	化 工	20 40 60 80 100	12 37 86 160 230	
6	氯	化工、冶金	20 30 50	2.8 5.1 12	
		冶 金	80 100	27 41	
7	氯化氢	化工、冶金	20 30 50	1.4 2.5 5.9	
		冶 金	80 100	14 20	
8	一氧化碳	化工、冶金	30 60 100	160 620 1700	
9	硫酸（雾）	化 工	30～45 60～80		260 600
10	铅	冶 金	100 120		34 47
11	汞	轻 工	20 30		0.01 0.02
12	铍化物（换算成Be）		45～80		0.015
13	烟尘及生产性粉尘	电站（煤粉）	30 45 60 80 100 120 150	82 170 310 650 1200 1700 2400	
		工业及采暖锅炉			200
		炼钢电炉			200
		炼钢转炉 （<12t） （>12t）			200 150
		水 泥			150
		生产性粉尘 （第一类） （第二类）			100 150

注：表中未列入的企业，其有害物质排放量可参照本表类似企业。

2. 大气环境质量标准

鉴于我国大气污染主要是煤烟型污染,其次是工业生产和机动车辆所排放的污染物,在1982年颁布的《大气环境质量标准》中,首先纳入的是在我国量大面广、环境影响较普遍的六种大气广域污染物（见表4-4-12）。

大气环境质量标准　　　　　　　　　　　表4-4-12

污染物名称	取值时间	浓度限值 （mg/m³）		
		一级标准	二级标准	三级标准
总悬浮微粒	日平均①	0.15	0.30	0.50
	任何一次②	0.30	1.00	1.50
飘　尘	日平均①	0.05	0.15	0.25
	任何一次②	0.15	0.50	0.70
二氧化碳	年日平均③	0.02	0.06	0.10
	日平均①	0.05	0.15	0.25
	任何一次②	0.15	0.50	0.70
氮氧化物	日平均①	0.05	0.10	0.15
	任何一次②	0.10	0.30	
一氧化碳	日平均①	4.00	4.00	6.00
	任何一次②	10.00	10.00	20.00
光化学氧化剂（O_3）	1h平均	0.12	0.16	0.20

①任何一日的平均浓度不许超过的限值。
②任何一次采样测定不许超过的限值。
③任何一年的日平均浓度均值不许超过的限值。

《大气环境质量标准》是按照分级分区的原则制定的,共分为三级标准,按三级管理。对不同地区、不同城市或同一城市的不同功能区应执行不同的等级标准。

一级标准指为保护自然生态和人体健康,在长期接触下,不发生任何危害性影响的空气质量要求。

二级标准指为保护人体和城市、乡村的动植物,在长期和短期接触情况下,不发生伤害的空气质量要求。

三级标准指为保护人体不发生急、慢性中毒和城市、乡村一般动、植物（敏感者除外）正常生长的空气质量要求。

大气环境质量管理中区域分类的具体原则是以功能为主,并按照地区和气象条件,根据大气扩散的规律,计算污染物的落地浓度曲线,规定区域执行标准的等级。

一类区为国家规定的自然保护区、风景游览区、名胜古迹和疗养地等,应执行一级标准。

二类区为城市规划中确定的居住区、商业交通居住混合区、文化区、名胜古迹和广大农村等,执行二级标准。

三类区为大气污染程度比较严重的城市和工业区以及交通枢纽、干线等,执行三级标准。

3. 工业企业设计卫生标准

我国于1979年修订的《工业企业设计卫生标准》中规定了"居住区大气中有害物质的最高允许浓度"（见表4-4-13），列出的有害物质达34种。最高允许浓度是指大气中对人体无直接或间接危害及不良影响，不会降低劳动能力，对人的主观感觉和情绪均不产生不良影响的污染物浓度。

居住区大气中有害物质的最高允许浓度　　　　表4-4-13

编号	物质名称	最高允许浓度 (mg/m^3)		编号	物质名称	最高允许浓度 (mg/m^3)	
		一次	日平均			一次	日平均
1	一氧化碳	3.00	1.00	19	氟化物（换算成F）	0.02	0.007
2	乙醛	0.01		20	氨	0.20	
3	二甲苯	0.30		21	氧化氮（换算成NO_2）	0.15	
4	二氧化硫	0.50	0.15	22	砷化物（换算成As）		0.003
5	二硫化碳	0.04		23	敌百虫	0.10	
6	五氧化二磷	0.15	0.05	24	酚	0.02	
7	丙烯腈		0.05	25	硫化氢	0.01	
8	丙烯醛	0.10		26	硫酸	0.30	0.10
9	丙酮	0.80		27	硝基苯	0.01	
10	甲基对硫磷（甲基E605）	0.01		28	铅及其无机化合物（换算成Pb）		0.0007
11	甲醇	3.00	1.00	29	氯	0.10	0.03
12	甲醛	0.05		30	氯丁二烯	0.10	
13	汞		0.0003	31	氯化氢	0.05	0.015
14	吡啶	0.08		32	铬（六价）	0.0015	
15	苯	2.40	0.80	33	锰及其化合物（换算成MnO_2）		0.01
16	苯乙烯	0.01					
17	苯胺	0.10	0.03	34	飘尘	0.50	0.15
18	环氧氯丙烷	0.20					

注：1. 一次最高允许浓度，指任何一次测定结果的最大允许值。
　　2. 日平均最高允许浓度，指任何一日的平均浓度的最大允许值。
　　3. 本表所列各项有害物质的检验方法，应按现行的《大气监测检验方法》执行。
　　4. 灰尘自然沉降量，可在当地清洁区实测数值的基础上增加3~5t/（km^2·月）。

（二）水质标准

1. 工业废水排放标准

工业废水的排放必须符合国家环境保护局1988年颁布的《污水综合排放标准》中有关各类污染物最高允许排放浓度的规定。该标准将排放的污染物按其性质分为两类：

第一类污染物，指能在环境或动植物体内蓄积，对人体健康产生长远不良影响者。含有此类有害污染物质的污水，不分行业和污水排放方式，也不分受纳水体的功能类别，一律在车间或车间处理设施排出口取样，其最高允许排放浓度必须符合表4-4-14的规定。

第一类污染物最高允许排放浓度 表4-4-14

污染物	最高允许排放浓度（mg/L）	污染物	最高允许排放浓度（mg/L）
1. 总汞	0.05①	6. 总砷	0.5
2. 烷基汞	不得检出	7. 总铅	1.0
3. 总镉	0.1	8. 总镍	1.0
4. 总铬	1.5	9. 苯并（a）芘②	0.00003
5. 六价铬	0.5		

①烧碱行业（新建、扩建、改建企业）采用 0.005mg/L。
②为试行标准，二级、三级标准区暂不考核。

第二类污染物，指其长远影响小于第一类的污染物质，在排污单位排出口取样，其最高允许排放浓度必须符合表 4-4-15 的规定。

第二类污染物最高允许排放浓度(mg/L) 表4-4-15

污染物	一级标准 新扩改	一级标准 现有	二级标准 新扩改	二级标准 现有	三级标准
1. pH 值	6~9	6~9	6~9	6~9①	6~9
2. 色度（稀释倍数）	50	80	80	100	—
3. 悬浮物	70	100	200	250②	400
4. 生化需氧量（BOD_5）	30	60	60	80	300③
5. 化学需氧量（COD_{cr}）	100	150	150	200	500③
6. 石油类	10	15	10	20	30
7. 动植物油	20	30	20	40	100
8. 挥发酚	0.5	1.0	0.5	1.0	2.0
9. 氰化物	0.5	0.5	0.5	0.5	1.0
10. 硫化物	1.0	1.0	1.0	2.0	2.0
11. 氨氮	15	25	25	40	—
12. 氟化物	10	15	10	15	20
	—	—	20④	30④	
13. 磷酸盐（以 P 计）⑤	0.5	1.0	1.0	2.0	—
14. 甲醛	1.0	2.0	2.0	3.0	5.0
15. 苯胺类	1.0	2.0	2.0	3.0	5.0
16. 硝基苯类	2.0	3.0	3.0	5.0	5.0
17. 阴离子合成洗涤剂（LAS）	5.0	10	10	15	20
18. 铜	0.5	0.5	1.0	2.0	2.0
19. 锌	2.0	2.0	4.0	5.0	5.0
20. 锰	2.0	5.0	2.0⑥	5.0⑥	5.0

①现有火电厂和粘胶纤维工业，二级标准 pH 值放宽到 9.5。
②磷肥工业悬浮物放宽至 300mg/L。
③对排入带有二级污水处理厂的城镇下水道的造纸、皮革、食品、洗毛、酿造、发酵、生物制药、肉类加工、纤维板等工业废水，BOD_5 可放宽至 600mg/L。COD_{cr} 可放宽至 1000mg/L。具体限度还可以与市政部门协商。
④为低氟地区（系指水体含氟量<0.5mg/L）允许排放浓度。
⑤为排入蓄水性河流和封闭性水域的控制指标。
⑥合成脂肪酸工业新扩改为 5mg/L，现有企业为 7.5mg/L。

地面水环境质量标准(mg/L)　　　　　表4-4-16

序号	参数		I类	II类	III类	IV类	V类
			分类 标准值				
	基本要求		所有水体不应有非自然原因所导致的下述物质： a. 凡能沉淀而形成令人厌恶的沉积物； b. 漂浮物，诸如碎片、浮渣、油类或其他的一些引起感官不快的物质； c. 产生令人厌恶的色、臭、味或浑浊度的； d. 对人类、动物或植物有损害、毒性或不良生理反应的； e. 易滋生令人厌恶的水生生物的				
1	水温（℃）		人为造成的环境水温变化应限制在： 夏季周平均最大温升≤1 冬季周平均最大温降≤2				
2	pH		6.5～8.5				6～9
3	硫酸盐① (以 SO_4^{2-} 计)	≤	250以下	250	250	250	250
4	氯化物① (以 Cl^- 计)	≤	250以下	250	250	250	250
5	溶解性铁①	≤	0.3以下	0.3	0.5	0.5	1.0
6	总锰①	≤	0.1以下	0.1	0.1	0.5	1.0
7	总铜①	≤	0.01以下	1.0 (渔 0.01)	1.0 (渔 0.01)	1.0	1.0
8	总锌①	≤	0.05	1.0 (渔 0.1)	1.0 (渔 0.1)	2.0	2.0
9	硝酸盐 (以 N 计)	≤	10以下	10	20	20	25
10	亚硝酸盐 (以 N 计)	≤	0.06	0.1	0.15	1.0	1.0
11	非离子氨	≤	0.02	0.02	0.02	0.2	0.2
12	凯氏氮	≤	0.5	0.5	1	2	2
13	总磷 (以 P 计)	≤	0.02	0.1 (湖、库 0.025)	0.1 (湖、库 0.05)	0.2	0.2
14	高锰酸盐指数	≤	2	4	6	8	10
15	溶解氧	≥	饱和率90%	6	5	3	2
16	化学需氧量（COD_{Cr}）	≤	15以下	15以下	15	20	25
17	生化需氧量（BOD_5）	≤	3以下	3	4	6	10
18	氟化物 (以 F^- 计)	≤	1.0以下	1.0	1.0	1.5	1.5
19	硒（四价）	≤	0.01以下	0.01	0.01	0.02	0.02
20	总砷	≤	0.05	0.05	0.05	0.1	0.1
21	总汞②	≤	0.00005	0.00005	0.0001	0.001	0.001
22	总镉③	≤	0.001	0.005	0.005	0.005	0.01
23	铬（六价）	≤	0.01	0.05	0.05	0.05	0.1
24	总铅②	≤	0.01	0.05	0.05	0.05	0.1
25	总氰化物	≤	0.005	0.05 (渔 0.005)	0.2 (渔 0.005)	0.2	0.2

续表

序号	参数		分 类				
			I类	II类	III类	IV类	V类
			标 准 值				
26	挥发酚②	≤	0.002	0.002	0.005	0.01	0.1
27	石油类②（石油醚萃取）	≤	0.05	0.05	0.05	0.5	1.0
28	阴离子表面活性剂	≤	0.2以下	0.2	0.2	0.3	0.3
29	总大肠菌群③（个/L）	≤			10000		
30	苯并（a）芘③（μg/L）	≤	0.0025	0.0025	0.0025		

① 允许根据地方水域背景值特征做适当调整的项目。
② 规定分析检测方法的最低检出限，达不到基准要求。
③ 试行标准。

2. 地面水环境质量标准

为了保障人体健康，维护生态平衡，保护水资源，控制水污染，改善地面水环境质量，我国于1988年颁布了《地面水环境质量标准》（见表4-4-16），该标准适用于全国各地的江、河、湖泊、水库等具有使用功能的地面水水域。并依据地面水水域使用目的和保护目标将水域功能划分为五类：

第I类：主要适用于源头水、国家自然保护区。

第II类：主要适用于集中式生活饮用水水源地一级保护区、珍贵鱼类保护区、鱼虾产卵场等。

第III类：主要适用于集中式生活饮用水水源地二级保护区、一般鱼类保护区及游泳区。

第IV类：主要适用于一般工业用水区及人体非直接接触的娱乐用水区。

第V类：主要适用于农业用水区及一般景观要求水域。

3. 生活饮用水水质标准

我国1985年颁布的《生活饮用水卫生标准》（表4-4-17），是根据人们长期积累的经验，综合地考虑水质与健康、饮水习惯、自然环境状况等各种因素后制定的。该标准还对生活饮用水水源的水质和水源卫生防护提出了要求，对水质检验作了规定。

生活饮用水水质标准 表4-4-17

项 目		标 准
感官性状和一般化学指标	色	色度不超过15度，并不得呈现其他异色
	浑浊度	不超过3度，特殊情况不超过5度
	臭和味	不得有异臭、异味
	肉眼可见物	不得含有
	pH值	6.5～8.5
	总硬度（以碳酸钙计）	450 mg/L
	铁	0.3 mg/L
	锰	0.1 mg/L
	铜	1.0 mg/L
	锌	1.0 mg/L
	挥发酚类（以苯酚计）	0.002 mg/L

续表

项　　目		标　　准	
感官性状和一般化学指标	阴离子合成洗涤剂	0.3	mg/L
	硫酸盐	250	mg/L
	氯化物	250	mg/L
	溶解性总固体	1000	mg/L
毒理学指标	氟化物	1.0	mg/L
	氰化物	0.05	mg/L
	砷	0.05	mg/L
	硒	0.01	mg/L
	汞	0.001	mg/L
	镉	0.01	mg/L
	铬（六价）	0.05	mg/L
	铅	0.05	mg/L
	银	0.05	mg/L
	硝酸盐（以氮计）	20	mg/L
	氯仿[①]	60	μg/L
	四氯化碳[①]	3	μg/L
	苯并(a)芘[①]	0.01	μg/L
	滴滴涕[①]	1	μg/L
	六六六[①]	5	μg/L
细菌学指标	细菌总数	100	个/mL
	总大肠菌群	3	个/L
	游离余氯	在与水接触 30min 后应不低于 0.3mg/L。集中式给水除出厂水应符合上述要求外，管网末梢水不应低于 0.05mg/L	
放射性指标	总 α 放射性	0.1	Bq/L
	总 β 放射性	1	Bq/L

① 试行标准。

（三）噪声标准

1. 城市区域环境噪声标准

为了保护人体健康和获得安宁的环境以保护人们的睡眠、交谈、思考等不受干扰，我国于 1982 年制定了《城市区域环境噪声标准》，见表 4-4-18。

城市各类区域环境噪声标准　　　　表 4-4-18

适　用　区　域	允许标准 [dB（A）]	
	昼间	夜间
特别安静区（医院、疗养院、高级宾馆等）	45	35
安静区（机关、学校、居民区）	50	40
一类混合区（小商业与居民混合区）	55	45
商业中心区、二类混合区（少量交通、街道工业与居民混合区）	60	50
工业集中区	65	55
交通干线道路两侧	70	55

2. 工业企业噪声卫生标准

我国卫生部和国家劳动总局 1981 年颁布的《工业企业噪声卫生标准》(试行草案)是听力保护标准。其中关于"新旧企业噪声卫生标准"(试行草案)如表 4-4-19 所示。按规定新建企业噪声强度不得超过 85dB(A),老企业噪声强度不得超过 90dB(A)。工作时间是指每周工作 6d,每天工作 8h 而言。按规定噪声强度每增加 3dB(A),工作时间减半。但是噪声强度最高也不得超过 115dB(A),否则必须采取护耳措施。

新、旧企业噪声卫生标准(试行草案) 表4-4-19

每个工作日接触噪声的时间(h)	允许标准[dB(A)]	
	新建企业	现有企业
8	85	90
4	88	93
2	91	96
1	94	99

3. 各类机动车辆噪声标准

国家标准总局于 1979 年颁布的《机动车辆允许噪声标准》,是机动车辆产品的噪声标准,也是对城市中机动车辆检查的依据。该标准规定了各类机动车辆加速行驶时,车外最大允许噪声级(见表 4-4-20),其中 1985 年 1 月 1 日以前生产的机动车辆,应符合标准Ⅰ。1985 年 1 月 1 日以后生产的机动车辆应符合标准Ⅱ。

各类机动车辆噪声标准 表4-4-20

车辆种类		标准Ⅰ dB(A)	标准Ⅱ dB(A)
载重汽车	8t≤载重量<15t	92	89
	3.5t≤载重量<8t	90	86
	载重量<3.5t	89	84
	轻型越野车	89	84
公共汽车	4t<总重量<11t	89	86
	总重量<4t	88	83
轿车		84	82
摩托车		90	84
轮式拖拉机(功率45kW以下)		91	86

第五节 城市环境容量

一、环境容量的含义

环境容量是指自然环境或其他环境要素,对污染物的承受量或容纳能力。因为环境是有自净能力的，如果污染物的总量不超过环境的自净能力，环境就不会受到污染，否则环境便会恶化。我们把环境这种不超过其自净能力而能承受或容纳污染物的量称为环境容量。

谈到环境容量的大小时，应首先明确环境范围，例如：水体的某一特定湖泊、河流的某一区段或海洋的某一海域，以及某一城市或某个区域的大气环境等。环境容量的确定与区域环境目标、环境自净能力、环境本底值有直接关系。一般是先确定环境目标值，然后把维持区域环境目标值的污染物排放总量作为环境容量。因此，也可以说，城市环境容量就是在满足城市环境目标值的条件下所能容纳的污染物总量。

此外，在不同区域内，环境容量的变化具有明显的地带性规律和地区性差异。通过人为调节，控制环境物理、化学、生物学的功能，改变物质的循环转化方式，从而可以提高环境容量，改善环境的污染状况。

二、环境容量的估算方法

一般来讲，环境容量定性的表达是容易理解的，但要使其定量化就比较困难。从实际应用的角度出发，把环境容量的定量化作如下处理，以使笼统的环境容量概念具体化。这种处理就是：把某一区域（范围）的环境容量加以分解，分别求出大气、水体、土壤等环境要素和环境因子的容量，把保持某环境质量标准的污染物排放总量，即定为环境容量。这样，就将求环境容量的问题，转化为用某种环境质量标准计算容许排放量的问题。

同一区域对不同的污染物，因环境目标值、本底值和自净能力不尽相同，环境容量也不一样。以 BOD_5（五日生化需氧量，即以 5d 作为测定生化需氧量的标准来监测水质，生化需氧量表示废水中有机物由于微生物的生化作用而进行氧化分解所需要的氧量）为例，如果某水域的环境目标定为游泳、养鱼用水，则 BOD_5 不应小于 5mg/L。已知其本底值为 2mg/L，而只考虑水体的稀释自净，则该水域的环境容量（V_{E_1}）可用下式表示：

$$V_{E_1} = (5 - 2)Q_w(水量) = 3Q_w$$

如果把水体的生物化学作用、氧化还原等化学作用的自净能力都考虑在内，则需另求出这一部分的环境容量（V_{E_2}），它与 V_{E_1}（可称为基本环境容量）两者相加即得到该区域水体的总环境容量。V_{E_2} 也叫作变动环境容量，其影响因素比较复杂，难于确定。它对大气环境来说，主要取决于下列两个过程的强弱，即污染物的扩散过程及污染物的化学转化过程，与气象、地形等条件有关。

某区域单要素的总环境容量可用下式表示：

$$V_E = V_{E_1} + V_{E_2}$$
$$V_{E_1} = (C_i - C_0)Q_w 或 Q_g$$

式中 V_E——某区域单要素的总环境容量；

V_{E_1}——单要素的基本环境容量；

V_{E_2}——单要素的变动环境容量（自净能力）；

C_i——单要素的环境目标值；

C_0——单要素的本底值；

Q_w——水体的重量；

Q_g——大气的体积。

我国某城市对某河流氰的自然净化能力进行了研究，所得数据如图 4-5-1 所示。图中的数据由监测数据和模拟实验数据计算得出。

由上述数据，可计算出在河流目前环境状况下的区域自净率、区域残留率和区域外排率：

$$区域自净率 = 河流自净率 + 土壤自净率 + 地层自净率$$
$$= 51.1\% + 28.0\% + 10.0\%$$
$$= 89.1\%$$

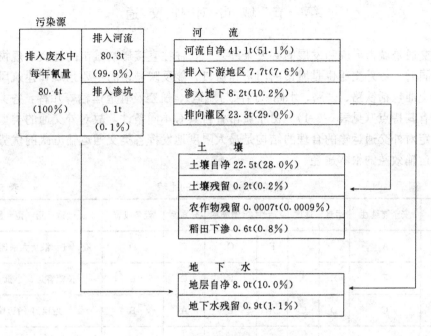

图 4-5-1　某河流氰的自净能力数据

$$区域残留率 = 土壤残留率 + 农作物残留率 + 地下水残留率$$
$$= 0.2\% + 0.0009\% + 1.1\%$$
$$= 1.3\%$$

区域外排率＝河流外排率＝7.6%

区域的自净率、残留率和外排率，是本区域环境质量的一个综合性反映。有了这些数据，就可以进一步计算区域负荷能力，即环境容量值。

某污染物的区域负荷能力，系指在保证环境污染不超过允许限度的条件下，本区域所能承纳污染物的最大数量。区域残留率是计算区域负荷能力的依据。

在估算出区域环境容量的基础上，即可确定某种污染物在某一地区范围内应控制的总排放量。用它与现实排放总量比较分析，就能确定出某种污染物必须削减的排放量。然后，分区下达控制与削减指标，并落实到具体污染源上，即可作为污染源控制与管理的依据，为城市工业、交通等物质要素的合理规划布局和旧城改造，提供科学依据。

第五章 城市组成要素的用地规划

第一节 城市对外交通

对外交通是城市形成和发展的必要条件之一，往往直接影响城市的性质、规模以及布局形成。同时，对外交通也是城市的门户和窗口，能反映城市的主要景观和建筑风格。现代的对外交通包括铁路、公路、水路（内河与航运）、航空及管道运输等几种，各类交通运输方式各有其特点（见表5-1-1）。由于城市各自具有不同条件，故对外交通的类型构成也不同。确定对外交通运输的合理的结构是最大限度地发挥各类交通运输方式的优势，取得最大综合运输效益的根本途径。

各类交通运输方式的比较　　　　　　　　　表5-1-1

运输方式	安全连续性	运量	速度	灵活性	运输成本	分布面	设备投资	适用范围
管道	A			F	C	F	D	液、气、散货大宗连续运输
空运	F	E	A	C	F	C	E	长距客运、小批货运
汽车	C	D	C	A	E	A	B	短程门-门运输
铁路	B	C	B	B	D	B	F	
河运	D	B	E	D	B	D	A	中长距离、大宗货运
海运	E	A	D	E	A	E	C	

注：A→F 表示由好→差。

一、铁路在城市中的（位）布置

铁路运输具有较高的速度、大运量、成本低、投资多、不受季节气候条件限制、安全可靠性较好等特点，是主要对外交通方式。目前，我国铁路运输的特点是：货运比重逐步上升，成为货运的主导方式；铁路短途客运已逐步被公路运输的发展所替代。铁路主要承担长途客运，但是目前的客运能力远不能满足客运增长的需要；货运平均运距下降，短途运输的比重增长；铁路线路技术标准不高，设施较陈旧，管理水平不高，行车最高速度：客运列车为100～110km/h，货运列车为70～80km/h。

铁路与城市发展的关系密切，相辅相成。交通条件越好，经济发展越快；城市越大，越易成为大的交通枢纽。但因铁路运输设备的深入城市，又给城市带来了交通阻断、噪声和环境污染等干扰。在城市中如何合理地布置铁路用地，是城市规划中一项复杂的工作。

（一）铁路站场位置选择

1. 铁路站场的类型及布置形式

铁路站场的专业站一般有客运站、货运站、编组站、客货合一的综合性车站。在中小城市中常见的有如下一些类型：

(1) 会让站、越行站　是铁路正线上的"分界点"，间距为8～12km，主要进行铁路运行的技术作业，附带少量客货运，站场不一定和居民点结合。

(2) 中间站（客货运站）　与会让站、越行站的区别在于没有"站场"，有摘挂作业，布置形式一般分客货同侧和客货对侧两种基本形式，应根据主要货流走向和城市布局结构确定其位置。

(3) 区间站　其组成与中间站相比，增加了机务段、到发场、调车场等，其业务增加了更换机车和乘务组，机车、车辆的检修、整备，货物列车的解结编组等内容。

上述各类车站的布置形式一般分纵列式、横列式与混合式三种。

横列式的优点是布置紧凑、占地少、设备集中、管理方便，缺点是车流不顺、车容量小、值班员与司机联系不便；纵列式能克服横列式的缺陷，同时还有利于办理超长列车和组织不停车交会，但缺点是占地大，深入市区时对城市干扰大，建筑和运营费用较大等；混合式的优缺点介于两者之间。

2. 铁路站场与城市位置的关系

(1) 客运站　客运站主要是办理始发、终到、通过旅客列车和市郊列车到发，机车摘挂，旅客来往，行李包裹的收发，邮件的装卸，公路、水路、航空的联运作业。其站场布置分如下三种类型（图5-1-1）：

1) 通过式　优点是接发车方便，因其有两个咽喉区，接发一次列车，通过咽喉区一次，通过能力较大，站内调车方便，用地少。缺点是深入城市市区有困难，会增加对城市交通与环境的干扰；中间站台与站屋的联系要跨线，上下不便；旅客上下车要经过天桥或地道，进出站不如尽端式方便。

2) 尽端式　其特点与通过式正好相反，较容易深入市区内部，而对城市影响不大；旅客、行包、邮件的输送均在一个平面上进行，比较方便。其主要缺点是仅有一个咽喉区，一次列车到发要通过咽喉四次，大大地限制了车站的通行能力。所以，我国新车站除小型终点站或受地形所限以外，一般不采用尽端布置。

3) 混合式　其特点介于上述两者之间，较适用于同时有长途旅客列车和到站的市郊列车的客站。通过式站线用于长途列车到发，而尽端式站线用于市郊列车到发。

客运站的服务对象是旅客，为方便旅客，位置要适中，并与城市内部的道路系统有机结合起来。中小城市可位于市区边缘，大城市则必须深入市中心边缘，以2～3km的距离为宜。在大城市和特大城市、客运站的数量应在2个或2个以上，避免旅客过于集中而影响到市区内部交通，也可以减少过量的旅客对车站的压力。作为城市的大门，客运站的建筑形体必须与周围的城市环境有机结合，成为一个建筑群体，反映出地方特有的自然环境和建筑风格。

(2) 货运站　城市的铁路货运方式有两种：一种是专用线，对象是单一货主，主要承担整车或整列的大宗货物运输；第二种是货运站，服务于城市的多头货主，其货物的数量既有整车，也有零担。

货运站的设置与城市货运量有关，一般一个货运站可承担年运量200～400万t。因此，一般10万人口以下的小城市可不单独设立货运站，大中城市可设一个或几个货运站。根据

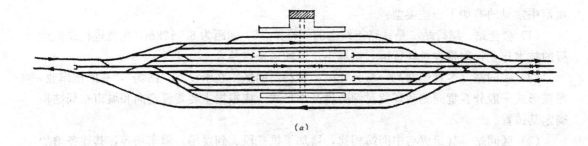

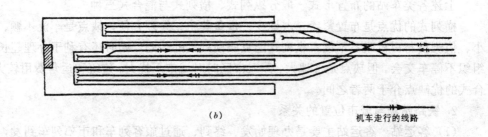

机车走行的线路

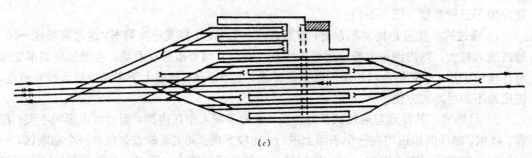

图 5-1-1 客运站布置形式
(a) 通过式；(b) 尽端式；(c) 混合式

实际情况，有些城市还要设专业性货运站（如港湾站，石油、煤等货站）。

货运站应考虑其性质分设到于其服务的地区内，以到达为主的零担货场应伸入市区接近货源或消费地区；以大宗货物为主的专业性货运站，一般应设在城市外围，接近其供应的工业区、仓库等货物集散点；为本地服务的中转货场装卸站应设在郊区，接近编组站或水陆联运码头；易燃、易爆、有毒及有碍卫生（如牲畜货场）的货运站应设在城市郊区，并有一定的安全隔离地带。

（3）编组站 是为货运列车服务的专业性车站，有为干线服务的路网型、兼为地方服务的区域型和主要为地方服务的辅助型三类。其业务范围有以下几方面：

1) 把到达的货车车辆分送到城市的各地区；
2) 将工业区、港口装好的货车车辆汇集到编组站进行改组后发往各目的地；
3) 便利直通的货车甩、挂车辆。

编组站是铁路枢纽的重要组成部分，占地大，影响城市交通，昼夜不断的作业对城市环境有较大的污染和骚扰，应根据城市整体规划和自然条件设置在城市外围。

（二）铁路枢纽

一般把具有多条铁路线和多个协同作业的专业车站组成的群体称为铁路枢纽，其标志是设有编组站，办理多线间大量转线及编组业务，对枢纽结构起重大作用。

铁路枢纽有一站型、顺列型、三角型、十字型、并列型、环型等类型，其布置形式变化很多，与城市结构的关系也很复杂。同时，铁路枢纽的形成与城市的布局都在不断地发展变化，不可能有个固定不变的形式。因此，在处理这些关系时，需要做具体分析。但是其基本原则应是既充分考虑枢纽本身的作业需要与发展，又要力求减少对城市的干扰。

二、公路在城市中的布置

公路运输又称汽车运输，在各类城市对外交通的方式中是唯一可以实现"门到门"式的运输服务，非常方便和灵活，故也是分布面最广的城市对外交通运输方式。公路运输有长途运输与短途运输之分。与较远的城市之间的运输称为长途运输。在城市范围内直接为城乡的工矿企业和人民生活需要服务的客货运输，称之为短途运输。随着现代化的发展，汽车运输也出现了许多新的运输方式和运输工具，如与铁路运输相结合则出现了驮背运输，公路两用车、人车双载列车等运输方式；滚装船则集汽车与水运的优点于一身。国外还出现一种叫"空中休息室"的交通工具，既是公共汽车厢，又能悬挂于直升飞机下直达民航机场客机前。整个公路运输正向着高速度、大吨位、长距离的方式迈进。

大中城市都是公路的枢纽，县级城市一般也都是公路的起讫点或中间站。我国的许多老城市往往是沿着公路两旁发展起来的。在这些城市中，公路与城市道路并不分设，它往往既是城市的对外公路，又是城市的主要生活性干道，道路两边集中了许多商业服务性设施，城区车辆频繁，行人密集，相互干扰很大。如何合理地引导过境公路交通，疏解公路与城市干道的冲突点，合理确定城市公路运输站场位置，是城市规划中对外公路布局中主要解决的问题。

（一）公路与城市的连接

1. 公路的分类

目前，我国公路按技术等级分为四级：

（1）Ⅰ级公路　具有特别重要的政治、经济、国防意义，专供快速车辆行驶的高级公路，年平均昼夜交通量在5000辆以上；

（2）Ⅱ级公路　连接重要政治、经济中心或大工矿区的主要干线公路，或者是运输任务繁重的城郊公路，年平均昼夜交通量为2000～5000辆；

（3）Ⅲ级公路　沟通县级以上的城市，运输任务较大的干线公路，年平均昼夜交通量在2000辆以下；

（4）Ⅳ级公路　沟通县级以下居民点，直接为农业运输服务的支线公路，年平均昼夜交通量为200辆以下。

按公路的性质又可分为：

（1）国道，联系全国重要地区或省级交通的全国性公路（技术等级为Ⅰ～Ⅱ级）；

（2）省道，联系省内各区域重要城市或某些重要城市联系近郊城市、休疗养区的区域性公路（技术等级为Ⅱ～Ⅲ级）；

（3）地方性道路，联系城乡居民点之间的公路（技术等级为Ⅲ～Ⅳ级）。

2. 公路与城市的连接方式

一般情况下,解决过境交通与城市生活矛盾的主要措施是在城市布局规划时将过境交通与城市生活道路分开。通常有以下几种基本方式：

(1) 一般的小城市,可以将过境交通引至城市外围,公路可呈"切线"形式通过城市边缘。这是解决原有过境公路交通穿越城市的一种常用方法。

(2) 过境公路应离开城市通过,另采用入城道路引入城市。

(3) 大城市往往是公路运输的终点,公路可从市中心边缘通过并设客运站。

(4) 许多城市在规划建设中形成了环城市交通干道,在这种情况下,对外公路可利用环城干道通过城镇。

(5) 对于规划布局是组团式结构的城市,过境公路可以从组团间通过。在一定的入口处与城市相连接,与城市道路各形成自己的系统,互不干扰。

3. 公路与城市交通干道冲突点

过境公路往往易和城市交通干道与铁路正线、站场形成平面交叉,成为交通冲突的焦点。在这种情况下,最好用立体交叉的方式来解决。

4. 公路交通站场在城市中的选址

公路车站的位置对城市规划布局影响较大,在进行城市功能分区规划和交通系统规划时应同时考虑,使其既能使用方便,又与火车站、码头有较好的联系(便于转乘),同时又不影响城市的生产与生活。汽车站前宜设一广场,方便乘客上车和转乘市内客运交通车辆(见图 5-1-2)。

(1) 长途客运站如果是终点站时,应深入市中心区,以方便乘客;如果是中间站,可设在市中心区边缘。大城市因客运量大,线路方向多,可根据情况设 2 个或 2 个以上的客运站。

(2) 货运汽车站不宜深入市区,应根据货源流向,尽量与仓库、批发、加工、包装等相关部门结合,组成货运流通中心,以提高效率,减少入城交通量。

三、港口在城市中的布置

水路运输是城市对外交通中最古老的方式之一,但是在城市建设发展中,仍起着十分重要的作用。因其有运量大,成本低的优势,所以,在港口城市的规划工作中,如何布置港口用地,妥善解决港口与城市的联系,是搞好港口城市规划的关键。

(一) 港口的组成和分类

港口是水陆联运的枢纽,也是水上运输的枢纽,是由为水上运输船舶服务及为车船联运服务的各种工程建筑设施所组成的综合体,其主要部分是港口的水上建筑设施。吞吐量是衡量港口规模的主要标志,制约其大小的港口活动有四个方面,即船舶航行、货物装卸、库场储存和后方集疏运。这四个方面彼此之间的关系必须相互协调,任何一个方面出现问题都将影响到其他方面,直至影响整个港口的吞吐量的增减。从这个特点可以看出,港口建设必须与城市建设同步配套进行。

1. 港口的组成

港口是由一定的水域和岸上面积组成的。

(1) 港口水域 有进港航道、供船舶避风和调动的停泊区(也称为泊地或锚地)、为船舶装卸货物而设的港池等部分。这些水域要求有一定水深和面积,并且风平浪静。停泊区

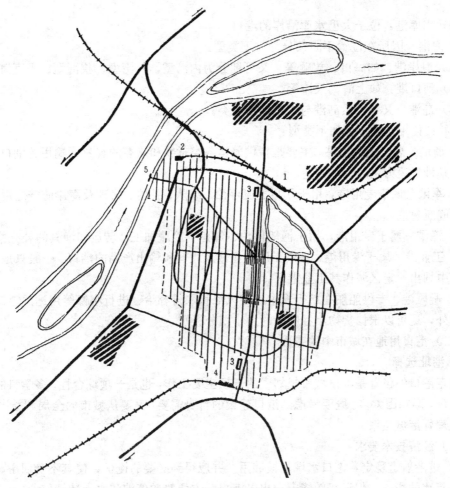

图 5-1-2 汽车站在城市中的位置
1—火车站；2—火车西站；3—长途汽车站；4—火车南站；5—客运码头

的外堤，其主要作用是抵御风浪、海流、漂流对港内水域和入港航道的侵袭，减少泥沙淤积。有时外堤内侧也可兼作码头或安装系船设备以供船只停泊。堤端常设灯塔、灯标供导游，或安设水文观测站。

（2）港口陆域　港口的陆上面积被称为陆域，港口的陆域要求有一定的岸线长度、纵深与高程，一般每米岸线约需 150~500m 纵度，其作用是供旅客上下、货物装卸、存放、转载等作业活动。码头线位于水域和陆域的交接处，是港口的最主要部分。构成码头线的码头建筑物是一切港口中不可缺少的建筑物，因各地的使用要求和自然条件的差异，其建筑的结构类型也是多种多样的。

2. 港口的类型
（1）按地理位置分为内河港、海港两类。
1）内河港　因航道的性质不同又分如下类型：
(A) 河港：位于河流的沿岸，如汉口、重庆等。
(B) 运河港：位于运河流域，如扬州港等。
(C) 湖港：位于天然湖上，如岳阳的洞庭湖港。

（D）水库港：位于大型水库沿岸的港口。

2）海港　因所在位置不同又分为如下类型：

（A）海岸港：如海口、旅顺等，又可细分为内湾型、外湾型、狭湾型、平直海岸。

（B）河口港：如上海、天津等。

（C）岛港：又分天然岛港与人工岛港两类。

（2）按使用性质分为如下类型：

1）商港　属于公共用港，主要是指供兼运各类货物和旅客的客货运输用的港口，也有少量以某种货运为主的专用商港。

2）军港　属于专用港，用于军用舰艇停泊、编队、补给、修理及海岸防守之用，有时也用于舰艇建造。

3）渔港　属于专用港，用于渔船停泊、卸鱼、冷藏加工、转运和渔具的补充修理等。

4）工业港　属于专用港，是供工厂企业输入原料和输出产品的港口，一般只是在公共用商港中划出一定区域作其工业港区。

5）避风港　专供船舶在航行途中躲避风浪和取得补给、进行小修等用途的港口。

此外，还可以根据货物年吞吐量的大小划分级别。

（二）港口用地在城市中的布置

1. 港址选择

确定港口的位置是港口城市规划中的一项主要工作，也是一项综合性、多学科的工作，涉及面广，影响因素多。既要考虑到港口建设的自身需要，又要从城市的全局利益出发，合理地处理好港城关系。

（1）经济技术要求

1）进港航道稳定，港口水域规模够用，并应得到必要的掩护，使其不受回游、波浪、水流、流冰的影响，保证船舶能安全出入港口，方便船舶停泊和水上装卸作业；

2）在适当疏浚后，能保证容纳计算船型的水深；

3）有足够的陆域，便于港口作业区和建筑物的规划布置，并能满足远期发展的需要；

4）与生产或消费地点有最短的运输路程，能方便地铺设进港铁路和公路，使经营管理费用保持最低；

5）所选港址应能保证最小建设工程量和最低的工程造价；

6）应有施工船舶防浪避风的港湾或其他隐蔽的水域，有充足的电源、水源，并要满足港区生活用地的建设要求。

（2）城市建设要求

1）港口选址应符合城市总体规划要求，应与工业用、市政用、生活用岸线规划，同时考虑，统筹安排；

2）城市客运港口应深入市区或接近市中心，中转性的水陆联运作业区则应在城市市中心范围以外；

3）港口不能影响城市安全与卫生，尤其是装卸危险货物的港区应远离市区。

2. 岸线分配规划

岸线是港口城市的宝贵资源，如何合理地使用岸线是岸线规划要解决的问题，也是港口城市总体规划的首要内容。

(1) 岸线的类型　对于港口用的岸线，根据水深不同一般划分为如下三种：

1) 深水岸线　水深大于或等于10m，可供停泊万吨级船用；

2) 中深水岸线　水深6～10m之间，可供停泊0.3～0.5万t级船用；

3) 浅水岸线　水深小于6m，可供停泊0.3万t级以下船用。

(2) 岸线规划原则　岸线规划的指导思想是：深水深用，浅水浅用，统一规划，各得其所。

1) 在符合城市总体规划的前提下，尽可能使需用岸线的各单位能选择自然条件最适宜自己使用的岸线段，实现各得其所。

2) 协调岸线各区段间的功能关系，考虑航道、锚地和水源、游览区、浴场等水陆域的安全和卫生要求；对易燃、易爆和有污染的工业项目、仓库、码头的布置尤其要注意其防护距离。

3) 在进行开发、利用、改造岸线时，应相应地与城市有关的防汛、航运、水利、水产、农业排灌等问题同时进行综合考虑，并对岸线分配时要留有余地，以备远期发展的需要。

(3) 港口作业区布置（图5-1-3）一般综合性港口城市要按货物种类和客运需要划分为煤、粮、建材、石油、集装箱等若干个装卸作业区及客运码头。作业区的布置首先应与城市规划相协调，并应满足其本身生产作业要求。

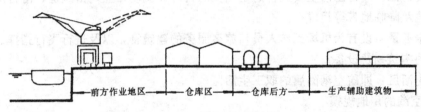

图5-1-3　港口作业区宽度

1) 当客运码头不能单独设置时，可布置在件货作业区内，但应设单独出口。件货作业区一般布置在城市附近的具有深水或中等水深的岸线段，以方便件货船停泊及有关业务部门联系。

2) 集装箱码头应有较深的水深与较大的陆域面积，宜邻近件货区。为当地服务的作业区应尽量接近城市仓库区、生产加工、消费地点，以缩短运距。中转的货物码头则应与城市对外交通设施有方便的联系。

3) 散货作业区为防止对城市的污染，应设在城市当年主导风向的下风向位置，同时应注意粮食装卸区与煤、建材等散货区保持一定的间隔。

4) 油码头对水深要求高，并有严格的防火和防止油污染水域的要求，常设于离外海最近并与其他货区有一定间隔距离的单独作业区。木材作业区应有宽广的水域，便于停放和编解木筏，应单独设置而且远离易燃区。

5) 国际贸易港口城市中的涉外区因其特殊性是一个重要的敏感部分。规划时应防止与其他部分相互干扰，并充分发挥其丰富城市建设的积极作用。

四、航空港在城市中的布置

现代航空运输优点是航线直，速度快，能达到地面运输形式难以达到的任何地区。在客运、邮件、贵重物品、紧急物资及易腐保鲜货物的运输，尤其是在长距离运输以及陆上交通线尚未开辟到的地域的运输，空运有着明显的优势。其不足是运输成本大，技术要求高。城市航空港规划的主要任务，就是合理选择航空港在城镇中的位置，处理好航空港与城市的交通联系。

（一）航空港的类型与组成

1. 航空港因国家不同，其分类与分级的方法也不同。

（1）航空港首先有陆上航空港和水上航空港之分。

（2）按照航线服务范围，又可分为国际航线机场和国内航线机场两类。国内航线机场还可分为：

1）干线机场　为国内航空主干线服务。飞行距离大于2000km，使用航程可超过3200km；

2）支线机场　为国内航空支线服务，飞行距离在1000～2000km之间，使用航程一般不超过1600km；

3）地方机场　为地方航线服务，飞行距离小于1000km，使用航程一般不超过800km。

（3）按其使用性质可分为军用机场，民用机场、体育机场、农业与林业用机场。

2. 航空港的组成

航空港由飞行区、服务区和生活区三部分组成。

（1）飞行区：飞行区内主要进行的是飞机的升降和调动作业，由跑道、滑行道、跑道起讫点场地及降临地带等组成；

（2）服务区：设有为机场工作人员和旅客服务的建筑物，以及进行飞行指挥、通讯联络和保养的构筑物及设备；

（3）生活区：即航空港附属的职工生活区。

3. 航空港的用地规模

（1）跑道长度　各类机型的跑道长度如下：

1）4个喷气发动机飞机跑道大于2100m；

2）2～3个喷气发动机或4个螺旋桨发动机飞机跑道为1500～2100m；

3）双活塞发动机飞机跑道长为900～1500m。

（2）用地规模　航空港的用地规模与其级别、类型和服务设施的完善程度有关，因此差别很大，很难用统一的指标来计算。其用地较大的部分是飞行区。国内民航机场的用地规模相对国外来说小一些，根据经验提出如下用地规模供参考：

1）大型干线机场或国际机场为270～700ha；

2）中型地方支线机场为70～200ha；

3）小型地方支线机场为50～100ha。

（二）航空港的技术要求

1. 用地与建设条件

（1）用地与建设条件。机场用地应平坦，考虑排水方便应保证0.5%～3%的坡度，但不能大于5%。机场用地应尽量不占或少占良田，必须有发展备用地。

（2）避开诸如溶洞、滑坡、膨胀土、湿陷量较大的黄土等不良地段及洪水淹没区，尽量选择地下水位深、有良好工程地质和水文地质条件的地域。

（3）机场建设与正常运转离不开水、电、燃料、交通条件，机场的供电应达到一级负荷，必须有自备的发电装置以应急。机场与城镇之间的交通联系必须通畅和便捷。

2．气象与生态条件

（1）注意风向、风频率、风速、雾、雨、雷、气温、气压等气象条件的影响，烟、雾不易散去的盆地、低洼地不适宜于机场用地。根据国外经验，机场选址周围135km半径范围内，不应当出现雾、层云、暴雨、暴风、雷电等气象现象，否则，不适宜作为机场用地。

（2）机场应避开容易吸引鸟类的植被、食物和掩蔽物地区，以避免因鸟类与飞机碰撞引起的飞行事故。

3．通讯导航要求

为保证机场通讯、导航的正常进行，避免周围环境的电波、电磁等影响，应按国家有关要求对在机场周围设置的产生干扰的设施提出一定的限制范围。

4．跑道布置要求

（1）飞机要求逆风起飞与着陆，因此，起飞和着陆的跑道应与主导风向平行设置，考虑主导风向的变化也可设双向或多向跑道。

（2）现代喷气式飞机产生的强烈噪声对周围影响很大。据调查，大型喷气式飞机起飞时，人们在跑道两侧1km内难以听清彼此的讲话，4km内难以入睡休息，人们如长期置身于85dB的噪声环境中，将危害身体健康。研究结果表明，跑道侧面噪声的影响范围远比轴线方向小得多。所以，城市生活区边缘最好能与跑道侧面保持5km以上的距离，同时应注意不要在跑道轴线方向上投城市建设项目。

综上所述，机场跑道应设在城市的沿主导风向的两侧为宜（图5-1-4），即机场跑道轴线方向宜与城市市区平行或与城市边缘相切，最好不要穿过市区。

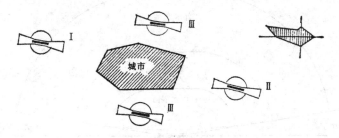

图5-1-4　机场位置与城市的关系

Ⅰ—方案不便于降落；Ⅱ—方案不便于起飞；Ⅲ—方案位置最好

5．净空限制

这是保证飞机安全起飞与着陆的主要措施。机场净空地区是一个近似长方形的顺着飞行带方向延伸出去的假想空间，即由净空障碍物限制面所构成（图5-1-5）。

从净空限制角度来说，机场选址应使其跑道轴线方向不要穿过市区，而最好在城市侧面相切的位置，并注意其跑道中心线与城市边缘的距离保持5km以上；当跑道轴线通过城镇市区时，其跑道靠近城市的一端与市区边缘应保持15km以上的距离。

（三）航空港与城市的交通联系

对于城市的使用者——旅客——来说，机场与城市越近越好。但是现代航空技术的发展，使得机场对城市的噪声干扰越来越大，净空限制的要求越来越高，再加之为了满足日

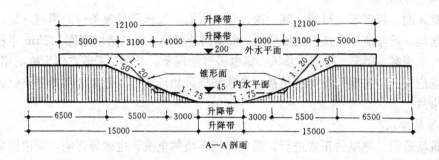

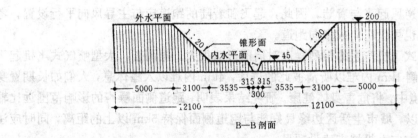

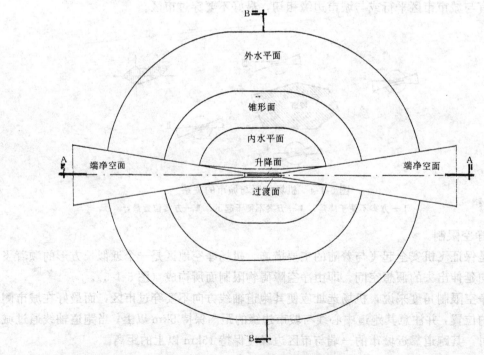

图 5-1-5 净空障碍物限制面

益增长的航空量增加的需要，而使航空港的规模越来越大，所有这些都使得航空港与城市的距离愈来愈大。综合国内外的经验，航空港与城市的距离保持在 10～30km 为好。

由于汽车交通的直达性好,速度快,故国内外机场到城市的联系一般都采用公路运输。在国外一些航空运输发达的国家,也有采用诸如铁路、高速列车、地铁、单轨悬挂式电车,甚至直升飞机等的运输方式来与城市联系。一般的做法是通过市区的航空站(我国则是通过民航售票处)组织的公共汽车客运交通将市区与航空港联系起来,这样的好处是可以大大提高运输效率。一些国家还在航空站增加了办理旅行的手续(如售票、行李托运联检等),方便了旅客,提高了服务质量。考虑到城市居民使用的方便和交通联系的便捷,航空站最好设置在大城市中小区通向机场的交通干道旁。

第二节 城 市 工 业

工业是城市化的动力,更是城市要素之一。工业发展规模及在城市中的布置,往往对城市的性质,规模和总体布局起决定性作用,同时在很大程度上也影响着城市结构的发展。

一、工业的分类

工业部门的分类是为了研究工业内部的结构、特点和比例关系,以利于生产的发展和管理。新中国初期,我国仅有一些传统的手工作坊和零星的现代工业混合体。经40多年的发展,我国工业目前已拥有40个大类行业、200多个中类行业和500多个小类行业。联合国制定的《全部经济活动产业分类》中所列全国工矿业门类,我国都已拥有。

(一)按产品的经济用途划分

根据扩大再生产的理论,把工业按产品的经济用途分成生产资料的生产和消费资料的生产两大部类。前者主要是重工业,分采掘(伐)工业、原料工业、制造工业和燃料工业等,其中包括冶金、电力、煤炭、石油、建材、化工、机械工业的大部分和森林工业的一部分(原木、锯板、人造板和林业化工)。

生产消费资料的工业主要是轻工业,又分为以农产品为原料和以非农产品为原料的工业,其中包括食品、纺织、缝纫、皮革、造纸、文教用品工业以及化学和机械工业的一部分(即染料、油漆、化学药品、肥皂、合成洗涤剂、生活用塑料制品和缝纫机、手表,以及电视机、录音机、收音机、自行车等)。

(二)按工业生产的基本特征划分

工业企业按其生产的基本特征可分为三类:

1. 加工工业

即指由原料工业或其他方面提供原料进行加工,生产的产品可直接供使用单位使用的工业。如机械制造、造船、电力、石油化工(化纤)、造纸、纺织、食品等工业企业。

2. 原料工业

即以自然资源为对象进行生产,提供的产品供其他工业部门进一步加工的工业,是工业的基础。如冶金、建材、化工原料工业、森林采伐工业等。

3. 采掘工业

指开采各种矿石、燃料等的工业。

(三)按产品性质和生产方向划分

国家有关部门根据产品性质和生产方向将工业划分为15个部门,即冶金、电力、煤炭及炼焦、石油、化学、机械(含电子)、建材、木材加工及森林工业、食品、纺织、缝纫、皮革、造纸、文化用品工业、其他工业。

（四）按隶属关系划分

按隶属关系，工业可以分为中央直属单位和地方单位两大类。

（五）按企业规模划分

按企业规模划分、工业可以分为大型企业、中型企业和小型企业三类。如钢铁企业中年产量大于100万t为大型企业，介于10～100万t之间的为中型企业，小于10万t的为小型企业。

（六）按经济成分划分

按经济成分，工业可以分为全民所有制、集体所有制、全民与集体合营、全民与私人合营、中外合营、外资独营、个体经营等多种类型。

（七）按分布地区划分

按分布地区，工业可以划分为市区工业、郊区工业、乡镇工业，开发区工业等不同类型。

工业分类除上述种类外，还有其他的分类方法，如按污染程度、耗能多少和占地多少进行划分，还有划分为主导工业、配套工业（辅助工业）和一般工业的。虽然各种分类方法不同，但都有一个目的，就是有利于工业生产的管理和发展。

二、工业布局的原则

工业布局是城市规划的重要组成部分。工业布局合理，将有利于科学地综合开发和利用我们各地区丰富的自然资源；有利于防止"三废"污染；有利于充分发挥地方的积极性，使工业多快好省的发展；有利于工农结合，城乡结合，加快现代化的步伐。工业布局有如下一些原则：

（一）工业要接近原料、燃料产地和消费地区

这是社会主义工业合理布局的重要原则之一，这将有利于工业生产力的合理配置和各部门之间的生产协作。

（二）集中与分散相结合

工业布局适当分散是指在大的地区范围内（省、自治区、直辖市或经济区）要适当分散，多搞一些工业区和工业点，这有利于发展小城镇，控制大城市，并能带动乡镇工业的发展。所谓集中，就是要把互相联系相关的工业企业在一定的地区内适当集中，不宜过于分散。现在许多大城市周围的工业布置过多，过于分散，卫星城市规模过小，生活设施很难配套。这既浪费了大量投资，对经营管理和生产协作也很不利。

（三）有利于资源的综合利用和环境保护

环境污染是现代化工业发展过程中产生的一个新问题。环境保护的基本方针是：全面规划，合理布局，综合利用，化害为利。合理地进行工业布局是保护环境的重要措施之一，具体应做到如下几点：

（1）发展有利生产、方便生活的小城镇。这不仅有利于战备和经济发展，而且也有利于环境保护。小城镇人口少，污水废物较容易处理，而且周围广阔的田野也利于一些有害物的稀释和净化。

（2）排放"三废"的工业企业，不要布置在城市居民稠密区。已经布置的要改造或逐步迁移。在工业建设中必须把"三废"防治措施与主体工程同时设计，同时施工，同时投产。新建工矿区和居民区间要设置一定的防护绿地。在城市水源地和农业高产区附近不应建"三废"危害严重的工厂。

（3）在峡谷、盆地和气象条件复杂的地区，不应集中布置大量排放"三废"的企业。如必须在这类地区建厂时，则应采取必要的措施，以防止可能出现的污染危害。

（4）要防治工业"三废"对农业的危害，大量排放"三废"的企业，应建立综合利用车间，变废为宝。

三、工业用地的选择

工业用地的选择，不仅应考虑工业用地的自身要求，还应考虑与城市各项用地的关系，尤其是与居住用地的关系，否则，易造成城市布局上难以弥补的缺陷。

在现代工业企业中，因生产工艺过程和生产组织上的不同，对用地要求也不同。

（一）工业用地一般要求

1. 面积与地形要求

在节约用地前提下，工业用地应有足够的面积，以便合理布置厂房设备，满足生产需要。其地形应能满足生产工艺的要求，用地以规整为好。地势一般以平整为宜。考虑排水，应有 $0.5\% \sim 2\%$ 的地形坡度。

2. 工程地质与水文地质要求

（1）工业用地应避开 7 级及其以上的地震区；

（2）应满足厂房设备等对土壤耐压强度的要求，一般不应小于 $150 kN/m^2$。

（3）尽量避开断层、滑坡、泥石流、岩溶、湿陷性黄土、淤泥等不良地质地段。

3. 水文地质要求

工业用地的地下水水质应满足有关技术要求，地下水位应低于厂房基础，能满足地下工程的要求。

4. 运输交通要求

工业用地应有便利的交通运输条件，根据当地的情况，应尽量靠近铁路站场（或航运码头、公路干线），并应和有关交通部门协调好引专用运输线的问题。

5. 防洪要求

工业用地应避开洪水淹没区，或雨水积涝区及大中型水库下游地区。应高出当地最高洪水位（包括浪头侵袭及壅水高度）0.5m 以上。考虑最高洪水频率，大中型企业采用 100 年一遇，小型企业采用 50 年一遇。

6. 供水与供电要求

在不与农业争水前提下，工业用地应有水质好、水量够用、距离近的水源地；应有可靠方便的电力供应条件。

7. 以下类型地区不能布置工业项目

文物古迹埋藏地区，矿物蕴藏地区，矿物采掘区，埋有较复杂地下设备的地区。

8. 卫生要求

在有烟尘、污水污染的下风、下游地段，有化学或有机物、污染物感染的地段，有空气不易流动的窝风地段都不应布置工业项目。

（二）工业用地的特殊要求

1. 运输量大的企业

如冶金、煤炭、金属矿山等企业，应重点解决好运输问题，最好能靠近原料产地，或具有方便的铁路（水运）条件。

2. 用水量大的企业

如造纸、炼油、石化、化肥及火电厂等，应尽可能靠近丰富的水源。

3. 用汽量大的企业

如炼油、染料、胶合板厂等，为节约热量，厂址应尽量靠近热电厂（蒸汽在输送过程中的损失为：1.525×10^5Pa/km）。采用蒸汽时，距离以 0.5~1.5km 为好，不宜超过 4km；采用热水时，一般可至 4~5km，远的可达 12km。

4. 用电量大的企业

如水泥、电炉炼钢、铁合金、铝厂等，其用地一方面应尽量接近电源，同时为了高压输电安全，应有一定的开阔地带，以便于设置高压走廊。采用发电机直接输电，允许距离是 10kV 为 4~5km；6kV 为 3~4km；3kV 为 1.5~2.0km。

5. 对地基土壤的特殊要求

有许多地下设备的化工厂，要求地基干燥不渗水；有些厂房在生产过程中对地面会产生很大的静（动）压力，如锻压车间等，因此对地基要求较高。

6. 其他特殊要求

易燃、易爆的企业应远离居住区、交通干线、高压输电线等，厂区应分散布置并设置相应的特种防护地带。

四、工业用地在城市中的布置

在城市中布置工业用地时，一般应按工业性质划分成机械工业用地、化工工业用地、建材工业用地等；同时，根据其污染程度，选择相应的位置。污染严重的工业项目一般都放在位于城市的下风、下游的边缘地带。而类似服装业、手工业等对居民影响不大的工业项目，则可以分散布置在生活居住用地中，以利于职工就近上下班，但应注意处理好交通问题，尽量减少对生活居住区的干扰。

（一）城市工业用地的布置形式

城镇工业用地布置形式有以下几种：

1. 集中的工业区

彼此有生产协作关系或共同使用区域性厂外工程的工业企业集中配置在一起，能形成一定工业规模和综合生产能力，达到较好的经济效果。工业区按布置的区位不同可分为市区工业区，近郊工业区及远郊工业区。

2. 工业小区（工业街坊）

用地规模不大，污染不严重的工业，可集中布置在几个独立的街坊或地段上。这些工业小区或街坊可分布在城市其他用地之间，有利于平衡城市上下班交通量，方便职工上下班。

3. 分散布置

用地少、污染小、运输量不大的工业企业可与其他用地混合布置，尤其是一些生产生活用品、食品等，采用前店后厂的小型企业，更适合放在生活居住用地内，既能提高生产厂家的经济效益，也方便了城市居民消费者。

（二）城市工业用地的构成

不同的工业用地布置形式,其用地构成也不同。用地规模较大的工业区,其构成内容比较多,除了工业企业用地以外,还要包括水源(水厂)、动力、能源(电厂或热电站)、污水处理设施、铁路专业线及站场、港口码头、仓库、停车场、公共服务中心、科研教育中心等。

工业小区(街坊)因用地较小,其构成除工业企业用地外的其他用地较小,有变电站、污水处理站、铁路专用线、码头、停车场、公共服务和科研设计单位等。

分散的工业区、点一般以工业企业为主,有的附以变电所等生产必须的设施。

五、城市工业用地规划布置

(一) 城市总体布局中的工业用地布置

大城市和部分中等城市的工业用地可以有三种形式,即工业区、工业小区与分散的工业点。小城镇和部分中等城市因工业项目较小,一般只有两种形式,即工业小区和分散的工业点。在城市总体布局中有下列几种布置方式:

1. 工业区在城市外围

工业区按工业性质和污染程度分散布置在城市外围,城区内可以有分散的工业点和工业小区。这种布置形式的好处是可以避免工业的大量运输对城市的干扰,但易造成工业区包围城市,使城市没有发展余地。发展历史较长的大城市常会出现这种情况(图5-2-1)。

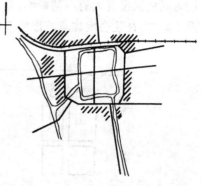

图 5-2-1 工业区包围城市

2. 工业区与其他用地呈交叉式布置或呈有机组团式布置

在一些外形较特殊的城市,如因受地形限制呈带状发展的城市,或分散成几个组团状的城市,其工业区也应结合地形,并根据工业性质和污染程度分散在城市各部分布置;尤其是组团状的城市,可以根据规划总图将城市组成几个规划分区,使每一个分区组团中既有工业企业又有生活居住区,使生产与生活有机地结合起来(图5-2-2、图5-2-3)。

(二) 城市工业用地与居住用地的位置关系

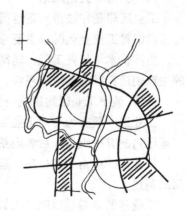

图 5-2-3 工业区按组团式布置

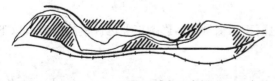

图 5-2-2 工业区呈交叉布置

城市工业区与居住用地的位置关系,一般有三种。

1. 平行布置

这种布置方式的优点是工业区与居住区的联系方便,工业区与居住区之间有相应的隔离,可以搞绿化带或林荫路,居住环境较为安宁(图5-2-4)。

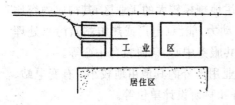

图 5-2-4 工业用地与居住用地平行布置

2. 垂直布置

这种形式即是工业区的短边对着居住区。与平行布置相比，如果工业区规模较大，职工上下班将远一些（图 5-2-5）。

3. 混合布置

工业用地与居住用地混合布置，对方便职工上下班来说是有利的，但必须考虑所布置的工业性质应对居住区没有大的不利影响，尤其是在污染和噪声方面更要注意。另外，工业用地分散，管道不集中，往往会增加基础设施投资（图 5-2-6）。

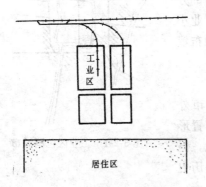

图 5-2-5 工业用地与居住用地垂直布置

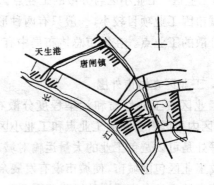

图 5-2-6 南通市总体布局示意

六、城市工业区规划

工业区即是在城市一定范围内相对集中若干具有多方面生产联系的工业企业群。在工业区内配置工业企业时，主要考虑工业与企业之间在原材料、生产过程、副产品和废品处理、生产技术、厂外工程、辅助工厂等方面的协作，并满足各自的建厂要求，给工业企业的生产创造良好的条件和环境，并尽可能地节约投资，节约用地。

（一）城市工业区的组成与规模

工业区一般分为专业工业区与综合工业区。前者系指一种工业部门的各个工业企业在工业区内的有机组合，后者则是指多种工业部门的各个企业在工业区内的有机组合。

工业区一般由生产厂房、运输设施、动力设施、各类仓库、管理设施、绿地及发展备用地组成。

工业区的规模是以职工人数和用地面积来衡量的。影响工业区规模的因素有以下几个方面：

1. 工业生产协作的要求

根据工业生产的性质，以一二个骨干企业为主，结合与其有密切协作关系的工厂组成工业区。但是，应将这种协作关系限制在那些有后向联系（即向主要企业提供产品的工厂），或有前向联系（即使用主要企业的产品的工厂），如将一切有协作关系的工厂毫无限制地都组织在一起，将会使工业区规模过大，并失去其积极意义。

2. 经济合理的共用水、电、热、交通等基础设施的要求

形成一定规模的工业区，可以组织共同使用集中设置的基础设施，尤其是类似热电厂、铁路专用站（场）及线路、专用码头等较大型的工程设施，这样可以节省燃料，节约用地，提高生产率和降低成本。据调查，组织集中的工业区，较分散布置工业区可节约城市用地10%～20%，企业用地20%～30%，运输线路20%～40%，工程管道10%～20%，其经济效益是显而易见的。但是，这就要求工业区的规模不能太小。否则，不易发挥集中的基础设施的作用，不经济。

工业区的规模影响因素除上述内容外，还要考虑地形条件、职工上下班和生活福利设施的规模、工业企业本身的特殊要求及经济合理利用原有城镇条件等方面的影响。工业区的用地面积一般以700～800ha为宜，职工人数不宜超过30000～50000人。前苏联工业区人数在20000～50000人。前东德和美国均在20000人以上。

工业小区用地面积一般在150ha以下，职工10000人以下。这样的规模可以在城市干道路网范围内布置。

（二）城市工业区用地布置

1. 布置原则

应根据企业的生产性质和卫生、防火等要求进行分类，将生产协作关系密切的工厂组织在一起；有污染和易燃、易爆的企业，其布置位置不要影响其他企业和居民区；用地应优先考虑布置生产用地，其次是辅助性设施（如仓库、堆栈等）；工业区内主要道路与城市道路网连接时，既要方便工业区的交通运输，又要尽量减少对城市的交通干扰；工业区内的公共服务设施（如食堂、医疗、邮局、消防站等）的建设与选址应考虑职工及其家属使用方便；尽可能搞好绿化与城市美化建设；考虑分期建设的经济合理性，留有远期发展备用地。

2. 用地功能分区

工业区用地可分为生产区、辅助生产区、动力和仓库设施区、运输设施区 公共活动中心区、卫生防护带等区域。

生产区是工业区的主体，应首先满足其对用地的要求；辅助生产区包括伴生企业、服务性企业、处理和利用"三废"的企业等；动力和仓库区包括热电站（厂）、煤气站、压缩气站、乙炔站及原料、成品、危险品仓库等；公共活动中心区包括科技教育中心、生活服务及文化娱乐中心。公共活动中心一般是工业区的核心。上述各区域应根据实际地形和有关规划原则进行布置，保持其有机联系，尽量减少彼此的干扰，使之各得其所。

七、城市经济开发区中的工业用地规划

改革开放以来，各地相继出现了一批经济技术开发区，实行一些经济特区的政策，引进外资和先进技术，发展现代工业和科研、金融、贸易等事业。这其中的工业开发区有别于一般的城市工业区。

（一）综合性强

其综合性表现在这样几方面：一是工业区、居住区、生活服务中心区配套建设；二是工业门类多样化，可适应多种工业生产的要求；三是实施先期土地综合开发，创造好软、硬投资环境。

（二）具有灵活性

这类工业区一般主要吸引污染轻、高技术、高科技与出口加工业等产业项目，但具体工业项目在规划时并不明确。为了能适应多种产品项目发展的需要，在规划中一般仅制定出应选择具体用地的容积率，对建筑宽度、建筑高度和绿化率做出了具体的基本指标限定，对有可能对环境造成的不利影响亦作了限制。为适应不同的工业部门的需要，规划中划分的地块也大小不等，从1～10ha均有，使其能适应多种开发的需求。

（三）较强的控制性

在规划的制定与实施过程中采取各种有效措施进行控制，根据实际情况进行分期建设和确定建设规模及建设项目，使工业开发区滚动发展，形成良性循环。

八、城市旧工业区的调整与改建

我国现有的城市工业有许多是解放前遗留下来的。解放以来由于很长时间不重视规划，这期间上马的一些工业布局也不尽合理。改革开放以来，城市规划与城市建设得到了重新重视，在进行城市规划时，旧工业区的调整与改建是一项重要的工作内容。

（一）旧城工业布局存在的问题

（1）工厂用地面积小，不能满足生产需求；

（2）缺乏必要的交通运输条件；

（3）居住区与工厂混杂，造成彼此的干扰；

（4）工厂的仓库、堆场不足；

（5）工厂布局混乱，缺乏生产上的统一安排，形成"小而全""大而全"的局面；

（6）有些工厂的厂房利用民房或临时建筑，不合生产要求，影响生产和安全。

（二）旧城工业布局调整的原则

（1）发展生产，充分利用与逐步改造相结合；

（2）组织专业化生产；

（3）工业改造过程中采取坚决措施处理易燃、易爆及有严重污染的工业项目；

（4）解决好地点调整后的工厂职工上下班及生活服务问题。

（三）旧城工业布局调整的一般措施

根据城市的不同性质和特点、现有工业存在的问题，在深入调查研究的基础上，对工厂内的不同情况可采取以下一些措施：

（1）留：保留那些对周围环境没有影响、厂房设备好、交通方便、市政设施齐全的工厂，并允许就地扩建。

（2）改：对其他条件好，但产品生产对环境有影响的工厂，应采取改变生产性质、限制生产发展、改革工艺等措施。

（3）并：规模小、车间分散的工厂可适当合并，以提高生产力。生产性质相同但分散设置的小厂可按专业要求组成大厂。

（4）迁：对易燃、易爆 有严重污染又不易治理的工厂，应尽可能早日迁出。

第三节 城 市 仓 库

仓库用地是指专门用作储存物资的用地。在城市规划中，不包括工业企业内部、对外交通设施内部和商业服务机构内部的仓库占地，而是指在城市中需要单独设置的、短期或长期存放生产与生活资料的仓库和堆场，以及所属道路、行政管理、附属的包装加工及生活服务设施用地。

仓库作为城市的组成要素之一，它与城市其他组成要素（如工业、对外交通、生活居住、郊区等）有着密切的联系。它是组织好城市生产生活和生活活动必不可少的物质条件之一。因此，它在城市的布置涉及面广、因素复杂、必须在城市总体布局中安排好仓库用地。

一、仓库的分类

仓库的分类方法很多，从城市规划的需要角度看，一般可做如下分类：

（一）从城市的卫生安全需要考虑，按储存货物的门类及仓库设备特征分类

1. 一般性综合仓库

一般性综合仓库的技术设备比较简单，储存物资的物理、化学性能比较稳定，对城市环境没什么污染，如百货、土产仓库、无污染、无危险的化工原料仓库、一般性工业成品库和食品仓库（不需冷藏的）等。

2. 特种仓库

特种仓库是指对用地、交通、设备有特殊要求的仓库，这类仓库对城市环境与安全有一定影响。如冷藏、活口、蔬菜、粮油、燃料、建筑材料以及易燃、易爆、剧毒的化工原料等仓库。

（二）从城市的使用要求考虑，按使用性质分类

1. 储备仓库

储备仓库主要是用于存放国家或地区储备或战备物资，如粮食、石油、工业品、设备等。

这类仓库主要不是为本城市服务的，存放的物资流动性不大，但仓库的规模一般较大，而且对交通运输条件要求较高。

2. 转运仓库

转运仓库是为路过本城，并在本城中转的物资作短期存放用的仓库。它不承担物资的加工与包装，但这类仓库必须与对外交通设施（如车站、码头等）密切结合。

3. 供应仓库

供应仓库主要是把收购的零散物资作暂时存放，待集中后批发转运出去，如农副土特产品的收购仓库等。

二、仓库用地的规模

（一）仓库用地规模的估算

1. 影响仓库用地规模的因素

（1）城市性质与规模　城市性质影响着仓库用地的规模，如交通枢纽城市与风景游览城市，它们对仓库及其用地就有不同需求。交通枢纽城市对运转仓库需求量大，而风景游览城市则主要需要的是商业性供应仓库。城市规模不同，仓库用地规模也不同。一般说来，大城市各项设备齐全，居民生活需求高，仓库用地也相应大一些，而中小城市，仓库用地规模相对小一些。

（2）城市储存物资的特点与性质　各城市都有它自身的经济特点与特色，它的大宗产品的性质也影响着城市仓库的性质与规模。

（3）国家经济力量与居民生活水平状况　随着城市生产的发展，居民生活水平的提高，生产与生活消耗品品种与数量日益增多，国家储备量也相应增长，整个储存量就必须日益

增大,随之而来的仓库用地规模也需相应增大。

(4) 城市仓库建筑设备与仓库用地分布 在城市中,仓库建筑的高层与低层的比例、仓库用地的集中与分散布置,均影响着城市仓库用地的规模。

除此之外,城市地理位置、气候条件和当地居民的生活习俗也会对城市仓库用地规模产生一定影响。

(二) 仓库用地规模的估算

对城市仓库用地规模的估算,一般采用以下步骤进行:

(1) 估算城市近期与远期仓库货物的年吞吐量(t)。

(2) 按照年吞吐量和仓库货物的年周转次数,估算所需的仓容吨位。其计算式:

$$仓容吨位 = \frac{年吞吐量}{年货物周转次数}$$

(3) 根据仓容吨位确定进入库房与进入堆场的吨位比例,再分别计算出库房用地面积和堆场用地面积。计算时还应考虑库房面积利用率、堆场面积利用率、单位面积荷重、库房层数、建筑密度等因素。其计算式为:

$$库房用地面积 = \frac{仓库吨位 \times 进仓系数}{单位面积荷重 \times 库房面积利用率 \times 库房层数 \times 建筑密度}$$

$$堆场用地面积 = \frac{仓容吨位 \times (1-进仓系数)}{单位面积荷重 \times 堆场面积利用率}$$

(4) 计算仓库用地面积。其计算式为:

仓库用地面积 = Σ(库房用地面积 + 堆场用地面积)

在城市规划中,常常以城市人口每人仓库用地面积多少平方米和仓库用地面积占城市建成区面积的百分比来反映一个城市的仓库用地规模情况,或以它作为规划的控制指标。但由于各地情况不同,因素复杂,仓库用地面积的变动幅度也比较大,难作比较,规划中应视本城市的具体情况加以分析与确定。

三、仓库在城市中的布置

(一) 仓库用地布置的一般原则

1. 满足仓库用地的一般技术要求

(1) 应地势高亢,地势平坦,地形坡度为 0.5%～3% 的地段最适宜布置仓库。这种地形坡度可保证良好的自然排水。

(2) 地下水位不能过高,不应把仓库布置于低洼潮湿的地段。蔬菜仓库的地下水位同地面的距离大于 2.5m,储存在地下室的食品和材料库,地下水位应离地面 4m 以上。

(3) 土壤承载力要高。尤其沿河岸修仓库时,应认真调查河岸的稳定性和土壤承载力。

2. 有利于交通运输

仓库用地必须具备方便的交通运输条件,最好接近货源和供应服务地区,应合理组织货区和货物运输,最大方便地为生产生活服务。

3. 有利建设和经营使用

不同类型的仓库最好能分别布置在城市的不同地段,同类型仓库尽可能集中,紧凑布置,但居民日用品供应仓库应均匀分布,以便接近供销网点。

4. 合理利用用地

仓库应有足够的用地,但不应浪费用地。仓库总平面布置应集中紧凑,在条件允许时,应提高仓库建筑层数，积极采用竖向运输与储存设施。

  5．兼顾城市其他要素

在沿河（海）岸边布置仓库时，应同时兼顾居民生活，游憩所需要使用河（海）岸线问题。与城市没有直接关系的储备仓库与转运仓库，应布置在城市生活居住用地以外的河（海）岸边，增加生活岸线长度。

  6．注意保护城市环境

仓库用地的布置应注意环境的保护，防止污染产生，确保城市安全。布置中有关安全、卫生方面的具体要求可参见表5-3-1、表5-3-2和表5-3-3。

仓库用地与居住街坊之间的卫生防护带宽度标准　　　　　　　　　　表5-3-1

仓　库　种　类	宽度（m）
大型水泥供应仓库、可用废品仓库、起灰尘的建筑材料露天堆场	300
非金属建筑材料供应仓库、煤炭仓库、未加工的二级无机原料临时储藏仓库、500m³以上藏冰库	100
蔬菜、水果储藏库、600t以上批发冷藏库、建筑与设备供应仓库（无起灰材料的）、木材贸易和箱桶装仓库	50

注：所列数值至疗养院、医院和其他医疗机构的距离，按国家卫生监督机关的要求，可增加0.5～1倍。

易燃和可燃液体仓库的隔离地带（m）　　　　　　　　　　　　　表5-3-2

| 隔　离　地　带 | 仓　库　容　积 | |
	600m³以上	600m³以下
至厂区边界	200	100
至居住区边界	200	100
至铁路、港口用地边界	50	40
至江河码头的边界	125	75
至不燃材料露天堆场的边界	20	20

油库至防火对象的距离参考表　　　　　　　　　　　　　　　　　表5-3-3

| 确定防火距离的对象 | | 最　小　距　离（m） | | |
		一、二级油库	三级油库	四、五级油库
工业企业地区			100	50
森林及园林			50	50
铁　路	车　站		100	80
	让车道、站台		80	60
	区间线路		50	40
公路用地边界	一、二级公路		50	30
	三、四级公路		20	10
油库宿舍及居民点			100	50
住宅与公共建筑			150	75
高　压　线		电杆高度的1.5倍		
木材、固体燃料、纤维仓库			100	50

注：靠近河岸的油库，通常应布置在港口码头、船舶所、水电站、水工建筑物、船厂以及桥梁的下游，距离不小于300m。如果必须布置在上游时，则一、二、三级油库为3000m，四、五级油库为1000m。

(二) 仓库在城市中的布局

在小城市中，必须设置独立的地段来布置各种类型的仓库。尤其是县城，城市用地范围不大，但由于县城是城乡物资交流与集散的中心，需要设置较多类型的仓库与堆场。在规划布置时，在这较多类型的仓库中，应以国家（或地区）储备仓库和地区转运仓库作为城市仓库用地布置的重点。因为这类仓库一般储量较多，占地又大，运输繁忙，所以宜相对集中地布置在城市的边缘，并靠近铁路车站、公路或水运码头，以便于城乡物资的集散，如图 5-3-1 所示。在河道较多的小城市，城乡物资交流与集散大多利用河流水运，仓库也可沿河布置，如图 5-3-2 所示。应当引起注意的是，小城市要防止将那些占地较大的仓库放在市区内造成城市布局的不合理或仓库使用上的不方便。

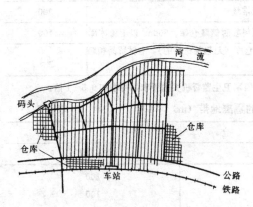
图 5-3-1　小城市的仓库用地布置示意

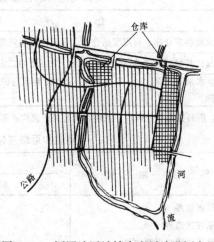
图 5-3-2　河网地区城镇仓库用地沿河布置

大中城市的仓库应按仓库的使用性质与类型分成若干仓库区，仓库区的分布也应采用集中与分散相结合的方式。在布置仓库区时，要配置相应的交通运输线路和基础设施，并按它们各自的特点与要求，在城市中适当分散布置在恰当的地段。

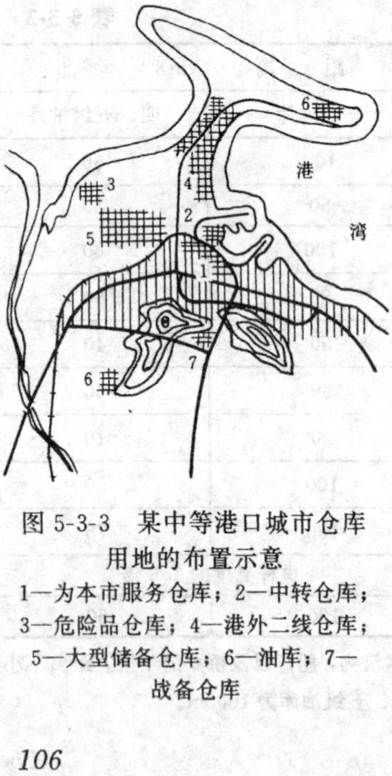

图 5-3-3 为一中等港口城市仓库用地的布置示意图。为本市服务的仓库布置在铁路线路靠市区的一侧；中转仓库位于铁路与港口之间的地段；港外二线仓库布置在紧靠港区的后方；而危险品仓库和油库场布置于远离市区的独立地段；大型储备仓库布置在城镇西北部铁路线路外侧的沙丘地段，既不占用农田，又便于铁路专用线接轨，这样布置，使城市的仓库区功能明确，又有较好的交通运输条件，同时与城市其他组成要素关系协调。

图 5-3-4 和图 5-3-5 分别为两城市仓库用地的布置示意图。

在城市中，仓库用地的过分集中或过于分散对城市总体布局、交通运输的组织以及战备都不利。

图 5-3-3　某中等港口城市
　　　仓库用地的布置示意
1—为本市服务仓库；2—中转仓库；
3—危险品仓库；4—港外二线仓库；
5—大型储备仓库；6—油库；7—
战备仓库

2. 转运仓库

转运仓库属于路过转运、短期储存，与本城市没有多大关系的仓库，一般也应设置在城市边缘或郊区。但布置时，宜靠近铁路车站、公路与码头等对外交通设施，以尽量减少货物的短途运输，方便运转。

3. 收购仓库

如属农副产品、当地土特产收购仓库，一般应设置在货源来向的郊区入城干道口或水运必须的入口处，便于收购和集中后转运，在布置时要慎重，不能因此而引发收购旺季阻塞入城干道交通的现象出现。

4. 供应仓库或一般性综合仓库

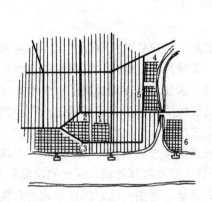 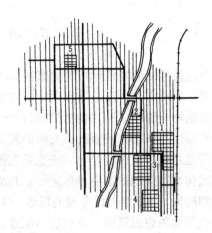

图 5-3-4 某城市仓库用地的布置示意（一）
1—综合仓库；2—商业仓库；3—煤建仓库；
4—供销仓库；5—收购仓库；6—粮食仓库

图 5-3-5 某城市仓库用地的布置示意（二）
1—煤建仓库；2—综合仓库；3—外贸仓库
4—粮油仓库；5—食品仓库

这类仓库储存的物资门类繁多，要根据物资类别和储量大小布置在城市的不同地段，储存货物与居民生活关系密切的一般性物品仓库。若运输量不大又没有污染，布置时应尽量接近城市内它所供应的街区。如一般生活用品仓库就可布置在居住区内，但应具备方便的市内交通运输条件，对那些用地规模大、运输多，或有其他特殊要求的仓库进行布置时应另外考虑。

5. 特种仓库

（1）冷藏库 在城市中，这种仓库往往结合屠宰场、加工厂、毛皮处理厂、活口仓库等一起布置。冷藏库设备多，运输量大，有一定的气味和污染，对环境有一定影响，故多设置在城市郊区，并注意防治其污染。

（2）蔬菜仓库 应设于城市边缘通向郊区的入城干道处，但不宜过分集中布置，以免运输距离拉得过长，损耗太大。

（3）木材与建筑材料仓库 这种仓库运输量大、占地多，常设在城郊对外交通运输线的附近。

（4）燃料及易燃材料仓库 如石油、煤炭及其他易燃物品仓库，应满足防火要求，布置在郊区的独立地段，在气候干燥、风速较大的城市，还必须布置在城市大风季节的下风位或侧风位。特别是油库在选址时应远离城市居住区和其他重要设施（如变电所、电站、交通枢纽、重要桥梁、机场、水库、大型工业企业、矿区军事目标等）最好设在城市外围的地势低洼处，并设有一定的防护设施。

(5) 危险品仓库　要布置在城市郊区独立地段,但布置时要注意应与使用单位所在位置方向一致。避免运输时运载危险品的车辆穿越市区,千万不可把这类仓库布置在市区内,因其对居民的生命财产安全将是极大的威胁。市区内如果原来已有这类仓库,规划中必须予以调整,迁至适当的地段,以消除城市隐患。

此外,由于一些仓库建筑的体型有独特形式,成为影响城市面貌的主要因素之一。特别是当这些仓库建筑在沿河(海)岸布置时,构成了城市轮廓线的一部分。因此,在城市总体布局时也是一个不可忽视的问题。

第四节　城市生活居住

城市居住生活有着各具特色的家居生活,还有着多样的户外的社会、文化、购买和游憩等活动,内涵十分丰富。居家生活的内容和方式,受到社会、经济、科技和自然等多方面因素的制约与影响。居住生活过程是一个文化过程,居住生活方式反映了一个地方或民族的文明程度与形态。随着人类文明的发展,城市居住生活的概念范畴已随之变化,相应地城市居住用地的规划理论与方法也处在不断地改变之中。

现代化城市规划的主要目标之一,是为城市居民创造良好的居住环境。为此,在城市总体规划阶段,必须要选择合理的用地,以及处理好居住用地与其他城市用地的功能关系,确定居住用地的组织机构,并相应地配置公共设施的系统。特别要注意居住用地的环境保护,做好绿化规划,使之具有良好的生态环境。

一、居住用地的内容与分类

(一)内容组成

居住用地占有城市用地的较大比重,一般约为城市总用地的50%左右。它在城市中往往集聚而呈地区性分布。居住用地是由几项相关的单一功能用地组合而成的用途地域,一般包括有住宅用地和与居住生活相关联的各项公共设施、市政设施等用地。

1. 住宅用地

不同类型住宅所占用地,包括住宅基地和宅基周围所必要的用地。

2. 公共服务设施用地

居住生活所需要的学校、医疗、商业服务、文娱等设施的用地。

3. 道路用地

居住地区内各种道路、停车场地的用地。

4. 绿地

居住地区集中设置的公园、游园等用地。

国际《城市用地分类与规划建设用地标准》规定,居住用地是指住宅用地和居住小区及居住小区级以下的公共服务设施用地、道路用地、绿地,以便于城市用地的统计和与总体规划图上的表示取得一致。

(二)用地分类

城市居住用地按照所具有的住宅质量、用地标准、各项相关设施的设置水平和完善程度,以及所处的环境条件等,分成若干用地类型,以便在城市中能各得其所地进行规划布置。我国的《城市用地分类与规划建设用地标准》,将居住用地分成四类,其中一类最好,四类较差（表5-4-1）。

我国居住用地分类　　　　　　　表5-4-1

类　别	说　明
一类居住用地	市政公用设施齐全，布局完整，环境良好，以低层住宅为主的用地
二类居住用地	市政公用设施齐全，布局完整，环境良好，以多、中、高层住宅为主的用地
三类居住用地	市政公用设施比较齐全，布局不完整，环境一般，或住宅与工业等用地有混合交叉用地
四类居住用地	以简陋住宅为主的用地

二、居住用地的选择与分布

（一）居住用地的选择

1．有良好的自然条件

选择适于各项建筑工程所需要的地形和地质条件的用地，避免不良条件的危害。在丘陵地区，宜选择向阳和通风的坡面，少占或不占高产农田。在可能条件下，最好接近水面和环境优美的地区。

2．注意与工业等就业区的相对联系

居住区的位置，在保证安全、卫生与效率原则的前提下，应尽可能地接近工业等就业区，以减少居民上下班的时耗。

3．用地数量与形态的适用性

用地面积大小须符合规划用地所需，用地形态宜集中紧凑地布置，节约市政工程管线和公共交通的费用。

当用地分散时，应选择适宜的用地规模和位置作为居住区，各个区块用地同城市各就业区在空间上和就业岗位的分布上有相对平衡的关系。

4．依托现有城区

尽量利用城市原有设施，以节约新区开发的投资和缩短建设周期。

此外，用地选择应注意保护文物和古迹，尤其在历史文化名城，用地的规模及其规划布置，要符合名城保护改造的原则与要求。

5．留有发展余地

用地选择在规模和空间上要为规划期内或之后的发展留有必要的余地，还要兼顾相邻的工业或其他城市用地发展的需要，不致因彼方的扩展，而影响到自身的发展和布局的合理性。

（二）居住用地的分布

居住用地的分布与组织是城市规划布局工作的一部分。它是在总体规划所确定的原则基础上，按照其自身的特点与需要，及其与工业等城市组成要素内在的相互关系，和某些外界的影响条件，而确定它在城市中的分布方式和形态。如一般旧城的局部扩建或单一工业企业的城市，它们的居住用地分布问题比较简单。但是城市内有多个不同性质、规模的工业或者有着特殊的地形条件，就往往会出现居住用地分布的多种方案选择的可能。

1．影响居住用地分布的主要因素

（1）自然条件　主要是用地的地形、地貌和城市的气候特征。不同的自然条件下其用地的分布显然是各具特点的。

(2) 交通运输条件　居住区与工业区用地之间的联系是否便捷，特别是上下班所需的交通时间，是衡量各地区相对关系的重要依据。

(3) 工业性质、规模及其在布置上的特殊要求　工业的集中或分散布置，尤其是城市若干骨干工业的不同分布、往往对居住用地的分布起决定性作用。应注意不同的工业性质对于居住地区，规定有不同的防护间距。

另外，影响居住用地分布的还有如城市在规划期后可能再发展的空间趋向、城市建设的技术经济和投资的方案比较，甚至是城市规划的某些构思等因素。

2. 居住用地的分布

(1) 集中布置　当城市规模不大，有足够的用地且在用地范围内无自然或人为的障碍，而可以成片紧凑地组织用地时，常采用这种方式。集中布置可以节约城市市政建设投资，密切城市各部分在空间上的联系，在交通、能耗、时耗等方面可能获得较好的效果。

(2) 分散布置　当用地受到自然条件限制，或因城市的工业和交通设施等的分布需要，或因农业良田的保护需要等，用地分布应采取分散布置的方式。

(3) 居住密度分布　居住密度的高低及其在空间上的分布，取决于城市居住用地分类对居住密度的规定、城市用地的自然环境条件、城市交通的组织，以及城市对集聚效益的考虑等。一般是在城市中心地区居住密度较高，城市边缘地区密度较低。

三、居住用地的组织与规模

(一) 组织的原则

居住用地组织要考虑如下原则：

(1) 要服从城市总体的功能结构和综合效益的要求，同时其内部构成要体现出生活的秩序与效能。

(2) 其规模确定要结合城市道路系统的组织，特别是干道的分布一起考虑。

(3) 考虑公共设施系统配置与分布的经济合理性，和居民安全、方便地使用这些公共设施的合适距离。

(4) 符合居民生活行为的特点和活动规律。

(5) 配合城市行政管理系统考虑居民组织的适宜规模。

(二) 基本构成单元

1927年美国的佩里（C. A. Perry）所提出的"邻里单元"（Neighbourhood）概念，是较早地从理论上以居住地域做基本的构成单位（图5-4-1）。这一以完备基本生活环境和强调社区生活为主旨的居住用地组织方式，在以后的几十年在许多国家得到广泛引用，尽管在内容与规模上有所差异，在名称上也另有提法。如美国华盛顿城，其中居住用地的基本构成单元，称之为"村"（Village），人口规模为4500人；日

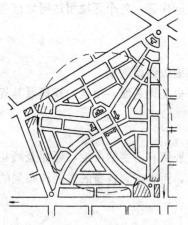

图 5-4-1　佩里的邻里单位示意图

示意图说明了佩里的基本原则。邻里单位中央，有一个公共中心，它的影响半径约为0.4km。邻里单位四周的干道交叉口附近，布置商业、服务设施。箭头所示为高级中心的位置：往左是公共中心，往下为事务中心。街道的宽度和走向取决于街道的功能。街道的宽度应符合街道性质和满足方便到达公共中心和商店所必需的要求

本大阪的泉北新城中，基本构成单元称作"近邻住区"人口约12000人。前苏联城市一般以"居住小区"作为居住用地的基本构成单元，也是邻里单位概念影响下的一个发展，小区的规模约20ha左右（图5-4-2）。

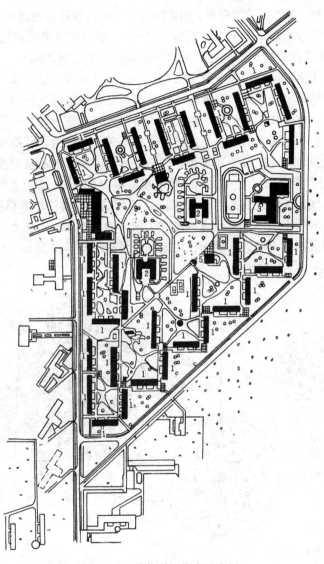

图5-4-2　前苏联居住小区实例

小区面积　　　　　24ha
居住面积　　　　　60850m²
人口　　　　　　　6080人
居住面积密度（毛）　2562m²/ha

1—四层住宅；2—托幼；3—普通教育学校；4—综合商业、生活服务部；5—基层服务站

40年代后期，我国在上海等城市总体规划中，从西方引进了邻里单位的规划概念。50年代后期开始系统地吸收前苏联小区规划的理论，加以应用和发展，一般是以小区作为居住用地的基本构成单元。历经几十年的实践，至今还在不断地完善之中。

(三) 组织结构与规模

由于居民对环境设施利用的不同频繁度和家居生活与社会生活在空间上的活动分布状态，呈现出以住家为中心的不同活动圆域。同时，从城市总体规划的道路系统构成，以及公共设施系统的合理分布与经营要求的考虑，从而形成城市居住用地不同的结构方式。有的是具有多级的序列，有的构成较简单。如英国的哈罗城市居住用地组织是由三级构成的，即以邻里单位作为基本构成单元（6000人）；由2～4个邻里单位组成居住区（1700～23000人）；再由几个居住区构成城市的居住地域（90000人，用地2450ha）。

我国大中城市居住用地的组织一般可由居住小区、居住区二级构成。在居住小区以下也可分有组团或街坊等次级用地。规模较大的城市，在居住区以上还可由若干个居住区和小区形成居住地区，再由几个居住地区组成城市居住地区。在小城市由于人口规模小，城市可能只设置几个居住小区，有的甚至由若干规模不等的居住街坊所组成。在城市旧居住地区由于历史的成因，而不能按上述等级序列来划分时，应因地制宜地按照居住用地组织原则，加以灵活组织。图5-4-3为居住用地构成模式举例。图5-4-4为上海曹杨新村的居住用地由居住区和小区两级构成。图5-4-5、图5-4-6为城市规模较小的居住用地组织实例。

我国居住用地的等级规模，是综合地考虑了城市构成特点、居住水平、建设水平以及行政管理体制等情况而拟定的，一般居住用地的分级控制规模如表5-4-2。

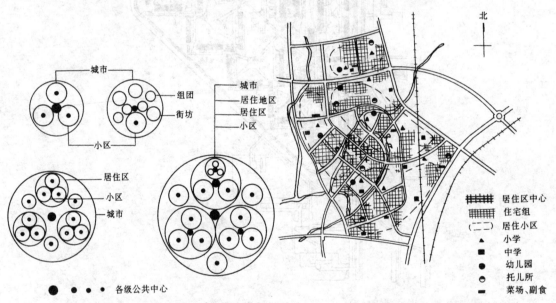

图 5-4-3　城市居住用地构成模式　　　图 5-4-4　曹杨新村规划结构示意图

我国城市居住用地分级控制规模　　表 5-4-2

分项	分级		
	组团	小区	居住区
户	300～800	2000～3500	10000～15000
人口	1000～3000	7000～13000	30000～50000

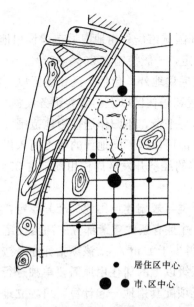
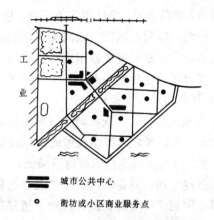

图 5-4-5　某城市居住用地组织方案　　　图 5-4-6　小城市居住用地组织

城市居住用地的等级构成往往同城市公共设施的分级系统、城市绿地系统以及相应的道路系统相互配合而组成有机的整体。这种构成地域也曾称之为城市生活居住用地，它为居民提供了比居住生活更为广泛的城市生活活动所需要的空间。在我国，实施新的城市用地分类与规划建设用地标准后，生活居住用地已不作为城市的一项用地计算单位，但仍可以作为城市的一种综合功能地区的构成概念和方式。

随着现代城市规划理论和实践的发展，城市居住用地的组织出现一些新的动向。前苏联的一些城市为了丰富人民的生活，已不满足于在小区的有限范围内来组织居住生活，起先以"扩大小区"作为居住用地的构成单位，继而又有以更大的居住区为范围来组织生活设施，并作为构成单位。英国的密尔顿·凯恩斯，为了给市民提供选择和交通自由，以及社会平衡的居住环境，在布局上改变了传统的邻里单位的概念，将商业服务设施、学校等设置在街区边缘和交通干道附近，为各街区居民提供多个选择的机会。还将一些小工厂设于居住街区内，形成"环境区"。居住用地无明显的等级构成的区划。另外，在城市用地结构方面，考虑到城市就业岗位与交通的分布与组织，提出了"综合区"的规划设想。这种地区是以居住用地为主体，在此地域内分布适当的工业等就业单位，同时组织必要的公共设施，使之形成具有多种功能的生活环境。

四、居住用地的指标

（一）影响居住用地占城市总用地比重的因素

1. 城市规模

大城市因工业、交通和非地方公共设施等用地量较大，居住用地所占比例较低。

2. 城市性质

如新兴的工业城市，或是交通枢纽城市，一般工业和交通设施等占有大幅土地，城市居住用地可能占较小的比例。

3. 自然地形条件

如丘陵、平原、河网等地区，土地利用条件不同，也会造成城市各项用地比重的差异。

4. 城市用地标准

居住密度的高低,将影响居住用地的数量。我国城市居住用地占城市建设用地比例,按照国标《城市用地分类与规划建设用地标准》规定,一般控制在20%~32%。这一指标是根据如下用地划分规定而得出的:居住用地除住宅用地外,包括小区和小区以下的公共服务设施用地、道路用地、绿化用地等三项,居住区和居住区以上的公共服务设施、道路、绿化这三项用地,均列入城市一级同类用地的计算与平衡,不归作居住用地范围。居住用地比重的控制指标,是对整个城市而言,在城市内部可以因不同地区的特点而采用不同的比重。如某市旧区居住用地约占15%,而在新开辟的经济开发区居住用地却占37%。

(二) 居住用地人均指标

居住用地人均指标,按照国际《城市用地分类与规划建设用地标准》规定,一般控制在 $18\sim28m^2/$人。规划人均建设用地指标较低,并且有条件建造部分中高层住宅的大中城市,其规划人均居住用地指标可适当降低,但不得少于 $16m^2/$人。该项指标亦是按照上述居住用地划分规定而计算得出的。居住区和居住区级以上的居住用地需要单独进行平衡计算时,可以连同相应的公共设施、绿地、道路等三项配套用地一起计算,可独立地作出用地平衡表,并得出居住用地的人均用地指标。

第五节 城市公共建筑

一、分类

城市公共建筑种类繁多,一般包含有建筑场地及附属设备等,按其与居民生活的关系,基本上可分为:直接相关与非直接相关两部分。

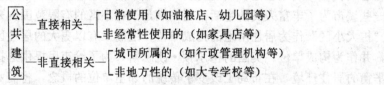

在城市规划中,公共建筑可以从以下几个方面进行分类:

(一) 从使用性质分

依照国际《城市用地分类与规划建设用地标准》规定,城市公用设施分为八类:

1. 行政办公类

如市属和非市属的行政、党派、团体、企事业管理等办公用地。

2. 商业金融业类

商业如各类商店、各类市场、专业零售批发商店及其附属小型工厂、仓库等用地。服务业如饮食、照相、理发、浴室、洗染、日用修理和交通售票等用地,以及旅馆、招待所和度假村用地。金融业如银行、分理处、信用社、证券交易所、保险公司、信托投资公司用地。贸易业如各种贸易公司、商社、各种咨询机构用地。

3. 文化娱乐类

如出版社、通讯社、报社、文化艺术团体、广播台、电视台、差转台、博物馆、展览馆、纪念馆、科技馆、图书馆、影剧场、杂技场、音乐厅、文化宫、青年宫、俱乐部、游乐场、老年活动中心等用地。

4. 体育类

如各类体育场馆、游泳池、体育训练基地，及其附属的业余体校等用地。

5. 医疗卫生类

各种医院、卫生防疫站、专科防治所、检验中心、急救中心、休养所、疗养院等用地。

6. 大专院校科研设计类

如高等院校、中等专科学校、成人与业余学校、特殊学校（聋哑、盲人学校和工读学校），以及科学研究勘测设计机构等用地。

7. 文化古迹类

具有保护价值的古遗址、古墓葬、古建筑、革命遗址等用地。

8. 其他类

如宗教活动场所、社会福利院等用地。

（二）按公共建筑的服务范围和居民使用频率来分

可以按城市用地结构的等级序列，公共建筑相应地分级配置，一般分成三级。

1. 市级

如市政府、博物馆、全市性的商业、宾馆、大剧院、游乐中心等。

2. 居住区级

如文化活动中心、综合百货商场、派出所、照相馆等。

3. 小区级

如粮油店、菜站、小学、托儿所、幼儿园等。

需要说明的是，并非所有各类公共建筑都须分级设置，这要根据公共建筑的性质和居民使用情况来定，例如银行可以有市级机构直到居住小区或街坊的储蓄所，构成银行自身的系统，而如博物馆等项目一般只在市一级设置。

（三）按公共建筑管理归属系统来分

为了便于公共设施规划方案的实施，有时按各项公共建筑所属主管部门来划分类别。如商业与服务业有的合属一个部门管理，有的由二个部门分别管理。

二、建筑用地的指标

公共建筑的指标的确定，是城市规划技术经济工作的内容之一。它不仅直接关系到居民的生活，同时对城市建设经济也有一定的影响，特别是一些大量性公共建筑，指标确定的得当与否，更有着重要的经济意义。

（一）公共建筑指标的内容

公共建筑指标是按照城市规划不同阶段的需要来拟定的。其内容包括两个部分：在总体规划时，为了进行城市用地的计算，需要提供城市总的公共建筑的用地指标和城市主要公共建筑的分项用地指标；在详细规划阶段，为了进行建筑项目的布置，并为建筑单体设计、规划地区的公共建筑总量计算及建设管理提供依据，必须有公共建筑分项的用地指标和建筑指标，有的公共建筑还包括有设置数量的指标等。

（二）确定指标须考虑的因素

1. 使用上的要求

使用上的要求包括两方面：一是指所需的公共建筑项目的多少；另一是指对各项公共建筑使用功能上的要求。这两方面使用上的要求是拟定指标的主要依据。

2. 生活习惯的要求

我国是多民族的国家,因而各地有着不同的生活习惯。反映在对各地公共建筑的设置项目、规模及指标的制定上,应有所不同。

3. 城市的性质、规模及城市布局的特点

城市性质不同,公共设施的内容及其指标应随之而异。如一些省会或地、县等行政中心城市、机关、团体、招待所以及会堂等设施数量较多;在旅游城市或交通枢纽城市,则需为外来游客设置较多的服务机构,因而相对地公共建筑指标就要高一些。

城市规模大小也影响到公共设施指标的确定。规模较大的城市,公共建筑的项目比较齐备,专业分工较细,规模相应地较大,因而指标就比较高;而小城市,公共设施项目少,专业分工不细,规模相应较小,因而指标就比较低。但在一些独立的工矿小城镇,为了设施配套齐全,和考虑为周围农村服务的需要,公共设施的指标又可能比较高。

4. 经济条件和人民生活的水平

公共建筑指标的拟定要从国家和所在城市的经济条件和人民生活实际需要出发。如果所定指标超过了现实或规划期内的经济条件和人民生活的需要,会影响居民对公共建筑的实际使用,造成浪费。如果盲目降低应有的指标,不能满足群众正当的生活需要,会造成群众生活的不便。

5. 社会生活的组织方式

城市生活随着社会的发展,而不断地充实和变化。一些新的建筑项目的出现,以及旧有设施内容与服务方式的改变,都将需要对有关指标进行适时的调整或重新拟定。此外,公共建筑的组织与经营方式及其技术设备的改革、服务效率的提高,对远期公共设施指标的拟定也会带来影响,应予考虑。

总之,公共建筑的指标的确定涉及到经济、社会、自然、技术等多种因素。应该在充分调查研究的基础上,从实际的需要与可能出发,全面地、科学合理地予以制定。

(三) 指标确定的方法

具体指标的确定方法,根据不同的公共建筑,一般有下列三种:

1. 按照人口增长情况通过计算来确定

这主要是指与人口有关的中小学、幼儿园等设施。它可以从城市人口年龄构成的现状与发展的资料中,根据教育制度所规定的入学、入园(幼儿园)年龄和学习年制,并按入学率和入园率(即入学、入园人数占总的适龄人数的百分比),计算出各级学校和幼儿园的入学、入园人数。通常是换算成"千人指标",也就是以每一千城市居民所占有若干的学校(或幼儿园)座位数来表示。然后再根据每个学生所需要的建筑面积和使用面积,计算出建筑与用地的总需要量。之后,还可以按照学校的合理规模和规划设计的要求来确定各所学校的班级数和所需的面积数。

2. 根据各专业系统和有关部门的规定来确定

有些公共设施,如银行、邮电局、商业、公安部门等,由于它们本身的业务需要,都各自规定了一套具体的建筑与用地指标。这些指标是从其经营管理的经济与合理性来考虑的。这类公共设施指标,可以参考专业部门的规定,结合具体情况来拟定。

3. 根据实际需要来确定

这类公共建筑多半是与居民生活密切相关的设施,如医院、电影院、食堂、理发等。可以通过现状调查、统计与分析，或参照其他城市的实践经验来确定它们的指标。一般可以以每千人占多少座位（或床位）来表示。至于一些有明显地方特色的设施，更需要就地调查研究，按实际需要，具体拟定。

为了便于城市总体规划和统计工作，建设部于1990年颁布国际《城市用地分类与规划建设用地标准》，公共建筑作为城市十大类用地之一，用地计算范围限于居住区和居住区级以上，小区和小区级以下公共建筑归入居住用地大类中。但在需要对城市局部地区或居住区进行用地平衡计算时，可将所属的公共建筑用地列入，以反映地区的用地配置关系和指标的合理性。

三、公共建筑的分布规划

在城市总体规划阶段，公共建筑的分布规划主要是在确定公共建筑用地指标的基础上，根据公共建筑不同的性质，采用集中与分散相结合的方式，对全市性和地区性一级的公共建筑进行用地分布，组织城市和地区的公共中心。详细规划阶段则通过具体计算，得出所需公共建筑的用地与建筑面积，结合规划地区的其他建筑内容，进行具体的布置。

（一）公共建筑的项目要成套地配置

配套的含义或可以有两个方面：一是指对整个城市各类的公共建筑，应该配套齐全；另一是在局部地段，如在居民的公共活动中心，要根据它们的性质和服务对象，配置相互有联系的设施，以方便群众。

同时，公共建筑要分级布置，公共建筑分级的级次，要根据城市规模和布局特点来考虑，原则上应该同城市居住用地组织结构相适应。

（二）各类公共建筑要按照与居民生活的密切程度确定合理的服务半径

根据服务半径确定其服务范围大小及服务人数的多少，以此推算出公共建筑的规模。服务半径的确定首先是从居民对公建方便使用的要求出发，同时也要考虑到公共建筑经营管理的经济性与合理性。不同的设施有不同的服务半径。某项公共建筑服务半径的大小，又将随它的使用频率、服务对象、地形条件、交通的便利程度以及人口密度的高低等而有所不同。

（三）公共建筑的分布要结合城市交通组织来考虑

公共建筑是人、车流集散的地点，尤其是一些吸引大量人、车流的大型公共建筑，公共建筑的分布要从其使用性质及交通的状况，结合城市道路系统一并安排。如幼儿园、小学校等机构最好是与居住地区的步行道路系统组织在一起，避免车辆交通的干扰。而车站等交通量大的设施，则要与城市干道系统相连接，并且不宜过于集中设置，以免引起局部地区交通负荷的剧增。

（四）根据公共建筑本身的特点及其对环境的要求进行布置

公共建筑本身既作为一个环境形成因素，同时它们的分布对周围环境也有所要求。例如，医院一般要求有一个清洁安静的环境；露天剧场或球场的布置，就既要考虑它们自身发生的声响对周围的影响，同时也要防止外界噪声对表演和竞技的妨碍。

（五）公共建筑布置要考虑城市景观组织要求

公共建筑种类多，而且建筑的形体和立面也比较多样而丰富。因此，可通过不同的公共建筑和其他建筑的谐调处理与布置，利用地形等其他条件，组织街景与景点，以创造具有地方风貌的城市景观。

（六）公共设施的分布要考虑合理的建设顺序

在按照规划进行分期建设的城市，公共建筑的分布及其内容与规模的配置，应该与不同建设阶段城市的规模、建设的发展和居民生活条件的改善过程相适应。安排好公共建筑项目的建设顺序，预留后期发展的用地，使得既在不同建设时期保证必要的公共设施内容，又不至过早或过量地建设，造成投资的浪费。

（七）公共设施的布置要充分利用城市原有基础

老城市公共设施的内容、规模与分布一般不能适应城市的发展和现代城市生活的需要。它的特点是：布点不均匀；门类余缺不一；用地与建筑缺乏；同时建筑质量也较差。具体可以结合城市的改建、扩建规划，通过留、并、迁、转、补等措施进行调整与充实。

第六节 城 市 郊 区

一、城市郊区的作用

（一）城市郊区

城市的行政区划或城市规划区一般包括有市区与郊区两个部分。郊区，则是指城市行政界限以内与建成区紧密相关的建成区外围地区。在小城市可能面积较小，且是性质比较单一的农业地区。在一些大城市或特大城市，由于市带县等的行政建制，相对于中心市区，郊区的地理范围较大，而且还可能包含有若干县城与大量的集镇等建成区。如上海市就包含有10个县和约200个各级城镇，郊区面积有近约6000km²。

郊区是城市机体构成中不可缺少的部分。城市机能的运作，除了市区所提供的空间与设施外，还需有郊区在农产品供应、环境、土地等方面提供支持。特别是郊区乡镇非农产业的大量建立，在工业等经济领域，更加密切了城市与郊区的协作联系。

市区与郊区的紧密关系是通过共同的行政归属得以建立。但在计划经济指导下商品经济进一步发展的条件下，市区同郊区的经济联系以及郊区的经济发展，有可能部分地跃出行政区划的范围，扩至更广大的领域。郊区的某些工程设施，如交通设施、水库、电站等，当其功能及服务范围超越市域时，则需在更大的区域内或通过区域规划来进行统筹与协调平衡。

一般情况下，郊区的范围同城市规模相对应。在一些大城市或特大城市，郊区范围较大。对大城市所带有的郊区，常以距离城市中心区的远近，分别划出近郊与远郊，但其间并无严格的界线。

城区与郊区在地理空间上，并不是每个城市都有清晰的实质界限，常因城区外缘的乡村化与近郊建设的城市化而显得模糊。在具体的市、郊行政界线上也常是参差交叉，如有的城区呈星状放射分布的形态，这时市、郊区相互渗透，显示出更为紧密与一体的关系。

（二）城市郊区的作用

郊区对于城市总体效能的发挥起着多方面的作用，主要表现在：

1. 提供良好的生态环境

市区建筑密集，产热量高，成为自然环境中的"热岛"，需要从四周郊区不断地补充较低温度的空气，以改善市区的小气候。同时，市区人口集中，也需通过市、郊空气的对流，得到郊外的新鲜空气。为此，城市对隶属的郊区将可通过立法或其他行政与技术措施，控制、维护或改善其自然条件，以保证城市居民的生活质量和必要的生态环境。

2. 为城市设施提供分布空间

城市有一些设施不适宜在市区，需要在郊区布置，而且郊区有比市区多得多的空间与条件供之选择。

3. 为市区供应农副产品

市区人口集中，食品消耗量大，郊区可就近地为市民供产新鲜蔬菜和其他副食品。

4. 作为市民的游憩基地

郊区的森林、水面、山丘等自然条件优越的地方，可辟作市民的游览休息的场所，或作为休养疗养的基地，以丰富市民的生活。

5. 接纳市区疏解的人口

在一些大城市或特大城市，当人口过密需要疏解时，郊区将为城市人口再分布提供空间。

6. 协同市区发展经济

郊区的农业与非农业产业，是城市经济协调发展的重要组成部分。市区同郊区所构成的城市地区的网络，是城市不同等级的经济中心。市区与郊区在经济技术协作、原材料供应、产品销售以及劳动力供应等方面所建立的互补与平衡发展的关系，显示出郊区的重要作用。

二、城市郊区规划

郊区规划是根据城市总体规划所确定的原则与要求，结合城市郊区的具体特点与条件，合理地分布各项用地与设施。其内容主要有以下几个方面：

（一）郊区范围的拟定

郊区范围确定时一般需要考虑下列几个问题：

1. 城市整体发展的要求

城市有的设施或建设项目或因占地多，或因交通量大，对环境有严重污染等原因，必须在远离密集的市区建设；有时或因原材料等原因，也须设在郊区，郊区的用地必须要满足它们布置的要求。郊区是城市化最敏感的地域，有些项目建设后，具有相当规模，成为城市建成区的一部分。有的城市，修建地区已超过市郊界限，规划安排各项建设用地很不方便，在修改城市总体规划时，根据工业发展，考虑到蔬菜供应自给，水产（主要是鱼）供应自给的要求，通过一定手续，适当地扩大了郊区范围，亦即是扩大了市的行政界限。

2. 城市现状的限制

在市区附近的生产蔬菜等副食品的农田，嵌在市区内无法划出的农业用地，包括农业户的居住用地在内，都是属于农业生产的乡村，不属于建成区用地，都归于郊区之内。具体确定郊区范围时，还应考虑自然地形特点和自然资源的开发利用，照顾历史传统与保持乡村行政界线的完整性等因素。

3. 城市性质与布局形态影响

工矿城市、重要的革命历史纪念城市，风景游览城市等，由于受矿产资源，革命纪念地和名胜古迹、风景游览区（点）分布及其他因素的影响，为了统一开发利用和统一规划管理，往往需要将一些用地划归有关城市或地区管辖，从而使郊区范围扩大。布局分散的城市，常与地形条件和矿产资源分布有关，如内部有交错的农业用地，从而也会使郊区范围扩大。

4. 副食品供应的需要

城市对蔬菜、肉、家禽等副食品的需要量很大，而这些副食品大部分不宜长途运输。为了对城市居民及时供应各种新鲜的副食品，减少长途运输，副食品生产以布置在城市郊区为宜。

在确定蔬菜副食品基地面积时，要做到近期建设合理，远期有发展余地，要能适应食品结构改变的需要。

无论是扩大郊区或市带县，都属于行政区划调整的问题，城市规划工作只是根据建设发展的需要，提出建议方案，然后按规定程序呈报主管部门审批。

（二）安排适宜在郊区的建设项目

1. 工业

如需取用大量工、石、砂、矿等原料的建材工业，有一定污染、需有较好自清或处理条件的工业，对自身生产有特殊要求的工业，用地、用水量大的工业，需接近农产品原材料产地的工业等。

2. 对外交通

如大型铁路编组站场、机场，公路的车场或技术作业场等。

3. 基础设施

如水源地、水厂、污水处理厂，高压变电站等。

4. 仓储设施

如国家或城市的大型仓库、危险品仓库等。

5. 绿地、游憩

如大型苗圃，动、植物园，休疗养地，名胜游览区等。

6. 其他

如军用设施、监狱、火葬场、墓地、广播通讯基地等。

（三）农副食产品生产用地规划

为稳定本地农副产品市场，保障供应，应在郊区建立必需的副食品基地，规划确定它的发展方向、规模和速度以及在地区内的合理布局。

1. 蔬菜基地

一般应选择在地形比较平坦，土地肥沃，水源充足，排灌方便，交通便利的地方。蔬菜地规划在其他条件满足的情况下，应尽量选择靠近人口密集的销售地区，以节省运费，减少运输中的损耗。菜地规划要根据地形条件因地制宜地配置不同的蔬菜种植计划，如利用丘陵台地、岗地种植旱生菜；利用洼地、湖泊种植水生菜。利用多样的自然条件，发展多样品种的蔬菜。

规划新菜地时，必须考虑基建用地和城市近期发展备用地，这样不致使刚开辟的菜地随即被城市建设占用，造成农田基本建设，施肥改土等方面的损失。还要注意充分发挥老菜地的作用。新开辟的菜地要3年后才能达到正常产量，城市建设用地应尽量不占或少占高产菜地。

菜地面积，应按供应人口多少、产量高低，留出足够的面积；并必须把可能发生的灾情估计在内，将面积放宽。蔬菜的供应标准，与当前人民的生活水平和当地的习惯有关，一般可按照每人每天 0.5kg 的标准，加 30% 的安全系数，再加 20% 的损耗，即按城市人口每人每天供应 0.75kg 作为标准。各个城市的供应标准有高有低，规划时应根据当地的实际情况加以确定。另外，规划时不能忽略流动人口的数量，以及平衡蔬菜生产淡季与旺季的供应等。

2. 养猪及家禽

郊区应大力发展养猪与养禽业，兴建机械化的养猪场和禽蛋场。在近郊养猪、养家禽，能及时向城市提供质鲜的肉、禽、蛋，比从外地调运猪和蛋等要节省运费、减少损耗率。此外，还能大量积肥，促进郊区农业生产的发展。

城市郊区规划要为上述事业的发展创造条件，规划或预留它们的发展用地。它们的用地各有不同的的要求，如机械化养鸡场的场址，既要交通方便、靠近消费地和饲料来源地，又要环境清静。一般要求距主要公路至少 400m，次要公路 100～150m，距离畜牧场 200～300m。地势要求比较平坦或有不大的坡度，最好是南向或东南向倾斜，地下水位要低。

3. 乳牛场

鲜乳也是城市人民生活中必需的副食品之一。各地可根据具体情况和发展的要求来确定供应标准和奶牛场的规模。

奶牛场应尽可能布置在近郊，因为鲜奶不宜长途运输，冷藏运输则增加成本，即使从远郊运一部分饲料至近郊养牛厂牛，也比从远郊运鲜乳到城市节省开支。远郊也可建奶牛场，生产易运输的和易保存的乳制品（奶粉、炼乳、奶油等）。奶牛场的位置应选在交通方便，有优质足量的水源和靠近牧场饲料地的地方，附近有可供放牧场地，地势高爽，环境安静。

4. 水产品养殖

水产品也同菜、肉及其他副食品一样，是人们重要的生活必需品。各城市的郊区在发展蔬菜及其他副食品的同时，还可充分利用城市和郊区的水体，如河、湖、水库建鱼塘，发展水产品养殖业，满足城乡的供应。

5. 果园

每个城市都应根据自身条件建立一定的水果生产基地，就近供应鲜果。

果树一般为多年生木本植物，根系分布深，寿命长；吸取水分、养分和耐旱能力都较强，不需经常翻耕，要求土壤不十分粘重，土地排水良好。在山区常将背风向阳的缓坡，土壤有一定厚度，有灌溉条件，地块较为散碎的土地用来栽培果树；在平原则需选用砂土或砂壤土，地下水位在 2m 以下，地面稍倾斜，利于排水和灌溉的土地。从合理利用土地的角度出发，尽可能不用耕地和平坦的土地种植，可利用荒山、低丘台地、梯田种植。

水果比蔬菜容易运输，亩产量一般比蔬菜小，但比粮食大，因此果园可以布置在离市区稍远的地方。近郊若有较多的低丘台地，结合绿化布置一些果园较为适宜。

就经济管理的方便来说，集中经营大面积的果园是合适的，但这一点常受到自然条件的制约（如在平原地区现阶段尚不能提供大量的土地作为果园），应该是既有大面积集中经营的果园，也有小面积分散经营的果园，也可以在水土保持林和防护林中布置一部分果树。

（四）郊区乡镇工业规划

乡镇工业一般具有规模小、生产灵活、原料就地取材、产品就地销售、与农业生产较为密切等特点。近年来，我国城市郊区的乡镇工业发展比较迅速，这对巩固与壮大农村集体经济，促进农、林、牧、副、渔各业生产，为农村剩余劳动力寻找就业门路，加速农业现代化，缩小城乡与工农差别等方面都具有十分重要的现实意义和深远的历史意义，是郊区规划的主要内容之一。

1. 确定郊区乡镇工业项目

应根据农业生产与农民生活的需要、当地资源条件和环境条件、城镇工业协作与支援的可能性、建设资金与劳动力的来源等方面的情况来确定乡镇工业项目。如在城市郊区发展以支农产品（如肥料、农药、饲料加工、农具和农机修造等）为主的乡镇工业企业；利用本地区农业生产优势，发展为城乡居民生活服务的农副产品加工业等乡镇工业；利用当地自然资源发展小型采矿业、冶金业、建材业和水电事业等；还可利用城镇工业企业的边角料和技术力量发展协作配套的高精工业和小商品生产等乡镇企业。

2. 乡镇工业布局的要求

（1）充分利用已有的物质基础条件。应充分利用城市现有的工业物质基础，让乡镇工业尽量靠近城市同类工业企业，以利于企业之间的生产协作，减少生产过程中原材料、半成品的往返运输。特别是那些"三废"污染处理的协作，应能就近得到城镇工业企业的技术指导。

（2）与郊区集镇的建设发展相结合。在不影响环境的情况下，尽可能与郊区集镇建设发展相结合，依托郊区集镇兴办乡镇工业，既便于加强领导与管理，又利于促进郊区集镇的发展繁荣。

（五）郊区道路网规划

郊区道路网规划要安排城市对外交通的线路与站场等设施，沟通城市与郊区各城镇的联系，特别要结合乡镇工业的分布与发展，为之创造方便的运输条件。在水网地区，郊区道路规划应同水运系统相结合，构成水陆互补的联运网络。

郊区道路网规划，还应满足农业生产与运输的需要，道路的选线与分布应考虑到农田规划与机耕道路的分布。

（六）郊区居民点规划

郊区居民点包括有建制城镇，非建制集镇和村庄等几部分。

郊区的各级城镇是不同等级地区的行政、经济、文化中心，它们都是城镇体系中的节点，均担负有自身的功能。

在城市总体规划阶段，将规定郊区各级城镇的性质与规模，以及发展的原则构架。对其中规模较大又较重要的城镇，可在城市总体规划同时作出具体的发展规划。在郊区规划中，对各级城镇需进一步协调与组织；在土地利用、交通、公共设施的分级分布以及市政公用设施系统等方面，作出具体安排。

在郊区规划中，需结合乡村经济的发展、农田的基本建设规划等，对农村居民点的分布与规模作出结构性规划，对它们的改造与发展作出原则的规定。至于农村居民点的具体改、建、拼、拆等规划设计，可通过详细规划，或专门的规划设计加以解决。

第七节　城市经济技术开发区

一、开发区的形成与发展

1978年召开的党的十一届三中全会，确定了对内搞活、对外开放的方针，使我国从根本上打破了长期闭关锁国的状态,并把实行对外开放确立为基本国策。对外开放就是要积极发展对外经济技术合作和交流,扩大对外贸易往来,吸收国际资金,引进先进技术,努力吸收世界先进经济管理经验,发展生产力,加速现代化进程。兴办经济特区和经济技术开发区是我国执行对外开放方针的一项重大决策。

1979年,国务院决定广东、福建两省在对外经济活动中实行特殊政策和灵活措施,其中包括试办经济特区。根据这一决定,1980年开始先后兴办了深圳、珠海、汕头、厦门4个经济特区。经过几年的努力,经济特区的建设取得了巨大成绩,经济特区的作用也越来越突出。1984年,国务院决定进一步开放14个沿海港口城市,并相继建立了14个经济技术开发区。1985年,国务院把珠江三角洲、长江三角洲和闽南厦、漳、泉三角地区辟为沿海开放地区。1988年,又增辟了辽东半岛和山东半岛。同年,七届人大一次会议通过了海南建省,并举办经济特区,成为全国最大的经济特区。进入90年代,我国对外开放迈出大步,开始出现全方位开放的新格局,先后作出了沿边、沿江开放以及批准上海浦东作为全国重点开发区的重要举措。与此同时,为进一步搞活开放,提高我国的科学技术水平,加快我国的社会经济发展,继经济技术开发区以后,又出现了各种类型的其他开发区。1991年,国务院批准建立了26个国家高新技术产业开发区。到目前为止,国家批准的经济技术开发区已达30个,国家级高新技术开发区52个,保税区13个,国家旅游度假区12个。1992年,邓小平"南巡谈话"发表以后,中国步入加速发展的又一个黄金时期。全国大致拥有省级以上的各种性质的开发区总数约600个左右。通过一系列的开放措施和步骤,初步形成了以经济特区为前沿,14个沿海港口开放城市为骨干和11个沿海省市为依托,从沿海到内地的全方位、多层次的对外开放格局。

这些开发区的迅速崛起,对国民经济发展已经产生了重大促进作用,至少具有以下几个方面:(1)推动了产业技术进步,加速了我国现代化建设步伐;(2)扩大了资本来源渠道,改善了日益增长的投资环境;(3)通过引进、开发和传播信息,促进了本国经济与世界经济的联系;(4)开发区已成为加快改革的先导和示范基地。可见,随着改革开放的深化和宏观经济环境的改善,开发区事业在我国新的经济领域中必将占有重要的一席之地。

二、开发区的内涵与特征

开发区是伴随着我国改革开放,实现经济体制转换过程中出现的一种特殊的"新城",它是国家对外开放的窗口,同时也具有对内、对外两个扇面的辐射作用。从物质空间看,开发区是一定区域对外经济贸易的桥梁、窗口和经济体制转换的"试验田"。经济工作者将开发区定义为"是诱导地区经济发展和对外开放的工具。是吸收国际资本最集中的区域"。城市工作者则简洁地定义为"多功能、开放型的现代化新城区"。因此,开发区的基本特征有三个,即"开放性""产业性""周期性"。

(一)开放性

开放性是指开发区具有寻求适应世界经济一体化需要的特征。我国人口多,底子薄,开发建设不可能全面铺开,经济振兴要找到突破口。兴办开发区体现了区域开放和产业开放两个方面的突破,而突破的关键是提出推动经济发展的方法,即在一段时间内重点发挥开发区的"窗口"和"基地"作用,实行各种有效的自由经济政策,按照国际惯例,把开发区建设成为能够参与国际社会经济竞争的一种主要形式。其具体含义主要表现在以下几个方面:

（1）开发区是一种开放了的经济实体，它是以国家对外开放战略为指导，用经济手段和方式来达到发展地方经济的目的。

（2）土地有偿使用是开发区经营的基本条件。

（3）资金投入以外资为主要来源，国家通过减税让利政策支持开发区内企业投资创业。

（4）引进和开发新技术产业为开发区经济发展的增长点。

（二）产业性

产业性是指开发区具有我国生产力发展中一个新的空间产业群的特征。开发区与城市的工业区、卫星城性质截然不同，它类似城市的一个相对独立的功能区。从70年代以来，世界工业出口加工区大多经历了从低层次到高层次，从单一目标到多目标的过渡。我国早期开发区也面临着这样的过渡阶段，即由单纯工业型向多功能型转变；由工业主导型向第二、三产业并重转变；由劳动密集型产业向技术密集和资本密集型转变。总的是由单一模式向复合模式开拓。开发区的产业属性正在形成，并正在向多功能、全方位方向发展，而且还正在由沿海转向中西部地区。其具体含义主要表现在以下几个方面：

（1）纵向上，开发区表现为不同产业目标和产业内容所构成的多系列体系。

（2）横向上，产业集聚是实现开发区外部规模经济的地理形态。

（3）空间上，开发区是促进地区经济发展特别是城市经济发展的产业联系带。

（三）周期性

周期性是指开发区具有创建、发展、成熟和衰退四个阶段的周期特征。70年代末，日本一些学者根据产品生命周期理论而引出开发区不同阶段的差异学说，一直被用来解释开发区兴衰规律。周期学说认为，随着时间的推移，由于投资环境和经济形势的变化，开发区存在的必要条件也会发生改变，甚至会影响开发区性质发生变化。因此，如何把握产品生命周期的转换，是开发区保持兴旺的关键。其具体含义主要表现在以下几方面：

（1）创建阶段包括从开发区选址、制定规划与法规到基础设施基本完善。我国都是先从起步区开始，采取边建设边吸引投资者来区办企业的滚动开发程序。

（2）发展阶段是指投资环境已经齐备，大宗开发项目陆续进区。

（3）成熟阶段是开发区的稳定经营时期。区内企业达到预期的数量，开发区空间呈饱和状态，规划土地用完，同时区内产业结构大体定型，经济效益得到充分发挥。

（4）衰退阶段，有快有慢。发展中国家和地区出口加工区不乏失败的案例，有的未进入成熟期即处于衰退状况。

根据以上对开发区特征的分析，结合我国的实践经验，我们可以给开发区的内涵作出一个描述性的工作定义：开发区是指在国家的经济政策和对外开放方针的指导下，以一定层次的区域或城市为依托，以优质的基础设施和服务配套为基础，在对外经济活动中实行特殊政策，既突出重点发展高技术产业，又面向第三产业的多功能的产业区。

三、开发区的类型与功能

我国的各类开发区由国务院命名、审批。国家级开发区主要有以下四类：

（1）经济技术开发区，其主要功能是发展外向型经济，引进先进技术，以工业为主；

（2）高新技术产业区，其主要功能是高新技术研究、开发以及高新技术产品的生产、经营；

（3）保税区，其主要功能是以保税生产资料、仓储和国际贸易为主，简单加工；

（4）国家旅游度假区，其功能是将旅游资源推向国际市场，旅游观光与度假相结合。

世界上各类经济性开发区，近20～30年发展很快，在国家的经济建设中发挥着十分重要的作用，其基本模式大致有以下几种：

商业型的经济自由区——自由贸易区。

工业型的经济自由区——出口加工区。

科技型的经济自由区——科学工业园和科学农业园。

综合性的自由经济区——自由港、保税仓库、过境区、旅游度假区。

四、开发区的选址与规模

从中央的宏观决策着眼，开发区主要是在沿海开放城市行政辖区范围内进行选址。后来发展到沿边、沿江城市设立开发区。

（一）经济技术开发区选址的特点

远离老城区，独立、封闭、有明确的地理界线。用地规模一般为13～16km^2。用地构成较复杂，具备城市的各个组成要素，如工业、居住、公共服务设施、仓储、对外交通、道路广场、市政公用设施、公共绿地等等，具有较强的综合性功能。城市基础设施及公共服务系统独立设置。

（二）高新技术产业开发区的选址特点。

依附于高等院校、科研机构，或在其周围分布。高科技产业开发区一般在大城市地区凝聚，或设在交通条件便捷的城市郊区。高新技术产业开发区的规模范围有两层含义，一是政策区范围，二是开发新建区范围。新建区用地规模一般在3～6km^2。用地构成主要是管理、科研区，工业生产区，生活居住区，商业中心区，预留发展区。

（三）保税区的选址特点

必须有可依托的国际运输条件，一般包括港口、机场；必须有良好的基础设施，一般在城市新的开发区境内。保税区的用地规模一般较小，初期1～2km^{2}左右，远期发展可以是10km^2。其功能为国际贸易、国际金融、保税仓库。

（四）国家旅游度假区的选址特点

自然风景资源丰富，交通便捷、开放工作基础较好，适宜度假与旅游相结合。用地规模一般控制在10km^{2}左右。国家旅游度假区的功能构成，主要是以地方风情为特色，建设相应的康乐设施、综合服务区、商业中心区。旅游度假区为满足游客需要，应具备四星级以上酒店，度假别墅区，高尔夫球场。

五、开发区与城市的区别

由于开发区具备了城市的各个组成要素，人们在工作中常常把它认同为城市。从行政管理方面看，开发区远不具备一个城市的完整管理职能。开发区管理机构仅仅是一个获得授权的半行政半实业的开发性实体，它同时是开发区土地的总开发商。开发区是以城市为依托，以一种产业群区形式存在。开发区不是城市，但从某种意义上说，开发区是一个潜在的城市，它处于长期发展、完善、建设的形成过程。通过开发区建设可以避免城市衰退，加速城市更新，促进城市发展，使城市与开发区相辅相成，融为一个整体，从而进一步促进了城市化地区的经济繁荣。

六、开发区的规划特点与建设特点

开发区的规划可以按照城市规划的基本理论，遵循城市规划的一般规律和原则，但还要采取灵活机动的策略和方法，做到"超前、适应、实用。"充分体现出开发区的特点。

（1）编制开发区的规划首先要深刻领会中央的政策精神。开发区具有很强的国家政策性，国家试办各种类型的开发区都有不同的政治背景和政策规定。

（2）编制开发区的规划要对开发区所依托的城市和地区的社会、经济、自然情况作出深刻了解，协调好与城市和地区的关系，在城市总体规划布局的宏观控制下，处理好开发区与老城区、海港、航空港的便捷联系，做好开发区的内部规划。

（3）编制开发区的规划要对市场进行调查、预测。因为开发区是社会主义市场经济的产物，离开了市场的调查、预测，开发区规划就是盲目的。

（4）在规划编制过程中，招商的不确定性使开发区规划变化很大，规划要做好超前服务，就要进行可行性研究，使规划具有弹性。

（5）编制开发区规划可按各分期发展的需要，划分开发区的分区，进行分区规划，也可按开发区各功能区进行分区规划。对于近期开发建设用地一般采用控制性详规的方法来进行。

开发区的建设是以基础设施的投入，来吸引各类项目投资的综合经济活动。基础设施，一般概括为"七通一平"，使毛地变熟地，为了吸引外资必须要有较大的超前投入。投入方式基本上有两种：一是地方政府投入，进行土地开发，基础设施和地面建筑基本成熟后，再出租招商，引进外商的项目投资，即"筑巢引凤"式。二是由外资投入，将引进项目与建设基础设施捆在一起，都由外商来统一承包，把招商的风险与开发的得益都让渡给外商一方，我方只获毛地使用权的转让费。

七、世界各类经济性开发区发展趋势

世界经济性特区的发展在90年代将呈以下趋势：

（一）综合化趋势

一些自由港、自由贸易区以至出口加工区的产业结构正在转向多元化、多功能化，经济性特区也逐渐大型化。

（二）贸易自由化趋势

世界经济性开发区的发展进入到八、九十年代，一个显著的特征即出现贸易自由化趋势。

（三）科技化趋势

这是经济特别发达新阶段的又一个重要标志。在当代科技革命以雷霆万钧之势迅猛发展的形势下，经济性开发区争取由劳动密集型加工工业向知识技术密集型过渡更是大势所趋。

（四）泛特区化趋势

这是世界经济性开发区发展到现阶段日益加强的一种新趋势。主要是自由贸易政策在一国内和多国集团内泛化。

第六章 城市总体布局

城市总体布局是城市总体规划的重要工作内容，它是在城市性质和规模大体确定的情况下，在城市用地选择的基础上，对城市各组成部分进行统一安排，合理布局，使其各得其所，有机联系；是一项为城市长远合理发展奠定基础的全局性工作，用来指导城市建设的百年大计。

城市总体布局要力求科学、合理，要切实掌握城市建设发展过程中需要解决的实际问题，按照城市建设发展的客观规律，对城市发展作出足够的预见。它既要经济合理地安排近期各项建设，又要相应地为城市远期发展作出全盘考虑。合理的规划结构必然会带来城市建设和经济管理的经济性。

第一节 城市用地功能组织

一、城市布局的两种基本形态

城市总体布局的核心是城市用地功能组织。城市总体布局是通过城市用地组成的不同形态表现出来的。它是研究城市各项主要用地之间的内在联系。根据城市的性质和规模，在分析城市用地和建设条件的基础上，将城市各组成部分按其不同功能要求有机地组合起来，使城市有一个科学、合理的用地布局。

城市的基本形态一般可以归纳为集中紧凑与分散疏松两大类。前者表现城市各项主要用地布置比较集中，便于集中设置较完善的生活服务设施，方便居民生活，便于行政领导和管理，又可节省投资。一般中小城市只要条件许可，大多采用这种布局型式。有些城市需要进一步扩展，有条件可以依托原有城市，但受到它的牵制和吸引，形成了在原有城市基础上的进一步集中。实践证明，如果对城市用地布局的高度集中不加控制，任其自行发展，工业和人口骤增，会导致城市环境恶化、居住质量下降的后果。另一类城市布局，受自然地形、矿藏资源或交通干道的分隔，形成若干分片或分组，以及就近生产组织生活的布局形式，这种情况的城市布局显得比较分散，彼此联系不太方便，市政工程设施的投资会提高一些。由此可见，城市用地布局采取集中紧凑或分散疏松，受到多方面因素的影响。

城市用地功能组织是城市布局的主要工作内容：一般可以从以下几个方面着手，分析研究城市用地功能组织。

二、从区域角度研究分析城市布局各项影响因素

城市不可能孤立地出现和存在，它必须以周围地区的生产发展和需要为前提。城市在工业、原材料、燃料的供应，产品的调配，交通运输的联系，环境污染的防治，城市的供水、排水、粮食和蔬菜副食品的供应，以及建筑材料、劳动力的来源等等都和城市周围地区或更大范围有着密切的联系。也就是说，城市自身发展对周围地区有着影响；另一方面广大地区的城市化进程，包括农业劳动力的转移、乡镇企业的兴起、村镇居民点的设置，这

些来自城市外部发展的因素和条件,会在一定程度上影响城市总体布局。如果不以一定区域范围的腹地背景作为前提来分析研究城市,就城市论城市,就难以真正了解一个城市的历史演变及其发展趋势;所拟定的城市总体布局,必然缺乏全局观点和科学依据;对于城市用地功能组织来说,缺乏可靠的基础,难免会有盲目性和片面性。因此,我们在着手编制一个城市的总体布局时,必须联系城市所在地区的现状、政治、经济、资源、社会、环境等进行调查研究。如果以城市作为一个点,而以所在的地区或更大的范围作为一个面,点、面结合,城市要与其周围经济影响地区作为一个整体来考虑。分析研究城市在地区国民经济发展中的地位和作用,明确城市生产发展的任务和可能的发展趋向,提出规划的依据,使整个城市的总体布局在国家经济建设长远规划和区域规划尚未完全确定的情况下,也不致有碍全局的发展。城市周围地区的经济发展对于城市总体布局可带来以下几方面的影响:

(一) 工农业经济发展的影响

1. 工业发展的影响

一些大的国家骨干工厂和若干重要工业部门,集中在城市,由国家来办。但是有的工业则可以由乡镇来办。如城市工业中实行"一条龙"专业化协作,把"龙头"(主机和总装配)放在城里,"龙尾"伸到农村,即把一部分零件的生产向乡镇企业扩散,这已确认是一个积极地发展农机械工业的好办法,对发展城市和周围地区的经济都大有好处。

2. 农业的影响

(1) 城市周围地区的农业用地、劳动力是影响城市发展的重要因素。

(2) 农副产品又是工业原料的来源,农村是工业产品广阔的市场,重工业可为其技术改造服务,轻工业为其提供生活资料,这些在一定程度上影响城市有关工业部门的配置。

(3) 城市周围的农业地区是城市副食品的生产基地,对城市居民生活有着重要保障作用。

(4) 村镇居民点建设与城市对外交通运输,新的城市用地布局有密切联系。从城市地区的规划着眼、将治水、治土、改地、造田与城乡居民点的分布,利用和开拓新的城市用地相结合,使城市有一个合理的分地布局。

(二) 交通运输的发展的影响

城市在一定的地域中往往是客货运集散的中心,应该把城市作为交通运输网的一个"点,和地区交通运输的"线""面"结合起来,分析研究客货运的流向、数量及其对交通运输设施的要求,分析研究其对城市总体布局的影响。如河北省中部的衡水,现有石家庄——德州铁路线由此通过,修建的北京——九龙铁路线也经过此地。京九线经过衡水的线路,特别是进、出线路的具体走向,直接涉及城市用地的发展方向,与城市总体布局密切有关。衡水编制总体规划时就是根据铁路部门已明确的具体走向进行的。图 6-1-1 (a) 方案中衡水城市总体布局与铁路线路、站场用地等方面配合协调,城市建设发展用地与铁路以南的城市现有用地联系较好。图 6-1-1 (b) 方案所示的线路方向,往南去九龙的线路就会成为城市用地向西发展的障碍,迫使城市更多地跨线向北发展,难以做到城市用地向铁路一侧适当集中发展的要求。

(三) 水利及矿产等资源的综合利用的影响

水利是国民经济的宝贵资源。由于各部门对水的利用要求不同,往往相互之间有很多矛盾。如航运部门要求航道梯级之间的水位比降越小越好;而电力部门为了提高水电站的

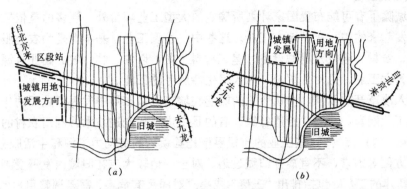

图 6-1-1 铁路线对城市布局的影响
(a) 京九线自城市左侧进线的规划布局；(b) 京九线自城市右侧进线的规划布局

发电能力，要求水位经常保持较大的落差。同样，发电与防洪、**灌溉**之间，工业用水与农业用水之间，生产用水与生活用水之间等等，都分别在取水标高、水量分配、水质要求等各方面存在矛盾，这些矛盾影响到城市总体布局及有关部门的规划。

地区的矿产等资源同样会对城市的发展带来影响。

山西大同是解放初期重点建设城市，人口从 4 万发展到 24 万，是我国重要的煤炭、电力基地，云冈石窟又是举世闻名的石刻艺术荟萃所在，形成了以旧城为主体和口泉、云冈三大片的城市布局。在制定 1985～2000 年规划中，考虑它是雁北地区政治经济中心，城市附近矿藏、地下水资源丰富，交通运输方便，自然气候条件适宜，这些都是城市及其周围地区工业发展的有利因素。在规划工作中将城市及其周围地区的经济发展综合考虑了以下七个方面：水源保护区、森林保护区；郊区农业生产及农田基本建设规划；城市蔬菜和副食品供应基地；口泉煤矿建设规划；建筑材料基地；云冈风景区建设规划，城市对外交通以及地区内厂矿、乡镇间的短途运输。

明确了上述这些项目之后，对于城市本身的用地功能组织有了可靠的依据，城市总体布局中的许多问题也就比较容易解决了。

城市规划的实践表明，城市必须和其周围影响地区作为一个整体来分析研究。这样，城市与农村、工业与农业、市区与郊区才能统一考虑、全面安排，这是合理制定城市总体布局的基本前提，是协调城市各项用地功能组织的必要依据。城市得到区域的支持，将充分发挥中心城市的作用，反过来会有力地推动城市所在区域的发展；当城市及其周围影响地区的经济发展了，城市就有它的生命力，城市建设就会立于不败之地。城市的许多问题局限在城市本身这个点上是很难得以全面地解决，结合面上的情况加以综合地考虑，才是城市发展可充分利用的外部有利条件，并且城市问题的解决也不致陷于孤立和局部的困境之中。

三、安排城市用地要突出重点

在各种类型的城市中，有工业的城市占了绝大多数，工业生产是城市化的基本动力，更是现代城市发展的主要组成。工业布局直接关系到城市用地功能组织的合理与否，对城市发展的规模与发展方向有重要的制约作用。合理地布置工业用地，综合地考虑与居住生活、交通运输、公共绿地等用地之间的关系，是反映城市用地功能组织的一项很重要的内容。

(一) 工业布局对城市布局的影响

1. 小城市的工业

一般县城除了有可能布置国家计划所确定的大型工业项目外，更多的是依靠本县、本地区资源开发起来的中、小型地方工业。这些中、小型工业，基本上是为农业服务的，如化肥、农机、农具、电气及机械设备、建筑材料工业，以农、林、牧、副业资源为原料的轻工业以及为大工业、为对外贸易、为人民生活服务的工业。

我国进入改革开放以来，乡镇企业的崛起在城市总体布局中发挥了重要的作用。它们有的是为大工业配套，所谓"拾遗补缺"有的是引进现代先进技术，利用农村的劳动力加工产品，行销国内外市场。这些工业的布置要依托县镇内的劳动力资源和生活服务设施，考虑到上下班方便等因素，不宜离开旧城过远。对于占地较大或在旧城内发展受到限制需要易地扩建、新建的工厂，包括排出"三废"或噪声对居民有危害、需要调整用地的工厂，则应按卫生防护和生活服务措施，使小城市的总体布局能比较集中紧凑。

2. 中等城市的工业

随着工厂数量的增多，在城市总体布局中将工业成组、成区布置，将性质相同和生产协作密切的工厂相邻布置，是符合经济合理建设要求。这样，既可避免不同性质工厂的相互干扰，又可缩短协作厂间产品和原料的运输距离，有利于生产。同时，也可以结合具体建设条件，因地制宜地做出较为理想的城市布局。在规划布置中，要防止在工业布局和厂外工程设施建设中，出现"一厂一电""一厂一路""一厂一水"和"一厂一村"的景象，这种各自为政、分散零乱的布局，不仅增加基建投资、延误建设速度，而且对生产协作、经营管理以及职工生活极不方便。

3. 大城市的工业

大城市的工业布局，不能局限于城市的本身，应结合考虑它与周围城市的关系。对大城市要严格控制新建项目，特别是有些占用土地、能源消耗多和"三废"危害大的项目，更应严格控制，以克服由于城市过大，而在生产、生活、交通运输和环境保护等方面产生的问题。必须新建的项目，应布置在远郊或附近的小城市。在大城市周围建设工业城市方面，北京、上海、天津等地积累了不少有益的经验。

从外国来看，由于工业化带来生产高度的集中，随之而来的城市化倾向也越来越显著，尤其是大城市人口迅速的增长，许多国家正在从大城市迁出工厂、搬走不必要在城市中布置的机关和科研教育单位，以期控制城市的人口和用地规模。

(二) 协调工业区、居住区与交通三者之间的关系

1. 工业区与居民区之间需要有方便的联系

职工上下班要有便捷的交通条件，工业区中有不同类型的工业时，要使有大量劳动力的工业或妇女劳动力多的工业，接近生活居住区；而劳动力较少、占地大的工业，可以距居住区远一些。有的城市在规划布局中，除了考虑工业污染外，仅就组织交通而言，以采取图6-1-2中方案一的布置为好。如果采用方案二的布置，交通流量有大量增加，对居住区的环境污染较为严重。

在具体布置工业区和居住区时，如有公共交通线路穿越其间，则应注意用地的短边相接，以扩大公交线路单位长度上的服务范围。若有长边相接，有利于职工步行上下班。在

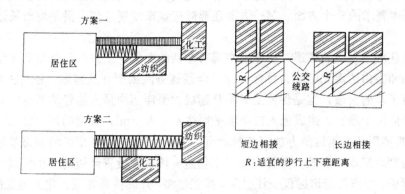

图 6-1-2 工业布置的交通分析示意图

大城市中,工业区和居住区以及市中心地区之间的联系,还要考虑便于开辟公共交通路线,并使交通负荷尽量接近均衡。

2. 工业与居民区之间的防护用地

工业对居住区主要有烟尘、有害气体、污水、噪声以及振动、放射线等方面的影响。在布置工业项目时,应将产生有害气体或有噪声的发源地,设在离开居住区较远的一端。将有排放污水的工业设置在河流的下游(经污水处理后达到排放要求),而且应在居住用地的一端。防护带宽度的设置应根据卫生防护的规定,并且在日常用地管理中要严加控制。

3. 工业区要有良好的对外交通条件

有些通铁路的工业区,由于原料、燃料运量大,应铺设铁路专用线;有时要在工业区内设置工业编组站,以便工业车辆的编组及铺设专用线。对于进入工业区的铁路专用线,还要注意其进线方向,尽量避免和进入工业区的主干道垂直相交。铁路货场要接近工业区,有几个工业区的城市,按其需要将铁路货场可分设几处,以减少中转运输,同时又可减少城市道路的交通压力。

沿江靠河布置工厂,往往是工业在城市布局中常见的形式。靠近河道有利于水道运输,也便于供水和排放污水,有利于建设上马。一些与水面的关系特别密切的工厂,如造船厂、造纸厂、木材厂、化肥厂、印染厂等要求靠近河岸,但要注意岸线的合理使用。对有些交通量不大或主要以公路运输为主的工厂和仓库,可布置在离航道远一些的地段,以免占用岸线。

沿着对外交通干道布置工厂,是城市边缘地段经常见到的,在规划工作中要合理组织工厂出入口与厂外道路的交叉,避免过多地干扰对外交通。生产上有协作的工厂,应就近布置,以减少生产过程中的转运,可降低生产成本,又可减少对城市交通的压力。旧城区有的工厂分设几个车间,分散几处,要尽量设法调整集中,或创造条件迁址另建新厂。

(三)旧区与新区协调发展

城市在自身发展过程中,总会遇到历史形成的旧区与拟将发展的新区;它们两者之间的相互交替、相辅相存、保存与发展、更新与完善将关系到整个城市的合理发展。

1. 科学、合理地确定城市用地发展方向

在确定城市用地发展方向时,一般要注意以下几点:

(1)切合客观实际,顺应发展趋势。作为城市发展的用地,在符合气象、水文、地质、社会、经济、环境等条件下,要立足于节省工程投资,方便建设施工。符合城市客观实际需要是最基本要求的一个方面。另一方面还要顺应城市发展趋势,满足城市长远发展的可能和需要。

(2) 抓住城市发展的机遇,使原有布局有个新的突破。上海的规划布局多年来是以开发建设金山和宝山的南北两冀为目标,1987年经国务院批准开放浦东、开发浦东新区,使原有布局有了新的突破。这是促使上海早日建成太平洋西岸最大的经济贸易中心的重要决策。上海老区过于臃肿,建成区人口密度平均达4万人/km²,最密的地段过16~18万人/km²之多,需要用开发新区的办法来疏解老市区的工业和人口;老市区的城市基础设施欠帐太多,短时期改造难以奏效,要开发新区来创造一块良好投资环境的"小气候"以吸引更多的外来投资。浦东与老市区仅一江之隔,滨江临海,外高桥具备现代化大港区的条件;同时,地处市区上风向,生态环境较好,目前已有一定数量的工厂和乡镇企业,它们为开发建设浦东提供相应的物质基础。尤为重要的是浦东拥有大量待开发的土地,充分利用这些土地资源,有计划地出让土地使用权,能筹集宝贵的建设资金,取得较好的经济效益和时间效益(图6-1-3、图6-1-4、图6-1-5)。

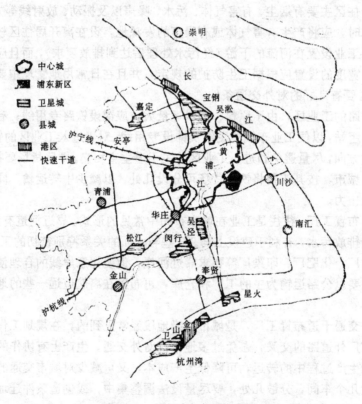

图 6-1-3 上海城市发展示意图

2. 新区与老区要融为一体,协调发展

城市新区的开辟,意味着城市地域的扩大、空间的延伸,为调整和转移某些不适合在旧区的功能提供可能,为进一步充实和完善旧区的结构创造条件。新区和老区的协调发展,以新区和旧区的相辅相存,构成城市的整体,达到繁荣社会经济、发展科技文化和提高环

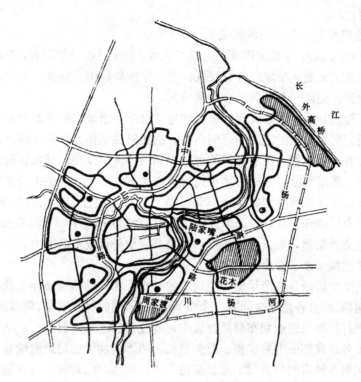

图 6-1-4 上海中心城发展结构分析

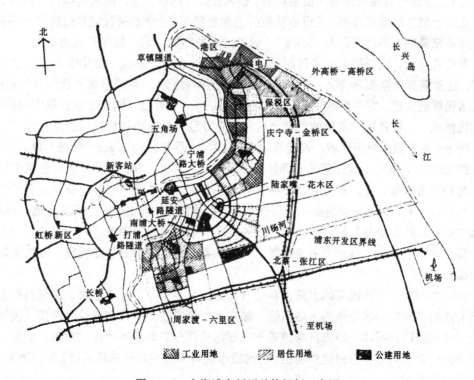

图 6-1-5 上海浦东新区总体规划示意图

境质量的需要。

3. 妥善处理开发区与中心城的关系

我国现有沿海14个开放城市及4个经济特区，对于这些城市而言，正确处理开发区与中心城的关系至关重要。技术经济开发区，是一个涉外机构、资金、企业、公用设施相对比较集中的地区，类同一个新的社会生活单元。

中心城不能因开发区的建设而妨碍其本身的发展，给城市带来新的矛盾，也不能影响开发区的建设，它们是在一定空间范畴内并存的相对独立体。开发区的选址要有利于城市原有布局的完善，而不是与原有良好的城市布局结构发生冲突。开发区的规模大小直接与开发区的选址、界限划分以及中心城市情况等方面有关。对一些距中心城较远而地方财力相对薄弱的城市将其规模控制在 $1km^2$ 以内，并以发展不超过 $5km^2$ 为宜，如烟台、湛江。对于一些远离中心城的开发区，如天津开发区距中心城50km、广州为35km，则应尽力沟通其与中心城的交通畅通，完善投资环境，以提高吸引外部投资的能力。

四、城市结构清晰，交通联系便捷

城市用地结构清晰是城市用地功能组织的一个标志。结构清晰是反映了城市各主要组成用地功能明确，而且各用地之间有一个协调的关系，同时具有安全、便捷的交通联系。

在具体进行城市用地规划布局的过程中，要注意以下几方面：

(1) 城市各组成部分力求完整、避免穿插。将不同功能的用地混淆在一起，容易互相干扰，可以利用各种有利的自然地形、交通干道、河流和绿地等，合理划分各区，使其功能明确、面积适当。要注意避免划分得过于分散零乱，不便于各区的内部组织。

(2) 在分析研究城市用地功能组织时，必须充分考虑使各区之间有便捷的交通联系，使城市交通有很高的使用效率。城市各功能区之间的联系，主要是通过城市道路来实现的，城市道路系统是联系各功能区的"动脉"，通过"动脉"的活动，强化各区的功能。

有些老市区，由于历史形成的原因，往往居住、生产、商业、文化娱乐等设施混杂在一起。这就需要根据实际情况，在符合消防、卫生等要求下，可以采取设置综合区的做法，以求居民就近上班、方便生活，使原有的社会网络不至因拆迁、调整而受到根本性的破坏；不能机械地、片面地追求单纯的功能分区，以免导致大量物质损耗的后遗症。

图6-1-6为英国哈罗新城。该城始建于1949年，距伦敦约37km，规划人口为8万人，用地约2500ha，是由伦敦分散出一部分工业及人口而成。铁路、公路及河流位于城市北部，对外交通联系方便。东西两部分各有一个工业区，全市除中心外，分别由若干个邻里单位组成，3~4个邻里单位组成一个居住小区。市内主要干道在小区之间的绿地中通过，联系市中心、对外公路及车站、工业区。此外，次一级道路包括专辟的人行道和自行车道系统，贯穿各邻里单位。从城市用地功能组织上来看，各组成部分功能明确，结构清晰，交通便捷。

良好的城市干道系统实际上是由客运与货运、快速干道与一般道路，甚至自行车专用道等构成的多层次、多功能的网络系统。城市和外部交通系统要有方便的衔接，便于紧急时城市外向疏散；同样，城市自身的若干主要组成部分之间要有便捷的联系。此外，各组成部分的内部也要有相应的道路沟通，有的城市设有专门的自行车道系统、人行道系统，甚至高架天桥系统。

(3) 克服形式主义的影响。城市是一个有机的综合体，生搬硬套、任何臆想的图案是

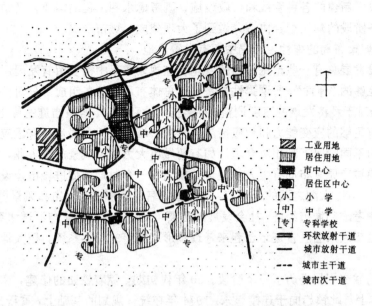

图 6-1-6 哈罗城市的分级结构方案

不能用来解决问题的，必须结合各地具体情况，因地制宜地探求切合实际的城市用地布局。此外，关于涉及城市布局结构清晰的问题，城市活动中心的布置也起很重要的作用。市中心区是城市总体布局的心脏，它是构成城市特点的最活跃的因素。它的功能布局与空间处理的好坏，不仅影响到市中心区的本身，还关系到城市的全局。

五、搞好分期建设、留有发展余地

（一）合理确定前期建设的方案

前期建设方案包括一系列问题，有关工业用地、施工基地、居住用地、对外交通与市内道路系统，以及水、电等市政设施的各种用地的选择需要同时综合进行。前期建设范围的确定首先是应该满足城市最迫切需要解决的问题。

（1）前期建设项目的用地应力求紧凑、合理、经济、方便，并应保持最大限度的永久性，妥善处理施工用的临时性建筑如仓库、施工棚、宿舍等。否则，往往由于这些临时建筑的用地安排不当，或不能及时转移，可能成为以后实施合理规划的障碍。

（2）前期工程项目建设中注意平衡生产与生活之间的关系，如尽可能减少职工上下班往返交通的时间，并为以后的发展奠定良好的基础，取得较好的经济效益和时间效益。

（3）前期项目建设要尽可能接近建筑基地，使建筑材料和构件的运输短捷而方便。

（二）城市建设各阶段要互相衔接，配合协调

对于城市各建设阶段用地的选择、先后程序的安排和联系等，都要建立在总体布局的基础上；同时，对各阶段的投资分配、建设速度要有统一的考虑，使得现阶段工业建设和生活服务设施，符合长远发展规划的需要。

湖北省某城市在建设水利枢纽的过程中提供了有益的经验。在城市规划中充分考虑近远期结合的原则，使水利枢纽的工程施工组织设计，与城市的近期建设计划相统一，采取了城市道路系统与施工道路相结合、暂设工程与永久性建筑相结合、施工取土和开拓城市用地相结合等措施。这样，水利枢纽工程施工期间的工厂用房、生活用房能按照城市规划

进行布置和建设；新建的各种管线和市政设施，既考虑水利工程的需要，又结合城市发展的需要。由于各阶段的建设配合协调，做到了大坝建成，城市形成。

（三）增强城市布局的弹性，布局中留有发展用地

城市的建设发展总有一些预见不到的变化，在规划布局中需要留有发展用地，或者在规划布局中有足够的"弹性"。所谓弹性即是城市总体布局中的各组成部分对外界变化的适应能力。特别是对于经济发展的速度调整、科学技术的新发展、政策措施的修正和变更，城市总体布局要有足够的应变能力和相应措施。其次，城市空间布局也要有适应性，使之在不同发展阶段和不同情况下都相对合理。如有的城市大力发展风景旅游事业，积极开发风景旅游区，促使城市原有布局有很大的变化，成为在一个时期内促进城市建设发展的积极因素。位于长江下游、太湖之滨的无锡市，是全国闻名的经济中心城市和风景游览胜地；在城市规划布局中考虑到城市经济、社会发展的需要，又做到城市绿化与河道水系整治结合，市内、城郊及远郊风景名胜古迹结合起来，逐步形成完整的绿化系统，极大地丰富了原有的城市布局。

又如某市的城市规划经历了三个阶段。50年代初期，随着铁路的修建，南镇有了很大的发展，已基本上与北镇趋向于连接起来。1974年在统一规划的基础上，重新又作了规划，在西部地区用地比较紧的情况下，相应对东部地区也作了规划布置（图6-1-7）。80年代后期，利用开发口岸的优势以及良好的地理环境，在南、北两镇的中部开辟具有先进技术和管理水平的以现代工业为主的综合开发区。两镇各距6km，作为建设开发区的依托，城市总体布局得到了充实和完善。

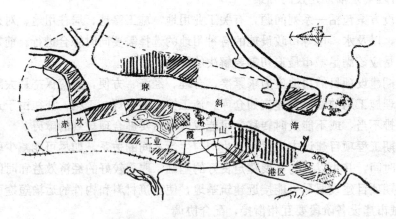

图6-1-7 某市规划布局示意图

实践经验证明，城市发展总是先使用建设条件较好、收效明显的地段，然后逐步使用需要投入较多工程设施的地段。同时，也可看到城市发展必须集中紧凑，各种设施要成套地配备上去。有时候对城市用地发展方向还要积极创造条件，为开拓城市新区提前做好各种准备工作。另一方面，规划布局中某些合理的设想，在眼前或一时实施有困难，就要留有发展余地，并通过日常用地管理严加控制，待到适当的时机，就有实现的可能性。例如湖南长沙的铁路旅客站向城东搬迁；江苏无锡的大运河向城南重新开拓，这些都是早在20

~30年前的设想,经过长期的用地管理与控制,如今已经实现了,不仅提高了交通运输效率,而且对促进旧城改造,为城市总体布局趋向合理,也创造了有利条件。

第二节 城市总体布局的基本方法

一、城市总体布局的一般步骤

城市总体布局是以城市现状条件、自然环境条件、资源状况和经济发展水平为基础,根据城市性质和发展规模确定下来的城市发展方向与主要发展项目(工业、居住、交通和其他等),以及它们用地的数量和要求,并利用用地适用性分析评定的成果,在城市现状图上着手布置方案。在实际规划工作中,城市用地的功能组织与用地选择工作是不能绝然分开的,这是因为在选择工业用地的同时,必须一并考虑生活居住用地以及其他组成要素的用地和它们相互间的布置形式。所以,我们经常讲城市总体布局是一项十分复杂而又带动全局性的工作。在城市总体布局阶段,要集思广益,要与各有关部门密切协作,共同商量。最好能作出几个方案,可供分析比较,从中择优选出经济合理的最佳方案。

在作城市总体布局方案时,通常是优先考虑并且安排对城市发展影响大的、建设条件要求高的城市主要组成要素。例如,在从事以工业为主的城市总体布局时,要首先考虑并合理选择工业用地,满足主要工业项目的特殊要求;在交通枢纽城市的总体布局中,则要把考虑如何满足对外交通用地布局的特殊要求放在首位,在风景游览城市的总体布局中,就应从保护风景游览名胜与古迹区的完整不受损害,以利于发展旅游事业以及各游览景点的布局放在重要的位置上加以考虑。不论哪类城市,在总体布局中考虑其主要组成要素的用地选择与布置的同时,必须考虑它们与生活居住等其他用地的关系,确保它们相互协调地发展,以利于城市居民的工作、居住和游憩。

在城市总体布局中,当城市主要的用地基本选定之后,就应依次地选定城市其他用地。并着手布置城市道路系统,使城市居住区、工业区、仓库区与对外交通设施之间相互都有便捷的交通联系。此外,城市总体布局还要合理确定城市郊区的范围,并对郊区范围内的用地进行统一安排,使城市形成一个完整的有机整体。

二、城市总体布局的方案比较

城市总体布局涉及到城市各项用地的功能组织和合理布置,以及城市建设投资的经济效益,这就要牵涉许许多多错综复杂的城市问题。因此,在进行城市总体布局时一般需要从不同角度多作几个不同的规划方案,通过反复比较,综合分析各方案的优缺点,并将各家的长处加以归纳集中,探求一个布局上科学、经济上合理、技术上先进、实施时可行的综合方案。

综合比较是城市规划设计中一种最为常见而又行之有效的工作方法。在城市规划设计的各个不同阶段,都应进行多次反复的方案比较。方案比较应围绕着城市规划与建设中的主要矛盾来进行。其考虑的范围与解决的问题,可以由大到小,由粗到细。可以对整个城市用地布局作不同的方案比较,同时应配合各专业工程,特别是城市道路交通工程和市政建设工程等进行专项研究和筹划。在多方案比较中,首先要分析影响城市总体布局的关键性问题,其次还必须研究解决问题的方法与措施是否可行。

一般方案比较的方法是,采用不同方案的各种比较条件(应具有可比性)用扼要的文字或数据加以说明,并将主要的可比内容绘制成表,按不同方案分项填写,以便于进行比较。

(一) 城市总体布局比较的内容

城市总体布局的方案比较,通常考虑的内容可归纳为以下几项:

1. 用地位置及工程地质条件的比较

简要叙述工业区、居住区等主要组成要素在城市用地中所处的位置,并说明其地形、地貌、地下水位、土质情况和土壤承载力的大小等。看是否有利于建设。

2. 占地与迁民情况的比较

方案用地范围内,所占用土地中有无农田、菜地以及产量如何,有无果园林木或种植其他经济作物的用地,占地后对农业生产将产生何种影响;占地所需搬迁居民的户数、人口数、拆迁的建筑面积与建筑质量,在用地布局上需要采取哪些补偿措施等。

3. 生产条件及生产协作条件的比较

工业用地位置(尤其是重点工厂企业的位置)是否满足工业生产的要求,工业用地组织形式及其在布局方面有什么特点,工业企业之间在原料、动力、交通运输、厂外工程等方面是否存在协作条件,如何作出安排等。

4. 生活居住组织情况的比较

生活居住用地的选择与位置是否合适,其用地范围是否有利于合理地组织居民生活,居民上下班的交通距离与交通时耗的大小,居住环境质量的优劣以及城市公共活动中心的配置情况等。

5. 交通运输情况比较

交通运输情况比较应分成两大部分,即城市道路交通运输情况比较和城市对外交通运输情况比较。

(1) 城市道路交通运输情况比较 城市道路系统是否明确、完善,是否有利于组织市内和过境交通,居住区、公共活动中心、工业区、仓库区、建筑材料基地、车站、码头、机场等之间的联系是否便捷与安全,城市道路网走向是否有利于结合地形。

(2) 城市对外交通运输情况比较

铁路 铁路与城市布局关系是否合理;铁路客运站、零担货站与居住区,货运站与工业区、仓库区联系是否方便。

港口 城市岸线分配是否合理,可供水运的岸线是否得到利用,水陆联运、水水联运条件是否具备,码头与居住区、工业区、仓库区的交通联系是否方便。

公路 公路过境交通对城市有何影响,公路客运站的位置选择以及与城市道路系统的联系等。

机场 机场与城市的交通联系是否便捷,机场净空范围有无干扰。

6. 市政工程及公用设施情况比较

总体布局方案是否有利于经济合理地布置城市给水、排水、供热、燃气、电力、电讯等市政工程及公用设施。包括水源地及净水厂位置的选择,给水及排水管网的布置,污水处理场及排放方案,供热与煤气管网的布置,以及煤气站、热电站、电视塔、微波站、变电站、高压线走廊等工程设施,应逐项进行分析比较。

7. 防灾工程措施的比较

方案中，城市规划用地范围是否有被洪水淹没的可能，淹没程度如何，城市防洪、防震、消防、人防等方面采取的工程措施与投资情况的比较。

8. 城市环境保护情况的比较

城市总体布局体现的"保护环境，造福人民"的方针，是衡量方案优劣的一个重要标志。评价城市用地布局与自然环境的结合情况，分析与预测方案中工业"三废"与噪声等公害对城市环境的污染程度和污染影响范围，尤其注意已被选作生活居住用地的地段应环境优美、空气新鲜，并免受污染与干扰。

9. 总体规划结构的比较

城市用地选择与总体规划结构合理与否，城市各项主要用地之间的关系是否协调、又互不干扰，在处理局部与整体、市区与郊区、近期与远期、新建与改建等关系上有哪些优缺点。如方案中在原城市周围发展新区，就应比较新区建设与旧城区改造的关系，以及对旧城区的利用与改造措施等。此外，还应比较总体布局的方案规划结构是否留有发展余地，并且保护一定的灵活性等。

10. 方案的估价比较

估算各方案的经济造价，可分两个部分进行，即近期建设造价与远期建设造价（总投资）。方案所需估算造价的项目很多，可视具体情况而定，但必须抓住城市发展的主要项目，如工业区投资、居住区投资、环境绿化建设投资和城市基础设施的投资（包括城市道路工程和市政工程的投资）等。

在方案比较时，表述上述几项内容，应尽量做到文字条理清楚，数据准确明了，分析图纸形象深刻。方案比较所能涉及的问题是多方面的，要根据各城市的具体情况有所取舍，区别对待。但有一点是统一的，那就是方案比较一定要抓住对城市起主要作用的因素的评定与比较。例如，以钢铁、化工为主的工业城市的总体布局方案，在比较时就应抓住城市环境污染及卫生情况的比较，因为它是起主导作用的因素；而对于机械、轻纺为主的工业城市来说，情况就不同了（因其工业生产过程并不产生严重的污染问题），由于机械、轻纺工业属劳动密集型，职工上下班和交通距离和城市道路交通组织可能上升为起主导作用的因素了。又如铁路枢纽城市，编组站的位置对城市影响很大，则应抓住对外交通这个起主导作用的因素；而在地形地质条件复杂的城市，则应侧重比较选择的用地用于建设的工程投资，尤其是近期建设的投资是否经济，是否可行。

当然，在比较方案时要防止主观片面性，不能从狭隘的单纯的经济观点出发，牺牲城市功能、环境、适用等因素去求得经济。而要从城市总体布局的合理性，从环境、经济、技术、艺术等方面比较方案的优缺点，经充分讨论，并综合众家意见，然后确定以某一方案为基础，在吸取其他方案的优点长处后，进行归纳、修改、补充和汇总，提出最佳方案。

（二）城市总体布局方案比较举例

下面举两个例子，简要说明城市总体规划布局方案如何进行比较。

1. 武威市选择发展用地的比较

武威市是甘肃省中部、河西走廊东端的一个古老城市，至今已有2000多年历史。虽然历史上几经兴衰，但由于优越的地理位置，一直是河西地区政治、经济、民族文化交流的中心之一。现今仍是地、市领导机构所在地。武威市历史悠久，保存下来的文化古迹较多，保持了古城的特色。我国西北地区的两大动脉兰新（兰州至新疆乌鲁木齐）铁路和甘新

（甘肃至新疆）公路由武威市城南和市区通过，交通极为便利。图 6-2-1 为武威市现状图示意。

武威市 1982 年城市人口为 7 万人，建成区面积为 7.6km²。规划期内（到 2000 年）人口发展规模控制在 14 万人，城市用地规模控制在 12.5km²。武威市是一座以农牧副产品为原料的造纸、纺织、食品等加工工业为主的中心城市，图 6-2-2 为武威市总体布局示意图。

在进行城市总体布局时，城市建设发展方向与选择发展用地，有以下几种可能（如图 6-2-3）：

（1）向北发展 城北是机井和泉水的灌溉区，水源充足，土地肥沃，人多地少，人均耕地不足 400m²，是城市蔬菜供应的

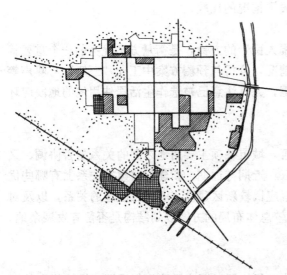

图 6-2-1 武威市现状示意图

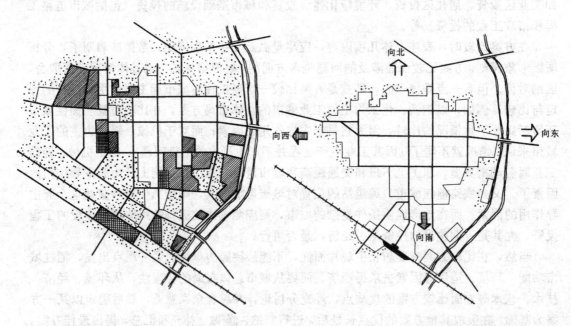

图 6-2-2 武威市总体布局示意图　　图 6-2-3 武威市用地发展方向比较示意

主要生产基地。

（2）向东发展 城东为杨家坝河，越河发展城市建设用地，城市基础设施的投资倍增，也要占用蔬菜生产基地。

（3）向西发展 城西土地土层覆盖较薄，地基承载力强，但城市基础设施和公共服务设施都要投资新建和旧城区形成了两个组团，把城市变成了长条型，破坏了原古城方整棋盘式格局。

(4)向南发展 城南2km处是铁路客运站,已列入计划建设的城市给水系统的加压站就建在铁路车站附近,排水主干管已经建设,道路骨架也已成型,能和旧城区形成一个整体,不破坏古城格局,但城南土层覆盖较厚,适宜种植粮食作物,而且城南农民的人均占有耕地要比城西农民少得多。

经过以上几种可能的分析与比较,在城市总体布局时,首先放弃了向北发展与向东发展这两种可能,其原因是显而易见的。为了保持武威古城方整棋盘式的风格,又考虑到尽量少占耕地与良田,最后确定今后城市发展向西、向南为主,严格控制向北发展。

2. 屯溪市规划方案比较

屯溪市是安徽省徽州地区行署所在地,位于皖南丘陵山区的中部,是一座风景秀丽的城市。城市四周青山碧水环绕,著名的黄山风景区位于城市的北面。这里环境清新,气候温和,雨量充沛,长年盛行风向为东北,但静风风频较高。屯溪市市区地形平坦,市郊农田菜地产量很高。

屯溪历史上曾是三国时期孙吴屯兵之处,历代均为皖南茶竹与农副产品集散地。本世纪30年代,屯溪曾相当繁荣,人口规模达20余万之多,但到建国初期仅剩3万余人。解放后,屯溪有了很大发展,现为皖南徽州地区的政治、经济、文化中心,又是著名的风景区黄山的供应基地与门户。

屯溪市现状城市人口5万人,建成区面积为3.4km²,图6-2-4为屯溪市现状图示意。屯溪现状工业主要有茶厂、罐头厂、造纸厂和一些中等规模的机械厂。现有公路可直达全省各地市以及上海、杭州和景德镇、武汉等地,交通较为便利。旧城区有一条1000m长的老街,具有安徽民居的传统特色,是保留较完整的老商业街。屯溪城西郊有丰富的膨润土资源,加上全市竹茶漆木增产前景很好,工业将有较大发展。随着铁路交通和黄山旅游的发展,城市具有迅速发展的良好基础。

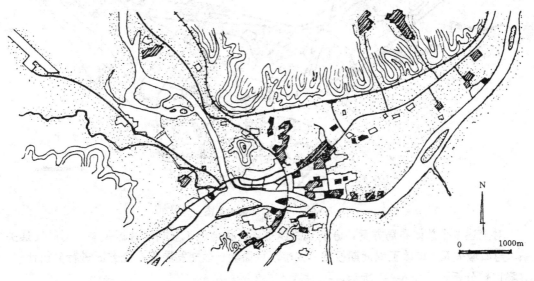

图6-2-4 屯溪市现状示意图

根据城市所处的自然环境条件与建设条件,城市人口发展规模控制在10万人,用地规模控制在 7km²。城市发展用地及总体布局提出 3 个方案。第一方案集中在东部形成带形城市，如图 6-2-5 所示；第二方案跨江形成三镇，如图 6-2-6 所示；第三方案侧重发展东部，适当向西郊延伸，如图 6-2-7 所示。

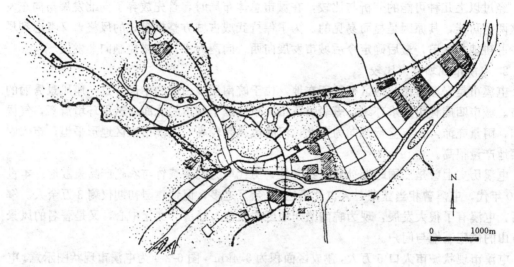

图 6-2-5　第一方案示意图

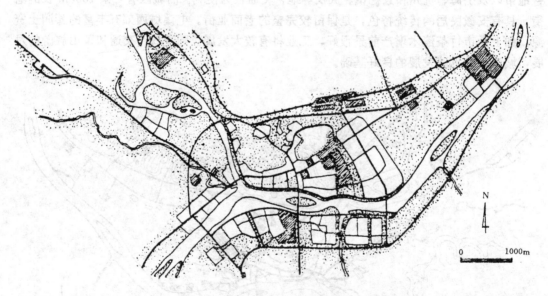

图 6-2-6　第二方案示意图

对上述 3 个总体布局方案，分别从总体布局、用地、工业与居住区关系、对外交通关系、与旧城关系、市政工程近期投资、城市环境面貌、远期发展等八个方面进行分析比较。方案比较分析表见表 6-2-1 所示。

根据对 3 个总体布局方案主要优缺点的比较，最后确定以第二方案为基础，进一步修改、完善、补充，提出屯溪市的城镇总体规划。

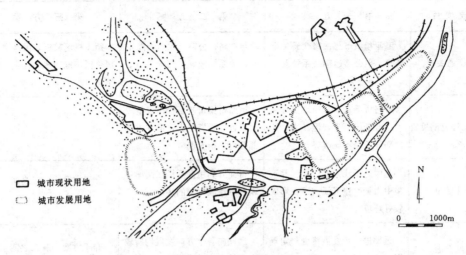

图 6-2-7　第三方案示意图

　　被确定的总体布局采用以江东北屯溪市区为基础，适当兼顾江南、江西均衡发展，形成了比较集中紧凑而又适当分散呈集团组群式布局。城市近期建设较为现实，远期规划也较为理想可行，并留有一定的发展余地。

　　城市功能分区比较明确，各功能分区之间关系协调，工业、仓库、居住区、对外交通各区间基本平衡。

　　方案在总体布局上较好地结合了环境及自然条件，考虑了地形、风向、水流等自然因素的影响。将沿江地带与丘陵山区不宜建筑的地段辟为大片绿地，形成了全市较为完整的公共绿地系统，居住区能尽量靠近江河，充分发挥城市景色秀丽的特色，为保护城市环境打下了良好的基础。

屯溪市规划方案比较分析表　　　　　　表 6-2-1

比较项目	第一方案	第二方案	第三方案
总体布局	基本以河东为主体形成带形城市，不再向南向西发展，较为集中紧凑	结合现状形成的跨江三镇形式，以河东为主适当向江南发展，大集中，小分散	以河东为主体适当向江西发展，是集中与分散结合的布局形式
用地	河东发展，主要都是高产农田	江南沿河地势较低需要工程处理，但可少占良田，并可在江南利用城市污水灌溉	河西部分均为高产菜地，占用较多
工业与居住区关系	新建工业可较集中成区布置，易于"三废"处理，位于上风下游，并距住宅区较远	新发展工业（主要是无害工业）布置较分散，与居民区关系较好	基本同方案二
与旧城关系	旧市中心老街将偏于市区西端，必须新建市中心	旧老街中心区位置仍适中，可充分利用加速改造	同方案二，并可充分利用黎阳和隆埠两个老镇

续表

比较项目	第 一 方 案	第 二 方 案	第 三 方 案
对外交通关系	工业和城市与铁路交通关系最好，但公路运输关系稍差	与铁路、公路、水运、航空站、关系均较好	距飞机场较近，因净空要求居住区不能建多层住宅、占地更多
市政工程近期投资	道路桥梁较少，市政工程集中，近期投资少，但江南、江西部分长期不能改善	道路桥梁市政工程建设量较大，近期投资稍大，但城市各部分可均衡发展	介于方案一、二之间
城市环境面貌	主体处于江东北一侧，易于集中力量改建滨江大道、形成较好环境	可充分利用发挥沿江两岸各风景点建成优美的环境	介于方案一、二之间
远期发展	远期进一步发展将受一定局限	远期向各个方向发展均有较大余地可主动灵活	介于方案一、二之间

城市道路系统分工明确，结构简洁。城市近期道路建设充分利用现状，并结合护堤工程建设北岸滨江路和环路北线，以缓减市区交通压力和减少过境交通对城市的干扰。城市远期道路建设逐步完成沿江及外环干道，以形成较为完整的城市道路系统。

在旧城区的改建中，注意保护和基本保留老街的风格与特色，逐渐改建为新旧结合的步行商业街，使老街始终能充分发挥作用，并把它建设成为全市的公共活动中心之一。

第三节 城市总体艺术布局

城市总体艺术布局的任务，就是根据城市性质规模、现状条件、城市总体布局，形成城市建设艺术布局的基本构思，处理好与详细规划的关系，真正能起到指导城市建设的作用，使城市既能得到合理的发展，又能逐步形成一个具有一定特色风貌的现代化城市。为此目的要做好下面一些工作：

一、通过城市现状调查，找出城市风貌固有特色

城市由于受所处的自然环境和历史发展特点的影响，形成了一些城市特色风貌，在城市规划现状调查中，应善于分析研究，把属于城市最本质的固有特色找出来，便于发扬光大。

二、根据城市性质、现状条件和发展方向确定城市总体艺术布局整体构思

城市原有特色是一笔宝贵的历史遗产，对城市的影响也是深远的。但并不是所有城市的固有特色都适宜全盘继承、发扬光大的。如北京四合院，虽然民族特色鲜明，传统气氛浓郁，但它不可能因此而成为今天北京的建设重点，而只能是在适当的局部范围内做原有四合院的成片保护规划，以保留一些北京固有的文化特色。因此，在确定城市总体艺术布局整体构思时，既要兼顾原有城市特色的保留，更要向前看，在保证城市向着科学、合理方向发展的前提下，制定出符合时代精神的城市总体艺术布局的方案来。

三、充分利用一切有利条件，协调好城市建设发展中的各种关系，使城市向着既定目

标越建越美

（一）充分利用自然条件

地理位置、自然地形、环境条件等，对城市艺术面貌的组织均有密切的关系。不同的自然条件，城市的风貌也不同。如地形起伏较大的山城，一般都具有城市轮廓丰富、地势高的主要建筑群气势宏伟等特点；而河湖水域城市则多呈现出清纯秀丽的城市景色。在城市总体艺术布局中，一定要把自然环境条件中的优势发挥出来，为城市增加一种自然美。

（二）充分利用历史条件

我国历史遗留下来的城市，都有一定的文化遗产和形成了一定的艺术风貌。对这份宝贵的遗产，一定要认真地加以利用。在城市总体艺术布局工作中，根据历史条件考虑今日的需要，区分不同的情况，进行保留、改造、迁移拆除、恢复等多种方式的处理，使古老的文化焕发出新的青春，为今天正在向现代化发展的城市，增添一种传统文化的气氛。

（三）充分利用城市的工程项目

结合城市的旧城改建、新区开发、防洪、排涝、蓄水、护坡、护堤等工程项目建设，进行城市艺术面貌的处理与改造。如天津对水涝地区的改造使用，建成了水上公园；哈尔滨结合工业废水河马家沟改造，形成了景色怡人的市中心河滨公园。

（四）协调好城市建设中的各种关系

城市建设是一项错综复杂的系统工程，充满了各种各样的矛盾。在城市规划与建设工作中应深入调查研究、加强管理，妥善解决好各种矛盾，使城市向着健康、美丽的方向发展。

1. 近期艺术面貌与远期艺术面貌应统一

要坚持原则，贯彻始终，使城市在发展中前后统一，风貌不乱。

2. 重点项目要保证，整体工作不放松

确定城市总体艺术布局的基本构思，就是为了保证城市在建设发展中始终是一完整的有机整体。城市中心开发建设对形成城市特色风貌来说当然很重要，但是广大市区的道路、绿化、环卫等问题也不能忽视。红花绿叶配，作为城市总体艺术布局构图中心的"点"的中心建筑群建得更美，如离开周围充满绿化的整洁环境的陪衬，出现的将是一种残缺的美。

3. 解放思想，敞开胸怀，形成一个充满生机的建筑环境艺术的创作天地

一个成功的城市规划师，应有能力将不同时代的不同风格的建筑与环境艺术，通过规划处理，使之和谐地统一在城市的艺术布局之中，而且在今后的发展过程中，其城市艺术布局的园地中还将不断地老花、新花一齐开。

现代城市的重要特征就是开放性与多元化。城市本身是一个有生命的有机体，决不是一成不变的。我们既不能抱着老城市的固有特色拒绝一切新生事物，也不能没有一点限制地在城市中乱占乱建，应当在坚持贯彻城市总体艺术布局的基本构思的基础上，建立一个宽松民主的创作气氛，使更多的好建筑和优秀的环境艺术作品有机会不断地涌现出来，从而使我们的城市越来越美，文化内涵也越来越丰富。

第四节 城市总体规划实例

衢州市衢城区总体规划

衢州市是浙西政治、经济、文化中心，是浙江省的重要化工基地。城市的用地布局由

以旧城为基础的衢城区与以化工联合企业为主体的衢化区两大片构成，南北相距 3～4km。

衢城区是以衢县县城为基础建设发展起来的地区中心城市，城区人口 7 万左右，预测 2000 年人口规模将达 11 万。

城区西、北临衢江，南有浙赣铁路通过，东面紧邻军用机场，形成了城市用地扩展的门槛。规划考虑在 2000 年前，城市用地主要在衢江东侧发展，就近利用城北用地建设；并跨铁路适当向南发展，在已有一定的建设基础上，形成一个设施完善的新区。2000 年以后，创造条件跨越衢江向西发展，成为两岸滨江的城市。

工业布局，考虑到现有基础的利用，今后主要集中在城区北、西、南三处。北部虽处下游，但由于受到地形限制，没有多少余地；跨江西北的工业区，地处城市侧风向位置，拟配套成为一个工业区，但交通条件并不理想；城西南交通条件优越，已在滨江沿岸布置了一定数量工业，今后拟在浙赣线西侧进一步扩展形成一个工业区，布置轻纺、机械等工业。

在由浙赣线与东西向过境公路相夹的三角地带，由于正处在机场跑道南端净空限制区内，不宜作为生活居住区或较高建筑的地区，规划安排主要为交通、仓储用地。

道路交通的组织主要考虑：加强南北纵向的联系，与浙赣线的两处交叉采取立交。东侧为过境交通与交通性干道；西侧为联系南北市区的滨江生活性干道；中部则为商业街，以车站广场为起点联系城市行政、文化、商业等公共活动中心。为了疏解干道上下班的交通压力，疏通商业街东侧平行小巷辟为自行车道。考虑到远期跨江向西发展，规划中预留了桥位以及跨江西区的环路衔接。此外，在城市的入口处和市中心区分布了公共停车场。

居住区的规划布局考虑了与工业区的联系和绿地、生态环境的关系。以旧城居住区为核心，再发展铁路南和城北两个居住区。远期跨江开辟江西居住区。各居住区相对独立，基本生活服务设施配套，并与相邻工业区有密切的关系，构成生产生活相结合的综合区。

绿地系统的组织，尽量利用自然环境条件，将公园、防护林、苗圃、滨江绿带、湖面及文物古迹等组成一个两纵四横结构的绿地系统。远期还考虑将江心桔子洲与鹿鸣山作为城市外围公共绿地加以利用。

城市公共生活活动中心，基本上以城市传统的南北街道为轴线进行组织。铁路车站以南的南区为市府行政中心；老城十字街则为商业中心；老城的东北部孔庙府山公园周围将组成文化中心；城北区则规划为科教区，将布置一些专业院校与科研机构。

整个城市的用地布局将遵循集中紧凑、依托旧城、由里向外、逐步发展的原则（见表 6-4-1，图 6-4-1～图 6-4-6）。

用地平衡表（2000 年）　　　　表 6-4-1

用 地 项 目	用地面积（ha）	用地比重（%）	用地指标（m²/人）
工　　业	261.0	27.9	23.0
仓　　库	68.7	7.3	6.0
对外交通	37.7	4.0	3.3
居　　住	272.9	29.3	24.1
公共建筑	147.1	15.8	13.0
绿　　地	57.6	6.2	5.1
道　　路	70.0	7.4	6.1
市政设施	10.3	1.1	0.9
防护林带	9.9	1.0	0.9
城市建设用地合计	935.2	100	82.4

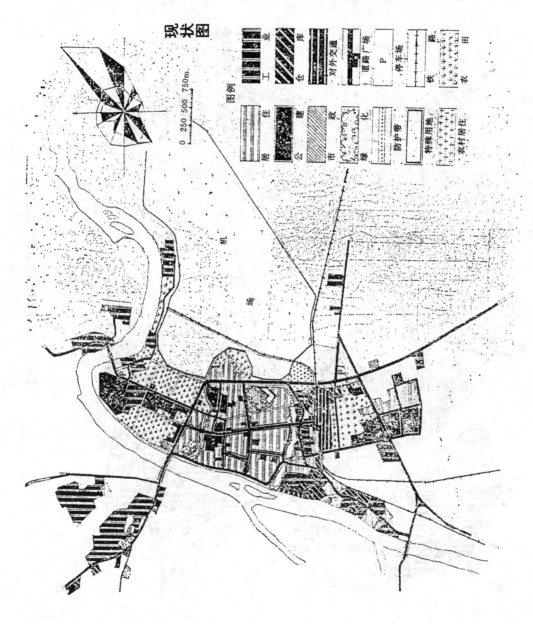

图 6-4-1 衢州市衢城区总体规划现状图

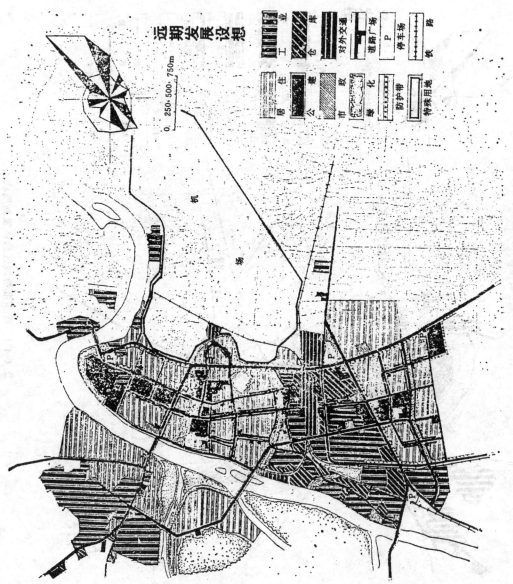

图 6-4-2 衢州市衢城区远期发展设想图

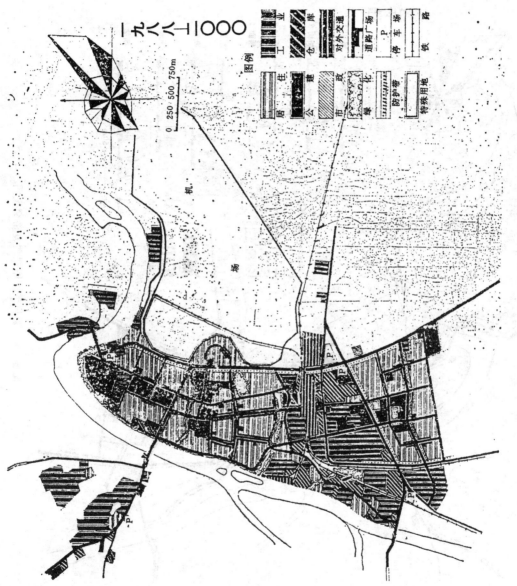

图 6-4-3 衢州市衢城区总体规划图

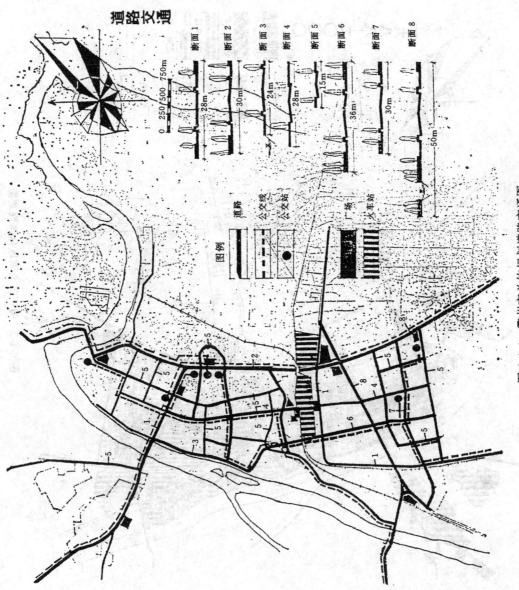

图 6-4-4 衢州市总体规划道路交通图

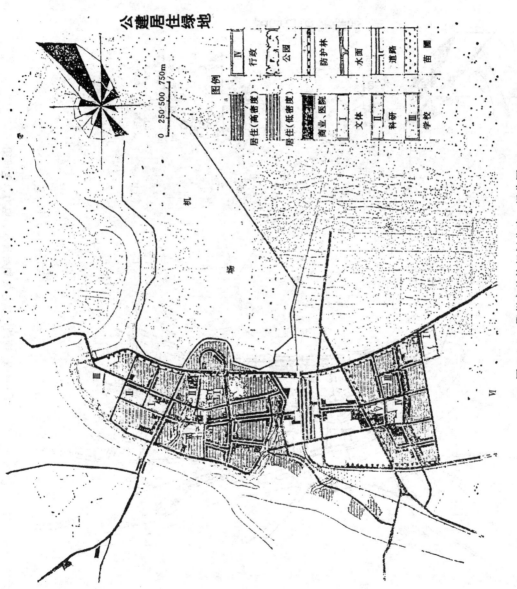

图 6-4-5 衢州市总体规划公建、绿化图

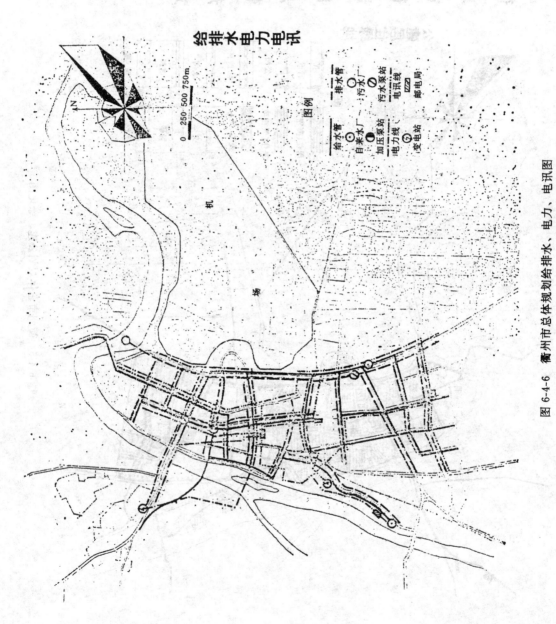

图 6-4-6 衢州市总体规划给排水、电力、电讯图

第七章 城市基础设施与工程规划

第一节 城市基础设施

一、城市基础设施的内容及其作用

城市基础设施一般包括这样的一些方面：

(1) 城市能源，包括城市电源和输变电线路；

(2) 城市给排水，包括城市水源、污水处理厂及给排水管网；

(3) 城市热源，包括城市煤气，城市集中供热及其附属的管网设施；

(4) 城市邮电，包括电报、电话和邮政等；

(5) 城市公共交通，包括公共电（汽）车、地铁、出租汽车、轮渡及停车站场、道路桥梁等附属设施；

(6) 城市园林绿化，包括公园、街道广场绿化等；

(7) 城市环境保护，包括环境监测和垃圾粪便的排放、收集和处理；

(8) 城市防灾，包括城市防洪、防火、防震、防地面沉降、人防等安全保障设施。

上述设施是城市赖以生存和发展的基础条件。在一些发达国家里，把城市基础设施分为"社会性基础设施"（住宅、文化体育、医疗保健等设施）和"技术性基础设施"（公共交通、给排水、道路、防洪、电力、电讯、燃气、热力等）两类。

城市基础设施的重要作用主要体现在下列几个方面：

1. 城市基础设施是城市发展的物质基础，是城市现代化水平的重要标志

城市化是伴随着工业革命化和各种产业发展的综合产物。城市化发展过程中，人口急剧集聚，城市规模迅速扩大，要求基础设施建设不能拖后腿，否则，如水不足、电不通、交通堵塞、信息传递缓慢、环境恶化等等，城市集聚的高效率就不可能得以发挥，而且会出现城市效益的逆转。所以，在城市化发展的同时，应充分重视基础设施的同步建设。城市经济越发达，居民生活水平越高，对基础设施的服务水平要求也越高。通常在国际上衡量一个国家的城市现代化水平及文明程度时，城市基础设施的普及率和人均水平的多寡是重要的标志之一。

2. 城市基础设施是国民经济基础设施的重要组成部分，是创造城市集聚高效益的重要基础条件。

城市基础设施的现代化水平提高，可使城市整体经济取得最佳集聚效益。据统计，每万吨/日的自来水生产能力投入工业生产，可为有关企业创造年产值 3.2 亿元，实现利润 4600 万元。大连市因缺水，1981 年损失工业产值 6 亿元。城市工业也需用煤气。上海 169 家急需用气工厂，如增加日用气量 32 万 m^3，即可增加产值 7.2 亿元。通过改善运输条件，提高车速、降低油耗、降低产品和商品的成本等，可以提高道路桥梁的经济效益。重庆长江大桥 1980 年建成后，平均通车 4500 多辆/d，过桥货运量达 200 多万 t，每年为国家增收节支 1093 万元，全市 80% 以上的工厂受益。1979 年兰州市黄河大桥通车后，每年可节约

绕道行驶费用130多万元，节省11万台班运输。资料介绍：如某城市经常运营的为5万辆4t载重车，因路况差，交通不畅，使平均车速由40km/h下降20km/h，按8h/d×300工作日/年计，营运收入与汽油两项年损失2亿元和500t。这些损失化整为零，大部分分摊在各个单位了，容易使人忽略，如从全国考虑其损失是相当可观的。全国每天千百万职工由此造成的上下班耗费在路上的时间和精力则更是无法计量的。

3. 城市基础设施起着保障城市安全、改善和提高城市环境的作用

许多城市因缺乏防洪设施，抗洪能力低而常受灾，使城市人民财产遭受重大损失。如在1982年6月，武汉一场暴雨，因排水设施严重不足，致使50%的市区和郊区500多 km^2 农田受淹，经济损失2.4亿元。1984年，陕西安康县在7月的一次暴雨中倒房100万 m^2，损失5亿元。所以，城市的防洪、排水等设施虽不创造产值，但却担负着城市安全的重要责任。

基础设施的作用还在于它有显著的环境效益。在本世纪初以前，城市供水因缺乏过滤处理，使许多城市发展较快的国家多次发生瘟疫，致使千百万人丧命，仅1849年伦敦的一场瘟疫蔓延，就死亡了1.5万人。在1852年伦敦颁发了"水要过滤处理"的法令及1911年美国用氯消毒后，才基本上控制住了霍乱、伤寒等水传染病的暴发和蔓延。因此，城市供水事业对保护环境和人民健康的重要作用是不言而喻的。据统计，每年发展中国家因缺乏供水设施和饮用不合卫生要求的水，使2500万人死于水传染的疾病，600万儿童死于痢疾。在城市中，大力发展燃气和集中供热，既能节省能源，方便人民生活，又可以大大改善城市环境面貌。据调查，上海市如居民都用上煤气，每年可减少二氧化碳近2万t，飞尘10万t，以及其他很多氧化氮和一氧化碳等有害物质。所以，基础设施的好坏与全社会有直接的关系，搞好了全社会受益，搞不上去全社会受损。

二、城市基础设施建设的特点

城市基础设施是国民经济中的一个特殊的部门。因此，决定了城市基础设施的建设有如下特点：

（一）城市基础设施建设的超前性

城市发展是通过城市人流、物流、信息流和经济的增长来实现的，这种增长是每时每刻都在发生的，而基础设施提供的经营服务却受其规模——设计能力或效益——限制，不能随其城市的发展而无限度的随时增长，到一定程度则出现"缺口"。又因基础设施建设投入多，周期长，决定了"缺口"难以在短期内弥补。所以，在新建或扩建基础设施项目时，对生产能力或效益要留有余地，应能满足城市动态发展5~10年以上的规划期增长需要。

（二）城市基础设施建设的整体性

城市是多元构成的，但是由于高密度的社会联系和经济交换关系形成多样性的统一，使城市各种活动成为一个相对完整的社会经济整体，基础设施作为其中的有机组成部分，是通过城市的这种整体性来体现自身的整体性的。基础设施诸系统之间构成一个不能割裂的有机整体，如城市的公共汽车、电车、地铁、道路、桥梁、停车场等构成了城市公共交通系统这一有机整体；又如，水资源的开发利用，与水源的保护、给排水、污水处理、废水利用等构成了一个复杂的水系统。在进行基础设施建设时，一定要重视整体性这一特点，尤其是在规划阶段，必须协调好整个基础设施系统内各部分之间的关系。

（三）城市基础设施建设的比例性

社会主义基本经济规律和国民经济有计划按比例发展规律，决定了城市基础设施建设具有比例性这一特点。但是由于长期以来在国家基本建设计划中把城市基础设施列为非生产性建设，同时，又受到"重生产，轻生活""先生产，后生活"的思想影响，因此在计划安排上经常使基础设施建设处于"排队在后，削减在先"的可有可无的地位，以至造成全国性的城市基础设施缺口过大，欠帐太多，使城市难以健康发展。把城市建设笼统地划分为非生产性建设，不论是从理论上，还是从实践上都是说不通的，不仅是不科学的，而且是有害的。比如拿城市公用事业来说，它有为人民生活服务的重要任务的一面，要实行低价服务的福利性政策，不能和其他企业一样强调本企业的经济效益。即使亏损，也要搞好服务工作；但同时它也有为工业企业生产提供服务的另一面，可以直接参与创造产值利益。据 80 年代中的测算，每增加一个城市人口而要增加基础设施建设的资金，小城市为 1000 元，大中城市为 2000 元，特大城市为 2800 元。所以，有计划按比例地加快城市基础设施的建设，使之与城市化进程协调发展，是关系到城市的现在和未来，关系到城市兴衰的大事。

三、城市基础设施的技术政策

主要有以下几方面：

（1）保持足够稳定的投资，逐步做到其投资在国民生产值中占一定的比例；

（2）逐步实施部分基础设施的有偿使用；

（3）对基础设施建设实行综合安排，做到前后顺序合理，先地下后地上，先深埋后浅埋；

（4）对水资源进行统一的规划管理；

（5）合理调整城市燃料结构，推广使用城市燃气，提倡集中供热和对热能的综合利用，提高电能的比重；

（6）环境保护与"三废"治理要实行与项目工程同时设计、同时施工、同时生产的"三同时"政策；

（7）大中城市以发展公共交通为主，对自行车的发展要适当控制，对交通进行综合治理，使各种公共交通形互为补充，相辅相成；

（8）加快城市邮电建设，逐步普及城市公用电话，发展住宅电话；

（9）对人防工程及其他地下空间要做到平战结合；

（10）改进城市垃圾的收集、运送、处理，逐步提倡垃圾分类收集容器化，运输作业机械化。

第二节　城市给水工程规划

城市给水系统的任务，首先要满足城市居民对生活、生产用水以及消防用水的需要，同时还要满足不同用水户对水量、水质及水压提出的要求。在制定城市给水系统规划时，一般要完成以下几方面的任务：

（1）估算城市总的用水量；

（2）根据城市特点，制定给水系统方案；

（3）确定给水水源，并制定取水位置及取水方式；

(4) 净水厂厂址选择及布置；

(5) 制定城市输水管道及给水管网的走向，估算管径及水泵扬程。

一、城市给水系统的用水类型与用水估算

在城市给水规划中，根据供水对象对水量水质和水压的不同要求，可以将给水分为四种用水类型。

（一）生活饮用水

生活饮用水包括：居住区居民生活饮用水，工业企业中职工生活饮用水，淋浴用水及公共建筑用水等。水量单位用升/（人·天）表示。由于各地区气候条件不同，居民生活习惯以及室内卫生设备条件等情况的不同，生活用水定额差异很大。《给水设计规范》中规定了居住区生活用水标准，进行城市给水规划时可参照选用。如室内无给排水卫生设备，从集中水龙头取水的在东北地区，最高为 20~35L/（人·d）。而室内有给排水设备并有淋浴设备和集中热水供应的，最高为 170~200L/（人·d）。

（二）生产用水

生产用水包括的面很广，如造纸厂、纺织厂在洗涤、净化、印染等生产过程中需要用大量的水；再如炼钢高炉、机器设备等需冷却用水；另外，交通运输等很多部门也都需大量用水。但不同行业对水质、水量 水压的要求不同，制定给水规划时要特别注意，调查研究，了解生产工艺及用水情况，综合制定指标，满足生产要求。

（三）市政用水

市政用水主要包括园林绿化、植树等用水以及街道洒水等。街道洒水和绿化浇水等随着城市的发展，生活水平的提高，这部分用水将不断增加，规划应根据实际情况来确定。一般道路洒水可采用每次 1~1.5L/m²，以每天浇洒 2~3 次计。浇洒绿地可按每日 1~2L/m² 计算。

（四）消防用水

消防用水是指在街道或建筑物内，供消火栓使用以扑灭火灾的水。消防用水只有在发生火灾时才允许使用，由于不是经常工作，所以消防给水设备可以与城市生活饮用水给水系统统一起来考虑，在消防过程中可加大生活饮用水的水量、水压以满足消防用水的要求即可。消防用水对水质无特殊要求。消防用水量是根据城市的大小、工矿企业的性质和规模、居住人数和建筑物的防火等级而确定的；是根据发生一次火灾所需消防水量及同时可能发生的火灾次数来确定的。未预见水量按《规范》规定，附加水量为最高日用水量的10%~20%。

综上所述，城市的总用水量＝生活用水量＋工业用水量＋市政用水量＋消防用水量＋未预见水量。

二、城市给水系统的组成及布置形式

（一）给水系统的组成与分类

城市给水工程系统一般由三个部分组成：

(1) 取水工程；

(2) 净水工程；

(3) 输配水工程。

给水系统按水源可分为地面水和地下水两大类。地面水即江、河、湖泊及水库等，一般易受污染，水质较差，须进行净化才能使用，但水量往往较大。地下水即井、泉等，水质一般较地面水为佳，有时不经净化或只作简单净化即可使用，但水量往往较小。图7-2-1所示为地面水给水系统的一般组成。

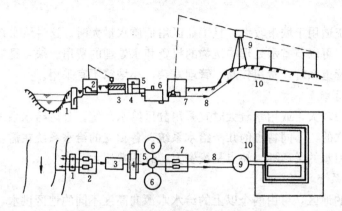

图7-2-1 城市地面水源给水系统示意图
1—取水构筑物；2—一级泵站；3—沉淀设备；4—过滤设备；5—消毒设备；6—清水池；
7—二级泵站；8—输水管道；9—水塔式高位水池；10—配水管网

1．取水构筑物
是从水源取水用的构筑物。
2．一级泵站
它的任务是把取水构筑物的水取出，并将水压送到净水构筑物中去。
3．净水构筑物
主要环节有沉淀设备、过滤设备、消毒设备，并通过这些设备将天然水进行净化，使水质得以改善，以符合有关要求。
4．清水池
主要的作用是储备经过处理的水，并连接二级泵站。
5．二级泵站
主要任务是从清水池中取出水，并将水压送到水塔或高位水池。
6．输水管道
连接二级泵站与水塔之间的管道。在没有水塔或没有高位水池时，也可将二级泵站直接连接到配水管网上。
7．水塔或高位水池
为储备调节供水量的构筑物，可通过静水压力将塔中的水直接压送到配水管网中去。
8．配水管网
将水分配给各用户地点。

（二）城市给水系统
城市给水系统中常见的有下面几种布置形式：
1．统一给水系统
城市生活、生产、消防等各方面用水都按照生活饮用水水质标准，而且统一给水管道，这样的供水系统就叫统一给水系统。它适用于各用户对水质、水压要求基本相同，城市中建筑层数差异不大，且地形起伏变化小的情况。

2. 分质给水系统

对不同的用水户采用不同管道，不同水质的给水方式，这种给水系统称为分质给水系统。

分质给水系统适用于城市较大，且工业区用低质水量大时。这种给水系统将低质水分开仅作简单处理，可以节省水处理构筑物的投资和水处理的费用。缺点是需设生活饮用水和低质水需两套管道系统，费用较高，管理复杂，小城镇不宜采用。

3. 分区给水系统

城市用地面积较大，或用水量大时宜采用分区给水系统。分区给水系统是把大的给水系统分成几个独立的，不同特点的几个给水系统。各独立的给水系统在需要时还可保持联系，以保证调节用水的灵活性。缺点是投资大，管理费用大。

4. 分压给水系统

在水源较多的地区，可由两个以上的给水水源向高度不同的地区供水，这种方式称为分压给水系统。这种系统适用于城市或工业区坐落在水源较多的地区，或丘陵地区。它的主要优点是减少设备消耗及高压管道，降低管道压力。缺点在于分级较多，相应设备增加，管理分散、麻烦，投资大。

5. 重复使用给水系统

工业企业排出的生产废水，经过处理或者不经处理可重复使用的给水系统，称为重复使用给水系统。这种给水系统可经冷却、降温等处理后，再用于生产，也可用作其他工业生产用水或处理后供作生活饮用水。这种给水系统的优点在于节约用水，所以是缺水地区解决缺水问题的有效办法之一，但缺点是投资大。

（三）给水管网的布置

1. 给水管网布置的基本要求

（1）输水管从水源地到工厂，水厂到配水管线或水源地直接到配水管线，主要起输水作用的管线，称为输水管。

输水管布置的基本要求有以下几点：

1) 在可能的条件下，管线的走向最好沿道路敷设；

2) 选择线路时，应充分考虑地形因素，尽量采用重力流输水；

3) 选择线路时，要考虑到施工方便，投资少；

4) 根据给水系统的重要性，合理选择输水管线的条数。当设两条输水管线时，应在管线之间设连通管相互联系，以便相互补充供水，减小发生事故造成的损失。

（2）配水管网　配水管网就是将输水管线送来的水，配给城市用户的管道系统，其布置的基本要求如下：

1) 供水要安全、可靠，当局部管网发生故障时，应保证不中断供水；

2) 在整个给水服务区域内，应保证用水户有足够的水压和水量。

3) 结合城市总体规划，考虑管网系统分期建设的可能性；

4) 布置配水管线时，应力求管线简捷，以降低管网造价及施工与管理的费用。

2. 配水管网的布置形式

根据城市总体规划和详细规划，以及用户的要求，配水管网的布置形式基本上可分为两类：树枝状管网和环状管网（图 7-2-2、图 7-2-3）。

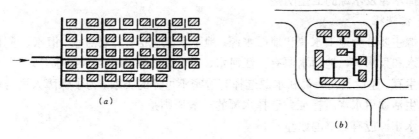

图 7-2-2　城市树枝状管网
(a) 小城市树枝状管网；(b) 街坊树枝状管网

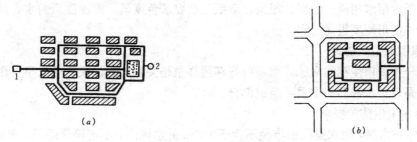

图 7-2-3　城市环状管网
(a) 城市环状管网；(b) 街坊环状配水管网
1—水厂；2—水塔；3—绿地

(1) 树枝状管网　树枝状管网就是管网布置像树枝式向供水区域延伸，管径随供水量的减少而逐渐减小。

树枝状管网由干管、支管组成，支管由干管接出。这种管网管线总长度较短，投资少，构造简单。缺点是供水的可靠性较差，如干管的某处需要检修或损坏时，后面的全部管道就得中断供水。此外，树枝状管网的末端管线，由于用水量减少，管中水流较缓，用户不用水时可能停流，这样使水质在管道中变坏。

目前，我国大多数的中小城市的给水管网中，仍多采用树枝状管网作为主要形式。另外，根据我国的国情特点，在城市建设的初期大多采用树枝状管网形式，减少投资费用，在以后有条件的情况下，再将树枝状管网逐渐改变成环状管网。

(2) 环状管网　在配水管网中，干管和支管均为环状布置形式的管网称为环状管网。

环状管网最大的特点就是安全可靠，当任意一段管线损坏时，可关闭该管段上的阀门，而不影响其余管线的供水，因而断水的地区大为缩小；其次，环状管网无末端，水可经常沿环网流动，水不易变质；此外，环状管网可大大减轻因水锤现象所产生的危害。以上三点都优于树枝状管网。但环状管网总长度大于树枝状管网，造价较高。所以，它在对供水可靠性要求较高的大、中城市给水系统中被普遍采用。

给水管网的布置原则，既要保证安全供水，又要经济而适用，往往安全供水与节约投资之间会产生一定的矛盾。所以，在实际工程中，给水管网常同时存在以上两种布置形式，也可称之为混合式管网形式。在近期规划中可采用树枝状管网，然后随着供水量的不断增长，逐步增加环状管网的比例，以满足供水需要。

三、选择水源及水源的卫生防护

（一）水源选择

给水水源主要分为地下水源和地面水源。地下水源包括：上层滞水、潜水、承压水、裂隙水、溶岩水和泉水等，地面水源有：江河水、湖泊水、水库水以及海水等。

城市的生存、建设及发展都和水源选择有着密不可分的关系。为了保障人民身体健康，我国规定了生活饮用水水质标准。选择水源的一般原则是：

（1）给水水源应有足够的水量；

（2）给水水源的水质应保持良好；

（3）多水源供水时应首先考虑地下水作为生活饮用水；

（4）多水源供水时，应结合工业特点考虑生产用水的水质，如对于食品，制冷工业水质标准与生活饮用水相同；纺织、印染、造纸工业要求色度低、浑浊度低的水；纺织、制革工业不允许使用硬度很高的水。

（二）水源的卫生防护

水源是一个城市生存的命脉，水质的好坏同样也是关系到国计民生的大事，因此水源的卫生防护是保护水源的一个重要组成部分。

1. 地面水卫生防护要求

（1）为保护水源，取水点周围半径不少于100m的水域内，不得停靠船只、游泳、捕捞和从事一切可能污染水源的活动，此范围应该有明显的标志。

（2）河流取水点上游1000m至下游100m的水域及其沿岸属防护范围。在其水域内，不得排入工业废水和生活污水；沿岸防护范围内，不得堆放废渣，不得设置有害化学物品的仓库和堆栈，不设立装卸垃圾、粪便和有害物品的码头；沿岸农田不使用工业废水或生活污水灌溉及施用持久性或剧毒的农药，并禁止放牧。供生活饮用的专用水库和湖泊，视具体情况可将整个水库、湖泊及其沿岸列入防护范围，并按上述要求执行。

（3）在水厂生产区或单独设立的泵站、沉淀池和清水池外围不少于10m范围内，不得设立生活居住区和修建禽畜饲养场、渗水厕所，不堆放垃圾、粪便、废渣或铺设污水管道，应保持良好的卫生状况，并充分绿化。

（4）在地面水源取水点上游1000m以外，排放工业废水和生活污水，应符合现行国家规范《工业"三废"排放试行标准》（GBJ 4—73）和《工业企业设计卫生标准》（TJ 36—79）的要求；医疗卫生、科研和兽医等机构含病原体的污水必须经过严格消毒处理，彻底消灭病原体后方可排放，详见国家规范《医院污水排放标准》。

2. 地下水水源的卫生防护要求

（1）地下水取水构筑物的防护范围，应根据水文地质条件，取水构筑物的型式和附近地区的卫生状况来确定。

（2）在单井或井群的影响半径内，不使用工业废水或生活污水灌溉和施用持久或剧毒性农药，不修建渗水厕所、渗水坑，不堆放废渣或铺设污水管道，并不应从事破坏深土层的活动。如取水层在井影响半径内不露出地面或取水层，与地面水没有互相补给关系时，可根据具体情况设置较小的防护范围。

(3) 在地下水水厂生产区的范围内,其卫生防护与地面水厂生产区要求相同。

为保护地下水源,严禁使用不符合饮用水水质标准的水直接回灌,工业废水和生活污水不得排入渗坑和渗井。

对水源卫生防护地带以外范围内,其中包括地下水含水层补给区,环境保护、卫生部门和供水单位等应经常观察工业废水和生活污水排放及污水灌溉农田,传染病发病和事故污染等情况,如发现可能污染水源时,应报地方机关,由有关单位采取必要措施,保护水源水质。

四、水厂用地选择

1. 厂址选择

净水厂厂址选择应结合城市总体规划综合研究,其主要考虑因素有:地形、交通、卫生防护条件、供电等。一般选厂原则如下:

(1) 水厂最好是设在取水构筑物附近,这样可节约投资,便于生产及管理。
(2) 选择地形较平整、工程地质条件较好的地段,便于施工管理。
(3) 水厂用地要便于设置卫生防护地带。
(4) 水厂不应设在洪水淹没区范围之内。
(5) 水厂选择应尽量少占良田。
(6) 水厂选择还应该考虑交通方便,供电安全等方面因素。

2. 用地规模的确定

水厂的用地规模可根据国家规范《室外给排水工程技术经济指标》来确定,见表7-2-1。

1m³/d 水量用地指标   表 7-2-1

水厂设计规模	1m³/d 水量用地指标 (m³)	
	地面水沉淀净化工程综合指标	地面水过滤净化工程综合指标
Ⅰ类(水量10万 m³/d 以上)	0.2~0.3	0.2~0.4
Ⅱ类(水量2~10万 m³/d)	0.3~0.7	0.4~0.8
Ⅲ类(水量2万 m³/d 以下)	0.7~1.2	
Ⅳ类(水量1~2万 m³/d)		0.8~1.4
(水量0.5~1万 m³/d)		1.4~2
(水量0.5万 m³/d 以下)		1.7~2.5

第三节 城市排水工程规划

城市内的污水按其来源和特征的不同,可以分为生活污水、工业废水及降水三类。

1. 生活污水

是指人们在日常生活中所产生的污水。生活污水中含有大量的有机物和肥皂及合成洗涤剂等。此外,在粪便中还经常出现寄生虫和肠道传染病菌等病原微生物。这类污水需要经过处理后才能排入水体、灌溉农田或再利用。

2. 工业废水

是指在工业生产中所产生的废水。它来自生产车间或矿场等处。按其污染程度不同,又可分为生产废水和生产污水两种。

(1) 生产废水是指在使用过程中只受到轻度污染或水温增高的水,如机械设备的冷却水等。这类水经过简单处理后便可重复使用,或直接排入水体。

(2) 生产污水是指在使用过程中已受到严重污染的水。这种污染水中往往含有大量的有害物质或有毒物质,大都需要经过适当的处理后才能排放,或者在生产中重复使用。但有些生产污水中的有毒有害物质往往是宝贵的工业原料,对这种污水中的物质应尽量回收利用,既可为国家创造财富,又可减轻对环境的污染。

3. 降水

是指在地面上流泄的雨水和融化了的冰雪水。降水常统称为雨水。这类水比较清洁,但初降雨水比较脏。雨水一般不需处理就可直接排入水体。其径流量较大,若不及时排泄,对居住区、工厂、仓库的威胁较大。

城市排水规划的任务是估算城市污水、雨水量,研究确定排放方式,选定污水处理方式,确定处理厂的位置及布置排水管网系统。

一、排水系统的体制及其选择

排水体制一般可分为合流制和分流制两种类型。

(一) 合流制排水系统

将生活污水、工业废水和雨水汇集到同一种管渠内来输送和排除的系统称为合流制排水系统。根据生活污水、工业废水及雨水收集和处理的方式不同,又可分为以下三种形式。

1. 直泄式合流制

是指管渠系统的布置就近坡向水体,分若干个排水口,混合的污水未经过处理直接排入水体的排水系统。

2. 截流式合流制

是指管渠系统的布置就近坡向水体,在临近河岸边建造一条截流干管,同时在截流干管处设置溢流井,并设置污水厂的排水系统。

3. 全处理式合流制

指雨水、生活污水、工业废水采用同一种管渠混合汇集后,全部送至污水厂处理后再排放的排水系统。

(二) 分流制排水系统

将生活污水、工业废水和雨水分别采用两个或两个以上各自独立的管渠来收集排除的排水系统称为分流制排水系统。通常把用以汇集排除生活污水和工业废水的排水系统称为污水排水系统;而把用于汇集排除雨水的排水系统称为雨水排水系统。由于排水的方式不同,此种体制又可分为下面两种形式:

1. 完全式分流制

是指具有设置完善的污水排水系统和雨水排水系统的一种排水体制。

2. 不完全式分流制

是指具有设置完善的污水排水系统,而未建雨水排水系统的一种排水体制。此种体制雨水沿天然地面、街道边沟、水渠等原有渠道系统排泄。或者为了补充原有渠道系统输水能力的不足而修建部分雨水道,待城市进一步发展后再修建雨水排水系统,使其转变成完全分流制。

此外，在某些城市中，既有分流制的排水系统又有合流制的排水系统，这种体制称为混合制。此种体制常常出现在原来是合流制排水系统而后加以扩建的城市里。在一些大城市中，由于各区域的自然条件以及修建条件相差很大，因地制宜地在各区域采用不同的排水体制往往也是合理的，例如我国的上海、美国的纽约等城市。

从环境保护方面来看，如果采用直泄式合流制，城市的生活污水、生产废水及雨水不经处理直接排入水体，污染将会十分严重，故此不宜采用。若采用截流式合流制，虽然晴天时及初降雨时全部的污水都能得以处理，避免了初降雨水对水体的污染，但是暴雨时有部分混合污水通过溢流井直接排入水体，实践证明采用这种体制的城市，随着建设的发展，河流的污染将日益严重，甚至到了不能容忍的程度。若采用全处理合流制，将生活污水、工业废水及雨水全部截流排至污水厂处理后再排放，对环境保护是十分有益的，但由于截流干管尺寸太大，污水厂规模增大，建设费用必然很高，也给污水厂的运行带来一定困难。采用分流制排水系统，虽然生活污水全部经过处理后再排入水体，有利于环境保护，但由于城镇初降水很脏，不经处理直接排入水体，对水体的污染比较严重。尽管具有这一缺点，但它比较灵活，容易适应社会发展的需要，一般情况下，能符合城镇卫生的要求，因此，在国内外应用比较广泛，是城市排水体制的发展方向。

从基建投资方面来看，据国外有关资料统计，合流制排水管道的造价比完全分流制的一般低20%～40%，虽然前者较后者的泵站及污水厂的造价高，但前者的总造价低于后者。若从降低工程的初期投资方面来看，由于不完全分流制初期只建污水排水系统，既可分期建设，节省初期投资，又可缩短施工工期，尽快地发挥工程效益，所以，目前在我国应用较广。

从维护管理方面来看，晴天时污水在合流制管道中只占用部分断面，只有雨天时才是满流。因而，晴天时管内流速低，易产生沉淀，但是它可以利用雨天剧增的流量来冲刷管道中的沉积物。另外，晴天和雨天流入污水厂及泵站的水质、水量变化幅度很大，增加了污水厂泵站的设备容量及运行管理的复杂性和运行费用。采用分流制则可以保证管道内水流的速度不至产生沉淀。同时，污水厂及泵站的水量及水质变化幅度较小，便于运行管理及控制。

从施工方面来看，合流制管线单一，减少了与其他地下管线及构筑物的交叉、避让等诸多问题，使管渠的施工更加简单，对于人口稠密、街道狭窄、地下设施较多的地区，这一优点尤为突出。

至于混合制排水系统的优缺点，则介于合流制与分流制之间。

二、城市排水量估算

估算城市污水量的方法常用的有两种，即累计流量计算法和综合流量法。累计法是假定各种污水在同一时间出现最高流量，并采用简单的累加法计算城市污水量。这种计算所得的流量数值会比实际要高，但方法简便，所需资料易于取得。综合法则考虑到生活污水和工业废水的流量时刻都在变化，其高峰流量出现的时间也不相同，如按累计法计算结果考虑，污水处理厂规模必将偏大从而增高投资及工程量。综合法是根据各种污水流量的变化规律，及各种污水最高流量出现的时刻，求得最高日最高时污水流量。按这个流量来规划城市污水处理厂规模比较切合实际。

城市的雨水量估算要按当地的雨量公式来计算，有关资料由气象部门提供。

三、排水系统的布置形式

城市排水系统的布置，视各地的具体情况不同而异。一般有以有以下六种布置形式。

（一）正交式布置

在地势向水体适当倾斜的地区，采用此方式可使各排水流域的干管以最短的距离沿与水体垂直相交的方向敷设。其优点是干管短、管径小、因而经济，并且污水排出迅速。但污水未经处理直接排入水体，水体会受到严重污染。若用其排出雨水则是比较合适的。

（二）截流式布置

在正交式布置的基础上，沿河岸再敷设一条主干管，将各干管的污水截至污水厂，经处理后再排入水体的布置方式，称为截流式布置。从保护水体方面来看，此方式较正交式优越，适用于分流制排水系统。

（三）平行式布置

在地势向河流方向有较大倾斜的地区，采用此方式可使干管与等高线及河道基本平行，从而避免因干管坡度太大而造成管内流速过大，严重冲刷管道的现象发生。

（四）分区式布置

在地势高低相差很大时，有些流域的污水不能以重力流排入污水厂，可采用此方式。这种方式，分别在高区和低区布置管道，高区污水靠重力直接流入污水厂，而低区污水可用水泵抽升送入污水处理厂或送入高区管道。

（五）分散式布置

当城市周围有河流，或城市中央部分地势高，地势向周围倾斜的地区，可采用此方式。各排水流域具有独立的排水系统，呈辐射状分散布置。这种方式具有干管长度短、管径小、管道埋深浅、便于污水灌溉农田等优点，但污水厂和泵站数量较多。

（六）环绕式布置

在分散式布置的基础上，沿四周布置一条环形主干管，将各干管的污水截至污水厂处理，处理后再排放的布置形式，称环绕式布置。此种方式可减少泵站及污水厂的数目，从而降低工程的投资和运行管理费用。

四、污水处理厂的规划布置

1. 污水厂的占地面积

因处理方法不同而占地面积大小不等，可参考表 7-3-1。

城市污水厂所需面积($10^4 \cdot m^2$)　　　表 7-3-1

处理水量 (m^3/d)	物理处理	生物处理	
		生物滤池	曝气池或高负荷生物滤池
5000	0.5～0.7	2～3	1.0～1.25
10000	0.8～1.2	4～6	1.5～2.0
15000	1.0～1.5	6～9	1.85～2.5
20000	1.2～1.8	8～12	2.5～3.0
30000	1.6～2.5	12～18	3.0～4.5
40000	2.0～3.2	16～24	4.0～6.0
50000	2.5～3.8	20～30	5.0～7.5
75000	3.75～5.0	30～45	7.5～10.0
100000	5.0～6.5	40～60	10.0～12.5

2. 厂址的选择

(1) 应尽可能地少占农田,特别是要尽量不占良田。

(2) 位于城市水源地的下游,并应设在城市工厂厂区及生活区的下游和夏季主导风向的下风侧。一般应在城市外,有300m以上的防护距离。

(3) 尽可能与回收处理后污水的用户靠近,或靠近排放口。

(4) 应避免放置在易被洪水淹没的地方。

(5) 选择有适当坡度的地方,以便于污染处理构筑物的高程布置,减少土方量,降低工程造价。

(6) 考虑远期发展的可能性,要留有扩建的余地。

3. 污水处理厂的布置

包括处理构筑物、各种管渠、辅助建筑物、道路、绿化、电力、照明线路的布置等。

第四节 城市供电工程规划

城市供电规划是根据地区动力资源、区域电力系统规划、城市总体规划,对城市供电作出综合安排,是城市总体规划的一部分。

一、城市电源的选择

(一) 电源种类

1. 发电厂

(1) 火力发电厂。它一般是利用煤、石油、天然气等燃料燃烧所产生的热能,通过锅炉产生蒸汽,用蒸汽冲动汽轮机带动发电机发电。

(2) 水力发电厂(简称水电厂、水电站)。它是利用河流或水库形成的落差,引水冲动水轮机旋转,将水能转变成机械能,水轮机带动发电机旋转,将机械能变为电能,然后直配给用户或经变电所和送电线路将电能送到负荷中心,使用户用上电。

(3) 其他发电厂。除上述电厂外,还有风力发电厂、潮汐发电厂、太阳能发电厂、地下热发电厂和原子能发电厂等。因这些发电厂的条件限制较多,有的发电量较小,有的技术条件较复杂,因此,目前一般还不能广泛用作城市电源。

目前,我国城市的供电的电源主要是火力发电厂和水力发电厂两种。其中区域火力发电厂一般建在劣质燃料基地,经变电所升压后,进入高压电力网,再送到远方的用电中心。中小型火力发电厂可靠近负荷中心建造。火力发电厂建设周期短,便于扩建,基建造价低,年利用小时高,但燃料消耗多,发电成本高,厂用电量大,较易发生事故,设备需要的钢材多,配套工程也较复杂,电厂的烟尘、灰渣对城市的环境卫生有一定的影响。热电厂除供应用户电源外,还供给热能(热水或热气),一般蒸汽的输送距离不能超过4～5km,故热电厂大都建在热力用户中心。区域水力发电厂建在水力资源丰富的地方。这类厂(站)基建时间长,投资大,电厂(站)与用户离得很远,要升压远送,线路也长,但发电经常性成本低。小型地方电厂,包括农村小水电厂、小火电厂和工厂企业自备电厂,主要供应当地负荷不大的用户。

2. 变电所

(1) 变压变电所。将较低的电压变为较高电压,称为升压变电所。将较高的电压变为较低的电压，称为降压变电所。城镇区域内的变电所，一般都是降压变电所。

（2）变流变电所。将直流电变为交流电，或者由交流电变为直流电。后一种变电所又称为整流变电所。

上述两种变电所，可根据不同需要而选用。有时一个变电所可兼有几种用途，而不必将它们分别设置。

（二）城市供电电源选择

电源的选择应考虑电力系统可靠性的基本要求。电源是供电系统的主体，它与城市各项建设都有密切的关系，同时它关系着供电的可靠性和经济合理性。电源选择一般应注意以下问题：

（1）选择电源要综合研究地区的能源状况，考虑资源利用条件，开发的可靠性及经济性；

（2）电源的分布应在保证可靠性和满足国防安全的前提下，根据负荷状况，按各种用户的分布，采取经济合理的布局方案；

（3）在基本满足厂址建设要求的情况下（供水、排灰、运输、地形、地质、卫生条件等），电源应尽量布置靠近负荷中心。

（三）电力负荷的可靠性等级划分

根据对供电可靠性的要求，电力负荷分为三级。

一级负荷：中断供电将造成人民生命危险、设备损坏、打乱复杂的生产过程，并使大量的产品报废，给国民经济造成重大损失，使市政生活中的要害部门发生混乱。但是，某用户有一级负荷，绝不能认为该用户的全部负荷都是一级负荷。

二级负荷：停止供电将造成大量减产，工人窝工，机械停止运转，工业企业内部交通停顿以及城镇中大量居民的正常生活受到影响。

三级负荷：不属于以上一、二级的其他负荷。

对于一级负荷必须有两个独立的电源供电。对于二级负荷是否需要备用电源，应看该用户对国民经济的重要程度而定。一般可考虑用单回架空线供电，当用电缆线路供电时，则不得少于2根，每根电缆单独用隔离开关。向二级负荷供电一般应采用2台变压器，如可以从其他变电所取得电源时，也允许用电变压器供电。

二、火力发电厂布置的一般原则

在满足地形、地质、水文、气象等条件下，应考虑：

（1）发电厂应尽量靠近负荷中心；

（2）应有可靠的燃料供应；

（3）需要有充分的供水条件；

（4）有适当的排灰渣场地，并考虑其综合利用；

（5）具有方便的交通运输条件；

（6）充分考虑高压线进出的条件和留有扩建余地；

（7）与居住区的位置要适当，要有卫生及安全防护地带。

三、变电所布置原则

变电所的作用有两个，其一是将高压变低压或将低压变高压；其二是集中电力和分配电力，控制电流的流向和调整电压。

城市地区一般为降压变电所。

(一) 变电所的选址

变电所一般有屋外式、屋内式或地下式、移动式等。确定其位置时应考虑以下问题：
(1) 接近负荷中心或网络中心；
(2) 便于各级电压线路的引入或引出、进出线走廊要与变电所位置同时决定；
(3) 变电所用地要满足地质和水文方面的设计要求，不占或少占农田，不受积水浸淹；
(4) 工业企业的变电所不要妨碍工厂发展；
(5) 靠近公路或城镇道路，但应与其有一定间隔；
(6) 区域性变电所不宜设在城镇内。

(二) 变电所的合理供电范围

变电所供电范围的划分应考虑下列因素：
(1) 要保证末端用户的电能质量。
(2) 应注意各变电所之间划分供电范围的关系，供电网电压的配置，以及变压器绕组连接形式（即相角）。
(3) 对于发电机电压为 6kV、10kV 的中、小型发电厂附近的用户，一般可由发电机母线直接供电。

四、高压线走廊在城市中布置要求

(1) 不宜穿过城市中心地区和人口密集地区；
(2) 要保证居民及建筑物的安全，有足够的走廊宽度；
(3) 线路短捷，转角尽量少；
(4) 尽可能减少跨河流，以及与铁路、公路的交叉；
(5) 避开地质不良地区和洪水淹没地区；
(6) 注意远离有危害的污浊空气来源，以免对线路产生腐蚀和影响线路绝缘；
(7) 要充分考虑高压线对城市通讯、广播、电视及航空等的影响以及它们各自的要求。

第五节 城市邮电工程规划

在我国，一般中小城市邮政和电讯在体制上是合一的。邮政业务主要是信函、包裹、汇兑、报刊发行等，处理手续上可分为收寄、分拣、封发、运输、投递等环节。电讯的传递方式很多，按业务不同分为电话（市内电话、农村电话、社会电话）、电报（用户电报、公众电报）、传真（像传真、真迹传真、报纸传真）电视传送、数据传输等。按通信方式不同可分为有线、无线两大类。按接谈方式和设备制式的不同又可分人工电话交换机，自动电话交换机。

一、邮电通信网路组织和技术要求

(一) 网路组织

电讯通信网路包括：市内通信网、农村通信网。市内通信网、农村通信网直接联系用户，它们是长途通信网的始端和末端。

1. 多局制

多局制是把市电话局内机械设备，局间中继线及用户线路网连接在一起构成的。一个城市有 2 个或 2 个以上的市电话局,它又分为直达式(个个相连)和汇接式。

多局制适用于用户多、市区面积大的城市。在这些城市里,如果只设 1 个市电话局,就会造成许多用户线路过长,既增大了线路建设费用,又影响通话质量。因此,把城市划为若干区,每区设立 1 个电话局,称分局。各区的用户线路都接至该区的分局里,这样用户线路的总长度可以大大缩短,各分局间则用中继线连通,就组成多局制的市电话网。只要合理选定分局数量、容量和局址,在大城市中采用多局制电话网是比较经济的。比如,上海、北京、天津等大城市都有几十个市电话分局。

2. 长途通信网的结构形式

长途通信网的结构形式有三种:直达式、辐射式、汇接辐射式。

(1) 直达式:任何 2 个长话局之间都设有直达电路,通话时不需要其他局转接,接通最迅速,调度灵活。缺点是需电路数多,投资大,不经济。

(2) 辐射式:以 1 个长话局为中心,进行转接,其他各局没有直达电路,这就明显地减少了电路数目和线路长度,提高了线路利用率。缺点是中心局负荷重,接通迟缓,易中断通信。

(3) 汇接辐射式:是综合上述两种方式组成的。

根据我国幅员广大和国民经济发展水平不平衡这两个具体条件,我国多使用四级汇接辐射式长途通信网。所谓四级系指:省间中心、省中心、县间中心、县中心。

从我国的情况来看,一般是以行政区划(政治、经济中心)来组织通信网路的,所以省中心即各省省会所在地;县间中心即各专区、州所在地;县中心即县城。

以北京为全国长途通信网的中心,逐级向下辐射。它能适应我国的政治经济的组织结构,电路比较集中,利用率高,投资少;网路调度有一定灵活性,可以迂回转接。

省中心以上的线路为一级线路,这是长途通信的干线网;省中心以下县中心以上的线路为二级线路,它构成省内长途通信网;县中心以下至区,各线路为三级线路(区乡线路),它构成县内通信网即农村电话网。

(二) 技术要求

市电话通信网包括局房、机械设备、线路用户设备等部分,其中线路投资往往占整个通信网投资的 50% 以上,它是用户与电话局联系的纽带,用户只有通过线路(电线)才能达到通信的目的。用户分布在城市的各个部分,市电话局的线路也就要布放到各个部分。

电信线路包括明线和电缆两种。明线线路就是架设在电杆上的金属线对;电缆可以架空,也可以埋设在地下。随着城镇的发展,在已确定的主干道上,容量较大的电缆线路都要埋入地下。这时可根据实际情况选用铠装电缆直埋地下,也可选用铅包电缆(或光缆)通过预制管孔,即所谓管道电缆。不管是架空线路还是地下电缆,根据邮电通信必须质量高,时刻都不能中断的特点,它们共同的技术要求是:

(1) 在地形位置上,应尽量避开易使线路损伤、毁坏的地方。特别是地下电缆管道应避免经常有积水,路基不坚实,有塌陷可能地区;有流砂、翻浆,有杂散电流(电蚀)或有化学腐蚀的地方也应避开。地下管道一般是永久性建筑,不能迁改,因此,不应敷设在预留用地或规划未定的场所,或者穿过建筑物。

(2) 在建设上要尽量短、直、坡度小,安全稳定,便于施工及维修,减少与其他管线等障碍物的交叉跨越,以保证通信质量。为此,在城镇街道规划时,一般要求在一侧的人行道上（下）应留有电信管线的位置。如因条件限制，则可规划在慢车道下。

二、邮电通信设施

（一）地面设施

（1）市内电话局局址的选定。一个城市的建设一般是由"单局制"发展为"多局制"。对"单局制"的市电话营业区域一般不应大于 5000m（即服务半径）。根据城市规划，应计算出用户密度中心和线路网中心，从而较理想地确定市电话局局址。

（2）邮政处理中心，最少要有两处。一处在市中心适当位置，一处在火车站附近，并在火车站台留有一定位置，以便于邮件的接发。

（3）长途通信中心，包括长途报、话处理中心及微波传播中心，地址要适中。

（4）邮政支局、所，应按城市邮电局、所设置标准考虑，以提高服务质量，方便群众用邮。由于城市建筑向高层发展，每个支局、所，所需面积有限，不能单独建设，宜在城市规划高层建筑时与商业网点一起统筹规划。

（5）无线电短波收发讯区的划定。无线电短波通信由于机动、灵活、适于备战，目前仍是重要的通信手段，每个城市应分别划定收讯区及发讯区，在收、发讯区范围内，不能有高层建筑，不要通过电力线路及主要道路。特别收讯区要求严格，否则，将严重影响通讯效率和天线的维护工作。

（6）随着卫星通信的发展，各城市都要预留卫星地面站的位置，一般设在郊区，其要求与收发讯区大体相同。

（7）凡新建居民楼等高层建筑中应考虑在底层设置信报箱，以便于信报的投递。

（8）邮电工厂属精密仪表类，在大城市工业分区中，精密仪表区应有邮电工业位置。

（9）电信杆线，它是通信的神经，延伸到每一街道、各种建筑物，形成通信网络。新规划的城市街道，要求把通信线路改走地下，下户线也宜改用电缆埋进建筑物内，既安全又减少维护工作。

（二）地下设施

地下设施，包括管道、直埋和槽埋三种形式。电信管线在城市地下网道中是一个重要组成部分，与其他地下设施有着密切的关系，它的断面位置要求使整个通信线路网分布合理，施工维护方便，经济节省，保证管线安全。凡是新建扩建道路时，城建部门应按照各种不同情况做好管线综合设计。

第六节 城市燃气工程规划

城市燃气供应是城市公用事业中一项重要设施。城市燃气化是实现城市现代化不可缺少的一个方面。城市燃气工程规划是编制城市燃气工程计划任务书和指导城市工程分期建设的重要依据。

一、城市燃气的气源及其选择

（一）燃气的分类

燃气按其成因不同，可分为天然气和人工煤气两大类。

天然气包括纯天然气、含油天然气、石油伴生气和煤矿矿井气等。

人工煤气包括煤、煤气和油煤气。

液化石油气既可从天然气开采过程中得到，也可以从石油炼制过程中得到。

城市燃气可以从矿物（煤碳）中用人工方法制取，也可以从天然资源中获得。

（二）城市燃气气源选择

在选择城市燃气气源时，一般应考虑以下原则：

（1）必须根据国家有关政策，结合本地区燃料资源的情况，通过技术经济比较来确定气源选择方案。

（2）应充分利用外部气源。当选择自建气源时，必须落实原料供应和产品销售等问题。

（3）对于大中城市，应根据气源规模、制气方式、负荷分布等情况，在可能的条件下，力争安排两个以上的气源。

二、燃气厂和储配站址选择

选择城市燃气源厂的厂址或站址，一方面要从城市的总体规划和气源的合理布局出发，另一方面也要从有利生产、方便运输、保护环境着眼。厂址选择有如下一些要求：

（1）应符合城市总体规划的要求，并应征得当地规划部门和有关主管部门的批准；

（2）尽量少占或不占农田；

（3）在满足环境保护和安全防火要求的条件下，尽量靠近负荷中心；

（4）交通运输方便，尽量靠近铁路、公路或水运码头；

（5）位于城镇下风向，尽量避免对城市的污染；

（6）工程地质良好，厂址标高应高出历年最高洪水位 0.5m 以上；

（7）避开油库、交通枢纽等重要战略目标；

（8）电源应能保证双路供电，供水和燃气管道出厂条件要好；

（9）应留有发展余地。

三、城市燃气的输配系统

城市燃气的输配系统包括气源厂（或天然气远程干线的门站）以后到用户前的一系列燃气输送和分配设施。城市燃气的输送与分配必须把城市燃气供应的安全性和可靠性放在重要地位。

（一）城市燃气管网系统

城市燃气管网系统一般可分为单级系统、两级系统、三级系统和多级系统。

只采用一个压力等级（低压）来输送、分配和供应燃气的管网系统称为单级系统。由于其输配能力有限，仅适用于较小的城市。

两级系统中有高低压和中低压系统两种。中低压系统由于管网承压低，有可能采用铸铁管，节省钢材，但不能大幅度升高远行压力来提高管网通过能力，因此对发展的适应性较小。高低压系统因高压部分采用钢管，所以供应规模扩大时可提高管网运行压力，机动性较大，其主要缺点是耗用钢材较多，要求有较大的安全距离。

三级系统一般是由高、中、低三种燃气管道所组成的系统，适用于大城市。一般是在市内难以敷设高压燃气管道，而中压管道又不能有效保证长距离输送大量燃气，或者由于敷设中压管道金属消耗量过多和投资过大时采用这种系统。

在以天然气为主要气源的大城市，城市燃气用量很大，为了充分利用天然气自身的高压，提高城市燃气管道的输送能力和供气的可靠程度，往往在城市边缘敷设超高压管道环，从而形成四级、五级等多级系统。

(二) 城市燃气管网的布置

布置燃气管网首先要保证安全、可靠地供给各类用户具有正常压力、足够数量的燃气；其次，要满足使用上的要求；同时，要尽量缩短线路，以节省管道和投资。

管网的布置原则是：全面规划，分期建设，近期为主，远近期结合。管网的布置工作应在管网系统的压力级制已原则上确定之后进行，其顺序按压力高低，先布置高、中压管网，后布置低压管网。对于扩建或改建燃气管网的城市，应从实际出发，充分利用原有管道。

1. 城市内燃气管网布置

在城市里布置燃气管网时，必须服从城市管线综合规划的安排。同时，还要考虑下列因素：

(1) 城市高、中压煤气干管的位置应尽量靠近大型用户，主要干线应逐步连成环状。低压燃气干管最好在小区内部道路下敷设。这样既可保证管道两侧均能供气，又可减少主要干管的管线位置占地。

(2) 一般应避开主要交通干道和繁华的街道，采用直埋敷设以免给施工和运行管理带来困难。

(3) 沿街道敷设管道时，可单侧布置，也可双侧布置。在街道很宽、横穿马路的支管很多或输送燃气量较大，一条管道不能满足要求的情况下可采用双侧布置。

(4) 不准敷设在建筑物的下面，不准与其他管线平行上下重叠，并禁止在下列场所敷设燃气管道：

1) 各种机械设备和成品、半成品堆放场地，易燃、易爆材料和具有腐蚀性液体的堆放场所；

2) 高压电线走廊、动力和照明电缆沟道。

(5) 管道走向需穿越河流或大型渠道时，根据安全、市容、经济等条件统一考虑，可随桥（木桥除外）架设，也可以采用倒虹吸管由河底（或渠底）通过，或设置管桥。具体采用何种方式应与城镇规划、消防等部门协商。

(6) 应尽量不穿越公路、铁路、沟道和其他大型构筑物。必须穿越时，要有一定的防护措施。

2. 郊区输气干线布置一般应考虑如下因素

(1) 掌握城市的发展方向，避开未来会产生问题的各种设施；

(2) 线路应少占农田，靠近公路；

(3) 输气干线的位置除考虑城镇发展需要外还应兼顾城市周围小集镇的用气需要；

(4) 为减少工程量，线路应尽量避免穿越大型河流和大面积湖泊、水库和水网区；

(5) 线路与城市、工矿企业等建（构）筑物、高压输电线应保持一定的安全距离，以确保安全。

3. 管道的安全距离

为了确保安全，市区地下燃气管道与建（构）筑物或相邻管道之间，在水平方向上应保持一定的安全距离，详见有关的国家规范。

第七节 城市供热工程规划

城市集中供热（又称区域供热）是在城市的某一个或几个区域乃至整个城市，利用集中热源向工厂、民用建筑供应热能的一种供热方式。

城市集中供热工程规划是城市总体规划的一个组成部分，是编制城市集中供热工程计划任务书，指导集中供热工程分期建设的重要依据。

一、城市集中供热系统

（一）城市集中供热系统的组成

城市集中供热系统由热源、热力网和热用户三大部分组成。

根据热源的不同，一般可分为热电厂和锅炉房两种集中供热系统，也可以是由各种热源（如热电厂、锅炉房、工业余热和地热等）共同组成的混合系统。

（二）热负荷计算

集中供热系统的热负荷，分为民用热负荷和工业热负荷两大类。前者包括居民住宅和公共建筑的采暖、通风和生活热水负荷；后者包括工艺负荷、厂房采暖、通风负荷和厂区的生活热水负荷。

在上述各种热负荷中，采暖、通风负荷是季节性热负荷；而工艺和生活热水负荷则是常年热负荷。工艺热负荷主要与生产性质、生产规模、生产工艺、用热设备数量等有关，生产热水负荷主要由使用人数和热状况决定。常年热负荷与气象条件的关系不大。季节性的热负荷与室外空气温度、湿度、风向、风速和太阳辐射等气象条件有关，其中室外温度是决定季节性热负荷大小的决定性因素。

（三）热电厂的厂址选择和锅炉房用地

1. 热电厂的厂址选择

热电厂厂区占地面积参考指标，见表 7-7-1。

热电厂厂址选择一般要考虑以下几个问题：

热电厂厂区占地面积参考指标 表 7-7-1

单机容量（MJ）	12	25～50	100～200
单位容量占地（ha/MJ）	0.15～0.2	0.08～0.12	0.04～0.06

（1）应符合城市总体规划的要求，并应征得规划部门和电力、环境保护、水利、消防等有关部门的同意；

（2）应尽量靠近热负荷中心，提高集中供热的经济性；

（3）应有连接铁路专用线的方便条件，以保证燃料供应；

（4）要有良好的供水条件；

（5）要妥善解决排灰问题，最好能将灰渣进行综合利用；

（6）要有方便的出线条件，要留出足够的出线走廊宽度；

（7）应有一定的防护距离，降低对城市的污染程度；

（8）少占或不占农田、节约用地；

(9) 避开不良地质的地段。

2. 锅炉房的用地

锅炉房的用地大小与采用的锅炉类型、锅炉容量、燃料种类和储存量有关,见表 7-7-2。

不同规模热水锅炉房的用地面积　　　　　表 7-7-2

锅炉房容量 (GJ/h)	用地面积 (ha)	锅炉房容量 (GJ/h)	用地面积 (ha)
20.93～41.87	0.3～0.5	>209.34～418.68	1.6～2.5
>41.87～125.60	0.6～1.0	>418.68～837.36	2.6～3.5
>125.60～209.34	1.1～1.5	>837.36～1256.04	4～5

二、城市集中供热的管网

热源至用户间的室外供热管道及其附件总称为供热管网,也称热力网。必要时供热管网中还要设置加压泵站。

供热管网的作用是保证可靠地供给各类用户具有正常压力、温度和足够数量的供热介质（蒸汽或热水）,满足其用热需要。

(一) 供热管网的布置

根据输送介质的不同,供热管网有蒸汽管网和热水管网两种。

按平面布置类型划分,供热管网有枝状管网和环状管网两类。

枝状管网比较简单,造价低,运行管理也较方便,是热网建设中常用的布置方式。缺点是没有供热的后备性能,当管网的某处一旦发生事故,某些用户的供热就会中断。

环状管网的主干管线按环状布置,是相互联通的,这就使供热管网增强了供热的后备能力。但是造价较枝状管网高,在热网建设中很少采用。

在城市市区布置供热管网时,必须符合地下管网综合规划的要求。同时还应考虑下列问题:

(1) 主干管应靠近大型用户和热负荷集中的地区,避免穿越无热负荷的地段。

(2) 供热管道要尽量避开主要交通干道和繁华街道。供热管道与铁路、公路应保持适当距离。

(3) 供热管道穿越河流或大型渠道时,可随桥架设或单独设置管桥,也可采用倒虹吸管由河床底（渠底）通过。采用的具体方式应与城镇规划等有关部门协商后确定。

(4) 和其他管线合并敷设或交叉时,热网和其他管线之间应有必要的距离。

(二) 供热管网的敷设方式

供热管网的敷设方式有架空和地下敷设两类:

1. 架空敷设

是将供热管道敷在地面上的独立支架或带纵梁的桁架以及建筑物的墙壁上。按照支架的高度不同,又分为低支架、中支架和高支架三种形式。

低支架距地面净高不小于 0.3m。

中支架距地面净高为 2.5～4m,一般设在人行频繁或需要通过车辆的地方。

高支架距地面净高为 4.5～6m,主要在跨越公路或铁路时采用。

架空敷设不受地下水位的影响,检修方便,施工土方小,是一种较经济的敷设方式。其缺点是占地多，管道热损失大，影响市容。

2. 地下敷设

地下敷设分为有沟敷设和无沟敷设两类。有沟敷设又分为通行地沟、半通行地沟和不通行地沟三种。

地沟的主要作用是保护管道不受外力和水的侵袭，保护管道的保温结构，并使管道能自由地热胀冷缩。

(1) 通行地沟：因为要保证运行人员能经常对管道进行维护，地沟净高不应低于 1.8m，通道宽度不应小于 0.7m，沟内应有照明设施和自然通风或机械通风装置，以保证沟内温度不超过 40℃。因造价较高，一般只在重要干线与公路、铁路交叉和不允许开挖路面检修的地段，或管道数目较多时，才局部采用这种敷设方式。

(2) 半通行地沟：考虑运行工人能弯腰走路进行正常的维修工作，一般半通行地沟的净高为 1.4m，通道宽度为 0.5~0.7m。因工作条件差，很少采用。

(3) 不通行地沟：这是有沟敷设中广泛采用的一种敷设方式，地沟断面尺寸只需满足施工的需要。

(4) 无沟敷设：无沟敷设是将供热管道直接埋设在地下。由于保温结构与土壤直接接触，它同时起到保温和承重两个作用，是最经济的一种敷设方式。一般在地下水位较低，土质不会下沉，土壤腐蚀性小，渗透性质较好的地区采用。

(5) 地下小室：当供热管道地下敷设时，为了便于对管道及其附属设备的经常维护和定期检修，在设有附件的地方应设置专门的地下小室。其高度一般不小于 1.8m，底部设蓄水坑，入口处的人孔一般应设置两个。在考虑管线位置时，要尽量避免把地下小室布置在交通要道或车辆行人较多的地方。

第八节　城市管线工程综合

为满足工业生产及城镇人民生活需要，所敷设的各种管道和线路工程，简称管线工程。

管线工程的种类很多，各种管线的性能和用途各不相同，承担设计的单位和施工时间也先后不一。对管线工程如不进行综合安排，势必产生各种管线在平面、空间的互相冲突和干扰：如厂内和厂外管线，管线和居住建筑，规划管线和现状管线，管线和人防工程，管线与道路，管线与绿化，局部与整体等。这些矛盾如不在规划设计阶段加以解决，就会影响到工业建设的速度和人民的生活，还会浪费国家资金。因此，管线工程综合是城市总体规划的一个重要组成部分。

所谓统筹安排，就是将各项管线工程按统一的坐标及标高汇总在总体规划平面图上，进行综合分析，发现矛盾。如单项工程原来布置的走向不合理或与其他管线发生冲突，就可建议该项管线改变走向或标高，或做局部调整。如单项工程不存在上述问题，则根据原有的布置，肯定它们的位置。

一、**管线工程分类**

(一) 按性能和用途分类

根据性能和用途的不同，城市中的管线工程，大体可以分以下几类：

1. 铁路

包括铁路线路、专用线、铁路站场以及桥涵、地下铁路以及站场等。

在管线工程综合中,将铁路、道路以及和它们有关的车站、桥涵都包括在线路范围内。因此,综合工作中所称的管线比一般所称的管线含义要广一些。

2. 道路

包括城市道路、公路、桥梁、涵洞等。

3. 给水管道

包括工业给水、生活给水、消防给水等管道。

4. 排水沟管

包括工业污水(废水)、生活污水、雨水、降低地下水等管道和沟道。

5. 电力线路

包括高压输电、生产用电、电车用电等线路。

6. 电信线路

包括市内电话、长途电话、电报、广播等线路。

7. 热力管道

包括蒸汽、热水等管道。

8. 可燃或助燃气体管道

包括燃气、乙炔、氧气管道。

9. 空气管道

包括新鲜空气、压缩空气等管道。

10. 液体燃料管道

包括石油、酒精等管道。

11. 灰渣管道

包括排泥、排灰、排渣、排尾矿等管道。

12. 地下人防工程

13. 其他管道

主要是工业生产上用的管道,如氯气管道,以及化工用的管道等。

(二) 按敷设形式分类

根据敷设方式不同,管线工程可以分为地下埋设和空中架设两大类(铁路、道路和明沟除外)。

各种管道,如给水、排水、燃气、热力等大部分埋在地下,又可敷设在地面。

地下埋设管线据覆土深度不同又可分为深埋和浅埋两类。

划分深埋和浅埋的主要依据是:

(1) 有水的管道和含有水分的管道在寒冷的情况下是否怕冰冻;

(2) 土壤冰冻的深度。

深埋的覆土厚度大于1.5m,北方土壤冰冻线较深,一般给水、排水、燃气等管道宜采取深埋;热力、电信、电力、电缆等不受冰冻的影响,可浅埋。

我国南方土壤不冰冻,给水管道不深埋,排水管道也不一定深埋。

(三) 按输送方式分类

根据输送方式不同,管道又可分为压力管道和重力自流管道。

给水、燃气、热力、灰渣等通常采用压力管道。

排水管道一般采用重力自流管道。

管线工程的分类方法很多，主要是根据管线不同用途和性能而加以划分。

二、规划综合与设计综合的编制

各项管线工程从规划到建成，有几个不同的工作阶段。管线工程综合可分为规划综合阶段和设计综合阶段。

1. 规划综合阶段

管线工程规划综合是以各项管线工程的规划资料为依据而进行总体布置并编制综合示意图。主要任务是解决各项管线工程的主干管线在系统布置上存在的问题，并确定主干管线的走向。对于管线的具体布置，除有条件的以及必须定出的个别控制点外，一般不作肯定，因为单项工程在下阶段设计中，根据测量选线，管线的位置将会有若干的变动和调整（沿道路敷设的管线，则可在道路横断面图中定出）。

2. 设计综合阶段

按照城市规划工作阶段来划分，设计综合相当于详细规划阶段的工作。它根据各项管线工程的初步设计资料来进行综合。设计综合不但要确定各项管线工程具体的平面位置，而且要检查管线在竖向上有无问题，并解决不同管线在交叉处所发生的矛盾。这是和规划综合工作深度上的主要区别。由于各项管线工程的建设有轻重缓急之分，设计进度也先后不一，因此，设计综合往往只能在大多数工程或者几项主要工程的初步设计的基础上进行编制，而不可能等待所有工程都完成了初步设计才着手进行。

设计综合完成后，可以进行各管线工程施工详图设计。各管线工程施工之前，城市建设管理部门应进行施工详图检查，以解决因设计进一步深入或因客观情况变化而产生的新矛盾。由于施工详图完成后往往就进行施工，所以核对和检查工作通常只能个别进行，而难于集中几项工程的施工详图同时进行。在单项工程施工前，通常要先向城市建设管理部门申请，经许可后方可施工。核对和检查施工详图的工作一般划入城市建设管理工作范围之内。

三、管线工程综合布置的一般原则

管线工程综合布置的一般原则如下：

（1）厂界、道路、各种管线的平面位置和竖向位置应采用城市统一的坐标系统和标高系统，避免发生混乱和互不衔接。如有几个坐标系统和标高系统时，须加以换算，取得统一。

（2）充分利用现状管线。只有当原有管线不适应生产发展的要求和不能满足居民生活需要时，才考虑废弃和拆迁。

（3）对于基建期间施工用的临时管线，也必须予以妥善安排，尽可能使其和永久管线结合起来，成为永久性管线的一部分。

（4）安排管线位置时，应考虑今后的发展，应留有余地，但也要节约用地。

（5）在不妨碍今后的运行、检修和合理占有土地的情况下，应尽可能缩短管线长度以节省建设费用。但需避免随便穿越和切割可能作为工业企业和居住区的扩展备用地，避免布置零乱，使今后管理和维修不便。

（6）居住区内的管线，首先考虑在街坊道路下布置，其次在次干道下，尽可能不将管线布置在交通频繁的主干道的车行道下,以免施工或检修时开挖路面和影响交通。

(7) 埋设在道路下的管线,一般应和路中心线或建筑红线平行。同一管线不宜自道路的一侧转到另一侧,以免多占用地和增加管线交叉的可能。靠近工厂的管线,最好和厂边平行布置,便于施工和今后的管理。

(8) 在道路横断面中安排管线位置时,首先考虑布置在人行道下与非机动车道下,其次才考虑将修理次数较少的管线布置在机动车道下。往往根据当地情况,预先规定哪些管线布置在道路中心线的左边或右边,以利于管线的设计综合和管理。但在综合过程中,为了使管线安排合理和改善道路交叉口中管线的交叉情况,可能在个别道路中会变换预定的管线位置。

(9) 各种地下管线从建筑红线向道路中心线方向平行布置的次序,要根据管线的性质、埋设深度等来决定。可燃、易燃和损坏时对房屋基础、地下室有危险的管道,应该离建筑物远一些。埋设较深的管道距建筑物也较远。一般布置次序如下:

1) 电力电缆;
2) 电信管道或电信电缆;
3) 空气管道;
4) 氧气管道;
5) 燃气或乙炔管道;
6) 热力管道;
7) 给水管道;
8) 雨水管道;
9) 污水管道。

(10) 编制管线工程综合时,应使道路交叉口的管线交叉点越少越好,这样可减少交叉管线在标高上发生矛盾。

(11) 管线发生冲突时,要按具体情况来解决一般是:

1) 还未建设管线让已建成管线;
2) 临时管线让永久管线;
3) 小管道让大管道;
4) 压力管道让重力自流管道;
5) 可弯曲的管线让不易弯曲的管线。

(12) 沿铁路敷设的管线,应尽量和铁路线路平行;与铁路交叉时,尽可能成直角交叉。

(13) 可燃、易燃的管道,通常不允许在交通桥梁上跨越河流。在交通桥梁上敷设其他管线,应根据桥梁的性质、结构强度、并在符合有关部门规定的情况下加以考虑。管线穿越通航河流时,不论架空或在河道下通过,均须符合航运部门的规定。

(14) 电信线路和供电线路通常不合杆架设,在特殊情况下,征得有关部门同意,采取相应措施后(如电信线路采用电缆或皮线等),同一性质的线路应尽可能合杆,如高低压供电线等。高压输电线路与电信线路平行架设时,要考虑干扰的影响。

(15) 综合布置管线时,管线之间或管线与建筑物、构筑物之间的水平距离,除了要满足技术、卫生、安全等要求外,还必须符合国防上的规定。

第九节 城市防灾工程规划

一、概述

自然界的灾害有许多种类，有火灾、水灾、风灾、地震等灾害。有些灾害往往还会互相影响，互相并存。如台风季节中常伴有暴雨，造成水灾风灾并存；又如在较大的地震灾害中往往使大片建筑物、构筑物倒塌，常会引起爆炸和火灾。

造成直接危害的灾害被称为原发性灾害。如人在林区活动时因不慎引起的森林大火，会毁灭大片的树木及其范围内的建筑物和构筑物，迅猛的洪水能冲毁大片的庄稼和居民点的人工设施等等。

非直接造成的灾害称为次生灾害。如地震引起的大火，地震引起的山崩、造成泥石流等。有时次生灾害要比直接灾害所造成的危害更大，如1933年3月3日，日本三陆附近海域发生地震，地震本身造成的灾害并不大，但是引起的海啸则造成了巨大的损失。高达10~25m的海浪冲毁房屋7353户，船舶流失7034艘，有3008人死亡。

（一）灾害分类

1. 根据灾害发生的原因，可进行如下分类

（1）自然性灾害。因自然界物质的内部运动而造成的灾害，通常被称为自然性灾害。具体还可以分为下列三类：

1）由地壳的剧烈运动产生的灾害，如地震、滑坡、火山爆发等。

2）由水体的剧烈运动产生的灾害，如海啸、暴雨、洪水等。

3）由空气的剧烈运动产生的灾害，如台风、龙卷风等。

4）由于地壳、水体和空气的综合运动产生的灾害，如泥石流。

（2）条件性灾害。物质必须具备某种条件才能发生质的变化，并且由这种变化而造成的灾害称为条件性灾害。如某些可燃气体在正常条件下不会燃烧，只有遇到高压高温或明火时，才有可能发生爆炸或燃烧。当我们认识了某种灾害产生的条件时，就可以设法消除这些条件的存在，以避免该种灾害的发生。

（3）行为性灾害。凡是由人为造成的灾害，不管是什么原因，我们统称之为行为性灾害。因人为造成的灾害，国家有关部门将根据灾害损失的严重程度，追究有关责任人的法律责任。

2. 根据人对自然灾害影响和控制的程度，可作如下分类

（1）受人为影响诱发或加剧的自然灾害。如森林植被遭大量破坏的地区易发生水灾、沙化，因修建大坝、水库以及地下注水等因改变了地下压力荷载的分布而诱发地震等等。

（2）部分可由人力控制的自然灾害，如江河泛滥、城乡火灾等。通过修建一定的工程设施，可以预防其灾害的发生，或减少灾害的损失程度。

（3）目前，尚无法通过人力减弱灾害发生程度的自然灾害，如自然地震、风暴、泥石流等。

（二）灾害的影响

对于人类来说，灾害会在各个方面造成严重的后果：

（1）危及人们的生命和健康，造成避难和移民；

(2) 破坏生产力，造成地方与国家的就业问题，降低国民收入，影响物价上涨，在一些国家甚至会影响政局的稳定；

(3) 将给人们的衣、食、住、行、基础设施、社会服务、急救等方面造成很大困难，对文化教育和社会交往也会造成很大的损害；

(4) 破坏自然生态系统及其组成部分，降低环境质量，甚至因环境恶化引起瘟疫流行。

1979年7月，联合国灾害救济组织在日内瓦，以及联合国环境总署1980年1月在内罗华的两次专家组会议上研究了一个关于预计灾害损失的公式，即

$$R = V \cdot H$$

式中　R——预计损失，或称危险率。系指自然灾害可能造成生命伤亡与财户损失，以及对经济活动的干扰、风险。

　　　V——为损失率。完全没有损失时，$V=0$；全部遭受损失时，$V=1$。

　　　H——为自然灾害发生的偶然率。

从上述公式中可以看出，V 与 H 的值愈小，则预计损失 R 值也愈小。所以，在预计损失分析中，欲使损失最小，常常通过以下三种途径来控制：

1) 正确地选择建设基址，尽可能避开发生自然灾害偶然率较大的地方，以减少 H 值。

2) 通过城市规划、城市设计、结构设计及其他措施主动控制损失率 V。

3) 在规划与建设开发中，应考虑城乡一个地域内不同的受灾程度的分区，以及损失率与社会效果敏感率的相互关系。如一所医院或粮库的社会敏感率就高于一所居住建筑的敏感率。

需要注意的是，灾害率并非固定不变的，因此必须对损失率进行动态分析。

二、城市防震规划

（一）地震基本知识

1. 地震与地震分布

地震是一种自然现象，种类很多。在各种地震中，影响最大的是由于地质构造作用所产生的构造地震，这类地震占地震总数中绝大多数。

地球上平均每年发生有震感的地震有十几万次以上，其中能造成严重破坏的地震约20次左右。地球上主要有两组地震活动带：

（1）环太平洋地震带。沿南北美洲西岸至日本，再经我国台湾省而达菲律宾和新西兰；

（2）地中海南亚地震带。西起地中海，经土耳其、伊朗、我国西部和西南地区、缅甸、印度尼西亚与环太平洋地震带相衔接。

我国地处两大地震带中间，是一个多地震国家。从历史地震状况看，全国除了个别省份外，绝大部分地区都发生过较强的破坏性地震，许多地区的地震活动在当代仍然相当强烈。

2. 震级和烈度

（1）震级。地震的震级就是地震的级别，用来表示地震能量的大小。国际上目前较为通用的是里氏震级。它是以标准地震仪所记录的最大水平位移（即振幅，以微米计）的常用对数值，来表示该次地震震级，用 M 表示，即：

$$M = \lg A$$

一般小于 2 级的地震，人们是感觉不到的，称作微震；2～4 级的地震，物体有晃动，人也有所感觉，称有感地震，5 级以上的地震，在震中附近已引起不同程度的破坏，统称为破坏性地震；7 级以上为强烈地震；8 级以上称为特大地震。1960 年 5 月 22 日在智利发生的 8.9 级地震是到现今为止，全世界所记录到的最大地震。

（2）烈度。地震烈度一般系指某一地区受到地震以后，地面及建筑物等受到地震影响的强弱程度。

对于一次地震来说，表示地震大小的震级只有一个，但是由于各区域距震中远近不同，地质构造情况和建筑结构情况不同，所受到的地震影响不一样，所以地震烈度也有所不同。一般情况下，震中区烈度最大，离震中越远则烈度越小。震中区的烈度称为"震中烈度"，用 I 表示。

（3）基本烈度和设计烈度。基本烈度一般是以 100 年内在该地区可能遭遇的地震最大烈度为准，它是设防的依据。设计烈度则是在地区宏观基本烈度的基础上，考虑到地区内的地质构造特点，地形、水文、土壤条件等方面的不一致性，所出现小区域地震烈度的增减，而据此来制定更为切实而经济的小区域烈度标准（见表 7-9-1）。在山坡、陡岸等倾斜地段，比之平地的震害会更重一些。同时，在确定设计烈度时还应考虑到建设项目（单体）的重要性，在基本烈度的基础上按区别对待的原则确定。

小区域地震烈度增减表　　　　表 7-9-1

类　　别	地震烈度局部增加量	类　　别	地震烈度局部增加量
花岗岩	0	砂质土	1～2
石灰岩和砂岩	0～1	粘质土	1～2
半坚硬土	1	疏松的堆积土	2～3
粗状碎屑土（碎石、卵石、砾石）	1～2		

（二）城市抗震规划设计基本原则与措施

1. 抗震规划设计的基本目的与设施标准

抗震设计的目的是防止地震造成的伤亡，使人民的生命财产损失达到最小限度，同时使地震发生时的诸如消防、救护等不可缺少的活动得以维持和进行。

根据我国具体情况，以设计烈度 7 度为设防起点，即小于 7 度时不设防。抗震设计规范规定的设防重点，只放在 7 度、8 度和 9 度地震范围内。

2. 抗震规划设计基本原则

（1）选择建设项目用地时应考虑对抗震有利的场地和地基。因为建筑设施的抗震能力与场地条件有密切关系。应避免在地质上有断层通过或断层交汇的地带，特别是有活动断层的地段进行建设。在地形地貌方面，宜选择地势平坦、开阔的地方作为建设项目的场地。

（2）规划布局时应考虑避免地震时发生次生灾害。由于次生灾害有时会比地震直接产生的灾害所造成的损失更大，因此，避免地震时发生次生灾害，是抗震工作的一个很重要的方面。地震区的居民点规划中房屋不能建得太密，房屋的间距以不小于 1～1.5 倍房高为宜。烟囱、水塔等高耸构筑物，应与住宅（包括锅炉房等）保持不小于构筑物高度 1/3～1/4 的安全距离。易于酿成火灾、爆炸和气体中毒等次生灾害的工程项目应远离居民点住宅区。

（3）在单体建筑方面应选择技术上、经济上合理的抗震结构方案。矩形、方形、圆形的建筑平面，因形状规整，地震时能整体协调一致，并可使结构处理简化，有较好的抗震效果。Π形、L形、V形的平面，因形状凸出凹进，地震时转角处应力集中，易于破坏，必须从结构布置和构造上加以处理。

房屋附属物，如高门脸、女儿墙、挑檐及其他装饰物等，抗震能力极差，在地震区不宜设置。

3. 抗震规划设计的措施

（1）在进行城市规划布局时，注意设置绿地等空地，可作为震灾发生时的临时救护场地和灾民的暂时栖身之地；

（2）与抗震救灾有关的部门和单位（如通讯、医疗、消防、公安、工程抢险等）应分布在建成区内可能受灾程度最低的地方，或者提高其建筑的抗震等级，并有便利的联系通道；

（3）城市规划的路网应有便利的、自由出入的道路，居民点内至少应有两个对外联系通道；

（4）供水水源应有一个以上的备用水源，供水管道尽量与排水管道远离，以防在两种管道同时被震坏时饮用水被污染；

（5）多地震地区不宜发展煤气管道网和区域性高压蒸汽供热，少用和不用高架能源线，尤其绝对不能在高压输电线路下面搞建筑。

三、城市防洪工程规划

（一）城市防洪工程规划内容及原则

城市防洪工程规划是城市规划中城市用地工程准备的重要内容之一。其主要任务是：根据城市用地选择的要求，对可能遭受洪水淹没地段，提出技术上可行、经济上合理的工程措施方案，以达到改善城市用地或确保城镇人民生命、财产安全的目的。

1. 城市防洪工程规划的内容

城市总体规划阶段，防洪工程规划的主要内容是在收集资料基础上，进行设计洪水流量计算和比较粗略的水力计算，确定防洪标准，提出技术先进、经济合理、切实可行的工程规划方案。

2. 城市防洪工程规划的设计原则

在城市规划中采取的防洪措施，虽然与防洪工程的具体设计有着深度上的差别，但是它往往影响着今后的防洪工程设计的方案，直接影响防洪工程设计的合理性和投资的大小。因此，必须从全局着眼，在大的方案、布局上下功夫，使防洪设施能够和整个城市规划紧密地、有机地结合起来，作出经济合理的防洪措施布局。在制定防洪措施时，一般应考虑以下几点：

（1）防洪工程的布局应与城市规划中的建筑物、铁路、航运、道路、排水等工程设施的布局综合地考虑确定；

（2）防洪措施应与农田灌溉、水土保持、园林绿化等相结合；

（3）充分利用洼地及山谷、原有的湖塘等有利地形，修建泄洪塘库，搞好河湖防洪系统的建设，同时应注意到溃堤后对城市居民点或乡办企业、农田区域等所产生的影响和相应的措施；

(4) 防洪工程应尽量避免设置在不良地质的地区内。

(二) 城市防洪标准及一般采用的措施

1. 城市防洪标准

城市防洪工程的规模以抗御的洪水大小为依据，洪水的大小在定量上通常以某一频率的洪水流量表示。也有用"重现期"一词来等效地代替之。洪水的重现期等于其相应频率的倒数。如：洪水的重现期是50年一遇，其频率即为2%；同样，某城市防洪标准为20年一遇，其频率即为5%。

确定防洪标准的依据是：

(1) 城市或工业区的规模；

(2) 城市或工业区的政治、经济地位的特殊性，国家经济技术条件的可能性；

(3) 位于城市大中型水库下游的城市，应考虑到出现溃堤后的洪水泛滥，确定防洪标准时应有应急措施。

目前，在国家尚无统一的城市洪水设防标准的情况下，一般可按照上述依据，参考表7-9-2、表7-9-3综合分析，制定出适宜的具体城市设防标准。

不同防护对象的防洪标准　　　　表7-9-2

保 护 对 象			防洪标准
城　市	工矿区	农田面积 (km²)	洪水重现期
特别重要城市	特别重要工矿区	>3334	>100
重要城市	重要工矿区	667~3334	50~100
中等城市	中等工矿区	200~667	20~50
一般城市	一般工矿区	<200	10~20

校　核　标　准　　　表7-9-3

设计标准频率	校核标准频率
1% (100年一遇)	0.2%~0.33% (500~300年一遇)
2% (50年一遇)	1% (100年一遇)
5%~10% (20~10年一遇)	2%~4% (50~25年一遇)

2. 城市防洪工程一般采用的几种措施

(1) 调节径流。在河流的上游修筑水库，调节径流，把洪水季节河流截面不能承担的部分蓄起来，以削减洪峰，同时还可利用其进行农田灌溉、发展水产、搞园林绿化、修建电站等，使其化害为利。但是应注意以下几点：

1) 要选择水文、地质条件可靠、天然地形良好的地区；

2) 要注意到池塘、水库修建后，其上游水位升高对工农业、交通运输的影响；

3) 靠近城市较近的（≤3km）池塘，水库的水深不宜小于2m，以利于城市卫生及综合利用；

4) 池塘和水库进、出水在可能条件下，要与城市原有河流、水沟、洼地等死水地段结合起来，变城市死水为活水，改善城市卫生。

(2) 整治河道。

1) 疏浚河道。通常是把平洼的河床挖深，而不是加宽，目的是增大排泄能力和防止河床的淤积。

2) 取直河床。目的是加大水力坡度，提高河床排泄能力，使洪水位降低。

(3) 截洪沟。受到山坡方向地面径流的威胁的城市，多采用截洪沟截引山洪泄入河中。规划中应注意以下几点：

1) 要与农田水利、园林绿化、水土保持、河湖系统规划结合考虑，做到防治结合；

2) 截洪沟应因地制宜地布置，尽量利用天然沟道，一般不宜穿过建筑群；

3) 其坡度不应过大，若必须设置较大纵坡时，则此段应设计跌水或陡槽，但不得在弯道处设置。

(4) 筑堤。筑堤是我国目前防止城市大面积被淹没的常用办法。

一般说来，解决排除居民点内支流与防洪堤之间的矛盾，有以下几种处理方法：

1) 沿干流及居民点内支流的两侧筑堤，而将部分地面水采用水泵排除；

2) 只沿干流筑堤，支流和地面水则在支流与干流交接处设置暂时蓄洪区，用闸门关闭，待河流洪水退去后，再开放闸门排去蓄洪区的蓄水，或者设置泵房抽去支流的蓄水；

3) 在支流设置调节水库，城市上游修截洪沟，把所蓄的水引向居民点外，以减少堤内汇水面积的水量。

(5) 填高被淹没用地。填高被淹没用地是防止水淹较简单的措施，一般在下列情况下采用：

1) 当采用其他方法不经济，而又有方便足够的土源时；

2) 由于地质条件不适宜筑堤时；

3) 填平小面积的地洼地段，以免积水影响环境卫生。

采用填高低地的优点是可以根据建设需要进行填高，而且可分期投资，节约经常开支。缺点是土方工程量大，总造价昂贵。某些填土地段短期内不能用于修建，需采用人工地基（桩基或加深基础），增加了基础造价。

(6) 整治城市湖塘。有如下优点：

1) 调节气候，改善城市卫生，美化城市；

2) 可蓄积雨水，做为地面水的排放水体，灌溉园林农田；

3) 可增加副业生产，养鱼和种藕等；

4) 可利用修建福利设施，增加城市文化休息的活动场所。

(7) 整治湖塘常用下列方式

1) 在小河、小溪或冲沟上筑坝，叫坝式池塘；

2) 在河漫滩开扩地段筑围堤，或者挖深，形成一个较大水面，叫围堤式池塘；

3) 整治原有雨水池塘，开出水口，变死水为活水。

(8) 为减轻分洪、滞洪或蓄洪区内居民的灾害，在城市规划中，可因地制宜修建以下防洪设施：

1) 根据最高洪水位或汛期浪高等修建围堰、安全台、安全楼或临时避水台等安全设施，其安全超高应根据安置人口数量按表7-9-4的规定分别确定；

避洪安全设施的安全超高 表7-9-4

避洪安全设施	安置人口（人）	安全超高（m）
围堰	10000以上	1.5~2.0
	1000~10000	1.0~1.5
	1000以下	1.0
安全台	1000以上	1.0~1.5
	1000以下	1.0
安全楼	—	1.0~1.5
临时避水台	—	0.5

2) 根据分洪、滞洪或蓄洪区启用标准，修建安全转移道路，其启用标准应按表7-9-5的规定分别确定。

分洪、滞洪或蓄洪区的安全转移道路标准　　　　表 7-9-5

启用标准	设计标准（重现期·年）			校核标准大、中桥
（重现期·年）	路　　基	涵洞、小桥	大、中桥	
<5	10～5	30	—	—
10～5	20～10	30	50	—
20～10	30～20	30	50	100
>20	30	30	50	100

四、城市消防规划

近几个世纪以来，世界上已有不少城市相继发生了相当大的火灾，有的城市大火给城市生产、居民生活带来了严重影响。因此，近些年来，一些发达国家开始注重"城市消防规划"的研究。

我国一些城市大火发生的主要原因是在城市建设中缺乏总体规划的指导，造成一些易燃易爆的项目布置到了居民区或公共建筑附近，或者是在城市原有易燃易爆的工厂和仓库周围不考虑防火间距而布置了许多新的建筑或设施，一旦起火，就会形成较大面积的火灾，造成不应有的巨大损失。

（一）城市消防规划的内容

（1）在进行城市规划时，对易燃易爆的工厂、仓库、城市汽车加油站、燃气调压站等项目或设施，严格按照国家有关防火间距规定进行控制；

（2）结合旧城改造，增加水源，拓宽消防通道，为迅速灭火创造条件；

（3）对古建筑和重点文物单位采取防火保护措施；

（4）合理设置消防站。

（二）消防站规划

1. 消防站规划的内容

消防站内建筑应包括车库、值勤宿舍、训练场、油库和其他建筑物、构筑物。

（1）值勤宿舍面积　消防队（站）长面积为不小于10m²/人；消防战斗员面积为不小于6m²/人。

（2）训练场面积　应根据消防站的规模、车辆数确定，一般应符合表7-9-6的要求。

训　练　场　地　面　积　　　　表 7-9-6

车辆数（辆）	2～3	4～5	6～7
训练场地（m²）	1500	2000	2500

在执行上表的规定中尚应考虑以下两点：

（1）有条件的城市，在某些消防站内设置宽度不小于15m，长度宜为150m的可进行全套基本功训练的训练场地。如有困难时，其长度可减为100m。

（2）对于旧城区新建、扩建的消防站，也应设如上标准的基本功训练场，同时如用地确实紧张时可适当缩小表7-9-6的标准，但最低应保证有1000m²的场地。

消防站内应设置不少于4层（高层建筑较多的城市宜设置8层以上）训练塔，它是消防战士不可缺少的业务训练设施，其正面应设有长度不少于35m的跑道。

训练塔宜设置室外消防梯，并应通至塔顶。消防电梯宜从离地面3m高处设起，其宽度不宜小于500mm。

2. 城市消防站的规划原则

城市消防站的规划布局首要原则是，消防队接到火警后要能尽快地到达火场。具体地说，发生火灾时，消防队接到火警在5min内要能到达责任区最远点。这一要求是根据消防站扑救责任区最远点的初期火灾所需要15min消防时间而确定的。根据我国通信、道路和消防装备等情况，15min消防时间可以扑救砖木结构建筑物初期火灾，有效地防止火势蔓延。

城市消防站布局要根据工业企业、人口密度、重点单位、建筑条件以及道路交通、水源、地形等条件确定。其责任区面积，一般为4～7km²。

(1) 责任区面积不宜超过4～5km²的区域有：石油化工、大型物资仓库、商业中心、高层建筑集中区、重点文物集中区、首脑机关 砖木和木结构、易燃建筑集中区以及人口密集、街道狭窄地区；

(2) 责任区面积不宜超过5～6km²的区域有：丙类生产火灾危险性的工业企业区（如纺织、造纸、服装、印刷、卷烟、电视机收音机装配、集成电路工厂等），大专院校、科研单位集中区，高层建筑比较集中的地区；

(3) 责任区面积不超过6～7km²的区域有：一、二级耐火等级建筑的居民区，丁、戊类生产火灾危险性的工业企业区（炼铁厂、炼钢厂、有色金属冶炼厂、机床厂、机械加工厂、机车制造厂、制砖厂、建材加工厂等），以及砖木结构建筑分散地区等。

上述三种情况可采用下列经验式计算消防站责任区面积：

$$A = 2R^2 = 2 \times (S/\lambda)^2$$

式中　A——消防站责任区面积，km²；

　　　R——消防站保护半径（消防站至责任区最远点的直线距离），km；

　　　S——消防站至责任区最远点的实际距离，km；

　　　λ——道路曲度系数，即两点间实际交通距离与直线距离之比，$\lambda=1.3～1.5$。

(4) 在市区内如受地形限制，被河流或铁路干线分隔时，消防站责任区面积应当小一些。

(5) 风速在5m/s以上或相对湿度在50%左右，火灾发生的次数较多的地区，其责任区面积应适当缩小。

(6) 物资集中、货运量大、火灾危险性大的设施及内河城市，应规划建设水上消防站。水上消防队配备的消防艇吨位，应视需要而定，海港应大些，内河可小些。水上消防队（站）责任区面积可根据本地实际情况确定，一般以从接到报警起10～15min内到达责任区最远点为宜。

3. 消防站设置的位置

(1) 应选择在本责任区的中心或靠近中心的地点；

(2) 必须设置在交通方便，利于消防车迅速出发的地点；

（3）应与医院、小学、幼儿园、托儿所等单位保持不小于50m的距离，以保证安全、迅速地出车；

（4）应设置在易燃、易爆的建筑（设施）上风（或侧风）向不小于200m以外的位置。

城市居住小区要按照公安部和建设部颁布的《城镇消防站布局与技术装备标准》的规定，结合工业、商业、人口密度、建筑现状及道路、水源、地形等情况，合理地设置消防站（队）。

有些城郊的居住小区，如离城市消防中队较远，且小区人口在15000人以上时，应设置一个消防站。

第十节 城市用地竖向设计

一、城市用地竖向设计的内容

（一）城市规划竖向设计的概念

所谓竖向规划设计是在城市规划平面布置的基础上，根据实际地形的起伏变化，决定用地地面标高，以便使改造后的地形适于修建各类建筑物的要求，满足迅速排除地面水、地下敷设各种管线及交通运输的要求等，使规划中的建筑、道路、排水等设施的标高互相协调互相衔接；同时，结合城市用地选择，对不利于城市建设的自然地形加以适当的改造，或者提出工程措施，使土方量尽量减少，节省投资。这种垂直方向上的规划设计，称为竖向设计（也称垂直设计、竖向布置）。

（二）城市规划竖向设计的任务

（1）选择城市规划竖向设计布置方式，合理确定标高，力求减少土方量，并满足城市生产与交通运输的要求。

（2）确定地面排水方式、坡向与排水构筑物，使地面雨水、污水能够顺利排除，不致使城市内积水。在有洪水威胁的地区，应确保不受洪水的影响和危害。

（3）确定建筑物、构筑物、室外场地、道路排水沟、地下管线等的设计标高，以及与铁路、公路、水路等标高的关系，使城市内外高程相互衔接，关系协调。

（4）确定道路交叉口坐标、标高，相邻交叉口间的长度、坡度，道路围合街坊的汇水线、分水线和排水坡向。主次干道的标高，一般应低于小区场地的标高，以方便地面水的排除。

（5）确定计算土石方工程量和场地土方平整方案，选定弃土或取土场地。避免填土无土源，挖方土无出路或土石方运距过大。

（6）合理确定城市中由于挖、填方而必需建造的工程构筑物，如护坡、挡土墙、排水沟等。

（7）在旧区改造竖向设计中，应注意尽量利用原有建筑物与构筑物的标高。

（8）结合地形条件，创造良好的环境空间形象，体现城市特色。

二、城市竖向规划设计要点

（一）建筑物标高

建筑物标高，是以建筑物与室外设计地坪标高的差值来决定的。一般根据建筑物的使用性质，确定内外标高的最小差值。常用最小差值为：

(1) 住宅、宿舍，150～450mm；
(2) 办公、学校、卫生院等公共建筑，300～600mm；
(3) 一般工厂车间、仓库，150～300mm；
(4) 沉降较大的建筑物，300～500mm；
(5) 有汽车站台的仓库，900～1200mm。

建筑物与道路高程关系如图 7-10-1。

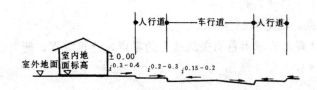

图 7-10-1 建筑物与道路高程关系示意

(二) 地面排水坡度

地面排水应根据总平面规划布置和地形情况划分排水区域，决定排水坡向以及管道系统。排水区域的划分要综合考虑自然地形、江水面积和降雨量大小等因素。一般要求地面设计坡度不应小于3‰，最好在5‰～10‰之间。

(三) 道路标高与坡度

1. 道路纵坡

道路纵坡应根据地形情况确定，最大纵度在主干道为6%，一般道路8%。自行车行驶的坡度在3%以下时比较舒适；坡度大于4%、坡长超过200m时，非机动车行驶就比较困难。

在相邻道路纵坡坡度差大于2%的凸形交叉或大于0.5%的凹形交点，必须设置圆形竖曲线，其最小半径分别为300m和100m。人行道纵坡一般要与车行道坡度一致。单独的人行道最大纵坡为8%，大于8%时要设置踏步。北方严寒地区，积雪时间较长，人行道纵坡还可再低些。

2. 道路横坡

车行道横坡一般设双向坡，两侧设排水沟（管），坡度为2%；道路宽度小于3m时，可做单坡，坡度一般为2%。

3. 广场坡度

路面结构较好（混凝土路面）的公共活动中心，最大纵坡3%，最小纵度0.4%；路面结构标准较低的公共活动中心，最大纵坡4%，最小纵坡0.6%。汽车停车场和装卸场等，最大纵坡为1%～3%，最小坡度0.5%。

三、土方工程量计算

土方工程量的计算，应根据竖向设计要求，结合地形与场地大小情况，选择结合实际的计算方法。一般常用计算方法如下：

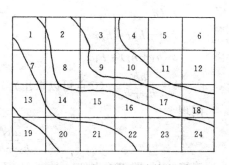

图 7-10-2 方格网计算法

(一)方格网计算法

1. 划分方格，绘制土方量计算方格网

根据地形复杂情况和规划要求，将规划用地划分为若干正方形（边长可为10m、20m、40m或大于40m），然后依次编号（图 7-10-2）。

2. 标注自然标高与设计标高

在各个方格右上角注设计标高，右下角注自然标高（原地面标高）；设计标高减自然标高 等于施工高度，在左上角注施工高度，填方时前面加（＋）号，挖方时前加（－）号（图 7-10-3）。

3. 标出"零"点，确定填挖分界线

一般用零点线计算公式求得各有关边线上的零点，连接零点，便可确定填挖分界线和填挖方区（图 7-10-4）。

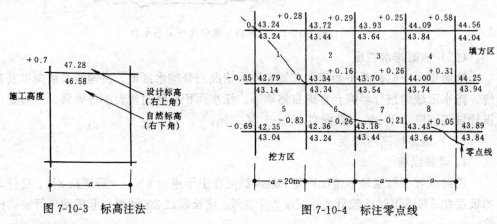

图 7-10-3 标高注法

图 7-10-4 标注零点线

4. 零点线的求法

(1) 数解法（零点线计算公式）

【例】 图 7-10-5（a）中：h_1、$-h_2$、h_3、$-h_4$ 为方格网四角点的高差，0、0′为零点，并令 $h_1 0 = x$，$h_3 0' = x'$，试求 $x=?$，$x'=?$

【解】 在 $\triangle_1$ 与 $\triangle_2$ 中
因为 $\angle 1 = \angle 2$（对顶角相等）
又 $\triangle_1$ 与 $\triangle_2$ 都是直角三角形
所以 $\triangle_1 \cong \triangle_2$

$$h_1 : h_2 = x : (a-x)$$
$$h_1(a-x) = h_2 x$$
$$h_1 a - h_1 x = h_2 x$$
$$x(h_1+h_2) = h_1 a$$
$$x = \frac{a h_1}{h_1+h_2} \quad （0 点可以求出）$$

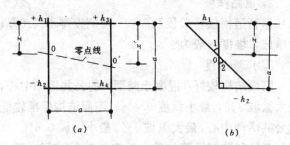

图 7-10-5 零点线的求法

同理

$$x' = \frac{a h_3}{h_3+h_4} \quad （0′点可以求出）$$

连接 00′，即得零点线。

（2）图解法（几何作图法） 可直接从图上，根据相邻两角点的填挖数值，在不同方向量取相应的单位数，以直线相连，该直线与方格的交叉点，即为零点（图 7-10-5b）。

5. 每一方格内土方工程量计算

根据每一方格的填挖情况，可选用表 7-10-1 列出的方格网土方计算公式（四方棱柱体法）计算土方量。

6. 土方量总汇

每个方格内的填、挖方量计算后，将所求的填挖方数分别填入相应的方格内，按行列相加的方法计算出总填方量与总挖出量，如图 7-10-6。

常用方格网计算公式（四方棱柱体法）　　　　　　表7-10-1

图　　示	计　算　公　式
	1. 四点为填方或挖方 $$V = \frac{a^2(h_1+h_2+h_3+h_4)}{4} = \frac{a^2}{4}\Sigma h$$
	2. 同边两点为填方或两点挖方： $$-V = \frac{a^2(h_1+h_3)^2}{4(h_1+h_2+h_3+h_4)} = \frac{a^2(h_1+h_3)^2}{4\Sigma h}$$ $$+V = \frac{a^2(h_2+h_4)^2}{4(h_1+h_2+h_3+h_4)} = \frac{a^2(h_2+h_4)^2}{4\Sigma h}$$
	3. 三点挖方一点填方或三点填方一点挖方： $$+V = \frac{a^2 h_1^3}{b(h_1+h_2)h_1+h_2)}$$ $$-V = \frac{a^2}{b}(2h_2+2h_3+h_4-h_1) + 填方$$
	4. 相对两点为填方或挖方： $$-V_1 = \frac{a^2 h_2^3}{b(h_2+h_1)(h_2+h_4)}$$ $$-V_2 = \frac{a^2 h_3^3}{b(h_3+h_1)(h_3+h_4)}$$ $$+V = \frac{a^2}{b}(2h_1+2h_4-h_2-h_3) + V_1 + V_2$$

注：h_1、h_2、h_3、h_4——方格网四角点的施工高度，m，用绝对值代入；

　　　a——正方格网的边长，m；

　　　V——填方（+）或挖方（−）的体积，m^3。

（二）横断面计算法

横断面计算法计算土石方工程量较为简单，但精确度较低，其计算步骤为：

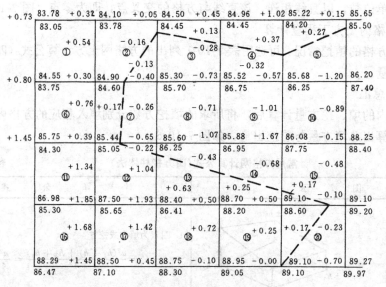

图 7-10-6 土方量计算方格网

(1) 划横断面。根据地形图及竖向设计图,将建设用地划分横断面 $A—A'$、$B—B'$、CC' 等。划分的原则是尽量与用地中建筑坐标方格网方向一致,并大致垂直于地形等高线。横断面之间的间距不等,在地形变化较复杂的情况下,一般为 20~50m,地形变化小的地段可大一些,但不大于 100m,如图 7-10-7 (a) 所示。

(2) 按比例 (1:100~1:200) 绘制每个横断面的自然地面轮廓线和设计地面轮廓线。设计地面轮廓线与自然地面轮廓线之间即为填方或挖方的体积,如图 7-10-7 (b) 所示。

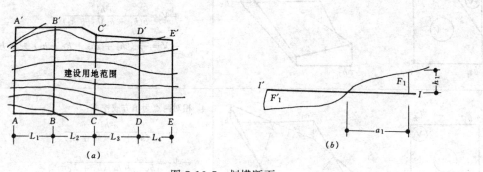

图 7-10-7 划横断面

(3) 计算每个断面的填挖方断面面积。常用断面面积图与计算公式见表 7-10-2。
一般可简单地取:

$$F_1 = \frac{a_1 h_1}{2} \quad (挖方)$$

式中 a_1——挖方长度,m;
h_1——挖方高度,m。

同理

$$F'_1 = \frac{a'_1 \cdot h'_1}{2} \quad (填方)$$

横断面常用断面计算公式   表 7-10-2

图　　示	面　积　计　算　公　式
	$F = h(b + nh)$
	$F = h\left[b + \dfrac{h(m+n)}{2}\right]$
	$F = b\dfrac{h_1 + h_2}{2} + \dfrac{nh_1 h_2}{2} + \dfrac{mh_1 h_2}{2}$
	$F = \dfrac{1}{2}a_1 h_1 + \dfrac{h_1 + h_2}{2}a_2 + \dfrac{h_2 + h_3}{2}a_3$ $+ \cdots + \dfrac{h_{n-1} + h_n}{2}a_n + \dfrac{1}{2}h_n a_{n-1}$
	$F = \dfrac{1}{2}(h_0 + 2h + h_n)a$ $h = h_1 + h_2 + h_3 + h_4 + h_5 + \cdots + h_{n-1}$

（4）计算相邻两断面的土方工程量。

计算公式：

$$V = \dfrac{F_1 + F_2}{2} \times L$$

式中　V——相邻两断面间的土方工程量，m^3；

　　F_1、F_2——相邻两断面之间的填方（+）或挖方（-）的断面积，m^2；

　　L——相邻两断面间距离，m。

（5）土方量汇总。每断面土方量计算出来后，将所求的填挖土方量分别按划分横断面量填入表 7-10-3。

四、土方平衡

在土方工程量计算汇总后，可知，当填方大于挖方时，亏土；当填方少于挖方时，剩土；当填方等于挖方时，平衡。

土方工程量汇总表　　　　　　　　　　　表 7-10-3

断　面	填方面积 （m²）	挖方面积 （m²）	断面间距 （m）	填方体积 （m³）	挖方体积 （m³）
A—A'					
B—B'					
C—C'					
D—D'					
E—E'					

在一般情况下，当挖方或填方超过 100000m³ 时，挖填平衡相差不应超过大者数量的 5％；100000m³ 以下时，不应超过 10％。若场地挖填平衡相差超过上述幅度，则竖向设计不够经济合理。此时，如果没有充分的理由和依据，应调整场地竖向设计标高。进行具体土方平衡时，还要考虑土壤的可松性和二次土方工程量因素。

五、城市规划竖向设计的方法及地面设计形式

（一）竖向设计方法和步骤

1. 设计等高线法

设计等高线的差距（高程间距）主要取决于地形坡度和图纸比例的大小，如表 7-10-4 所示。设计等高线的高程应尽量与自然地形图的等高线高程相吻合。

设计等高线差距的确定　　　　　　　　　　表 7-10-4

比　例	坡　　　　　　　　度		
	设计等高线差距（m）		
	0～2％	2％～5％	＞5％
1：2000	0.25	0.50	1.00
1：1000	0.10	0.20	0.50
1：500	0.10	0.10	0.20

设计方法是：先将建筑物用地的自然地形按不同情况画几个横断面，按竖向设计形式，确定各台阶宽度和坡度，找出填挖方的交界点，作为设计等高线的基线，按所需要的设计坡度和排水方向，试画出设计等高线。设计等高线用直线或曲线来表示，尽可能使设计等高线接近或平行于自然地形等高线。

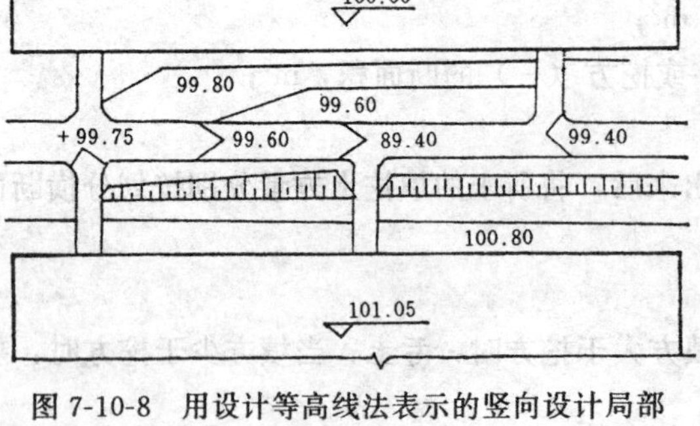

然后将设计等高线画在描图纸上，覆在自然地形图上进行土方计算，填挖方量大致平衡时则设计等高线正确，否则应重新确定设计等高线，再进行土方计算，直到大致平衡为止。设计等高线法有利于表明竖向规划各方面的相互关系，但缺点是计算、设计、绘图工作量比较大。如图 7-10-8 是设计等高线表示的竖向设计图局部。

图 7-10-8　用设计等高线法表示的竖向设计局部

2. 设计标高法

设计标高法是以建筑物、构筑物的室内外地坪标高、道路的纵坡标高和坡距、坡度来表示，并辅以箭头表示地面排水方向。组成竖向设计图的方法。这是城市规划竖向设计中最常用的一种方法，其优点是图面比较简单，如图 7-10-9 所示，缺点是设计意图不易交待清楚，只能由施工部门自行调整。

(二) 竖向规划设计形式

1. 地面形式

在进行竖向规划设计时，常需将自然地形加以适当改造，使其成为能够满足使用要求的地形。这一地形，称之为设计地形或称设计地面。设计地面按其整平连接形式，一般为三种：

(1) 平坡式。即把城市用地处理成一个或几个坡向的平整面，坡度与标高变化不大，如图 7-10-10 所示。

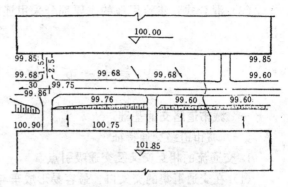

图 7-10-9 用设计标高法表示的竖向设计局部

(2) 台阶式。由几个标高高差较大的不同平面相连接而成，在连接处一般设置挡土墙或护坡等构筑物，如图 7-10-11 所示。

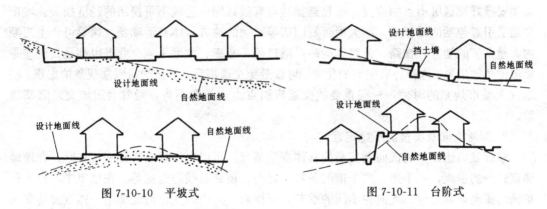

图 7-10-10 平坡式　　　　　图 7-10-11 台阶式

(3) 混合式。即平坡式与台阶式混合使用。根据使用要求与地形特点，把建设用地划分为几个地段，每个地段用平坡式改造地形，而坡面相接处用台阶式连接。

平坡式与台阶式，又可分为单向倾斜和多向倾斜两种形式。在多向倾斜形式中，又可分为向城市边缘倾斜和向城市中央倾斜两种形式。

2. 设计地面连接形式

根据设计地面之间的连接方法不同，可分为三种方式：

(1) 连续式。用于建筑密度较大，地下管线较多的地段。连续式又分为平坡式与台阶式两种。

1) 平坡式一般用于≤2%坡度的平原地面，3%～4%坡度在地段面积不大的情况下，也可采用。

2) 台阶式适用于自然坡度≥4%，用地宽度较小，建筑物之间的高差在1.5m以上的地段。

（2）重点式。在建筑密度不大的情况下，地面水能够顺利排除的地段，只是重点地在建筑附近进行平整，其他都保留自然坡度，称为重点式自然连接方式。多用于规模不大的城市和生产建筑用地地段。

（3）混合式。建筑用地的主要部分采用连续式连接方式，其余部分为重点式自然连接。

第十一节　城市道路交通规划

一、城市道路交通基础

（一）城市道路交通特征

1. 交通流的相互交叉及交通吸引点

（1）在交通汇集的交叉口，最容易形成车与车、人与车的交叉，这是道路交通中的一大特征。交叉带来的后果一般是车辆行驶速度减慢甚至停止，或者带来交通事故的出现，给人们的生活、生产带来不便或不幸。一般规划中处理、解决的办法是尽量减少交叉口的数量，有条件的可规划设计立体交叉；要避免复杂、不合理的交叉口出现；要合理地规划道路网，使道路的交通量分布比较均匀。

（2）交通吸引点也是引起交通阻塞，交通混乱的地点之一。要作好城市规划设计工作，必须安排好交通吸引点的位置，一旦选择地点有误，则会造成不可挽回的经济损失。城市交通吸引点包括的面很广，如大型百货商店等购物的地方，体育运动场、馆等可产生短期内大量人流的地方，铁路、公路客运站，港口码头仓库、大型工业企业等也都是人流或是货流的集散场地。选择好吸引点的位置，可以避免交通混乱，防止交通阻塞现象的出现。在以往无城市规划的时候，一些重要的交通吸引点由于位置不当，经常会造成交通阻塞现象。

2. 交通流向及流量的不稳定性

掌握城市道路交通流向及流量的具体变化情况，可以在作城市道路网规划时，合理地确定路网的密度，主干道、次干道的条数、走向、道路红线的宽度等。在城市中，行人和车辆的流动，其流量、流向在不同的季节，一周或一天内的变化情况都不一样（公共交通在流向上例外）。在某段路上，其每天的变化情况也不尽相同。

3. 交通工具的多样化

城市道路上行驶的交通运输工具类型较多，运行速度有很大差异。一般非机动车行驶速度较慢，如三轮车行驶的速度大致在12~15km/h，机动车行驶的速度相对较快，行驶在交通干道上的小汽车速度可达60~80km/h。交通工具有机动车与非机动车之别，且各种车辆的大小、长度、宽度也有很大不同，一般机动车宽度在1.6~2.6m，最宽的可达3.8~4.4m，非机动车较窄，一般为0.5~2.6m，各种车辆长度在4~9m不等。了解各种车辆的规格，可以作为确定车行道宽度的依据之一。

4. 城市道路交通需要很多附属设施和管理设施

城市道路交通中另一个较明显的特征是道路上有许多交通设施，如为汽车补充燃料用的加油站，公共汽车停靠用的候车廊，各种车辆临时停车的停车场等。还有一些交通管理方面的设施，如交通岗亭，交通管理标志，以及各种交叉口所用的交通信号灯等。

(二) 城市道路交通工具

1. 机动车

机动车可按不同的研究目的分成不同的类型。

按运载对象分，有运载人的客运车辆和运载货物的货运车辆。

按行车组织方式分，有按照一定运行线路行驶的定线交通车辆和不固定运行线路行驶的非定线交通车辆。

按是否靠辅助设施参与行驶分，有汽车、无轨电车、地铁列车、单轨客车等。

此外，还可以根据研究的需要按外形尺寸、载重量大小、速度高低等进行分类。

定线交通车辆基本上为客运交通车辆，它包括的面较广，有公共交通车辆、地铁列车、出租汽车、机关和企业自备车辆等。不定线交通车辆是为城市交通货运服务车辆，按运载能力的大小和距离可选用不同的交通工具。

公共交通车辆主要是指在街道上按固定线路行驶，沿线需设置站点，定时往返的一种交通工具，它的优点是客运量大，运输成本较低，投资少，是我国目前城市中运送乘客的主要交通方式之一。普遍采用的公共交通客车有公共汽车、无轨电车两种。有轨电车已逐渐被淘汰。

公共汽车有单车和铰接车两种，其中单车管理方便，行驶较灵活，尤其是在线路比较曲折的情况下，更能发挥其优势，但单车载客量较小，最大总载人数在90人左右。铰接式客车其灵活性不如单车，但最大优点是载客能力较强，最大总载人数可达180人，是单车的一倍。无轨电车需要架设线网等辅助设施，其建设投资费用较大，线网对市容有一定影响，如遇停电或线路故障就会造成交通阻塞。但其优点也很多，如起动快，变速方便，爬坡能力优于公共汽车，还具有噪声低、无污染等特点，故现在各大中城市普遍采用。地面有轨电车在我国六、七十年代曾经在不少城市中采用，如东北的沈阳、大连、哈尔滨等城市都曾将其作为城市公共交通的一个组成部分而存在。它的优点在于运载能力大，运输成本低廉。但它的建设费用很大，且轨道占用城市道路路面，影响其他车辆的正常行驶，还有运行速度慢等缺点，故现在各大中城市已普遍淘汰了这种公共交通运输工具。

现在在城市中还有一种出租汽车载客运输。出租汽车有按固定线路行驶的小公共汽车和不按固定线路行驶的出租汽车。小公共汽车作为城市公共交通的补充，起到了非常良好的作用。它运行速度快、灵活、方便、运费适中。出租汽车机动性更大，可按照乘客指定的地点停车，方便了乘客的出行和携带物品，但它运载量较小，运行成本高。

货运主要包括工业运输和民用运输两大部分。工业运输主要是在工业区之内或之间的运输，其运输物品为工业原料、燃料、成品、废料等。民用运输是指一切为居民日常生活服务的货物运输，如环境卫生工作中的垃圾、粪便、清除冰雪等。由于运输种类是多种多样的，而且货物的品种不同，类型不同，所采用的运输工具也不能相同，除普通卡车外，还有专用货车，如食品车、冷藏车、邮政车、油罐车、洒水车等，这些车辆都是普通卡车的改装车，所以仍属于一般货运车辆。

在货运车辆中还有一种特种车辆，由于它是为某方面生产运输专门服务的，所以在轮廓尺寸、载重量、车轮材料等方面都与普通货车大不一样，如工程车、消防车、集装箱运输车等,这些车辆在普通道路上还可以行驶,但有些履带式车辆、超长、超重、超宽、超高的车辆就不宜在普通道路上行驶了,必须在指定路线上行驶。

2. 非机动车的种类

非机动车包括:自行车、三轮车、板车、兽力车等。

我国是自行车的王国。在我国,尤其是平原地区,自行车已是普通百姓在日常生活中不可缺少的交通工具。到80年代初,全国的自行车拥有量已达到11954万辆,平均每9人拥有一辆自行车,一些城市可达到平均2～3人有1自行车,而且现在仍在递增。自行车的优点很多,首先它是一种节能性交通工具。如果花费同样的能耗,骑自行车行驶的距离每小时为徒步行走的4倍。其次,自行车小巧轻便,占道面积小。自行车一般运行时所需要的道路面积为$0.8m^2$,而小汽车是自行车的5倍。再次,自行车没有废气污染,交通噪声极小,而且价格便宜,维修和停放方便。因此,自行车在我国已成为城市交通的一种重要补充形式。和其他交通工具一样,自行车也有它的缺点,如受坡度的限制很大,当坡度大于6%,坡长超过100m时,成年人骑车感到吃力,速度可降至7km/h,因此山区、丘陵地区不宜采用,如山城重庆,全市自行车不足万辆。骑自行车受气候影响大,在雨、雪天骑车不方便。自行车另一个缺点是不适宜远距离交通,一般行驶范围在10km之内。此外,自行车给交通管理带来许多不便,容易引起交通事故,交通违章现象常有发生。因此,随着自行车的发展变化,会给我国城市道路交通规划设计带来深远的影响。

作为一个发展中国家,城市里少不了三轮车、板车等交通运输工具。它们的运行速度较慢,经常影响交通,但在一段时期内,这些运输工具还不可能被淘汰,故作道路交通规划设计时也应予以考虑。

(三) 城市道路上的通行能力

道路上的通行能力,是指一条道路在交通条件良好的情况下,单位时间内可能通过的最大交通量。可用它来检验道路的服务水平,以及衡量一条道路是否充分发挥作用。

1. 一条车道的通行能力

在交通条件良好的时候,1h内车道的一个断面单向可能通过的最大车辆数,称为一条车道的通行能力(图7-11-1)。

当一组车辆在一个车道上行驶时,设车的长度为l,车辆间最小安全距离为m,车头间距为L。

最小安全距离m为:

$$m = l_1 + l_2 + l_3 \quad (7-11-1)$$

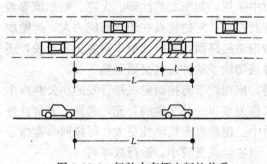

图7-11-1 行驶中车辆之间的关系

式中 m——为最小安全距离,m;

l_1——驾驶员从看到前方物体,到制动器开始生效止,这段时间内车辆所行驶的距离,m;

l_2——车辆开始制动到车辆完全停止距离,m;

l_3——停住后与前方障碍物应保持的安全距离,m,可采用5m。

这样车头间距L可得:

$$L = l + m = l + l_1 + l_2 + l_3$$

$$= l + v \cdot t + Kv^2 + l_3 \tag{7-11-2}$$

式中 v——行车速度，m/s；

t——驾驶员反映时间，s，一般采用 1.0~1.5s；

K——制动系数，其计算公式为 $K = \dfrac{K_2 - K_1}{2g \cdot \varphi}$。其中 K_2、K_1 为制动使用条件系数，考虑前后车相继制动，一般取 $K_1 = 0.26$，$K_2 = 0.66$。φ 为车辆与路面间的纵向摩阻系数，与道路坡度和断面材料有关，一般取 0.4~0.6；g 为重力加速度，取 $g = 9.8 \text{m/s}^2$。

其余符号意义同前。

车辆之间的最小间距是由交通安全所决定，即当在前面行驶的汽车突然停止时，后面的汽车应能及时停车。根据通行能力的定义，一条车道的理论通行能力为：

$$N = \frac{3600v}{L} = \frac{3600}{\dfrac{L}{v}} \tag{7-11-3}$$

式中 N——一条车道的理论通行能力，辆/h；

v——设计车速，m/s；

L——车头间距，m。

式 7-11-3 中 $\dfrac{L}{v}$ 可看成，当车辆以设计车速行驶时，两车应保持的最小安全时间。在一定的车速范围内，通行能力随车速的提高而提高；当车速达到某一数值时，通行能力随车速的提高反成下降的趋势。通行能力达到最高值时的车速，称为最佳车速，其速度范围在 25~50km/h 左右。

2. 影响通行能力的各种因素

（1）道路因素 影响通行能力的道路因素有：车道宽度、路肩形式、交织车道、路面质量、线形及横断面等。

（2）交通因素 交通因素也是影响通行能力的另一大因素，它主要包括车种组成，交通量的变动，交通信号，交通规则等。

二、城市交通规则

（一）城市道路交通规划的调查工作

1. 交通量调查

交通量的调查主要有：城市道路网、路段交叉口、交通枢纽等的交通流量、流向调查和公共交通的线路、客流量、集散量调查等内容。

（1）城市道路交通量观测 为了获得城市道路系统上交通量的变化规律，求出有关变化系数，推算年平均日交通量，宜在每条主干道上建立一个连续观测站，在每种次要道路上，建立间隙观测站，如城市较小可分别在商业区、工业区、居住区道路上总共建立 3~9 个间隙站。为某种需要，还可建立若干补充观测站。

（2）平面交叉路口交通量观测 调查平面交叉路口交通量的主要目的是为了得到有关交通量要求、通行能力、流向分布和交通组成等方面的资料，以便对路口运行效能做出准确的评价，提出管理措施或改建方案。路口交通量调查通常选在高峰期间，持续时间至少为 1h，最好大于 1h，这样不至于错开高峰小时。根据需要，分别对早晚机动车高峰和非机动车高峰进行观测。调查周期多采用15min，根据需要也可采用5min。

(3) 路网交通量普查　进行路网交通量普查为的是绘制某一区域道路网的交通流量图。该图对于运输规划、路网规划、编制道路养护维修计划等是十分有用的。交通流量图一般用年平均日交通量绘制。

(4) 起讫点调查　起讫点调查又称OD调查 (Origin Destination Survey)，就是出行的起终点调查，目的是通过调查研究区域内出行的类型与数量方面的资料，推算远期交通量，调整城镇结构布局，完善交通系统，选择交通方式。一般OD调查分为客流OD调查与货流OD调查两类。客流OD调查项目有起讫点分布、出行次数等，货流OD调查的重点为货源点与吸引点的分布、货流分类、数量与比重、货运方式分配等内容。

2. 交通量的表示方法

(1) 汇总表　各种调查方法所获得的交通量资料，经过整理，都可以列成总表。汇总表要有内容详细的表头，至少应包括现场记录表表头的所有项目。汇总表竖向一般按时间分隔，若15min一栏则每小时要小计一次，横向可以按车种分隔，当不分车种时，可以按流向划分。对于长期连续观测站的资料，每周的调查结果可以汇总于一张表内。对于交叉口高峰期间的调查结果。还应提出高峰小时各入口方向分流向、分车种的交通量汇总表以及百分比表示的流向分布和车种分布表。

(2) 分析图

1) 柱状图　常用来表示一天中小时交通量的变化。横坐标为绝对时间，纵坐标为相应小时的交通量，更多的是用小时交通量占日交通量的百分比，一般采用双向交通量的合计值。

2) 曲线图　常用来表示交通量的小时变化、日变化和月变化以及一年按序号排列的小时交通量变化（见图7-11-2）。

3) 流量流向图　是用来表示交叉路口车辆运行状况的。图7-11-3为一典型的十字交叉路口的流量流向图。由图7-11-3可以看出交叉口的流量流向分布。通常根据高峰小时的当量交通量绘制，当不知道车辆换算系数时，也可以直接用混合交通量代替。当机动车高峰与非机动车高峰不重叠时，一般应对每个高峰小时的机动车和非机动车分别绘制。

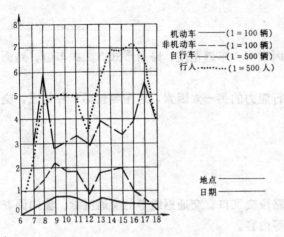

图7-11-2　交叉口各种交通流量分时分布曲线

4) 路网流量图　此图根据路网交通量普查资料绘制，用与交通量成比例的线条表示出各条道路的交通量，并注以数字（图7-11-4）。当交通量的方向性较显著时，最好用两种不同的线条加以区分。最好采用年平均日交通量绘制，也可以用平均日交通量或高峰小时交通量以及其他周期的交通量。

(二) 交通规划

1. 出行方式的划分

影响城市居民选择出行方式的因素很多，如居民出行目的、出行时间、公共交通发达

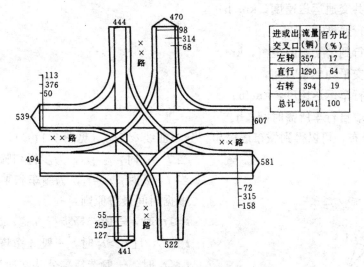

图 7-11-3 交叉口流量流向分配

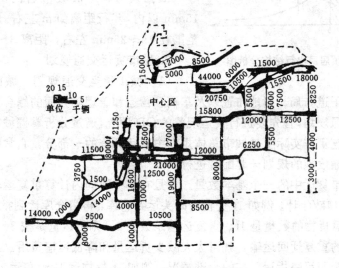

图 7-11-4 路网流量示意图

程度、服务水平、票价、道路交通状况、城市结构布局、地形、天气、季节、城市自行车拥有量、居民的经济水平、生活习惯等。一般在公共交通转换方便可靠、布局合理的情况下，城市居民选择出行方式的重要因素是出行时间，遵循时间最省的原则。

我国城市居民出行的主要方式为乘用公共交通工具、骑自行车和步行。

设 t_1、t_2、t_3 分别为乘（公交）车，骑（自行）车和步行的出行时间，则有：

$$t_1 = \frac{L - 2L_2}{v_1} + \frac{3L_3}{v_3} + t'_1$$

$$t_2 = \frac{L}{v_2} + t'_2$$

$$t_3 = \frac{L}{v_3}$$

199

式中　L——出行距离，km；
　　　v_1——公共交通运送速度，km/h；
　　　v_3——步行速度，km/h；
　　　L_3——步行到公交站的距离，km；
　　　t_1'——公交平均候车时间，h；
　　　v_2——自行车运送速度，km/h；
　　　t_2'——存取自行车所需时间，h。

根据出行分布，可以得到城市居民出行分布曲线 $\varphi(L)$（见图7-11-5）。

当 $L=a$ 时，$t_2=t_3$，为步行和骑车的分界点。
当 $L=b$ 时，$t_2=t_1$，为骑车和乘车的分界点。
根据时间最省原则：
$t_3 \leqslant t_2$ 时，一般选择步行方式；
$t_3 > t_2$，且 $t_1 > t_2$ 时，一般选择骑自行车方式；
$t_3 \leqslant t_2$ 时，一般选择乘公共交通车方式。

根据调查，一般城市居民出行时间范围在15min以内，步行距离1km左右。骑自行车的时间范围在15～25min左右，距离3～5km。

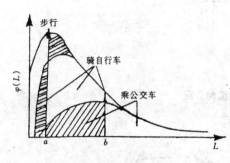

图7-11-5　城镇居民出行结构分析图

2. 城市货运交通规划

（1）城市货运交通规划　城市货运交通规划是一项关于城市干道布局、用地布置以及车辆、营运和管理等方面的综合性工作。

进行货运交通规划，首先要进行货运现状的OD调查，通过分析掌握城市货流今后变化的规律。货运调查工作实际上是城市总体规划中现状调查的一部分，它常同工业规划，仓库站场等对外运输设施的规划一起配合进行。

货运量是城市货运中的一个基本数量。它是在单位时间内计算重复运输系数后被运货物的数量，通常以吨/年计。例如1t货物由码头运到仓库，再由仓库运到批发部，再转运到销售店。这时被运货物的数量是1t，重复运输系数为3，则货运量是按3t计，因此，尽量减少那些不必要的重复迂回运输，就可大大减少货运量和降低运输费用。

货运量不能全面反映货运工作的全部情况，例如1t货物运1km和运10km，它们的工作量就不同。因此，常用货运周转量作衡量指标。即用货运量与其运距的乘积来表示，以吨·公里/年计。

全城市性的运距是各类货物运输距离的加权平均值，通常称为平均运距，以公里计。对于在城市内部流动的货物，平均运距与城区范围的大小、仓库、工厂等布置有直接联系。对于出入城市的货物，除取决于城区的大小和仓库位置外，还决定于对外交通枢纽对工厂企业、仓库区的相对位置。

（2）货运点规划　运货路线受工业企业、仓库货栈及车站码头等布置制约，因为它是根据主要货流量和流向来开辟以货运为主的交通干道。合理布置或调整它们的发货点和收货点，就能消除货物迂回和重复运输，从而减少不必要的货运周转量和缩短运距。为此，货运点的规划或调整是做好货运交通规划的前提。其主要措施如下：

1）有协作关系的工厂尽可能靠近或合并，以减少大量半成品或配件的对流和往返迂回运输。

2) 货运量巨大的,应靠近河道或铁路,或铺设铁路专用线,以减少大量的汽车转运量。

3) 货运量大(即储存量大)的镇级仓库,应设在车站码头等交通枢纽附近,务使仓库货栈和车站码头之间尽可能做到一次性短途运输。对民用小仓库作多处布置,采用划区供应的方式以缩短运距。

3. 城市公共客运规划

(1) 城市公共交通特点　城市公共交通包括一般公共交通(公共汽车和无轨电车),轨道公共交通(地铁、轻轨、有轨电车)和出租汽车交通。以公共汽车为代表的一般公共交通在经营良好,服务质量高的情况下具有安全、迅速、准时、方便、可靠等优点,服务面比后面两种公共交通要广,相对于自行车和私人小汽车,在经济技术上也更为合理。表7-11-1是三种客运工具的经济技术指标的比较。

公共汽车、私人小汽车、自行车经济指标比较　　　　表 7-11-1

指标	公共汽车	私人小汽车	自行车
运送速度(km/h)	16~20	30~40	10~18
载客量(人/车)	90~160	1~4	1
占用道路交通面积(m²/人)	1~1.5	40~60	8~12
占用停车面积(m²/人)	1.5~2	4~6	1.5
油耗比	1	6	
客运成本	1	10~12	

对于小城市,由于其出行范围大多在步行范围和自行车出行范围之内,公共交通相应处于辅助地位,主要为大量人流的集散,如镇中心、名胜游览地、体育场和车站、码头的客流集散服务。

各种交通方式在客运交通中根据本身的特点有不同的分工。步行交通只有步行一个过程。自行车交通包括取车、骑车、存车三个过程。公共交通则有步行、候车、乘车、步行四个过程。公共汽车站距短,车速较低,所以步行距离短,候车时间短。地铁和轻轨站距较长,车速较高,所以步行距离较长,候车时间较长。因此,在大城市和特大城市,各种交通方式都有相对于其他交通方式优越的出行范围,各自担负不同的客运任务。各城市可根据居民平均出行距离选择各种交通方式,形成各自完整的客运体系。

(2) 城市公共交通车辆分类

1) 公共汽车是城市最常见的一种公共客运交通工具。机动性能好,表现在转向灵活,可以随时超越前车行驶。

2) 无轨电车是直流电动机驱动,加速性能好,起动快,没有污染。缺点是原始投资大,运行成本高,受接触电网限制,机动性差,运行中无法超越,易发生成串受阻。

3) 地铁列车是一种较大容量速度较快的城市公共客运工具。目前,我国地铁的特点是深入地下,安设在隧道内。地铁的优点在于车速较大,运量较大,但建造费用太高,工期过长,开辟新线要慎重。地铁行驶在地下独立路基线路上,不受地面交通流的干扰。

(3) 公共交通线路网规划

1) 公共交通线路的设置　交通线路的走向一定要符合主要客流方向，使车辆沿途载客均匀，使沿途上、下车乘客接近平衡，避免过分迁就少量客流，使线路非直线系数超过一定限度。在一些工、商业区比较集中的城市，要尽量使线路一次到达，或减少换乘，方便乘客。在大的客流集散点或沿线主要交叉口，可增辟公交线路，尽量使线路四通八达。

2) 公共交通线路网　城市公共交通线路网是城镇各种有固定路线公共交通线路（公共电车、汽车、地下铁道等）所构成的客运系统。这个系统包括它的全部线路和站点设施。公共交通网规划要和城市总体规划相配合。应当使各主要人流集散点有直接的交通联系。应当使公共交通线路网密度、非直线性系数、枢纽复杂程度三项指标有满意的数值。

(A) 公共交通线路网密度是指在单位城市用地面积内驶有公共客运车辆的街道长度。在一个规模一定的城市里，为完成客运任务所需要的公共交通车辆理应是一定的。如果公共交通线路网密度大，线路多，则每条线路的服务面积就小，居民出门步行到车站和车站步行到目的地的时间就短。但线路多，势必每公里线路上分摊的车辆就少，行车间隔长，候车时间长。反之，线路密度小，线路少，路上车辆多，行车间隔短，候车时间短，然而居民步行到车站和由车站到目的地的时间长。

通常，公交线路网的最佳密度为 $2\sim3.5km/km^2$，相应地乘客到车站的步行时间不超过 $4\sim6min$，干线之间的距离为 $600\sim1000m$。一般在城市中心客流密集地区，应多设重复线路，线网密度宜大。在城市边缘地区或小城市线网密度宜小。

据上海的经验，公共汽车线网的密度为 $2\sim3km/km^2$，电车线网的密度为 $3\sim4km/km^2$，电汽车综合线网密度为 $3\sim4km/km^2$ 较好。这样的密度，居民到站步行距离约为 $150\sim250m$。

(B) 线路长度：在确定线路长度时，一般要考虑乘客要求，运营组织和企业成本。线路长度与城市大小，乘客平均乘距等因素有关系。

在特大城市，线路长度相当于城市面积的半径，大中城市，相当于城市面积的直径。在客流方面，线路长度为乘客平均乘距的 $2\sim3$ 倍。

(C) 线路条数：全城市所需公交线路总长度除以每条线路的平均长度，得到线路条数。根据这个数，就能按客流分布图，在每个客流主要方向上沿着道路开辟一条或数条公交线路。

(D) 线路的非直线性系数：公交线路实际长度与空间直线之比，叫做线路的非直线性系数，其值以小为佳。在设计交通网时，应力求使非直线性系数平均值对整个城市不大于 1.2，对市中心区不大于 1.15。线路的非直线性系数与线路网的图形有很大关系，如将方格网式图形改变为放射-环式图形，可使运输工作量减少 18%。应当注意到，非直线性系数小，本身还不能说明城市平面的运输质量高。当城市为长条形时非直线性系数小，但运输工作量大，因为平均行驶距离长。因此，只有在城市平面紧凑的条件下，非直线性系数小，才能保证整个线路系统运输指标高。

3) 居民出行时间　站点是乘客上下车的地点。站点的设置直接影响到公共交通车辆的行驶速度、乘客的步行时间和道路的通行能力。站点设置应解决的问题如下：

(A) 站距：目前条件下，最佳站距为 $500\sim600m$。站距大小受道路系统、交叉口间距、公安交通管理部门的规定等条件的制约。在一条线路上，站距也不相等。在城市中心区，乘客上下车频繁，站距宜小；城市边缘区，站距可大，郊区可更大。一些城市公共交通线路的平均站距见表 7-11-2。

部分城镇公共交通线路的平均站距　　　　　　表 7-11-2

城　市	太原	西安	成都	重庆	长沙	苏州	济南	青岛	广州	南京	常州
平均站距(m)	300	550	700	500	640	720	850	714	906	680	918

（B）站址：停靠站可设在两个交叉口之间，也可以设在交叉口附近。这两种设站方式对线路两侧居民使用公共交通来说差别不大，唯后者便利乘客换乘横向的车辆。在路段上设站时，上、下行对称的站点，在纵向应错开 20～30m；在交叉口附近设站时，要方便乘车、换车不阻挡交叉口视距三角形内的视线，不影响停车线前车辆的停驻候驶，一般距路口为 50m。

4）首末站　公交线路的首末站应辟有供车辆调头、停放的场地，应建有供组织车辆运行、司乘人员和车队人员学习、休息占用的房屋。对于北方城市，首末站还应备有为车辆冬季运行必需的供热设施。据北京的经验，一个较为完善的首末站，需占地 2500～3000m²。

5）枢纽站　是集结多条公交线路的地方。它负有集中分散大量乘客的功能。在中小城市，可将公交枢纽站集中设在火车站附近，或设在城镇中心。在大城市，为避免公交线路过长，枢纽站过于拥挤，可将枢纽站分散设在火车站、城中心或次中心。枢纽站应有进出站道路、车辆出站和到站时间标示、洗车场地、加油站、乘客上下车站台、候车棚、售票房、调度室、问询处、广播室、司售人员和工作人员休息室、职工食堂、小卖部等设施。

（4）公共交通网规划原则

1）良好的公共交通网规划应满足的要求

（A）所有主要的客流吸引点和生活区能以最短捷的公共交通路线连接起来。公共交通路线的曲线系数（实际行驶距离与空间直线距离之比）不宜超过 1.2～1.3，这样有利于提高行车速度，缩短乘车时间和减少乘客费用。

（B）整条线路上的客运负荷要均匀，力求避免超负荷运输。如每条公交路线上平均负荷宜 10 万乘次，一条有 30 万乘次量的干道上就应设置二条以上平行的公共交通路线。

（C）每个乘客换乘次数要少。公共交通网要保证大多数乘客能不换车而直达。

（D）公共交通路线尽可能靠近区域的建筑中心通过。城区内最边远地点到公共交通线的距离不宜大于 550～600m，即在步行区范围内。综合的公共交通网密度在 2.5～3km/km² 较适宜。

（E）最大限度减少出行时间。一般认为在城镇中比较合理的单程出行时间宜控制在大城市 60min；中等城市 45min；小城市 30min 以内为宜。

（F）每条公共交通路线的起讫点必须具有可供停车或调头的场地。

（G）公共交通网布设要适应城镇的建设和远景发展。一个较好的公共交通规划必须与城市规划结合在一起，即工作地点的布置应分散，使公共交通不形成潮汐式不均衡的客流流向。在优先发展共用型的公共交通的前提下，也可组织公共交通系统的专用道。

2）公共交通设置要求

（A）设置公共交通专用道：在街道较宽具有多车道时，宜专门划出一条车道（双向两个车道）作为公共汽车专用车道。

（B）设置公共交通专用街道：在较窄的街道上无法划分多车道，而又须规划多条公共交通路线通行时，将它辟为公共汽车专用街道。

(C) 在单行线街道上允许公共交通双向通行，这是符合我国实际情况的灵活运用。

(D) 设置公共交通优先通行信号：在交叉口前设置一个专门用来检测公共交通车辆的车辆检测器，让公交车辆优先通过交叉口。

(E) 设置公共交通优先通行的交通标志：如在禁止左转弯的交叉口上，设置标志，允许公交车辆左转弯通过交叉口。

4. 城镇自行车交通规划

(1) 自行车交通规划　城市交通规划应以安全、通畅、经济、便捷、节约、低公害为总目标，建立各自的交通系统。通过交通管理与组织，实施封闭、限制、分隔等定向分流控制，最大限度地发挥现有街道网及各类交通工具的功能优势，扬长避短。

建立自行车交通系统在于引导和吸引自行车流驶离快速的机动车流，在确保安全的前提下，发挥其最佳车速。良好的自行车交通规划应具备以下几个方面：

1) 合理的自行车拥有量。根据城市现有的自行车数预测其发展速度趋近于饱和的年份，并预测部分自行车转化为其他交通方式（摩托车、微型汽车）的可能性。随着城市交通建设的完善，快速交通系统和公共交通网的形成，可期望在大城市中的6km以上骑自行车者全部为公共交通系统所吸引。当骑自行车率下降到30%左右，公交车的客运量就占主导优势。这时，自行车也就成为区域性的交通工具。

2) 建立分流为主的自行车交通系统。首先对城市的自行车进行调查和分析，掌握其出行流向、流量、行程、活动范围等基本资料。在汇集后，绘出自行车流向、流量分布图，以最短的路线规划出相应的自行车支路、自行车专用路、分流式自行车专用车道（三块板断面或设隔离墩）、自行车与公交车单行线混行专用路（划线分离），并标定其在街道横断面上的位置和停车场地，组成一个完整的自行车交通系统，确保自行车流的速度、效率和安全。

3) 在交叉口上应有最佳的通行效应。在交叉口上利用自行车流成群行驶的特征可按压缩流处理，即在交叉口上扩大候驶区，增设左转候驶区，前移停车线，设立左、右转弯专用车道，在时间上分离自行车绿灯信号（约占机动车绿灯信号的1/2），在空间设置与机动车分离的立交式自行车专用道等；实现定向分流控制，以取得在交叉口上最佳的通行效应。

三、城市道路系统规划

(一) 城市道路系统规划基本要求

城市道路系统规划是以交通规划为基础的，同时也是交通规划的重要组成部分。其要求主要包括以下几个方面：

1. 交通流畅、安全和迅速

(1) 街道位置合理、主次分明、功能明确，组成一个合理的交通运输网。

(2) 务使大量的客、货流沿着最短的路线通行，达到运输工作量最小，交通运费最省。

(3) 城市各区之间的干道数量（和宽度）要满足迅速疏散高峰车流量和客量的要求。

(4) 干道系统（城市干道网）的密度要适当。交通干道的数量、长度和间距能否与城市交通相适应。通常用干道系统密度作为衡量的经济技术指标。所谓干道系统密度是指干道总长度与所在地区面积之比。干道系统密度越大，交通联系也就越方便；但密度过大，则交叉路口增多，影响通车速度和通行能力，同时也造成城市用地不经济，增加道路建设投资和旧城改造拆迁工作量，并给居民生活环境带来很大干扰。国内实践认为，城市干道之间的适当距离应在600～1000m之间，相当于干道系统的密度为2.8～1.8km/km²。干道系统密度一般从城市中心地区向城郊逐渐递减，城区高一些，郊区低一些，以适应居民出行流量分布变化的规律。

(5) 干道系统内要避免众多的主干道相交，形成复杂的交叉口。干道系统应尽可能简单、整齐，以便车辆通行时方向明确，并易于组织和管制交叉口的交通。一般情况下，不要规划星形交叉。不可避免时，宜分解为几个简单的十字形交叉。同时，应避免将吸引大量人流的公共建筑布置在路口，增加不必要的交通负担。

2. 有利于保护和改善城市环境

(1) 采取相应措施，避免和减少噪声与空气污染。

(2) 主干道走向应有利于城市通风与沿街建筑物获得良好的日照。

3. 充分结合地形、地质、水文条件，合理规划道路系统走向

(1) 自然地形对干道系统的布局有很大影响，按交通运输的要求，城市道路线型宜平宜直。在地形起伏较大的山区城市，就不易达到平直的线形，这时，干道的线型应结合地形、地貌与地质、水文条件，适当调整干道走向和位置，既要尽可能地减少土石方工程，又要有利于交通运输，建筑群布置和地面排水。

(2) 选定街道标高时，还应考虑水文地质条件对道路的影响，特别是地下水对路基路面的破坏作用。路面标高应至少离地下水最高水位有0.7～1.0m的距离，以免破坏路面。

4. 考虑城市建筑艺术造型

(1) 街道不仅是城市的交通地带，而且它与沿街建筑群体、广场、绿地、自然环境、各种公用设施有机地联系在一起，对体现丰富多彩的城市面貌起着重要作用。

(2) 干道走向应对向制高点、风景点（如高峰宝塔、纪念碑、古迹以及现代化高层建筑等），使路上行人和车上乘客眺望时视野开阔，景色深远。

5. 节约用地，充分利用现状

(1) 街道广场用地一般占城市总用地的10%～15%左右。在规划干道系统时要合理确定街道数量、红线宽度和干道系统密度，并充分利用和改善原有街道，以节约用地和减少投资。

(2) 在对旧城市干道系统进行规划时要结合原有街道系统进行，要充分利用旧街路面及管线等公用设施，减少房屋拆迁量。

(3) 在改造现有城市干道系统，充分利用现状时，宜尽量保持原街道纵坡不变，以免影响地下管线和旧路面的利用，以及与两旁建筑物的配合。

6. 有利于地面排水和工程管线敷设

(1) 一般尽量使街道中心线的纵坡和两侧建筑线的纵坡方向取得一致，与排水干管方向一致，并使街道标高低于街区高程以有利于两侧街区的排水和埋设排水管。

(2) 在作干道系统竖向规划时，干道的纵断面设计要配合排水系统的走向，使之通畅地排向江河。

(二) 城市道路系统的形式

根据国内外实践，常用的道路系统可归纳为四种形式：方格网式（棋盘式）、放射环式、自由式、混合式。前三种是基本类型，混合式道路系统是由几种形式的路网组合而成。

1. 方格网式（棋盘式）道路系统

方格网式道路系统的最大特点是街坊排列比较整齐，有利于建筑物布置和识别方向（图7-11-6a）。道路交叉口为十字形，比较简单。车流可以较均匀地分布于所有街道上，不会造成市中心区的交通负荷过重。这种干道系统在重新分配车流方面具有很大的灵活性。当某条街道受阻时，车辆可以绕道行驶。此外，在平原地区，道路定线与施工比较方便。

方格网式干道系统也有明显的缺点。它使交通分散，主次干道的分工不够明确，同时使对角线方向的交通不便，行驶距离增长，曲度系数高达 $1.2 \sim 1.41$。

为改善方格网式对角线方向上车流的绕行距离过长的缺点，可在方格网中适当加设对角线方向的干道，就形成方格网对角线式干道系统。与方格网式干道系统相比，对角线方向的干道能缩短30%左右的路程，但由于对角线方向干道的穿越会形成众多近似三角形的街坊和畸形交叉口，给建筑布置和交通组织上带来不利，故一般城市中较少采用。

方格网式干道系统适用于地形平坦地区，交通量不大的城市，这种形式应注意结合地形现状与分区布局来进行，不宜机械地划分方格。为适应汽车交通的不断增加，方格网式交通干道系统的干道间距宜为 $600 \sim 1000m$，划分的城市用地形成功能分区，分区内再布置生活性街道。

2. 放射环形干道系统

放射环形干道系统是由放射干道和环形干道所组成（图7-11-6b）。

放射干道主要担负对外交通联系，环形干道着重担负各区域间的运输任务，并连接放射干道以分散部分过境交通。它是在充分利用旧城区街道的基础上，由旧城中心地区向周围引出放射干道，并在外围地区敷设一条或几条环城干道，组成一个连接旧城市与新发展区，并且与对外公路相贯通的干道系统。环形干道有周环，也可以是半环或多边折线式；放射干道有的从旧城区内环放射，有的可以从二环或三环放射，也可与环形干道切向放射。要顺从自然地形和现状，不要机械强求几何图形。

这种形式的优点是使市中心区和各功能区，以及市区和郊区之间有便捷的交通联系，同时环形干道可将交通均匀分散到各区。路线有曲有直，较易于结合自然地形和现状。曲度系数不大，一般在 1.10 左右。

这种形式显著的缺点是易造成城市中心地区交通繁忙，其交通机动性也较方格网式差；如在小范围内采用此种形式，则易造成一些不规则的小区和街坊。为分散市中心交通，对放射性干道的布置应注意终止于城市中心地区的内环路或二环路上，严禁过境交通进入城市中心区。有些大城市采用这类干道系统，常布置两个甚至两个以上的市中心，以改善城市中心地区的交通状况。

大城市可采用放射环形式干道系统。由于大城市用地范围大，旧城区与新发展区、城区外围相邻各工业区之间要求有便捷的联系。国外一些大城市的放射环形干道系统大多数已发展为高速交通干道系统。

3. 自由式干道系统

自由式干道系统是由于城市地形起伏，干道顺应地形而形成，路线弯曲自然，无一定的图形。

这种形式的优点是充分结合自然地形，如能很好利用地形规划城市用地和干道，可以减少建设投资，并创造丰富的城市景观。

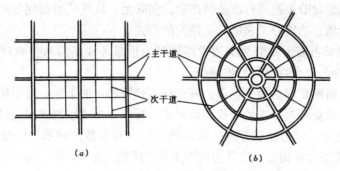

图 7-11-6 城镇干道网类型
(a) 方格网式；(b) 环形放射式

这种形式的缺点也是明显的，路线弯曲，方向多变，曲度系数较大。由于路线曲折，形成许多不规则的街坊，影响建筑物和管线工程的布置。

自由式干道系统适用于山城。我国重庆、青岛、绥芬河、贵州、遵义以及许多山区中的小城市的干道系统都属于自由式图形。

4. 混合式干道系统

混合式干道系统是结合街道系统现状和城市用地条件，采用前几种形式组合而成。很多城市是分阶段发展而形成的，在旧城区方格网形式的基础上再分别修建放射干道和环形干道，从而形成混合式干道系统（图 7-11-7）。

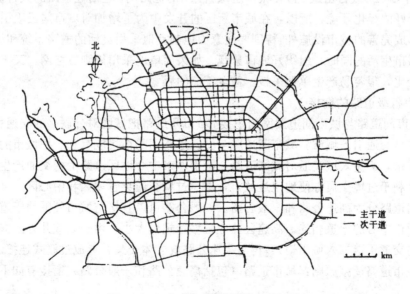

图 7-11-7 北京市道路系统规划示意图

混合式干道系统的最大特点是可以有效地考虑自然条件和历史条件，力求吸收前几种形式的优点，避免缺点，因地制宜地组织好城镇交通，达到较好的效果。因此，国内一些大中城市常采用混合式干道系统。

5. 城市道路网的功能分工

上述四类道路系统形式，有的是自然发展而成的，有的是在传统思想下形成的，有的则是按新规划思想对旧系统进行改造的产物。实际上，从现代城市规划的观点来看，仍然应该从道路的性质、功能分工来研究道路网的形式。

城市道路网又可以大致分为交通性路网和生活服务性路网两个相对独立又有机联系（也可能部分重合为混合性道路）的网络。

（1）交通性路网要求快速、畅通，避免行人频繁过街的干扰；对于快速以机动车为主的交通干道要求避免非机动车的干扰；而对于自行车专用道则要求避免机动车的干扰。除了自行车专用道外，交通性道路网还必须同公路网有方便的联系，同城市中除交通用地（工业、仓库、交通运输用地）以外的城市用地（居住、公共建筑、游憩用地等）有较好的隔离，又希望有顺直的线形。因此，特别是在大城市、特大城市，常常以城区各分区（组团）之间的规则或不规则的方格网状道路为基础，同时设放射式干道与对外交通道路联系，再加上若干条环线，构成环形放射（部分方格网状）式的道路系统。

在组合型的城市，带状发展的城市和指状发展的城市，通常以链式或放射式的交通性干道为骨架，形成交通性路网。在小城市，交通性路网的骨架可能会形成环形或其他较为简单的形状。

（2）生活性道路网要求的行车速度相对低一些，并要求不受交通性车辆的干扰，同居民要有方便的联系，同时又要有一定的景观要求。生活性道路一般由两部分组成，一部分是联系城市各分区（组团）的生活性干道，一部分是分区（组团）内部的道路网。前一部分常根据城市布局的形态形成为方格网状或放射环状的路网，后一部分常形成为方格网状（常在旧城中心区）或自由式（常在城市边缘新区）的道路网。生活性道路的人行道比较宽，也要求有较好的绿化环境，所以，在城市新区的开发中为了增加对城市居民吸引力，除了配套建设形成完善的城市设施外，特别要注意因地制宜地采用灵活的道路系统和绿化系统，在组织好城市生活的同时，组织好城市景观。如果简单地采用规则方格网，又不注意绿化的多样和变化，很容易产生单调呆板，甚至荒凉的感觉。

6. 城市各级道路的衔接

（1）城市间道路与城区间道路网的衔接。城市间道路把城区对外联络的交通引出城市，又把大量入城交通引入城市。城市间道路与城区道路网的衔接应有利于把城市的对外交通迅速引出城市，避免入城交通对城区道路，特别城市中心地区道路上的交通产生过多的冲击，还要有利于过境交通方便地绕过城市，避免过境交通穿越城区和中心区。

城市间道路分为高速公路和一般公路。一般公路可以直接与城市外围的干道相连，要避免同直通市中心的干道相连。高速公路应视城市规模大小，由一处或几处的立体交叉牵出汇集性的交通干道（入城干道），再与高速公路成立体交叉，形成过渡式连接。

（2）城市道路衔接原则：城市道路（包括高速公路和一般公路）衔接有如下几点的原则：

1）低速让高速；
2）次要让主要；
3）生活性让交通性；
4）适当分离（表 7-11-3）。

城市道路适当分离原则　　　　　　　　　　表 7-11-3

道路类别	衔接方式/道路类别	城镇间道路 高速公路	城镇间道路 一般公路	全市性干道 快速干道	全市性干道 交通性主干道	全市性干道 生活性主干道	次干道 交通性次干道	次干道 生活性次干道	一般道路 服务性支路	一般道路 步行、自行车专用道
城镇间道路	高速公路	A								
城镇间道路	一般公路	B	D							
全市性干道	快速干道	B	B	A						
全市性干道	交通性主干道	C	D	B	D					
全市性干道	生活性主干道	C	D	B	E	D				
次干道	交通性次干道	C	D	B	E	E	D			
次干道	生活性次干道	C	E	C	E	E	E	D		
一般道路	服务性支路	F	F	F	F	E	E	E	D	
一般道路	步行、自行车专用道	F	F	F	F	F	E	E	E	D
附注		A 为互通式立交（平等机会）；C 为分离式立交；E 为平面交叉（主线优先）；B 为互通式立交（直道方向优先）；D 为平面交叉（平等机会）；F 为不相交								

四、城市道路设计

城市道路红线，即城市中道路用地与其他用地的界线。城市道路横断面中各组成部分用地宽度的总和称为道路红线宽度（图 7-11-8）。

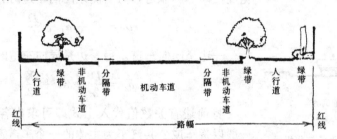

图 7-11-8　道路横断面组成

（一）城市道路横断面设计

城市道路横断面设计是根据城市规划确定的道路的性质，功能要求和规划交通量，合理地确定道路各组成部分的相互位置、宽度和高差。

1. 机动车道宽度确定

（1）车道宽度　城市道路上供各种机动车辆行驶的路面部分，称为机动车道。在道路上提供每一纵列车辆安全行驶的地带，称为一个车道。其宽度决定于车身宽和车辆横向的安全距离。

1）车身宽度　货车宽度一般为 2.0～2.6m；牵引车为 2.8m；大客车、无轨电车为 2.27～2.60m；小客车为 1.6～2.0m。计算时一般可采用货车 2.50m，大客车及无轨电车 2.60m，小汽车 2.0m。偶然通过的大型车辆一般不作为计算的依据。

2）横向安全距离　横向安全距离是指车辆在行驶时的摆动，偏移的宽度及车身与车行道侧面边缘的安全间隙。它与车速、路面质量、驾驶技术、交通秩序等有关。一般来说，当车速在 40～60km/h 时，可采用下列各值作相应的安全距离（图 7-11-9）。

对向行车的横向安全距离 $X=1.2～1.4$m；

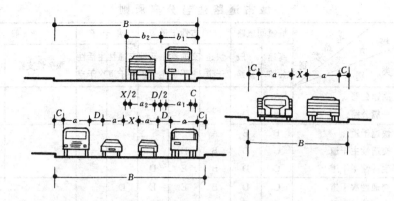

图 7-11-9 车道宽度示意图

同向行车的横向安全距离 $D=1.0\sim1.4$m；
车身与车行道侧面边缘间的安全距离 $C=0.5\sim0.8$m。

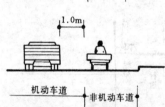

图 7-11-10 机动车与非机动车横向距离示意图

在机动车与非机动车并行的路面上，自行车摆动幅度较大，与机动车车身横向间距为 1.3~1.5m（最少为 1m）。三轮车行驶稳定，其横向间距为 1m（图 7-11-10）。

3) 一个车道宽度的确定　综上所述，可得一个车道的宽度，即一侧靠边，另一侧是同向车道时，为

$$b_1 = C + a_1 + \frac{D}{2}$$

一边是同向车道，另一边是异向车道时为

$$b_2 = \frac{D}{2} + a_2 + \frac{X}{2}$$

将前述有关数值代入上式即可求出各条车道的宽度。一般以货车或公共汽车为主体的一个车道宽度大致为：

供沿边停靠车辆的车道宽为 2.5~3.0m；
车速受限时车道宽为 3.5m；
快速行车或行驶拖挂汽车、铰接式公共汽车时为 3.75~4.0m；
城市道路常为双车道线或多车道线。在一般情况下，车道宽可参考表 7-11-4 选用。

机 动 车 道 的 宽 度　　　　表 7-11-4

道路类型	车道数	车辆运行组织	计算数值（m）		设计采用数值（m）	
			每条车道宽	车道全宽	车道全宽	平均每条车道宽
城市街道	双车道	机动车与非机动车隔离	3.8	7.6	7.5	3.75
		机动车与非机动车并行	4.1	8.2	8.0	4.0
	四车道	机动车与非机动车隔离	小客车 3.5 大型车 3.9	14.8	15.0	3.75
		机动车与非机动车并行	小客车 3.5 大型车 4.1	15.2	15.0	3.75

续表

道路类型	车道数	车辆运行组织	计算数值（m）		设计采用数值（m）	
			每条车道宽	车道全宽	车道全宽	平均每条车道宽
郊区街道	双车道	不需设非机动车道或隔离	3.6～3.7	7.2～7.4	7～7.5	3.5～3.75
		机动车与非机动车并行			8.0	4.0
	四车道	机动车与非机动车隔离	小客车 3.5～3.7 大型车 3.5～3.6	14～14.6	14～15	3.5～3.75
		机动车与非机动车并行			15.0	3.75

在进行机动车道设计时，一般首先应根据设计交通量和车道的通行能力估算车道数，然后考虑行驶在该路上的车辆特点进行交通组织和横断面的组合，初步确定出机动车道宽度。把求出的总通行能力和要求通过的设计交通量相比较，如不适应则重新考虑交通组织方案或车道数的增减，调整到合适为止。

（2）机动车道宽度的确定

1）一个方向车道的通行能力 道路或车道的通行能力即是指一条道路或一个车道在单位时间内，正常气候和交通条件下，保证一定速度安全行驶时，可能通过的某一种车辆的数量。通行能力是道路规划、设计和交通管理的重要指标，也是检验一条道路是否充分发挥了作用和是否会发生阻塞的根据。

在多车道的情况下，当几条同向车道上的车流成分一样，彼此之间又无分隔带时，由于驾驶人员惯于选择干扰较少的车道行驶，故靠近道路中线的车道通行能力最高，而并列于其旁的车道，通行能力则依次递减。估算机动车道一个方向的通行能力，须考虑折减系数后以各条车道的通行能力相加即得。

2）不同类型机动车交通量的换算 因道路上行驶的车辆类型比较复杂，在计算混合行驶的车行道上的能力或估算交通量时需将各种车辆换算成同一种车。城市道路一般换算为小汽车（表7-11-5），公路上则换算成载重汽车（表7-11-6）。由于我国有些城市的交通量以载重汽车为主体，因此这些城市可以以载重汽车作为换算标准。

以小汽车为计算标准的换算系数表　　　　　表7-11-5

车 辆 类 型	换 算 系 数
小汽车	1.0
轻货车	1.5
3～5t 货车	2.0
5t 以上货车	2.5
中小型公共汽车	2.5
大型公共汽车、无轨电车	3.0

以载重汽车为计算标准的换算系数表　　　　表7-11-6

车 辆 类 型	换 算 系 数
载重汽车（包括大卡车、重型汽车、三轮车、胶轮拖拉机）	1.0
带挂车的载重汽车（包括公共汽车）	1.5
小汽车（包括吉普、摩托车）	0.5

3）机动车道宽度计算　理论上机动车道的宽度等于所需要的车道数乘一条车道所需的宽度。其计算公式为：

$$机动车道宽度 = \frac{单向高峰小时交通量}{一条车道的平均通行能力} \times 2 \times 一条车道的宽度$$

如车道的计算值不是整数，则应采用略大于计算结果的整数值。机动车道设计时还应注意以下几问题：

（A）机动车道宽度不能完全依靠公式计算确定，应根据道路性质、红线宽度及有关的交通资料，综合研究路段上最合理的交通组织方案。公式计算只能作为估算或核对时参考。确定机动车道宽度并不全依据于技术经济的要求，例如有时还须考虑政治、军事等其他特殊要求。

（B）过多的车道对于提高道路通行能力作用并不大，当某条路线的交通量特别大时，可通过调整交通集散点的布局或开辟平行的路线来分散交通，不宜用多开车道的方式解决。车道过多会引起行人过街不便，驾驶员紧张，行车因超车、抢道造成紊乱。

（C）一般车行道两个方向的车道数相等，车道的总数多是偶数，如双向不均匀系数较大或交通量不大但各类机动车混合行驶，这时道路可采用三车道，以便于交通量的调整。

（D）由于同一路线各路段在城镇中所处位置不同，因此各路段的交通量，交通动态和道路的定线条件也不一致，但行车要求在同一条线路上变化不宜过多或过于突然，否则于行车不利。

根据各地城市的经验，一般双车道为7.5~8.0m；三车道为10.0~11.0m；四车道为13.0~15.0m；六车道为19.0~22.0m。

2．非机动车道设计

（1）非机动车类型　非机动车在我国目前的城市道路上，尤其是在中、小城市的交通运输中占有相当大的比重。为了满足这些交通运输工具的行驶要求和交通安全，在我国城市道路系统规划与道路设计中，都应考虑非机动车道的设置（表7-11-7）。

各种不同类型的非机动车资料　　　　表7-11-7

车 辆 类 型		自行车	三轮车	兽力车	大板车	小板车
尺　寸(m)	车　长	1.9	2.6	4.0	6.0	2.6
	车　宽	0.5	1.1	1.6	2.0	0.9
速度（km/h）		13.7	10.8	6.4	4.7	4.7
最小纵向间距（m）		1.0~1.5	1.0	1.4~1.5	0.6	0.6
行驶横向安全距离（m）		0.8~1.0	0.8~1.0	0.4~0.5	0.4~0.5	0.4~0.6
车占用车道宽度（m）		1.5	2.0	2.6	2.8	1.7

根据一些城市的规划资料，非机动车超车或并驶时，兽力车与板车之间的横向安全距离为 0.4～0.5m，车速较快的三轮车与自行车之间的横向距离为 0.8m，非机动车与侧面的距离为 0.7m。

(2) 单一非机动车道的宽度和通行能力　在我国的非机动车类型中，自行车的比重为最大。根据调查资料：自行车一条车道宽为 1.5m，两条车道为 2.5m，三条车道为 3.5m，并依此类推（图 7-11-11）。

对于非机动车混合车道宽（4.5m 或 5.0m）平均通行能力，当干道口间隔为 300～600m 的情况下，为 400～600 辆/h，自行车比例较大（60%以上、板车 15%以下）时，采用上限；板车比例较大（15%以上）时，采用下限（表 7-11-8、表 7-11-9）。

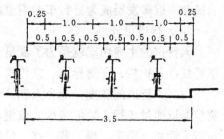

图 7-11-11　自行车道宽度确定示意图（单位：m）

非机动车单一车道宽度　　　　　表 7-11-8

车辆名称	自行车	三轮车	兽力车	大板车	小板车
车辆宽度（m）	0.5	1.1	1.6	2.0	0.9
车道宽度（m）	1.5	2.0	2.6	2.8	1.7

非机动车道的通行能力　　　　　表 7-11-9

车辆名称	自行车	三轮车	兽力车	大板车	小板车
每小时的通行能力	750	300	120	200	380

(3) 非机动车道宽度的确定　非机动车车种复杂，各种车辆行驶速度相差很大，并驶、超车、错让比较频繁。目前，确定非机动车道的方法，是按非机动车辆的类型和各种非机动车辆的行驶要求，分析各种车辆可能出现的横向组合方式。根据最不利的行驶及超车情况等来估算其宽度。

按上述原则，当非机动车合成一条车道时非机动车道的宽度有如下各种情况：

1) 一辆自行车与一辆三轮车并行：3.5m；
2) 一辆自行车与一辆兽力车并行：4.0m；
3) 一辆自行车与一辆板车并行：3.5m；
4) 两辆自行车与一辆三轮车并行：4.5m；
5) 一辆三轮车与一辆兽力车并行：4.5m；
6) 两辆自行车与一辆兽力车并行：5.0m；
7) 一辆自行车与一辆公共汽车或无轨电车停站：4.5m；
8) 一辆三轮车与一辆公共汽车或无轨电车停站：5.0m；
9) 两辆自行车与一辆公共汽车或无轨电车停站：5.5m。

当整个道路宽度内有两条分隔带隔成三条通行道时，则按上列 1)～6) 项所列宽度另加 0.5m。

根据我国一些城市多年来的设计实践，非机动车道的基本宽度可采用 5.0m（或 4.5m）、6.5m（或 6.0m）、8.0m（或 7.5m）。设计非机动车道时，还应考虑在远景规划中非机动车道多发展成为自行车专用道或机动车道，在这种情况下，则以 6.0~7.5m 为宜。

3. 人行道设计

人行道的主要功能就是为了满足步行交通的需要，同时也用来布置绿化、地上杆柱、地下管线以及护栏、交通标志、宣传栏、清洁箱等交通附属设施。

（1）人行道的宽度　一个人朝一个方向行走时，所需要的宽度称为步行带。人行道的宽度是以通过步行人数的多少为依据，以步行带为单位。一条步行带的宽度及其通行能力与行人性质（空手、提、背、扛、挑等）、步行速度、动和静、人的比例等有关。

城市道路上一般一条步行带的宽为 0.75m。在大的车站、客运码头、大型商店附近以及全市生活性干道上则采用 0.85~1.0m 作为一条步行带的宽度。

一般行人步行速度为 3.5~4.0km/h，这时一条步行带的通行能力为 800~1000 人/h，在市区繁华地段、游览区为 600~700 人/h。这时的步行速度为 2km/h 左右。在体育场、剧院等散场时，大量人流涌出，可达 1200 人/h。

需要的步行带数目取决于一条步行带的通行能力和高峰小时的行人数，同时还应考虑到该人行道的周围环境。

人行道的宽度等于一条步行带的宽度乘上步行带条数。由于实际情况复杂多变，与假定条件出入较大。所以人行道的宽度一般以这样几个方面去综合考虑。

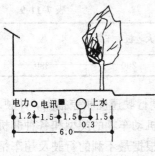

图 7-11-12　人行道上绿化、管线所占的宽度

1）根据城市建设的经验，一般认为人行道宽度（指单侧）和道路总宽度之比为 1:5~1:7 比较适当。

2）在城市主要干道上，单侧人行道步行带的条数，一般不宜少于 6 条，次要干道不少于 4 条；住宅区道路和多层建筑的街坊内侧不少 2 条。

3）确定人行道的宽度时，还要考虑在人行道上植树，设杆柱和埋设地下管线等所需要的宽度。例如从保障行道树生长良好出发，人行道宽不应小于 5m；埋设电力、电讯和给水管三种管线所需要宽度为 4.5m 等（图 7-11-12）。

在用地不足的城市多依据地下管线布置要求和所占据的宽度以确定人行道的宽度（见表 7-11-10）。

确定人行道宽度的参考数据　　　　表 7-11-10

项　目	最小宽度（m）	铺砌的最小宽度
设置电线杆与路灯杆的地带	0.5~1.0	—
种植行道树的地带	1.25~2.0	—
火车站、公园、城市交通终点站与其他行人聚集的地点	7.0~10.0	6.0
市干道有大型商店及公共文化机构的地段	6.5~8.5	4.5
区干道有大型商店及公共文化机构的地段	4.5~6.5	3.0
住宅区街巷	1.5~4.0	1.5

（2）人行道的布置方式　人行道需要与车行道分隔,也要设法阻止行人在非规定的地点穿越车行道。人行道一般应高出车行道8～20cm,多对称布置在车行道的两侧。特殊情况下两边可以不等宽或仅在一边布置。单边布置的人行道多见于傍山或靠河的窄路。人行道的布置应考虑沿街建筑的性质及红线宽度等因素的影响。如沿街为住宅,人行道宜离建筑3～5m以上。如为商店,则宜紧靠或设两条平行的人行道,其中一条靠商店,便于购货,两条中间夹以绿带。沿车行道的人行道上布置绿化,可减少行人受灰尘的影响,并保证行人安全。

人行道的设计应为行人交通创造安全、通畅、舒适的良好条件,以吸引行人。

人行道布置的基本形式见图7-11-13。

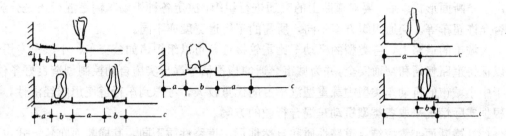

图7-11-13　人行道的基本形式

4．城市道路横断面综合设计

（1）道路横断面的基本形式与选择　车道上完全不设分隔带,以路面划线标志组织交通或不作画线标志,将机动车设在中间,非机动车放在两侧,按靠右规则行驶,称为一块板断面。

利用分隔带分隔对向车流,将车行道一分为二,称为两块板断面。

利用两条分隔带分隔机动车与非机动车流,将车行道一分为三,称为三块板断面。

利用三条分隔带使交通分向、分流的称为四块板（图7-11-14）。

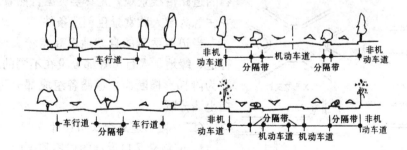

图7-11-14　街道横断面的基本形式

目前,我国城市道路横断面基本上是一、二、三块板断面。三种形式各有其特点。

三块板的断面的主要优点是解决了机动车与非机动相互干扰的问题,分隔带又起了行人过街的安全岛的作用,提高了交通安全程度,车速较一块板要高,易布置绿化和照明设施；机动车行驶产生的噪声与灰尘对沿街居民和行人的影响较小；便于远近期结合,分期修建；同时也有利于地下管线的敷设。其缺点是占地大,工程费用高,路幅宽度一般在40m以上。三块板断面适用于机动车交通量大,非机动车多,车速要求高的主要交通干道,不适用于山地城市和非机动车较少的道路。

一块板是我国目前道路上所普遍采用的断面形式，其优点是占地少，投资省，适用于路幅宽度在40m以内，交通量不大，双向交通量不均衡的路段；有时虽然路幅较宽，但为满足诸如游行，战备等特殊功能要求，也多采用一块板形式。

两块板形式主要用来解决机动车对向行驶的矛盾，适用于机动车多、夜间交通量大、车速要求高、非机动车类型较单纯且数量不多的道路，如入城的郊区道路等。由于这种断面车辆行驶灵活性差，车道利用率不高，宽度不够时，超车易发生事故，所以不太适合我国非机动车交通量较大的城镇道路现状。

（2）机动车交通的组织　根据设计道路上行驶车辆的类型和各类车辆所占的比重，在确定了横断面形式以后，要对道路上的交通进行组织，决定各种机动车辆是混行还是分流，是否允许超车等。交通组织方案不同，所需的车行道宽度亦不同。

大城市的道路上，各类型的机动车比重较接近，可以组织诸如公交车、小汽车专用道等以保持道路畅通和交通安全，并为城市交通的指挥信号逐步实施自动控制创造良好条件。由于中小城市的机动车类型中载重型汽车占的比重较大，考虑到车行道使用的经济性，可以根据实际情况采取各类型机动车混合行驶的方案。

（3）横断面布置应结合道路性质和自然地形　道路性质不同，其横断面布置方式也不同。处于城市中心地带的生活性干道，由于以客运交通为主，沿街建筑多为生活服务建筑，一般禁止载货车辆入内，故在断面布置时，人行道宜宽，绿带占总宽度的比重较高，有条件时还应考虑机动车沿街停靠的场地。

交通性干道是以货运为主，是联系城市工业区、对外交通设施、仓库等的交通动脉，为保证道路畅通，交通安全快速，沿线不宜设置吸引人流的大型公共建筑，尤其应防止随便穿越横道的现象发生。在断面布置上应强调人车分流、对向分流、快慢分流，一般路幅较宽，绿带占总宽度的比重可能低。

以游览功能为主的林荫路和滨河路，则应注意组织成以绿化、建筑小品、水面等为内容的道路沿线景观，尤其要突出自然景观的特色，并注意为游人欣赏景色创造条件。

当道路两侧的自然地形高差较大时，可将车行道、绿地、人行道等部分设在不同的水平面上，成为阶梯形横断面。道路各组成部分可用护坡或挡土墙分隔。

（二）城市道路交叉口设计

1. 道路交叉口设计的内容和原则

（1）平面交叉口类型　平面交叉是指各相交道路中心线在同一高程相交的道口。交叉口主要有下面一些类型（图7-11-15）：

1）十字形交叉口。两条道路相交，互相垂直或近于垂直是最基本的交叉口形式，其交叉形式简洁，便于交通组织，转角建筑容易布置，适用范围广，可用于相同等级或不同等级的道路相交。

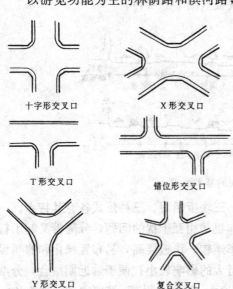

图7-11-15　交叉口的类型

2) X形交叉口。两条道路以锐角或钝角斜交。由于当相交的锐角较小时，会形成狭长楔形地段，对交通不利，建筑也难处理，应尽量避免这种形式的交叉口。

3) T形、错位形、Y形交叉口。一般用于主要道路和次要道路相交的交叉口。为保证干道上的车辆行驶通畅，主要道路应设在交叉口的顺直方向。

4) 复合交叉口。用于多条道路交叉。这种交叉口用地较大，交通组织复杂，应尽量避免。

（2）平面交叉口的冲突点与交织点　进交叉口的车辆，分为直行、左转和右转三个方向的车流，由于行驶方向不同，车辆间相交方式亦不同。不同方向的行车互相交叉而成的点，称之为冲突点。一般是由直行和左转车辆形成的，行车线的交角等于或大于90°。冲突点易发生车辆间相互碰撞。不同方向的车辆驶向同一方向合流点，称之为交织点，也称相遇点。一般行车线交角都小于45°。这是易产生挤撞的点。冲突点和交织点对行车速度和交通安全影响很大。

在没有交通管制的平面交叉口，随相交道路的增加，冲突点与交织点增加的速度很快：三条道路交叉口，冲突点有3个，交织点有3个；四条道路交叉口，冲突点则增加到16个，交织点变为8个；五条道路交叉口，冲突点竟达50个，交织点达15个（图7-11-16）。

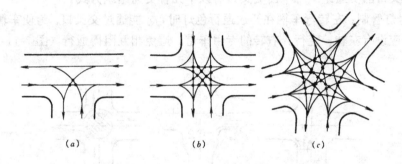

图7-11-16　无交通管制时的交叉口冲突点

从图7-11-16中可看出，产生冲突点最多的是左转弯车辆，四条道路交叉的十字路口，如没有左转车辆，则冲突点就可以从16个减少到4个。很明显，处理好左转弯车辆是提高交叉口通行能力和行车安全程度的关键。

消除冲突点主要有以下一些方法：

1) 实行交通管制　用交通信号灯或交通手势指挥，使通过交叉口的直行和左转弯车辆的通行时间错开。

2) 渠化交通　用设计放置交通流的方式组织车流分道行驶。变冲突点为交织点，减少干扰程度。

3) 立体交叉　这是最彻底的方法，即将交叉口处各个方向的车流分设在不同标高的车道上，使其各行其道，互不干扰。但缺点是占地多，造价昂贵，一般只用在交通量大的主干道和交通道路的交叉口上。

（3）交叉口的设计内容与设计原则

1) 道路交叉口的设计内容

城市道路网中道路交叉是不可避免的；同时，交叉口也有利于交通的组织与转换；但交叉口会使行车速度下降；易造成交通堵塞和交通事故。所以，在城市道路规划中，交叉口的设计有着重要的意义。

道路交叉口的设计有如下一些内容：

(A) 选择交叉口的形式，计算并确定各组成部分。

(B) 设置必要的交通设施，合理地组织交通。

(C) 作交叉口的竖向设计，处理好地面排水。

2) 道路交叉口的设计原则

(A) 占地面积最小，又能安全通过最大量的交通量。

(B) 综合考虑路口交通的管理方式，道路的主次、交通量、重要建筑物位置等因素，合理选择布置交叉口。

(C) 合理设计交叉口的高程，既要保证行车平稳，又符合排水要求，处理好与附近广场高程的衔接关系，使路口表面平顺、美观。

(D) 合理地安排好各种地下管线的交叉，安排好地面的绿化、照明、交通管理和安全防护设施。

2. 道路交叉口的平面设计

(1) 交叉口的交通组织　平面交叉口有以下几种交通组织方式：

1) 信号灯管制：左转弯车辆在开放通行色灯时，才能通过交叉口。为使车辆能迅速通过在交叉口应设有左转、直行、右转的专用车道，避免相互阻碍通行（图 7-11-17a）。

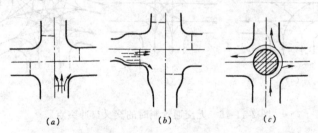

图 7-11-17　交叉口交通组织
(a) 色灯管制；(b) 拓宽车行道；(c) 环形交通

如原有车道不够宽度，可适当拓宽部分车道，（图 7-11-17b）。

2) 环形交通：通过在交叉口中央设置圆形或椭圆形交通岛，使进入交叉口的车辆不受信号灯控制一律绕岛单向行驶（我国规定绕岛逆时针行驶）（图 7-11-17c）。

3) 变左转为右转：通过顺街坊绕行，变左转为右转，其缺点是增加左转行车里程，对于街坊内部产生交通干扰，一般只适用于旧城改建。

(2) 交通渠化　交通渠化就是在道路上用交通标志线及交通岛等设施使不同类型的交通，不同的方向和不同速度的车辆能像渠道内水流一样，顺一定方向互不干扰地顺畅通过。

组织渠化交通可以有效地提高交叉口的通行能力和行车安全程度。对解决畸形交叉口的复杂交通问题尤为有效。

1) 交叉口的交通渠化原则

(A) 尽可能使交叉口渠化简单明了，过于复杂的设计反而会降低其安全性和处理交通流的能力；

(B) 导流路的宽度要适当，路面过宽会引起车辆并行，易发生事故；

(C) 设计时应尽量避免使交通的分流，各流集中于一点，避免使驾驶人员进行复杂的判断后才能通行。

(D) 导流岛的目标应明显，易被发现，岛的端部及曲线部分不要设其他设施。

2) 交叉口渠化导流设计

(A) 缩小交通流交叉面积，使司机和行人注意力集中，避免事故的发生（图7-11-18）。

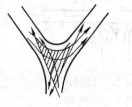

图 7-11-18　缩小车流交叉面积

(B) 对于斜交对冲车流，通过设置交通岛，改变车流行车方向，使车流变为直角相交，便于司机判断车辆的相对位置及速度（图7-11-19）。

(C) 通过交通岛的设置来限制车道宽度，以控制车速，但主要车流应避免弯曲（图7-11-20）。

(D) 用交通岛来分隔交叉口内的交叉点或限制车辆向禁止驶入方向转弯（图7-11-21、图7-11-22）。

(E) 在交通量大，车速较高的交叉口，可组织渠化交通设置变速车道或候驶车道（图7-11-23）。

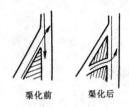

3) 交通岛的类型　渠化交通中的交通岛，一般都高出地面，常设置在车行道的死角处，即无车辆行驶的部位。各种交通岛的面积不宜过小，一般应大于10m²，最小面积为5m²以上。交通岛上可布置绿化，不得种树，以保证司机视线不受阻。交通岛的路缘必须醒目，高度不宜超过12~15cm。

交通岛按其作用不同，一般分为下列几种类型：

(A) 导流岛（方向岛）：在交叉口中用来指示行车方向，在渠化交通中作用较大（图7-11-24）；

(B) 中心岛：设置为交叉口中央，用来分隔对向车流和组织左转弯车辆（图7-11-24）；

图 7-11-19　变斜交对冲车流为直角相交

(C) 分隔岛：用来分隔机动车和非机动车，快慢车对向行驶车流（图7-11-25）；

(D) 安全岛：作为行人在较宽的道路过街时避让车辆之用，一般设在人行横道中央。

4) 调整交通组织　对于很难改建的现状路网中的交叉口可通过调整交通路线，控制通过交叉口的车辆类型，组织单向交通，以及适当时封闭一些交叉口上的支路等措施，来简化交叉口交通。

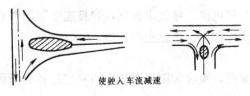
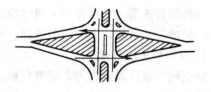

图 7-11-20　使驶入车流减速　　　　图 7-11-21　分散交叉口内的交叉点

219

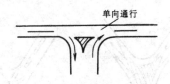

图 7-11-22　限制向禁
止驶入方向转弯

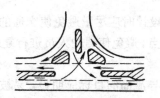

图 7-11-23　设置变速
车道和候驶车道

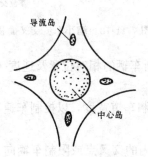

图 7-11-24　导流岛
与中心岛

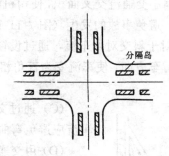

图 7-11-25　分隔岛

除上述方式外，如果有条件可以采用"绿波"交通组织，即在一条干道的一系列交叉口上安装一套具有一定周期的自动控制的联动信号，使主干道上的车流依次到达各交叉口时，均会遇到绿灯，顺利通过。这种有节奏变化的绿波交通组织，可以使车辆无需停车等候开放绿灯，从而可提高路段的平均速度和通行能力。但是采用这种方式的道路上的交通车流必须车种单纯，车速相近，道路交叉口间距大致相等，还要排除行人过街对行车的影响等，否则就达不到预期目的。由于这种交通组织方式的要求一般难以达到，故在我国目前只处在研究阶段。

第十二节　城市园林绿地规划

城市园林绿地是城市用地中的一个有机组成部分，园林绿地规划则是城市规划设计的主要内容之一。园林绿地规划的任务是确定园林绿地系统规划原则，制定各类绿地的用地指标，选定各项用地范围。

一、城市园林绿地的作用

（一）保护环境，防治污染

1. 净化空气、水体和土壤

绿色植物能通过光合作用，吸收空气中的二氧化碳，释放出氧气，并且能吸附烟灰和粉尘，保持空气清新，同时还具有净化水体，改善地下土壤卫生的作用。

2. 改善城市小气候

绿色植物通过蒸腾作用，降低气温，调节湿度，吸收太阳辐射热，同时它还具有通风和防风的作用。

3. 降低城市噪声

植物，特别是林带可以减低各种车辆、飞机、工厂及工程建设所发出的噪声，具有一定的防治作用。

（二）美化市容，提供游憩场所

（1）城市园林绿地为美化市容，丰富城市建筑群体轮廓线，增加城市建筑艺术效果增添了美丽的自然景色。

（2）城市园林绿地为丰富群众的文化生活提供了休息、游览、疗养的场所。

（三）安全防护

园林绿地具有防震防火、蓄水保土、防御放射性污染和备战防空的作用。

1. 防震防火

一定数量的绿地面积，特别是分布在居住区内绿地，地震时可供安全疏散用，火灾时可阻止火势蔓延和临时避难用。

2. 蓄水保土

园林绿地可以固定沙土石砾，防止水土流失，对水土保持有显著的功能。

3. 防御放射性污染和备战防空

园林绿化植物能过滤、吸收和阻隔放射性物质，减低光辐射的传播和冲击波的杀伤力，对重要建筑或军事设施起隐蔽防护作用。

二、城市园林绿地的分类和标准

（一）城市园林绿地的分类

城市园林绿地分类应依据以下基本要求来分。

（1）应与城市用地分类相对应，有利于同总体规划及各专业规划配合。

（2）尽量与园林绿地建设的管理体制和投资来源相一致，有利于业务部门的经营管理工作。

（3）按园林绿地的主要功能及对象来分，有利于园林绿地的详细规划与设计工作。

（4）避免与城市其他用地面积重复计算，有利于城市园林绿地计算方法的统一，使之在城市规划的经济论证上具有可比性。

依据上述基本要求，把城市园林绿地分成六种类型。

1. 公共绿地

包括市、区级综合性公园、儿童公园、体育公园、动物园、植物园、纪念性园林、名胜古迹园林、街道广场绿地等。它是由城市建设部门投资修建，具有一定规模和比较完善的设施，供居民休息、游览之用。

2. 专用绿地

一般指工业企业绿地、公用事业绿地、行政机关、大专院校等公共建筑绿地，具有专门用途和使用功能。其投资和管理由以上各部门管理。

3. 街坊庭院绿地

包括居住区游园、居住小区游园、街坊级小游园、庭园、宅旁绿地等。设施虽然简单，但是靠近居民生活区，为居民日常活动、户外活动、儿童游戏提供方便，创造良好条件。这一类绿地分布广泛，是城市普遍绿化的基础，它是由各区房建绿化队修建与管理。

4. 街道绿地

包括行道树、交通岛绿地及桥头绿地等各种道路绿化用地。这一类绿地对遮荫防晒、减弱交通噪声、吸附尘埃、改善城市卫生，美化市容等方面具有积极的作用。

5. 生产防护绿地

包括苗圃、花圃、果园、林场、卫生防护林、风沙防护林、水源涵养林、水土保持林等，这一类绿地对改善城市自然、卫生条件和提供树苗、花卉方面起着十分重要的作用。

6. 风景游览区绿地

距城市市区较近，具有较大面积的自然景色，经过人工修饰，供人们较长时间游览的大型绿地。游览区内配置供给膳食住宿等设施。

在以上六种类型的城市园林绿地中，公共绿地无论在绿化种植艺术水平上，还是设施管理、投资上均高过其他五种绿地类型。它可以作为反映城市绿地质量水平的依据，在绿地类型中占有主导地位。其他五种类型的绿地对于城市的环境保护、美化市容等方面起着显著的作用，它可以作为体现城市绿地质量水平的标准。二者的综合考虑、合理配置则是衡量城市园林绿地质量水平的标准。

（二）城市园林绿地的定额指标

城市园林绿地指标受国民经济水平、城市性质、城市规模、城市自然条件及城市现状等诸多因素影响。我国由于历史及认识的原因，城市公共绿地面积普遍较少。以1977年全国150多个城市现状指标进行分析得出，城市公共绿地面积每居民平均为 $1.5\sim 2m^2$，绿化覆盖率全国城市总平均为11％。所以，近期我国公共绿地指标争取达到 $4m^2/$人，远期至少达到 $7m^2/$人，并且可根据城市的自然情况酌量增减。同时，要做好城市的普遍绿化，提高城市绿化覆盖率。

城市内工业和人口集中，从卫生学角度、保护环境的需要和防灾防震的要求，城市绿化覆盖率面积应大于市区面积的30％。根据林学上的研究，一个地区的绿化覆盖面积至少应占用地的30％以上；疗养学上认为舒适的休疗养设施，其绿地面积要在50％以上。因此，我国规划市区绿化覆盖率应不低于30％（郊区绿地除外）。

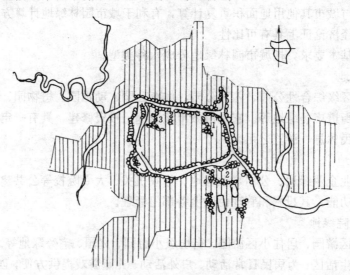

图 7-12-1 合肥市绿地系统示意图
1—逍遥津公园；2—包河公园；3—杏花村蔬菜基地；4—大型体育设施

三、城市园林绿地系统的规划布置

城市园林绿地系统是构成城市总体布局中的一个重要方面，规划时应结合城市其他组成部分的规划如工业区的布局、居住区的详细规划，道路系统规划密切配合，综合考虑，全面安排。

城市园林绿地系统规划应考虑以下原则：

（一）均衡分布，联成完整的园林绿地系统

我国多数城市的市级公园，一般都只有两个左右，很难做到均匀分布，但区级公园及居住区游园就有均匀分布的可能。据天津市园林绿化经验，多搞一些小游园，比集中搞一二个大公园效果要好。这是因为小型游园用地小，投资少，建设期短，接近居民，利用率高，便于老年人及儿童就近活动休息，便于发动居民群众参加建园、管理、保养工作，有利于地震区临震时就近疏散。

因此可以归纳出以下四个"结合"，即点（公园、花园、游园）、线（街道绿化、江畔滨湖绿带、游息林荫带）、面（分布面广的小块绿地）相结合，大中小相结合，分散与集中相结合，重点与一般相结合，使各类绿地连接成为一个完整的系统。

合肥市通过多年的实践，认为全市的绿化应形成"以面为主，点线穿插""以小为主，中小结合"的绿化系统。在市和区中心设置中型公园，在工业区和居住区设置小型游园，在近郊利用自然条件，结合名胜古迹形成供居民平时和节假日游憩的场所，并兼营林产、果品、蔬菜（图7-12-1）。

（二）因地制宜，与河湖山川自然环境相结合

城市园林各类绿地的选择、布置方式、面积大小、定额指标高低，应从实际的需要和可能出发，结合城市特点，合理进行规划。如南方城市应以设置通风林带为主；北方城市应以设立防护林带为主；工业城市应以设置卫生防护绿地为主；风景城市应与名胜古迹、河湖山川结合；小城镇一般与周围的自然环境联系紧密。由此可看出，不同城市对绿地系统规划有不同的特点和要求。

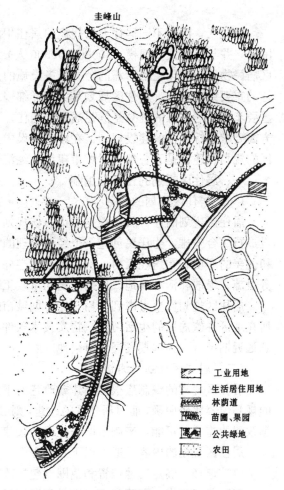

图7-12-2 新会县会城镇绿地系统示意图

如广东新会县会城镇园林绿地规划建设比较切合实际，改变了城镇的面貌。解放后，全镇清理瓦砾地70万m^2，广植林木，绿化荒山近1400万m^2。结合城镇发展规划，制定了园林绿地系统规划（图7-12-2），城西布置了14万m^2的葵湖公园，城北有人民公园，规划中与圭峰山风景区相连接。

第八章 城市详细规划

城市详细规划的主要任务是：以总体规划或者分区规划为依据，详细规定建设用地的各项控制指标和其他规划管理要求，或者直接对建设作出具体的安排和规划设计。详细规划分为控制性详细规划和修建性详细规划。本章主要讲述修建性详细规划。

第一节 居住区规划综述

居住区，泛指不同居住人口规模的居住生活聚居地，特指被城市干道或自然分界线所围合，并与居住人口规模（30000~50000人）相对应，配建有一整套较完善的、能满足该区居民物质和文化生活所需的公共服务设施的居住生活聚居地。居住区是城市生活居住用地的重要组成部分，居住区规划是城市详细规划的主要内容之一，是实现城市总体规划的重要步骤。居住区的规划是满足居民的居住、工作、休息、文化教育、生活服务、交通等方面要求的综合性的建设规划。在城市建设中居住区的建设量占有很大比重，因此，居住区的规划和建设是否合理，对城市建设的经济性有着很大影响。

一、居住区规划的任务与编制

（一）居住区规划的任务

居住区规划的任务就是根据城市总体规划和近期建设计划的要求，对居住区内各项建设进行综合安排，为居民创造一个经济合理的、能满足日常生活需要的方便、卫生、安宁和优美的环境。在居住区内，除了布置住宅外，还须布置居民日常生活所需的各类公共服务设施、绿地和活动场地、道路广场和市政工程设施等。

居住区规划需要考虑到今后一定时期城市经济发展水平和居民的文化、经济生活水平，所在地区各族居民的生活习惯，物质技术条件，以及气候、地形和现状条件；同时，应注意远近期结合，为远期发展留有余地。

（二）居住区规划的编制

居住区规划的编制应根据新建或改建的不同情况而有所区别。一般来讲，新建居住区的规划内容比较明确，而旧居住区的改建，则必须在对现状情况作较详细的调查基础上，根据改建的需要与可能，来制定旧居住区的改建规划。

居住区规划的内容一般有以下几个方面：

(1) 选择、确定用地位置和范围（包括改建、拆迁范围）；

(2) 确定规模，即确定人口数量和所需用地的大小（或根据改建地区的用地大小来决定人口的数量）；

(3) 拟定住宅类型、层数比例、数量及规划布置方式；

(4) 拟定公共服务设施的内容、规模和数量（包括房屋和用地）、分布和规划布置方式；

(5) 拟定道路的宽度、断面形式，以及道路系统的规划布置；

（6）拟定公共绿地、体育运动和休息等室外场地的数量、分布和规划布置方式；

（7）拟定各项工程管线规划设计方案；

（8）拟定竖向规划设计方案；

（9）拟定各项技术经济指标和造价估算。

居住区规划的成果包括以下内容：

（1）居住区规划文件为规划设计说明书；

（2）居住区规划图纸包括：规划地区现状图、规划总平面图、各项专业规划图、竖向规划图、反映规划设计意图的透视图。图纸比例为 1/500～1/2000。

二、居住区的组成和规模

（一）居住区的组成

1. 居住区的组成内容

居住区的组成内容如按建设项目可分为：

（1）各类建筑：主要指住宅和与居民生活直接相关的公共建筑，如学校、幼托、商店、菜场、医院、邮电、银行、以及建筑小品等；

（2）市政工程设施：主要指道路、给水、排水、电力、电讯、供热、煤气等工程管网及其附属设施，如变电站、煤气调压站、锅炉房、泵站等；

（3）绿化设施、体育场地和各类活动场地等。

2. 居住区的用地组成

居住区的用地根据不同的功能要求，一般可分为以下四个组成部分：

（1）住宅用地：指住宅建筑基底占地及其四周合理间距内的用地（含宅间绿地和宅间小路等）的总称。

（2）公共服务设施用地：也称公建用地，是与居住人口规模相对应配建的、为居民服务和使用的各类设施的用地，应包括建筑基底占地及其所属场院、绿地和配建停车场等。

（3）道路用地：指居住区范围内，不属于上两项内道路的路面，如居住区道路、小区路、组团路及非公建配建的居民小汽车、单位通勤车等停放用地。

（4）公共绿地：指满足规定的日照要求、适合于安排游憩活动设施的、供居民共享的游憩绿地，应包括居住区公园、小游园和组团绿地及其他块状、带状绿地等。

此外，在居住区规划范围内还包括一些与居住区没有直接配套关系的其他用地，如非直接为本区居民配建的外围道路用地、其他单位用地（如保留的企事业单位、城市级公共服务设施用地等）、保留的自然村或不可建设用地等。由于其他用地各地情况极不相同，没有可比性，因此，它不参加居住区用地的平衡。

（二）居住区的规模

居住区的规模包括人口规模和用地规模两个方面，以人口规模为主要指标。作为城市基本组成单位的居住区，为满足其功能合理、建设经济、使用和管理方便等要求，一般应具有适当的规模，这个规模的确定，主要取决于以下几方面因素：

1. 配套公共服务设施的设置及经营要求和合理的服务半径

根据有关部门的调查，从项目、经营管理、服务半径等因素分析，配置成套居住区级公共服务设施的合理规模，一般以 3～5 万人为宜。所谓合理的服务半径，是指居住区内居民到达居住区级公共服务设施的最大步行距离，一般以 800～1000m、步行时间约 10～

15min 为宜；在山区或丘陵地区可适当减少。合理的服务半径是影响居住区用地规模的重要因素。

2. 城市道路交通的合理组织

现代城市交通的发展要求城市干道的合理间距扩大到 700~1000m 之间，因而为城市干道所包围的用地往往成为决定居住区用地规模的一个重要因素。城市干道间用地规模一般为 50~100ha。

3. 居民的行政管理体制

在我国社会主义制度下，居住区的规模与居民的行政管理体制相适应，既便于居民生活组织管理，又利于管理设施的配套设置。目前，我国城市中一个街道办事处管辖的人口一般为 3~5 万人，相当于一个居住区的规模。

此外，城市的自然条件、现状条件及用地特点，城市的规模和布局方式，人口的分布及建筑层数的分区等，对居住区的规模也有一定的影响。

总之，居住区作为城市的一个有机组成部分，应有其合理的规模。这个合理的规模应符合功能、工程技术经济和管理等方面的要求，一般以 3~5 万人为宜，其用地规模应根据规划人口数乘以人均居住区用地控制指标（见表 8-1-1），或根据用地面积大小除以人均居住区用地控制指标，确定规划人口数。

人均居住区用地控制指标（m^2/人） 表 8-1-1

居住规模	层 数	大城市	中等城市	小城市
居 住 区	多 层	16~21	16~22	16~25
	多层、中高层	14~18	15~20	15~20
	多、中高、高层	12.5~17	13~17	13~17
	多层、高层	12.5~16	13~16	13~16
小 区	低 层	20~25	20~25	20~30
	多 层	15~19	15~20	15~22
	多层、中高层	14~18	14~20	14~20
	中 高 层	13~14	13~15	13~15
	多层、高层	11~14	12.5~15	—
	高 层	10~12	10~13	—
组 团	低 层	18~20	20~23	20~25
	多 层	14~15	14~16	14~20
	多层、中高层	12.5~15	12.5~15	12.5~15
	中 高 层	12.5~14	12.5~14	12.5~15
	多层、高层	10~13	10~13	—
	高 层	7~10	8~10	—

注：本表各项指标按每户 3.5 人计算。

三、居住区的类型和规划组织结构

（一）居住区的类型

居住区因建设条件（现状和地形）和所处位置（与城市的关系）的不同而有所区别。

1. 按不同的建设条件可分为新建的居住区和城市旧居住区；山地居住区和平原或水网地区的居住区。新居住区的建设和对旧居住区的改造由于建设条件的不同应区别对待。一般来说旧居住区的改造要比新居住区的建设更为复杂，应在充分调查现状的基础上，根据建设的需要和可能，进行对旧居住区的改造。山地居住区的规划设计与平原或水网地区的居住区相比有其特殊的要求，如地形坡度、坡向对住宅类型的选择和群体布置的影响等。

2. 按居住区所处位置的不同可分为以下两类：

(1) 城市型居住区。这类居住区在用地上是城市功能用地的有机组成部分，是具有相对独立的居住生活单位。在居住区内一般只考虑设置为居住区服务的公共服务设施，而居住区级以上的公共服务设施则由城市统一考虑安排。城市型居住区无论从建筑管理上，生活供应上以及居民的工作、学习、休息等方面都与城市有密切的联系。

(2) 独立的工矿企业居住区。这类居住区是专为一个或几个工矿企业的职工及其家属而建设的，因此居住对象比较单一。此类居住区大部分由于远离城市或与城市交通联系不便而具有较强的独立性。在这类居住区内除了考虑设置一般城市型居住区所必需的公共服务设施以外，还要设置更高一级的内容，如设备较为齐备的医院等。此外，这类居住区靠近农村，其公共服务设施还要兼为农村服务。因此，独立工矿企业居住区公共服务设施的项目和定额比城市型居住区应当适增加，但建筑标准并非高于城市型居住区。

(二) 居住区的规划组织结构

居住区的规划组织结构，是指根据居住区的功能要求，综合地解决住宅与公共服务设施、道路、绿地等相互关系而采取的组织方式。

1. 影响居住区规划组织结构的主要因素

居住区的规划组织结构主要取决于居住区的功能要求，而功能要求必须满足和符合居民的生活需要，因此，居民在居住区内活动的规律、特点，居住人口规模和与之相配套的公共服务设施的经营、管理的经济合理性，是影响居住区规划组织结构的决定因素。居民在居住区内活动的内容、规律和特点如下：

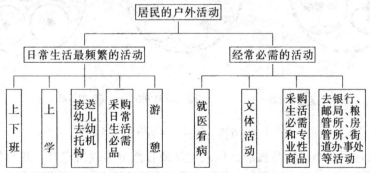

为了方便居民的生活，根据以上居民户外活动的规律和特点可以得出：那些居民日常生活必需的公共服务设施，应尽量接近居民；小学生上学不应跨越城市交通干道以确保安全；以公共交通为主的上下班活动，应保证职工自居住地点至公交车站的距离不大于500m。因此，居住区内公共服务设施的布置方式和城市道路（包括公共交通的组织）是影响居住区规划组织结构的两个重要方面，也是居住区规划组织结构需要解决的主要问题。此外，居民行政管理体制、城市规模、自然地形的特点和现状条件等对居住区规划组织结构也有一定的影响。

2. 确定居住区规划组织结构的一般原则

(1) 要适应城市的现状情况、自然条件和布局特点。

(2) 要符合不同年龄组居民生活习惯和户外活动规律，适应现有生活水平，尽可能为居民提供良好的生活居住环境。

(3) 要尽可能和现有的行政管理体制相适应。

(4) 要有利于各项公共服务设施经济合理的分级、成组、配套。

(5) 要有利于分期建设的实施。

3. 居住区的分级和规划组织结构的基本形式

居住区按居住户数或人口规模可分为居住区、小区、组团三级。各级标准和控制规模应符合表8-1-2的规定。

居住区分级控制规模　　　　　　　　　　表8-1-2

	居 住 区	小 区	组 团
户数（户）	10000～15000	2000～4000	300～700
人口（人）	30000～50000	7000～15000	1000～3000

居住区规划组织结构的形式有多种多样，其基本形式有：

(1) 以组团和小区为基本单位来组织居住区。其规划组织结构方式为：居住区-小区-组团三级结构（图8-1-1a）。

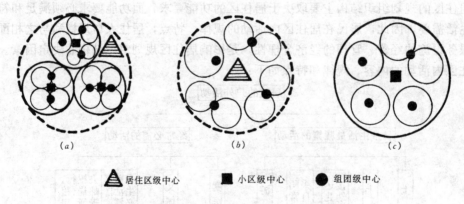

图 8-1-1　居住区规划组织结构形式示意图

小区（又称居住小区）是被居住区级道路或自然分界线所围合，并与居住人口规模（7000～15000人）相对应，配建有一套能满足该区居民基本的物质与文化生活所需的公共服务设施的居住生活聚居地。

组团（又称居住组团）一般是指被小区级道路分隔，并与居住人口规模（1000～3000人）相对应，配建有居民所需的基层公共服务设施的居住生活聚居地。

居住区由若干个小区组成，每个小区由若干个组团组成。以小区为规划基本单位来组织居住区不仅能保证居民生活的方便、安全和区内的安静，而且还有利于城市道路的分工和交通组织；并减少城市道路密度。这种组织方式可使公共服务设施分级进行布置，配套建设，形成不同级别的公共中心，使用和管理方便，建设与经营经济合理。

(2) 以组团为基本单位组织居住区。其规划组织结构的方式为：居住区-组团两级结构（图 8-1-1b）。

这种组织方式不明显地划分小区的用地界线，居住区直接由组团组成。组团相当于一个居民委员会的规模，一般为 1000～3000 人。组团内一般应设有居委会办公室、卫生站、综合基层店、小吃部、居民存车处、文化活动站等，这些项目和内容基本为本居委会居民服务。其他的一些基层公共服务设施则根据不同的特点，按服务半径在居住区内统一考虑，均衡灵活布置。这种三级配套，两级结构的组织方式，既扩大丰富了居住区中心的内容，增强了活力与吸引力，又打破了三级规模、三级组织结构的常规模式。以组团为规划基本单位来组织居住区，由于其规模小，建筑相对集中，且多为住宅建筑，建设周期短，有利于居住区分期建设及整体面貌的形成。

(3) 以组团为基本单位组成小区的居住区。其规划组织结构的方式为：小区-组团两级结构（图 8-1-1c）。

这种组织方式一般适用于城市规模较小、受自然地形条件限制，或因城市分期建设、旧城改造等需要规划的居住区。小区的合理规模主要取决于基层公共建筑成套配置的经济合理性，居民使用的安全和方便，并结合城市道路交通以及自然地形条件、住宅层数和人口密度等综合考虑。具体地说，小区的规模一般以一个小学的最小规模为其人口规模的下限，以小区公共服务设施的最大服务半径为其用地规模的上限。

除此以外，目前我国一些城市居住区规划组织结构的形式还有相对独立的组团、居住区-小区-街坊-组团四级结构、居住区-小区-街坊和居住区-街坊群（小区）-组团三级结构及小区-街坊两级结构等类型，其特点是将街坊作为规划组织结构中的一级，或与小区相当，或与组团同级，或居于小区、组团之间。经分析，街坊目前一般出现在旧城区，是被城市道路分割、用地大小不定、无一定规模的地块。街坊的性质也随地块的使用性质而定，如商业街坊、文教街坊、工业街坊等，居住街坊仅是其中的一类。由于居住街坊的用地规模大可相当小区级用地，小可不足组团级用地规模，很难将满足居民生活所需的配套设施直接与街坊用地挂钩。因而，街坊与分级规模无直接的关系，也难将其作为规划组织结构中的某一级。

居住区的分级规模与规划组织结构，是既相关又有区别的两个概念。居住区规模分级是为了配建与居住人口规模相对应的设施，以满足居民物质与文化生活不同层次的要求，而居住区规划组织结构则是包括配套含义在内的规划组织结构形式，是属于规划设计手法问题。因而，在满足与人口规模相对应的配建设施总要求的前提下，其规划组织结构还可采用除本节所述的其他多种形式，使居住区的规划设计更加丰富多彩、各具特色。

居住区的规划组织结构形式不是一成不变的，随着城市经济的发展，人民生活水平的提高，社会生活组织和生活方式的变化，公共服务设施的不断完善和发展，居住区的规划组织结构形式也会相应地变化。

4. 居住区规划组织结构实例分析

(1) 广州市沙冲居住区（图 8-1-2）。沙冲居住区位于广州市黄浦区，系黄浦港及化工区的职工居住区，规划人口 4 万人，用地 82.92ha。居住区根据分期建设的要求，按居住区-小区-组团三级组成。居住区划分为 5 个小区，每个小区又划分若干个组团。

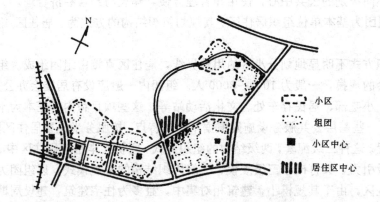

图 8-1-2 沙冲居住区规划组织结构示意图

(2) 上海市康健新村（图 8-1-3）。康健新村位于上海市西南郊漕河泾镇及康健园南，以桂林路为界，划分为东西两个居住区。图 8-1-3 为获 1982 年上海举办的康健西村设计竞赛最佳奖的 7 号方案，其规划人口为 3.64 万人，用地为 56ha，规划组织结构按居住区-组团两级构成。该方案吸取里弄布局的特点，将不同类型的住宅集中成片布置，形成 9 个风格各异、便于识别的组团。

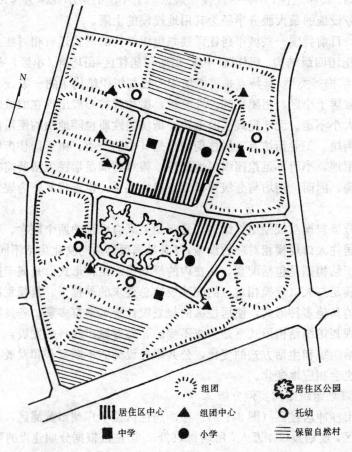

图 8-1-3 康健新村 7 号方案规划组织结构示意图

(3) 唐山市新区 11 号小区（图 8-1-4）。11 号小区位于唐山市丰润新区的西北部，占地面积 13.3ha，地块呈不等边的梯形。规划人口为 7231 人，规划组织结构按小区-组团两级构成。小区划分为 6 个组团，平均每个组团容纳 350 户居民，组团的大小同当地居民委员会的规模保持一致。设计构思借鉴了我国传统四合院的布置手法，组团为内向型，对外封闭，对内开敞。

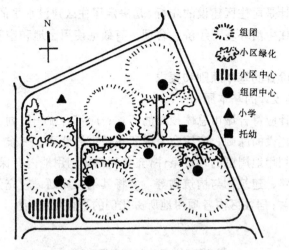

图 8-1-4　唐山市新区 11 号小区规划组织结构示意图

(4) 北京市塔院小区（图 8-1-5）。塔院小区位于北京市西北郊北医南路南侧的塔院，占地面积 16.14ha，规划人口为 1.2 万人，规划组织结构按小区-组团两级构成。规划结合南北

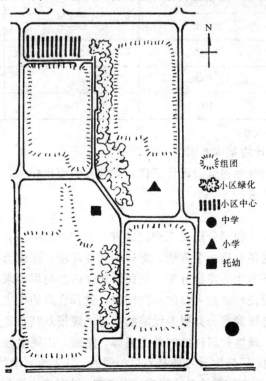

图 8-1-5　塔院小区规划组织结构示意图

长的矩形用地，按使用功能要求，在中心布置绿化、小学和托幼机构；在南北两端的小区出入口设商场。折形主路将住宅划分为 4 个组团，呈"反对称"的布局。

第二节 居住区的规划设计

居住区的规划设计是居住区建设的先行，是决定居住区建设水平的主要环节。因此，为了确保居民基本的居住生活环境，经济、合理、有效地使用土地和空间，应不断提高居住区的规划设计质量。

一、居住区规划设计的基本原则和要求

（一）居住区规划设计的基本原则

居住区的规划设计应符合城市总体规划的要求；应符合统一规划、合理布局、因地制宜、综合开发、配套建设的原则；应综合考虑所在城市的性质、气候、民族、习惯和传统风貌等地方特点和规划用地周围的环境条件，充分利用规划用地内有保留价值的河湖水域、地形地物、植被、道路、建筑物与构筑物等，并将其纳入规划；应充分考虑社会、经济和环境三方面的综合效益；居住区内各项用地所占比例的平衡控制指标，应符合表 8-2-1 的规定。

居住区用地平衡控制指标（%） 表 8-2-1

用地构成	居 住 区	小 区	组 团
1. 住宅用地（R01）	45～60	55～65	60～75
2. 公建用地（R02）	20～32	18～27	6～18
3. 道路用地（R03）	8～15	7～13	5～12
4. 公共绿地（R04）	7.5～15	5～12	3～8
居住区用地（R）	100	100	100

注：表中 R 为居住区用地的代号。

（二）居住区规划设计的基本要求

居住区规划是一项综合性很强的设计工作，它涉及的面比较广，一般居住区规划设计应满足以下几个方面的要求：

1. 使用要求

居住区是居民居住生活和部分居民工作的地方，人们一天中约有 2/3 的时间是在居住区中度过的。因此，为居民创造一个方便、舒适的居住环境，就成为居住区规划设计的最基本的要求。从居民的基本生活需要分析，居民对居住区的使用要求是多方面的，如考虑本地区气候特点和为适应住户家庭人口的不同构成，选择合适的住宅类型；为满足居民生活的多方面需要，必须合理确定公共服务设施的项目、规模及其布置方式；合理地组织居民户外活动和休息场地，绿地和居住区内外交通等。然而，不同地区、不同民族、不同年龄、不同职业及不同时期，居住生活习惯是不尽相同的，其生活活动的内容也会有所差异，如北方的滑冰场、书场，南方的游泳池、茶馆，就带有地方特色。又如老年人喜欢种花、养

鸟、下棋、聊天,儿童喜欢游戏、玩沙坑、戏水,青年人喜欢打球、跳舞等活动。不同的生活活动,必然对居住区规划设计提出一些客观要求,必须加以重视,认真研究和解决。

2. 卫生要求

为居民创造一个卫生、安静的居住环境,它既包括住宅及公共建筑的室内卫生要求,要有良好的日照、通风、采光条件,也包括室外和居住区周围的环境卫生。为此,在居住区规划设计中,就要注意对居住区用地和环境的选择,以防止来自有害工业企业的污染。在规划布置时,要注意防止居住区内的锅炉房和居民生活炉灶的烟尘及车辆行驶造成的废气、噪声和灰尘等对居住区大气的污染,在有条件的城市应尽可能采用集中供热方式及改革燃料结构,如采用天然气、沼气、太阳能、煤气等能源以减轻对环境的污染。在住宅等各项建筑布置时,除满足使用功能外,还应从卫生要求出发,充分利用日照和防止阳光强烈辐射,组织居住区的自然通风,配备给排水工程设施,设置垃圾贮运的公共卫生设备等,为搞好环境卫生创造条件。

(1) 日照 日照是指居室内获得太阳的直接照射。这主要出于生理卫生方面的需要,因阳光中的紫外线具有杀菌、抑制细菌繁殖和净化空气的作用。儿童的成长也离不开阳光,如长期得不到阳光照射就会患佝偻病。阳光还具有强烈的热效能,在冬季能提高室内温度,是寒冷地区的重要热源补充,可起到节能的效果。并且阳光能促进花草、树木的生长,为人们提供美好的室外环境。因此,在布置住宅建筑时应处理好日照关系,在冬季应争取较多的阳光,在夏季则应尽量避免阳光照射时间太长。住宅建筑的朝向和间距也就很大程度上取决于日照要求,尤其是在地理纬度比较高的北方地区,为了保证居室的日照时间,必须有良好的朝向和一定的间距;而在南方地区又要注意防止西晒的问题。

住宅的日照标准由获得日照的时间和日照的质量来决定。1994年2月1日实施的《城市居住区规划设计规范》中明确指出,住宅日照标准应符合表8-2-2的规定;旧区改造可酌情降低,但不宜低于大寒日日照1h的标准。

住宅建筑日照标准　　　　　表8-2-2

建筑气候区划	Ⅰ、Ⅱ、Ⅲ、Ⅳ气候区		Ⅳ气候区		Ⅴ、Ⅵ气候区
	大城市	中小城市	大城市	中小城市	
日照标准日	大寒日				冬至日
日照时数 (h)	≥2		≥3		≥1
有效日照时间带 (h)	8～16				9～15
计算起点	底层窗台面				

(2) 通风 居住区的通风一般指自然通风,它不仅受大气环境所引起的大范围风向变化的影响,而且还受到局部地形特点所引起的风向变化的影响。

风的气流和气压对建筑及其群体的作用一般可通过模拟实验进行分析,建筑群的自然通风与建筑的间距大小、排列方式以及迎风的方向(即风向对建筑群入射角的大小)等有关。试验结果表明:建筑间距越大,后排房屋受到的风压也越强;当间距相同时,入射角由 0°～60°逐渐增大，其风速也相应增大，当风的入射角为 30°～60°时对通风较为有利；当间距较小时，不同风的入射角对通风的影响就不明显了。由此可见，建筑间距越大，自然通风效果越好。但为了节约用地，房至间距不可能很大，一般在满足日照要求的情况下，就能照顾到通风的需要。为了提高建筑物的通风效果，应注意选择合适的朝向，使建筑物迎向夏季盛行风向，保持有利的风向入射角。另外，居室的通风还有赖于居住区的空间组织，在建筑布局时，要为整个居住区创造良好自然通风的环境。一般来说，开敞空间比封闭空间的空气流通性能好；点式住宅比条式住宅通风效果好。可把居住区的室外空间组织成一个系统，将居住区主路设计成主风道，沿风廊道流向各个住宅组团，然后再从组团内庭空间分流到住宅。还可设计成南敞北闭的空间布局，这种方法适用于相当一部分地区，夏季可引进季节风，而冬季又可遮挡北来的寒风。

(3) 朝向　住宅的朝向与地理位置、日照时间、太阳辐射强度、常年盛行风向、地形等因素有关，同时还要考虑局部地区对气候的影响，如靠近山谷或河湖，其昼夜之间温差将引起风向的变化等。因此，住宅居室的朝向与所在地区有关。在南方炎热地区，除了争取冬季日照外，还要着重防止夏季西晒和有利于通风，所以，住宅居室应避免朝西；但在北方寒冷地区，夏季西晒不是主要矛盾，而重要的是在冬季获得必要的日照，故住宅居室应避免朝北。我国部分地区的建筑适宜朝向范围见表 8-2-3 所示。

全国部分地区建筑朝向表　　　　　　　　　　　　表 8-2-3

地　区	最佳朝向	适宜朝向	不宜朝向
北京地区	南偏东 30°以内 南偏西 30°以内	南偏东 45°范围内 南偏西 45°范围内	北偏西 30°～60°
上海地区	南至南偏东 15°	南偏东 30° 南偏西 15°	北、西北
石家庄地区	南偏东 15°	南至南偏东 30°	西
太原地区	南偏东 15°	南偏东到东	西北
呼和浩特地区	南至南偏东 南至南偏西	东南、西南	北、西北
西宁地区	南至南偏西 30°	南偏东 30°至 南偏西 30°	北、西北
乌鲁木齐地区	南偏东 40°南偏西 30°	东南、东、西	北、西北
成都地区	南偏东 45°至 南偏西 15°	南偏东 45°至 东偏北 30°	西、北
昆明地区	南偏东 25°～56°	东至南至西	北偏东 35° 北偏西 35°
拉萨地区	南偏东 10° 南偏西 5°	南偏东 15° 南偏西 10°	西、北
厦门地区	南偏东 5°～10°	南偏东 22°30′ 南偏西 10°	南偏西 25° 西偏北 30°

续表

地　区	最佳朝向	适宜朝向	不宜朝向
重庆地区	南、南偏东10°	南偏东15° 南偏西5°、北	东、西
大连地区	南、南偏西15°	南偏东45°至 南偏西至西	北、西北、东北
青岛地区	南、南偏东5°～15°	南偏东15°至 南偏西15°	西、北
哈尔滨地区	南偏东15°～20°	南至南偏东15° 南至南偏西15°	西、西北、北
长春地区	南偏东30° 南偏西10°	南偏东45° 南偏西45°	北、东北、西北
沈阳地区	南、南偏东20°	南偏东至东 南偏西至西	东北东至西北西
济南地区	南、南偏东10°～15°	南偏东30°	西偏北5°～10°
南京地区	南偏东15°	南偏东25° 南偏西10°	西、北
合肥地区	南偏东5°～15°	南偏东15° 南偏西5°	西
杭州地区	南偏东10°～15° 北偏东6°	南、南偏东30°	北、西
福州地区	南、南偏东5°～10°	南偏东20°以内	西
郑州地区	南偏东15°	南偏东25°	西北
武汉地区	南偏西15°	南偏东15°	西、西北
长沙地区	南偏东9°左右	南	西、西北
广州地区	南偏东15° 南偏西5°	南偏东22°30′ 南偏西5°至西	
南宁地区	南、南偏东15°	南、南偏东15°～25° 南偏西5°	东、西
西安地区	南偏东10°	南、南偏西	西、西北
银川地区	南至南偏东23°	南偏东34° 南偏西20°	西、北

3. 安全要求

安全环境来自有效的居住区规划和科学的居住区管理制度。安全环境包括生理安全、心理安全以及社会安全等因素。居住环境的规划设计不仅要保证居民正常情况下的安全,还要考虑在发生特殊情况时(火灾、震灾)的安全。

(1) 防火 为了保证一旦发生火灾时居民的安全,防止火灾蔓延,建筑物之间要保持一定的防火间距。国家有关部门根据建筑物耐火等级、外墙门窗洞口和建筑物的长度等对各类建筑制定有防火规范,1988年5月1日开始实施的《建筑设计防火规范》中都有详细的规定,其中有关民用建筑的最小防火间距见表8-2-4所示。

民用建筑的防火间距(m)　　　　　　　表8-2-4

耐 火 等 级	一、二级	三 级	四 级
一、二级	6	7	9
三 级	7	8	10
四 级	9	10	12

为了万一发生火灾时进行灭火,除了在室内设置必要的灭火设施外,在室外还需设置消火栓。消火栓应沿道路设置,其间距不应超过120m,其保护半径不应超过150m;另外,消火栓距路边不应超过2m,距房屋外墙不宜小于5m;当道路宽度超过60m时宜在道路两边设置消火栓,并宜靠近十字路口。

(2) 防震 在地震区,居住环境的规划设计必须考虑抗震,如建筑的结构应保证在地震时不倒坍;房屋体形一般应平直简洁;层数不宜太高;道路应平缓畅通,便于疏散,并布置在房屋倒坍范围之外;在规划时还应考虑设置安全疏散场地。安全疏散场地可结合公共绿地,或利用学校和公共建筑的室外场地以及地下室等。此外,考虑到地震时可能因地下管线被破坏而供水中断,应在居住区内或附近备有第二水源,也可利用原有水井,供因地震而引起的火灾时使用。

(3) 交通安全 合理组织居住区交通网络是保证安全环境的重要因素。居住区道路是城市道路的支网,是它的延伸,但决不能像城市道路那样四通八达,以至使居住区内交通环境混乱交错,造成居民心理压抑和不安。因此,居住区用地应有合理的规划布局,道路应有明确分工,其内部支路尽量做到顺而不穿,通而不畅,可设计成曲折形、弧形、风车形等道路线型,使驶入的车辆被迫降低速度,达到安全和安静的目的。

(4) 安全防范 为了加强城市住宅安全防范设施的建设和管理,建设部和公安部于1996年初联合颁发了《城市居民住宅安全防范设施建设管理规定》。由于过去所建的一些住宅楼安全配套设施不完备、管理不完善,在一定程度上给盗窃行为提供了方便,成为危害人民生命财产安全的隐患。为此,这部新颁布的规定要求,今后城市住宅安全防范设施的建设应当纳入住宅建设的规划,住宅设计和施工要增加防盗门、防盗锁、防护墙和报警装置等安全设施,居民住宅区内应附设治安值班室。安全防范设施建设所需费用,由产权人或使用人承担。对违反这项规定所造成的经济损失,由责任者负责赔偿。

4. 经济要求

经济合理地建设居住区,尽可能地降低居住区造价和节约城市用地,是居住区规划设计的一项重要任务。居住区规划的经济合理性主要通过对居住区的综合技术经济指标和综合造价等方面的分析来表达。这就要求在确定居住区内各项用地与各类建筑的定额指标等方面必须与国家经济发展和居民生活水平相适应。在居住区各项建设内容中,住宅建筑面积比重最大(一般在80%左右),建设投资较大,占用土地也较多(约在50%左右)。因此,在居住区规划时就要按照建设条件和经济要求,拟定住宅设计的技术经济指标,选择或设计适用的住宅类型,并结合用地情况,确定合适的建筑间距与密度,使其既能满足居民使用和基本要求,又能节省用地。对于居住区内的公共服务设施、道路、绿地等,也应考虑它们的合理规模和布局,拟定合适的建筑标准,使其经营合理,使用方便,充分发挥其作用。另外,还必须善于因地制宜地运用各种规划手段和经济合理的单体设计,为居住区建设的经济性创造有利的条件。

5. 施工要求

居住区的规划设计应有利于建设的施工组织与管理。如果居住区需分期建设,它的建筑范围、工程量宜相对集中。在统一开发的居住区进行机械化施工时,更应注意所使用的建筑机械类型,充分考虑它们的运行、拆装等需要的各种必要的技术条件。此外,还应注意使绿化用地与施工用地相结合,道路网尽可能与施工道路相结合等。住宅建筑标准化,是建筑工业化和施工机械化的重要条件,也是加快居住区建设的重要措施之一。

6. 景观要求

要为居民创造一个优美的居住环境。居住区的规划与建设对城市的面貌起着很大影响。一个优美的居住环境的形成,不是单个建筑设计所能达到的,它取决于建筑群体的组合和建筑群体与环境的结合。住宅与公建是居住区景观环境的主体要素。造型美观、色彩和谐、空间丰富、布局严谨又活泼,既有统一性,又有多样性,是创造视觉环境的重要条件。充分利用基地的地形、地物、地貌也是塑造视觉环境的有效途径。居住区不仅要有生活居住气息,而且要反映出欣欣向荣、生机勃勃的时代精神面貌。因此,居住区规划应在适用、经济的前提下,将各类建筑、道路、绿化等物质要素,运用规划、建筑以及造园的手法,组织成完整的、丰富的建筑空间,为居民创造明快、淡雅、亲切、富有生活气息的居住环境,并具有地方特色,避免呆板和千篇一律。

二、住宅建筑的规划布置

住宅建筑及其用地的规划布置是居住区规划设计的主要内容。这不仅由于其建筑面积和用地面积在整个居住区中占有相当大的比重,而且大量的住宅建筑在体现城市面貌方面也起着十分重要的作用。住宅建筑的规划布置,应综合考虑用地条件、选型、朝向、间距、绿地、层数与密度、布置方式、群体组合和空间环境等因素。

(一)住宅建筑类型的选择

住宅建筑的选型在居住区规划中是一个很重要的环节,它将直接影响居民生活的方便与否,国家建设投资和城市用地的经济效益,以及城市面貌的形成。特别是随着住房成为商品之后,人们对住宅的要求越来越高。由于它是一种昂贵的不动产,人们首先关心的是它的功能和产品质量,其次是价格,因此,住宅的设计应当适应时代需要,不断更新观念,有所突破。而为了合理地选择住宅类型,就必须从城市规划的角度来研究和分析住宅建筑类型及特点,住宅的建筑经济和用地经济的关系以及住宅设计标准化与多样化等问题。

1. 住宅建筑的类型及其特点

(1) 按平面组成分(见表8-2-5)。

住宅类型及其特点　　　　　　　　　表 8-2-5

编号	住宅类型	用地特点
1 2	独院式 并联式	每户一般都有独用院落，层数1～3层，占地较多
3 4 5	梯间式 内廊式 外廊式	一般多用于多层、中高层和高层住宅，用地比较经济，是常用的住宅类型
6	内天井式	是第3、4类住宅的变化形式，住宅进深大，对节约用地有利
7	点式	是第3类住宅的变化形式，适用于多层、中高层和高层住宅，由于体形短而活泼，故具有布置灵活和丰富群体空间的特点
8	跃廊式	是第4、5类住宅的变化形式，一般适用于高层住宅
9	台阶式	有纵向横向台阶式之分，横向北向台阶式住宅能减少住宅间距，有利于节约用地

　　(2) 按套型分。　所谓套型就是指供不同住户使用的成套住宅的类型。套型一般以每户使用面积的多少来划分，1987年7月1日起实行的《住宅建筑设计规范》规定："住宅应按套型设计。每套必须是独门独户，并应设有卧室、厨房、卫生间及贮藏空间。住宅套型应分为小套、中套、大套，其使用面积不应小于下列规定：小套18m^2；中套30m^2；大套45m^2"。套型的确定主要是为了满足住户不同家庭人口组成的需要，而这与每人平均居住面积的定额标准有密切关系，一般标准越高，每户使用面积越大。

　　1) 单一套型：这种住宅单元的平面由同一种套型组成。例如一梯三户均为大套、中套或均为小套。可表示为大-大-大、中-中-中、小-小-小。由于套型单一，故分配不够灵活。

　　2) 多种套型：这种住宅单元的平面是由不同的套型所组成。例如一梯三户，大套、中套、小套各占一户，可表示为：大-中-小。这种住宅在分配上比较灵活，有的住宅还可设计成套型能灵活变化的平面，这就更能适应不同套型的需求。

　　(3) 按层数分

　　1) 低层住宅：层数一般为1～3层。这类住宅使用方便，结构简单，易于施工和就地取材，因此，造价较低，但占地较大，一般适用于小城市或郊区。

　　2) 多层住宅：层数一般为4～6层（不设电梯）。这类住宅在使用上不如低层住宅方便，但建筑造价和用地比较经济，因此，目前我国住宅建设以多层为主。

　　3) 中高层住宅：层数一般为7～9层（设置电梯）。

　　4) 高层住宅：层数一般为10～30层（设置电梯）。

　　高层住宅可以节约用地，也可以丰富城市的景观及轮廓线，但其造价较高，结构复杂，经常性维护费用大，还有人认为层数太高可能产生对住户生理和心理的不良影响，所以我国只在大中城市有控制地建造一些，不宜大面积建设。

　　(4) 按体形分

　　1) 条式：如为高层住宅则称板式。这是最常见的住宅类型，其特点是住宅朝向、通风、日照以及对于施工等方面都比较有利，在建筑造价和用地方面也较经济。

　　2) 点式：如为高层住宅则称塔式。这类住宅由于体形短，能适应零星的小块用地及坡地的建造，且有利于住宅组团内的通风、日照以及空间组合的变化，但点式和塔式住宅由于外墙较多，故建筑造价一般比条式和板式稍高一些。

3）L、凵、I、E形等其他形状住宅：这类住宅在不规则地形布置可提高住宅建筑面积密度，在城市道路交叉口采用沿街坊周边布置L形住宅还可美化街景。但有些住户的日照和通风条件较差、在结构和施工方面也较复杂，因此，一般不宜大量修建。

2. 住宅建筑经济和用地经济的关系

住宅建筑经济是指住宅每平方米建筑面积的造价和使用面积系数等，而住宅用地经济是指住宅在群体布置中利用土地的经济性。这两者之间有着密切的联系，有时住宅建筑经济和住宅用地经济是一致的，而有时则相互矛盾。下面仅就住宅建筑经济和住宅用地经济比较密切相关的几个因素分别加以分析。

（1）住宅层数　在一般情况下，由于低层住宅可采用地方材料，且结构简单，故造价可低于多层住宅，因此，我国小城市住宅中多数为低层。但低层住宅在同样建筑面积密度下用地较多层住宅大，如平房比5层住宅用地大3倍左右。对于多层住宅，提高层数能降低住宅建筑造价（主要指层顶和基础平均造价）；而从住宅用地经济来分析，提高层数能节约用地，如层数在3～5层之间，每提高一层可使每公顷用地相应增加建筑面积1000m^2左右。综合考虑住宅经济和用地经济，国内外都认为5层住宅比较适当。

（2）住宅进深　住宅在每户建筑面积不变的情况下，加大进深，可使纵墙缩短，外围护墙面积减小，这对于采暖地区外墙需要加厚的情况下，经济效果更好。住宅进深在11m以下时，每增加1m，每公顷可增加建筑面积1000m^2左右，而11m以上效果则不显著，因有时需设内天井。

（3）住宅长度　住宅长度在30～60m时，每增加10m，每公顷用地可增加建筑面积700～1000m^2，在60m以上时效果不显著。住宅长度也直接影响建筑造价，因为住宅单元拼接越长，山墙也就越省。

（4）住宅层高　住宅层高对住宅投资影响较大，还与节约用地有关。《住宅建筑设计规范》规定："住宅层高不应高于2.8m"。据测算，如层高每降低0.1m，降低造价为1%，节约用地为2%。为此，有些城市把降低层高节约的投资用于扩大住房面积上，很受欢迎。但为了保证住宅室内的舒适要求，住宅层高不能降得过低，住宅起居室、卧室的净高一般不应低于2.4m。

（5）建筑节能　建筑节能是通过降低"建造能耗"和"使用能耗"的总能耗量而取得的。根据统计，建筑物年度的使用能耗远比年平均的建造能耗为多。在寒冷地区，用于房屋采暖的能耗占使用能耗中的大部分，因此，降低采暖能耗是建筑节能中的重点。

要降低采暖能耗，一是在采暖设备方面，二是在建筑设计方面采取措施，后者就是设计"节能型建筑"，是一劳永逸的治本方法。

小区节能是多方面的，如房屋进深的加大，层高的降低，南向开窗面积的扩大，北向窗户的缩小，外墙构造的改进，锅炉房位置的适中等等。

通过以上初步分析，可以看到，合理地提高住宅层数是提高住宅面积净密度、节约用地的主要的手段和途径。

3. 住宅设计标准化与多样化

住宅设计标准化是建筑工业化的前提条件，而建筑工业化则是加快居住区建设的重要措施之一。所以实现住宅设计标准化是建筑业发展的必然趋势。

我国在住宅设计方面，实现了标准化，其主要特征是尺寸模数化，构件定型化和平面标准化；同时，还对住宅设计多样化方面进行了研究和实践。

(1) 住宅设计标准化　住宅设计标准化主要是确定合理的建筑参数和构配件规格（包括现浇工艺的模具规格），统一节点构造，并要求在规定的建筑参数和构配件规格的范围内进行住宅设计。其目的在于统一和协调工业化和多样化的矛盾：一方面要适应工业化的要求，对建筑参数和构配件规格加以精简和限制，以利于工业化的生产和施工；另一方面要满足住宅使用功能和多样化的要求。

(2) 住宅设计多样化　住宅设计多样化是为了满足人们物质生活和精神生活上的多种需要及规划布局上的不同要求，其具体内容如下：

1) 住宅套型多样化：住户有着不同的家庭结构，而人口相同的家庭因年龄差异和其他因素，又有不同的组合。高级干部与一般职工、知识分子和一般城市居民、老年人和青年人、各种不同家庭要求的套型都不同。

2) 平面布置和建筑类型多样化：由于职业、爱好、生活方式的不同，对居住空间也有不同的要求。随着人民生活水平和文化修养的提高，电视机、组合音响、洗衣机、电冰箱等家用电器的增多，都要求平面布置有新的变化。考虑城市规划的功能布局、节约用地、节约能源等问题，以及考虑远期过渡的问题，都要求住宅平面有相应的变化。而不同地区、不同的自然条件也影响住宅的类型和平面布置。

3) 体型、立面、细部多样化：住宅体型、立面、细部的变化是为了适应居住区使用功能和建筑艺术布局的要求。一般来说，居住区住宅体型的形式、长短、高低，立面的色彩、比例，以及阳台、门窗的细部处理都要与居住区的总体布局相谐调，在统一中求变化。而对于沿城市干道、广场或居住区、住宅组团的重点部位的住宅，以及在风景区内的住宅，则要重点处理。对海滨、丘陵、山地的住宅，则要结合地形条件、环境特点，做特殊处理。

4. 合理选择住宅建筑类型

合理选择住宅建筑的类型一般应考虑以下几个方面：

(1) 住宅建筑标准。　住宅建筑标准是指面积标准和质量标准。面积标准一般指平均每户建筑面积和平均每人居住面积的大小，或平均每户使用面积；而质量标准是指设备的完善程度（如卫生设备、煤气、供电、供热、电话等）。

住宅建筑标准要与国家经济水平和人民生活水平相适应。在全国范围内由国家建设部制定，各省市则根据国家规定的标准，结合本省市的具体情况和要求，制定出地区性的住宅建筑设计标准。1996年我国政府提交给联合国第二次人类住区大会的《中华人民共和国人类住区发展报告》中指出：到2000年，全国城镇每户居民有一处住宅，人均居住面积达到$9m^2$（人均使用面积达到$12m^2$）。到2010年，全国城镇每户居民都有一处使用功能基本齐全的住宅，人均使用面积达到$18m^2$，基本达到人均一间住房，并有较好的居住环境。

(2) 满足套型比的要求。所谓套型比是指各种不同套型建造数量的比例。而套型分为大套、中套、小套三种。合理确定套型比是住宅选型的重要内容。套型比的确定是根据居民的家庭构成类型比，参照国家或当地住宅定额标准，结合各建设单位的具体情况，并考虑住户的稳定年限等多方面的因素来确定。从现状及预测发展看，今后将以核心家庭（三口人户）为主，一般以小套占20%，中套占50%～55%，大套占25%～30%为宜。如果套型比定得不适当，将造成住户使用不合理和房屋分配的困难，因为居住的基本要求是住得下、分得开、住得稳。

套型比的平衡一般有两种方法：一是选用多种套型的住宅，使套型在一个单元或一幢住宅内进行平衡；二是选用多种单一套型的住宅，让套型在几幢住宅或更大范围内进行平衡。也可选用套型能灵活变化的住宅，使住宅对套型比有更大的适应性。

(3) 确定住宅建筑层数和比例。住宅建筑层数的确定，要综合考虑用地的经济、建筑造价、施工条件、建筑材料的供应、市政工程设施、居民生活水平、居住方便的程度等因素。根据我国目前的条件，大中城市一般以5～6层为主，小城镇以4～5层为主，受用地条件限制的地方可适当建造一些高层住宅。

(4) 适应当地自然气候条件和居民的生活习惯。不同的气候条件对住宅的平面布置和层高等都有很大的影响，如我国南方地区气候炎热，应满足居室有良好的朝向和自然通风，室内应设置冲凉设备以满足居民冲凉的习惯；而北方则气候寒冷，冬季需要防寒、防风，室内应有供暖设施。

(二) 住宅建筑规划布置的要求

1. 住宅建筑的间距要求

住宅建筑间距分正面间距和侧面间距两个方面。凡泛称的住宅间距，系指正面间距。决定住宅建筑间距的因素很多，根据我国所处地理位置与气候状况，以及我国居住区规划实践表明，绝大多数地区只要满足日照要求，其他要求基本都能达到。仅少数地区如纬度低于北纬25°的地区，则将通风、视线干扰等问题作为主要因素。因此，住宅建筑间距，应以满足日照要求为基础，综合考虑采光、通风、消防、管线埋没和避免视线干扰与空间环境等要求为原则，进行确定。

(1) 住宅正面间距。住宅正面间距，应按日照标准（表8-2-2）确定的不同方位的日照间距系数控制，也可采用表8-2-6 不同方位的间距折减系数换算。

不同方位间距折减系数　　　　　　　表8-2-6

方 位	0°～15°	15°～30°	30°～45°	45°～60°	>60°
折减系数	1.0L	0.9L	0.8L	0.9L	0.95L

注：1. 表中方位为正南向（0°）偏东、偏西的方位角。
　　2. L 为当地正南向住宅的标准日照间距，m。

根据住宅获得必要的日照时间来确定的建筑之间的合理距离，称为日照间距。日照间距可用计算方法求得，一般采用冬至日和大寒日两级日照标准（决定居住区住宅建筑日照标准的主要因素，一是所处地理纬度及其气候特征，二是所处城市的规模大小），即根据冬至日或大寒日正午前后居室获得的连续日照时数的多少来确定，并以太阳照射到住宅底层窗台面为计算依据。

为了简化和说明日照间距计算的关系，试以住宅长边向阳、正南朝向和以正午太阳照到住宅底层窗台为计算依据，从图8-2-1所示的关系中可以得出：

$$\tan h = \frac{H-H_1}{L} \qquad L = \frac{H-H_1}{\tan h}$$

式中　L——日照间距；

　　　H——前排住宅檐口至地面高度；

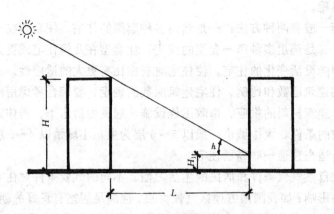

图 8-2-1 平地日照间距的计算关系

H_1——后排住宅的窗台至地面高度；

h——正午太阳高度角。

【例】 哈尔滨大寒日应满足正午前后 2h 日照（即从 11 点～13 点），其 11 点钟的太阳高度角（h）为 22°37′，前排住宅高度（H）为 18m，后排住宅窗台高度（H_1）为 1.5m，求该时的日照间距（L）。

【解】

$$L = \frac{H-H_1}{\tan h} = \frac{18-1.5}{\tan 22°37'} = \frac{16.5}{0.42} \approx 39.29\text{m}$$

在实际应用中常将 L 换算成 H 的比值，以便于根据不同建筑高度算出间距。

则 $\frac{L}{H} = \frac{39.29}{18} = 2.18$

即哈尔滨的日照间距 $L=2.18H$。

日照标准的确定与居住区用地经济关系密切，因为日照标准决定了房屋间距的大小，直接影响住宅用地的经济性。

各地的太阳高度角与所处地理纬度有关，一般来说纬度越高，同一时日的太阳高度角也就越小，因此，日照间距也就要求越大。表 8-2-7 所列是我国主要城市不同日照标准的间距系数。

全国主要城市不同日照标准的间距系数　　　　表 8-2-7

序号	城市名称	纬度（北纬）	冬至日		大寒日				现行采用标准
			正午影长率	日照 1h	正午影长率	日照 1h	日照 2h	日照 3h	
1	漠河	53°00′	4.14	3.88	3.33	3.11	3.21	3.33	
2	齐齐哈尔	47°20′	2.86	2.68	2.43	2.27	2.32	2.43	1.8～2.0
3	哈尔滨	45°45′	2.63	2.46	2.25	2.10	2.15	2.24	1.5～1.8
4	长春	43°54′	2.39	2.24	2.07	1.93	1.97	2.06	1.7～1.8

续表

序号	城市名称	纬度（北纬）	冬至日 正午影长率	冬至日 日照1h	大寒日 正午影长率	大寒日 日照1h	大寒日 日照2h	大寒日 日照3h	现行采用标准
5	乌鲁木齐	43°47′	2.38	2.22	2.06	1.92	1.96	2.04	
6	多伦	42°12′	2.21	2.06	1.92	1.79	1.83	1.91	
7	沈阳	41°46′	2.16	2.02	1.88	1.76	1.80	1.87	1.7
8	呼和浩特	40°49′	2.07	1.93	1.81	1.69	1.73	1.80	
9	大同	40°00′	2.00	1.87	1.75	1.63	1.67	1.74	
10	北京	39°57′	1.99	1.86	1.75	1.63	1.67	1.74	1.6～1.7
11	喀什	39°32′	1.96	1.83	1.72	1.60	1.64	1.71	
12	天津	39°06′	1.92	1.80	1.69	1.58	1.61	1.68	1.2～1.5
13	保定	38°53′	1.91	1.78	1.67	1.56	1.60	1.66	
14	银川	38°29′	1.87	1.75	1.65	1.54	1.58	1.64	1.7～1.8
15	石家庄	38°04′	1.84	1.72	1.62	1.51	1.55	1.61	1.5
16	太原	37°55′	1.83	1.71	1.61	1.50	1.54	1.60	1.5～1.7
17	济南	36°41′	1.74	1.62	1.54	1.44	1.47	1.53	1.3～1.5
18	西宁	36°35′	1.73	1.62	1.53	1.43	1.47	1.52	
19	青岛	36°04′	1.70	1.58	1.50	1.40	1.44	1.50	
20	兰州	36°03′	1.70	1.58	1.50	1.40	1.44	1.49	1.1～1.2；1.4
21	郑州	34°40′	1.61	1.50	1.43	1.33	1.36	1.42	
22	徐州	34°19′	1.58	1.48	1.41	1.31	1.35	1.40	
23	西安	34°18′	1.58	1.48	1.41	1.31	1.35	1.40	1.0～1.2
24	蚌埠	32°57′	1.50	1.40	1.34	1.25	1.28	1.34	
25	南京	32°04′	1.45	1.36	1.30	1.21	1.24	1.30	1.0；1.1～1.8
26	合肥	31°51′	1.44	1.35	1.29	1.20	1.23	1.29	1.2
27	上海	31°12′	1.41	1.32	1.26	1.17	1.21	1.26	0.9～1.1
28	成都	30°40′	1.38	1.29	1.23	1.15	1.18	1.24	1.1
29	武汉	30°38′	1.38	1.29	1.23	1.15	1.18	1.24	0.7～0.9 1.0～1.1
30	杭州	30°19′	1.36	1.27	1.22	1.14	1.17	1.22	0.9～1.0 1.1～1.2

续表

序号	城市名称	纬度(北纬)	冬至日 正午影长率	冬至日 日照1h	大寒日 正午影长率	大寒日 日照1h	大寒日 日照2h	大寒日 日照3h	现行采用标准
31	拉萨	29°42′	1.33	1.25	1.19	1.11	1.15	1.20	
32	重庆	29°34′	1.33	1.24	1.19	1.11	1.14	1.19	0.8~1.1
33	南昌	28°40′	1.28	1.20	1.15	1.07	1.11	1.16	
34	长沙	28°12′	1.26	1.18	1.13	1.06	1.09	1.14	1.0~1.1
35	贵阳	26°35′	1.19	1.11	1.07	1.00	1.03	1.08	
36	福州	26°05′	1.17	1.10	1.05	0.98	1.01	1.07	
37	桂林	25°18′	1.14	1.07	1.02	0.96	0.99	1.04	0.7~0.8；1.0
38	昆明	25°02′	1.13	1.06	1.01	0.95	0.98	1.03	0.9~1.0
39	厦门	24°27′	1.11	1.03	0.99	0.93	0.96	1.01	
40	广州	23°08′	1.06	0.99	0.95	0.89	0.92	0.97	0.5~0.7
41	南宁	22°49′	1.04	0.98	0.94	0.88	0.91	0.96	1.0
42	湛江	21°02′	0.98	0.92	0.88	0.83	0.86	0.91	
43	海口	20°00′	0.95	0.89	0.85	0.80	0.83	0.88	

注：本表按沿纬向平行布置的 6 层条式住宅（楼高 18.18m，首层窗台距室外地面 1.35m）计算。

(2) 住宅侧面间距，应符合下列规定：

1) 各式住宅，多层之间不宜小于 6m；高层与各种层数住宅之间不宜小于 13m；

2) 高层塔式住宅、多层和中高层点式住宅与侧面有窗的各种层数住宅之间应考虑视线干扰因素，适当加大间距。

2. 住宅布置，应符合下列规定

(1) 选择环境条件优越的地段布置住宅，其布置应合理紧凑；

(2) 面街布置的住宅，其出入口应避免直接开向城市道路和居住区级道路；

(3) 有利于组织居民生活、治安保卫和管理。

3. 住宅净密度，应符合下列规定

(1) 住宅建筑净密度的最大值，不得超过表 8-2-8 的规定；

住宅建筑净密度最大值控制指标（%） 表 8-2-8

住宅层数	建筑气候区划		
	Ⅰ、Ⅱ、Ⅵ、Ⅶ	Ⅲ、Ⅴ	Ⅳ
低层	35	40	43
多层	28	30	32
中高层	25	28	30
高层	20	20	22

注：混合层取两者的指标值作为控制指标的上、下限值。

(2) 住宅面积净密度的最大值，应符合表8-2-9的规定。

住宅面积净密度最大值控制指标(万 m²/ha)　　　　　表 8-2-9

住 宅 层 数	建 筑 气 候 区 划		
	Ⅰ、Ⅱ、Ⅵ、Ⅶ	Ⅲ、Ⅴ	Ⅳ
低　层	1.10	1.20	1.30
多　层	1.70	1.80	1.90
中高层	2.00	2.20	2.40
高　层	3.50	3.50	3.50

注：1. 混合层取两者的指标值作为控制指标的上、下限值；
　　2. 本表不计入地下层面积。

(三) 住宅建筑的规划布置

1. 住宅建筑群体平面组合的基本形式

住宅建筑的规划布置方式一方面受到气候、地形、现状条件等的影响。另一方面则受住宅建筑本身不同类型的制约，概括起来，住宅建筑群体的平面组合方式一般可分为以下几种基本形式：

(1) 行列式布置　建筑按一定的朝向和合理间距成排布置的形式称为行列式。这种布置形式能使每户都有好朝向，又便于工业化施工，因而已成为我国60年代以来最普遍的布置方式。但如果处理不好会造成单调、呆板的感觉，而且容易产生穿越交通的干扰。因此，为了避免以上这些缺点，在规划布置时常采用山墙错落，单元错开拼接以及用矮墙分隔的手法；也可采用住宅和道路平行、垂直、呈一定角度的布置方法，产生街景的变化；还可采用不同角度的几组建筑组合成不同形状的院落空间等。

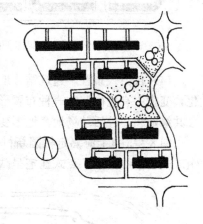

8-2-2　沙冲居住区住宅组团平面

图8-2-2是广州沙冲居住区住宅组团平面。该组团结合不规则的地形南北向行列式布置住宅。由于条形住宅左右错开，同时在组团中心保留了一块开敞的绿地，空间比较流畅。居民出行时景观也有变化，避免了行列式前后对齐的封闭感，日照通风条件也有所改善。

(2) 周边式布置　建筑沿街坊或院落周边布置的形式称为周边式。这种布置形式有利于形成近乎封闭的空间，且具有一定的面积，便于组织公共绿化休息园地，组成的院落也比较安静、完整，对于寒冷及多风沙地区，可以阻挡风沙及减少院内积雪。周边式布置还有利于节约用地，提高住宅面积密度。但是这种布置形式有相当一部分居室的朝向较差，因此不适合于南方炎热地区，而且转角单元结构、施工较为复杂，不利于抗震，对于地形起伏较大地段也会造成较大的土石方工程量，增加建设投资。

图8-2-3是天津子牙里住宅组团平面。该组团采用曲尺形多层住宅围成周边式的大院，将绿化分散到各个组团大院，形成较大的室外活动空间。所有住宅单元入口均面向庭院，居民进入庭院有归属感。每个组团留有两个出入口，造成半封闭的气氛。庭院内设有坐椅和

花坛供居民休息交谈，儿童也乐于在此玩耍。

（3）混合式布置　混合式布置多在改变单纯行列式或周边式布置时产生的，是上述两种形式的有机结合。最常见的是以行列式为主，以少量住宅或公建沿道路或院落周边布置以形成半开敞式院落。这种形式既保留了行列式和周边式的优点，又克服了两者的一些缺点，因此，被广泛地采用。

图 8-2-4 是北京幸福村住宅组团平面。该组团运用混合式布置手法，由条形住宅组成半封闭的内向庭院。院落随地形变化，灵活布置。住宅为外廊式，在面向庭院的走廊上居民能看到庭院，庭院内活动的居民也能看到走廊上各户的入口，使庭院内充满着生活气息，创造较好的居住环境。

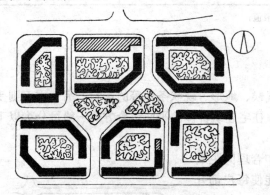
图 8-2-3　子牙里住宅组团平面

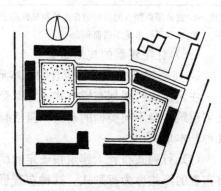
图 8-2-4　幸福村住宅组团平面

（4）自由式布置　建筑结合地形，在基本满足功能要求的前提下，具备"规律中有变化，变化中有规律"的一种布置形式，其目的是追求住宅组团空间更加丰富，并留出较大公共绿地和户外活动场地。地形变化较大的地区，以采用这种布置形式效果较好。

图 8-2-5 是上海嘉定桃园新村住宅组团平面。该组团运用自由式布置手法，由 4 幢住宅组成一个中心院落。点式住宅呈跌落式，中部 5 层，两翼向外跌落为 4、3、2 层。由此围合成的院落空间比较通透，没有封闭的感觉。这样的布置适宜于温暖地带的气候条件。对小区的日照通风有利。但空间须经过精心的设计，安排好休息场地、绿化小品和通道的关系，形成一定的活动场所。而且组团外围要有围墙与外界隔开，否则容易被外来者穿越，还会给人以"散"的感觉。

以上四种基本布置形式并非住宅建筑布置的所有形式，而且也不可能列举所有的形式。在规划设计中，必须根据具体情况，因地制宜地创造不同的居住空间环境。

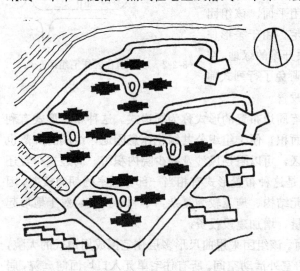
图 8-2-5　桃园新村住宅组团平面

2. 住宅建筑群体的组合方式

住宅建筑群体的组合应在居住区规划组织结构的基础上进行。住宅建筑群体的组合是居住区规划设计的重要环节和主要内容。

(1) 组团式的组合方式。住宅建筑群体的组合可以由一定规模和数量（或结合公建）组合成组团，作为居住区或小区的基本组合单元，有规律地反复使用。这种基本组合单元可以由若干同一类型或不同类型的住宅（或结合公建）组合而成。组团的规模主要受建筑层数、公建配置方式、自然地形和现状等条件的影响，一般人口规模为1000～3000人。

图 8-2-6 是北京黄村富强西里小区平面，该小区位于北京市郊大兴县黄村新城中心地区。占地 12.1ha，可住 2000 户，7000 多人。小区基本上由一种组团形式反复布置组成。2 个组团组成 1 个居委会。

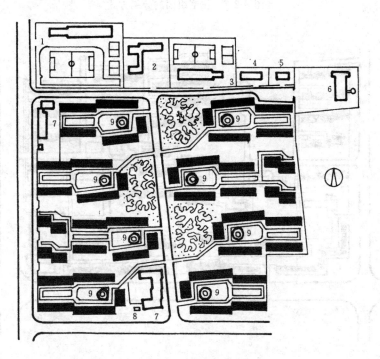

图 8-2-6 北京黄村富强西里小区（12.1ha）
1—中学；2—托幼；3—小学；4—房管；5—变电；6—锅炉房；
7—商店；8—公厕；9—半地下自行车库

组团式的组合方式，功能分区明确，组团用地有明显的范围，组团之间可用绿地、道路、公建或自然地形进行分隔（图 8-2-7）。这种组合方式也有利于分期建设，即使在一次建设量较少的情况下，也容易使住宅组团在短期内建成而达到面貌比较统一的效果。

(2) 街坊式的组合方式。成街的组合方式就是以住宅（或结合公建）沿街道成组成段的布置方式，而成坊的组合方式就是住宅（或结合公建）以街坊作为整体的一种布置方式。成街的组合方式一般用于城市道路和居住区主要道路的沿线和带形地段的规划。成坊的组合方式一般用于规模不太大的街坊（小于小区、大于组团规模）或保留房屋较多的旧居住地段的改建。成街组合是成坊组合中的一部分，两者相辅相成，密切结合，特别在旧居住区改建时，不应只考虑沿街的建筑布置，而忽略整个街坊的总体设计（图 8-2-8、图 8-2-9）。

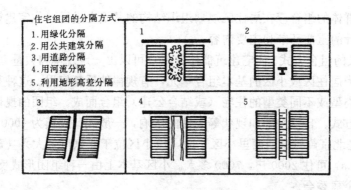

图 8-2-7　住宅组团的分隔方式

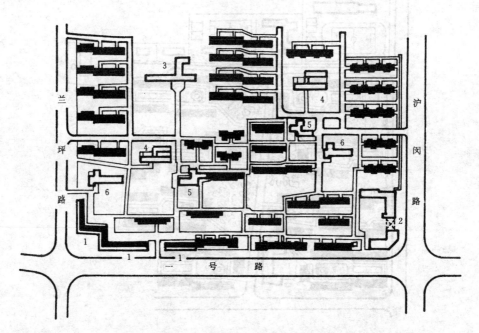

图 8-2-8　上海闵行东风新村小区
1—商店；2—邮局；3—小学；4—幼儿园；5—托儿所；6—食堂

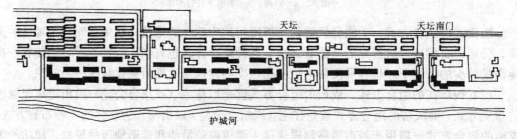

图 8-2-9　北京天坛南小区

住宅建筑群体组团式和街坊式的组合方式并不是绝对的，往往这两种方式相互结合使用；在考虑组团式的组合方式时，也要考虑成街的要求，而在考虑成街成坊的组合方式时，也要注意住宅建筑空间组合的要求。

3. 山地、丘陵地区住宅建筑规划布置的特点

我国地域辽阔，山地、丘陵占有相当大比重。在这类地区布置住宅建筑时，必须考虑其特殊的要求。

(1) 地形的坡度和坡向及其对建筑日照和通风的影响。地形的坡度一般分为五类，即平坡地（坡度3%以下）、缓坡地（3%～10%）、中坡地（10%～25%）、陡坡地（25%～50%）和急坡地（50%～100%）。其中，前两类较宜于布置建筑。地形的坡向变化比较复杂，一般分为东、南、西、北、东南、西南、东北和西北等8个坡向，其中南、东南、西南向为全阳坡，东、西向为半阳坡，北、西北和东北为背阳坡。

不同的坡度和坡向对住宅建筑的日照产生不同的影响。从不同的坡向来分析，很明显地可以看到全阳坡的日照条件最好，背阳坡最差；而不同坡度上建筑的日照间距将随坡向的变化而变化（减少或增加）。如重庆地区，当坡度为10%时，正南向的日照间距为1∶1，当坡度升高到50%时，日照间距只需1∶0.5就够用了。反之，在北向背阳坡上，当坡度为25%时，日照间距为1∶2.3，而坡度为50%时的日照间距达到1∶5.5。由此可见，在向阳坡布置建筑可节约用地，而背阳坡用地则很不经济。但必须注意，当向阳坡的日照间距小于防火、防震或室外工程所需的建筑间距时，应按防火、防震等要求确定其建筑间距。

山地建筑的自然通风，除受大气候影响外，还受到因地形、温差而产生的局部小气候的影响，有时这种小气候对建筑的通风起着主要作用，如山谷地带的山谷风，靠近水面的水陆风等，绿化林带也可导致气候在局部地区的改变。因此，在山地、丘陵地区布置住宅，不仅要利用气流，还应注意组织气流，但冬季须注意防风。

(2) 建筑群体组合的特点。山地丘陵地区建筑群体的组合在很大程度上受地形条件的影响。山地的建筑用地常呈不规则形状，且有时还高低不一、大小不等。因此，山地建筑的布置形式一般比较灵活和活泼，最常见的是各种随地形陡缓曲直而变化的行列式和自由式布置。

在山地采用行列式或各种变化的行列式，或自由式布置建筑，较容易适应地形的变化，能使绝大部分建筑的朝向与地形坡向一致。周边式或混合式都不适宜山地的布置。一般在坡度均匀平缓，等高线基本平行的迎风向阳坡上采用平列或交错行列式；随着坡度的增大或等高曲线的变化而分别采用斜行列式或曲折形等布置方式（图8-2-10）；当地形变化无一定规律性，而对其改造的可能性又不大时，则多采用更为灵活的点式、自由式布置（图8-2-11）。

在山地丘陵地区的建筑布置中，除了群体布置必须适应地形的变化外，还可通过建筑单体的某些局部处理以适应地形的变化，达到功能合理和节省投资。我国山区有许多传统处理手法，例如：筑台——对自然地表开挖和填筑，形成平整台地；提高勒脚——将房屋四周勒脚高度调整到同一高度；错层——房屋内同一楼层作成不同标高，以适应倾斜的地面；跌落——房屋以开间或单元为单位，与邻旁开间或单元标高不同；错跌——房屋顺坡势逐层或隔层沿水平方向错移和跌落；掉层——房屋基底随地形筑成阶梯状，其阶差等于房屋的层高；吊脚与架空——房屋的一部分或全部被支承在柱子上，使其凌空；附岩——房屋贴附在岩壁修建，常与吊脚、悬挑等方法配合使用；悬挑——利用挑楼、挑台、挑楼梯等来争取建筑空间的方法；分层入口——利用地形高差按层分设入口，可使多层房屋出入方便等等，为山地建筑的设计和修建提供了宝贵的经验（图8-2-12）。

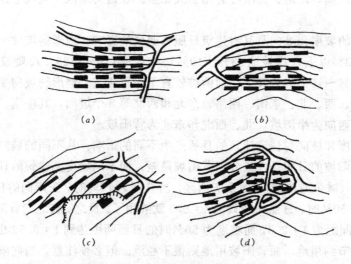

图 8-2-10 行列式布置的几种方式
(a) 平列式，适用于朝向好的单向坡地；(b) 交错式，日照通风较好；(c) 斜列式，地形坡向并不在最好朝向；(d) 曲折式，适用于地形变化的地带

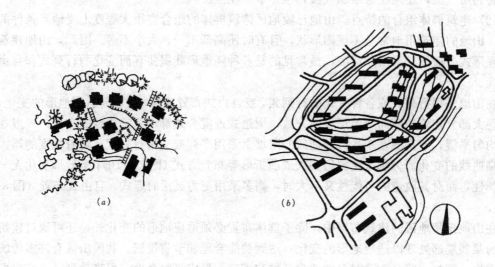

图 8-2-11 点式及自由式布置
(a) 点式布置，有利于利用各种地形；(b) 自由式布置

三、公共服务设施的规划布置

居住区公共服务设施（也称配套公建，或简称公建）是居住区中一个重要组成部分，与居民的生活密切相关。它是为了满足居民的物质和精神生活的需要，与住宅建筑配套建设的。公建项目设置和布置方式直接影响到居民的生活方便与否，同时公建的建设量和占地面积仅次于住宅建筑，而其形体色彩富于变化，有利于组织建筑空间，丰富群体面貌。因

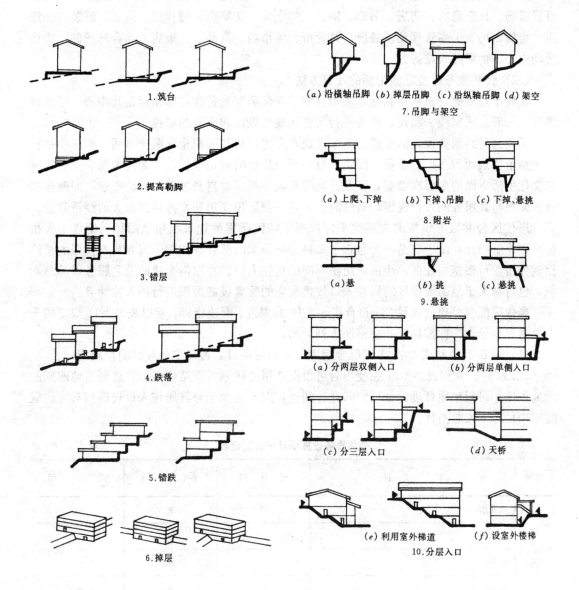

图 8-2-12 山地建筑竖向处理手法

此，在规划设计中应予以足够的重视。

(一) 居住区公建的分类和内容

居住区公建的设置主要是为了满足本居住区内居民日常生活的需要，其内容和项目是很广泛的。按其使用性质来分，有教育、医疗卫生、文化体育、商业服务、金融邮电、市政公用、行政管理和其他等八类设施。

按居民对公建的使用频率可分为两种：

(1) 居民每日或经常使用的公建，如综合副食店、小百货店、菜站、粮油店、煤(气)站、理发店、小吃部、居委会、房管段、卫生站、托幼、中小学、文化活动站、储蓄所、邮政所、自行车存车处等。

(2) 居民必须的非经常使用的公建，如门诊所、街道办事处、派出所、房管所、综合百货商场、日杂商店、药店、书店、银行、邮电局、洗染店、照相馆、浴室、服装店、旅店、集贸市场、工商管理及税务所、粮管所、菜市场、食品店、饭店、综合修理部、文化活动中心、物资回收站等。

(二) 公共服务设施定额指标的计算方法

在城市规划的一系列控制性定额指标中，居住区配套公建定额指标是其中的一项重要内容。一般由国家统一制定，作为进行居住区规划设计和审批的依据。

居住区公共服务设施的配建，主要反映在配建项目和面积指标两个方面，而面积指标又包括了建筑面积和用地面积。配建项目和面积指标的确定依据，主要是考虑居民在物质与文化生活方面的多层次需要，以及公共服务设施项目对自身经营管理的要求，即配建项目和面积与其服务的人口规模相对应时，才能方便居民使用和发挥项目最大的经济效益。

居住区公共服务设施的配建水平应以每千居民所需的建筑和用地面积（简称千人指标）作控制指标，由于它是一个包含了多种影响因素的综合性指标，因此具有较强的总体控制作用。可根据居住区、小区、组团不同的居住人口估算出需配建的公共服务设施总面积，也可对大于组团或小区的居住人口规模所需的配套设施面积进行插入法计算。

居住区配套公建的项目，应符合表8-2-10的规定。配建指标，应以表8-2-11规定的千人总指标和分类指标控制，并应遵循下列原则：

(1) 表8-2-10和表8-2-11应配合使用，先确定项目，再确定各项目的控制指标。

(2) 表8-2-10和表8-2-11在使用时可根据选用的规划组织结构类型和规划用地四周的设施条件，对配建项目进行合理的归并、调整，但不应少于与其居住人口规模相对应的应配建项目与千人总指标。

公共服务设施项目分级配建表　　　　　表8-2-10

类别	项目	居住区	小区	组团
教育	托儿所	—	▲	△
	幼儿园	—	▲	—
	小学	—	▲	
	普通中学	△	▲	
医疗卫生	门诊所	▲	△	
	卫生站	—	—	▲
	医院（200～300床）	△		
文化体育	文化活动中心（含青少年活动中心、老年活动中心）	▲	—	—
	文化活动站（含青少年、老年活动站）	—	▲	△
	居民运动场	△		

续表

类别	项 目	居住区	小 区	组 团
商业服务	粮油店	—	▲	△
	煤（气）站	—	▲	—
	菜 站	—	▲	△
	菜市场	▲	—	—
	食品店	▲	—	—
	综合副食店	—	▲	△
	早点、小吃部	—	▲	▲
	小饭铺（含早点、小吃）	—	▲	—
	饭 馆	▲	—	—
	冷饮乳制品店	△	△	—
	小百货店	—	▲	—
	综合百货商场	▲	—	—
	照相馆	△	—	—
	服装加工部	▲	△	—
	服装店	△	—	—
	日杂商店	▲	△	—
	中西药店	▲	—	—
	理发店	▲	▲	—
	浴 室	△	—	—
	洗染门市部	▲	—	—
	书 店	▲	△	—
	弹棉花门市部	△	—	—
	自行车修理部	▲	△	—
	综合修理部	▲	△	—
	旅店	▲	—	—
	物资回收站	▲	△	—
	综合基层店	—	—	▲
	早晚服务点	—	△	▲
	集贸市场	▲	△	—

续表

类别	项 目	居住区	小区	组团
金融邮电	银行	△	—	—
	储蓄所	—	▲	—
	邮电局	△	—	—
	邮政所	—	▲	—
市政公用	锅炉房	△	△	△
	变电室	—	▲	△
	开闭所	▲	—	—
	路灯配电室	—	▲	—
	煤气调压站	△	△	—
	高压水泵房	—	—	△
	公共厕所	▲	▲	△
	垃圾转运站	△	—	—
	垃圾站	—	—	▲
	居民存车处	—	—	▲
	居民小汽车停车场	—	△	△
	公共停车场（库）	▲	▲	—
	公交始末站	△	△	—
	汽车出租站	△	—	—
	电话总机房	△	—	—
	消防站	△	—	—
行政管理	街道办事处	▲	—	—
	派出所	▲	—	—
	居（里）委会	—	—	▲
	粮食办公室	▲	—	—
	房管所	▲	—	—
	房管段	—	▲	—
	市政管理机构（所）	▲	—	—
	绿化、环卫管理点	▲	△	—
	市场管理用房	▲	△	—
	工商管理及税务（所）	▲	△	—
	居住区综合管理处	△	△	—
其他	防空地下室	△①	△①	△①
	街道第三产业	△	△	—

①在国家确定的一、二类人防重点城市，应按人防有关规定配建防空地下室。

▲为应配建的项目；△为宜设置的项目。

公共服务设施控制指标（m²/千人） 表 8-2-11

居住规模 类别	居住区		小区		组团	
	建筑面积	用地面积	建筑面积	用地面积	建筑面积	用地面积
总指标	1605～2700 (2165～3620)	2065～4680 (2655～5450)	1176～2102 (1546～2682)	1282～3334 (1682～4084)	363～854 (704～1354)	502～1070 (882～1590)
其中 教育	600～1200	1000～2400	600～1200	1000～2400	160～400	300～500
医疗卫生 （含医院）	60～80 (160～280)	100～190 (260～360)	20～80	40～190	6～20	12～40
文体	100～200	200～600	20～30	40～60	18～24	40～60
商业服务	700～910	600～940	450～570	100～600	150～370	100～400
金融邮电 （含银行、邮电局）	20～30 (60～80)	25～50	16～22	22～34	—	—
市政公用 （含自行车存车处）	40～130 (460～800)	70～300 (500～900)	30～120 (400～700)	50～80 (450～700)	9～10 (350～510)	20～30 (400～550)
行政管理	85～150	70～200	40～80	30～100	20～30	30～40
其他						

注：1. 居住区级指标含小区和组团级指标，小区级含组团级指标；
  2. 公共服务设施总用地的控制指标应符合表 8-2-1 规定；
  3. 总指标未含其他类，使用时应根据规划设计要求确定本类面积指标；
  4. 小区医疗卫生类未含门诊所；
  5. 市政公用类未含锅炉房，在采暖地区应自行确定。

（3）当规划用地内的居住人口规模介于组团和小区之间或小区和居住区之间时，除配建下一级应配建的项目外，还应根据所增人数及规划用地周围的设施条件，增配高一级的有关项目及增加有关指标。

（4）地处流动人口较多的居住区，应根据不同性质的流动人口数量，增设有关项目及增加相应面积。

（5）在Ⅰ、Ⅶ建筑气候区和处于山地的居住区，其商业服务设施的配建项目和面积可酌情增加，但应符合当地城市规划管理部门的有关指标。

（6）旧区改造和城市边缘的居住区，其配建项目与千人总指标可酌情增减，但应符合当地城市规划管理部门的有关规定。

（7）凡国家确定的一、二类人防重点城市均应按国家人防部门的有关规定配建防空地下室，并应遵循平战结合的原则，与城市地下空间规划相结合，统筹安排，将居住区使用部分的面积，按其使用性质纳入配套公建。

（8）居住区配套公建各项目的设置要求，应符合表 8-2-12 的规定，对其中的服务内容可酌情选用。

公共服务设施定额指标的应用，要从实际需要出发，应根据居住区类型的不同而有所区别，如附近原有设施可利用时，指标可取下限；如远离城市，且要兼为附近农村服务时，指标可取上限。表 8-2-12 所列各公建的一般规模，是根据各项目自身的经营管理及经济合理性确定的，可供有关项目独立配建时参考。

表 8-2-12

公共服务设施各项目的设置规定

设施名称	项目名称	服务内容	设 置 规 定	每处一般规模 建筑面积(m²)	每处一般规模 用地面积(m²)
教育	(1)托儿所	保教小于3周岁儿童	(1)设于阳光充足,接近公共绿地,便于家长接送的地段 (2)托儿所每班按25座计,幼儿园每班按30座计 (3)服务半径不宜大于300m,层数不宜高于3层 (4)3班以下的托、幼儿园所,可混合设置,也可附设于其他建筑,但应有独立院落和出入口,4班以上的托儿园所均应独立设置 (5)8班和8班以上的托、幼园所用地应分别按每座不小于7m²或9m²计 (6)托、幼建筑宜布置于挡寒风的建筑物的背风面,但其主要房间应满足冬至日不小于2h的日照标准 (7)活动场地应有不小于1/2的活动面积在标准建筑日照阴影线之外	—	4班:≥1200 6班:≥1400 8班:≥1600
	(2)幼儿园	保教学龄前儿童		—	4班:≥1500 6班:≥2000 8班:≥2400
	(3)小学	6~12周岁儿童入学	(1)应符合现行国家标准《中小学校建筑设计规范》的规定 (2)学生出行半径不应穿越城市道路 (3)服务半径不宜大于500m (4)教学楼应满足冬至日不小于2h的日照标准	—	12班:≥6000 18班:≥7000 24班:≥8000
	(4)中学	12~18周岁青少年入学	(1)应符合现行国家标准《中小学校建筑设计规范》的规定 (2)在抽有3所或3所以上中学的居住地区内,应一所设置400m环形跑道的运动场 (3)服务半径不宜大于1000m (4)教学楼应满足冬至日不小于2h的日照标准	—	18班:≥11000 24班:≥12000 30班:≥14000
医疗卫生	(5)卫生站	防疫、保健、就近打针	可附设于居(里)委会建筑内	30	—
	(6)门诊所	儿科、内科、妇幼与老年保健	(1)交通方便有、服务距离适中的地段 (2)独立地段小区,酌情设门诊所,一般小区不设	2000~3000	3000~5000
	(7)医院	设综合性科室门诊和住院部(200~300床)	(1)宜交通方便、环境较安静地段 (2)一般10万人左右应设一所医院,设医院的居住区不再设门诊所 (3)病房楼应满足冬至日不小于2h的日照标准	12000~18000	15000~25000
文体	(8)文化活动中心	书报阅览、书画、文娱、健身、音乐欣赏、茶座等主要供青少年和老年人活动	(1)宜结合或靠近同级中心绿地安排 (2)独立性组团可不设本站,但一般组团可不设	150~300	—
	(9)文化活动站(含青少年、老年活动中心)	小型图书馆、科普知识宣传教育、棋类活动室、游艺厅、球类活动室、科技活动及各类艺术训练班等	宜结合或靠近同级中心绿地安排	4000~6000	8000~12000
	(10)居民运动场	健身场地	宜设置60~100m直跑道和200m环形跑道及简单的运动设施	—	10000~15000

续表

设施名称	项目名称	服务内容	设置规定	每处一般规模	
				建筑面积（m²）	用地面积（m²）
商业服务	(11) 粮油店	粮油及粮油制品	(1) 服务半径，居住区不宜大于500m；居住小区不宜大于300m，基层网点（综合付食店、菜店、早点铺等）不宜大于150m (2) 地处山坡地的居住区，其商业服务设施的布点，除满足服务半径的要求外，还应考虑上坡空手、下坡负重的原则	200~300	—
	(12) 煤（气）站	煤或罐煤气		150~200	450~600
	(13) 菜店	大宗蔬菜、肉、蛋等		150~500	—
	(14) 菜市场副食店	鱼、肉、禽、蛋、菜、水产、调味品与熟食品等		1500~2500	—
	(15) 食品店	糖、烟、酒、糕点、干鲜果及熟食品等		300~500	—
	(16) 综合副食店	含小百货、小日杂等		300~600	—
	(17) 早点小吃店	早点、主食与小吃		120~150	—
	(18) 小饭铺（含早点、小吃）	早点、主食与快餐		150~300	—
	(19) 饭馆	快餐、炒菜与正餐		500~600	—
	(20) 冷饮乳制品店	冷、热饮及乳品		200~350	—
	(21) 小百货店	日用百货、小五金		400~600	—
	(22) 综合百货商场	日用百货、鞋帽、服装、布匹、五金及家用电器等		2000~3000	—
	(23) 照相馆	照相、冲印		300~500	—
	(24) 服装加工部	服装剪裁加工		200~300	—
	(25) 服装店	男女及儿童服装		100~300	—
	(26) 日杂商店	土产、日杂		200~300	—
	(27) 中西药店	汤药、中成药与西药		200~500	—
	(28) 理发店	理发、烫发	根据服务规模设置对应等级	100~300	—

257

续表

设施名称	项目名称	服务内容	设 置 规 定	每处一般规模 建筑面积 (m²)	用地面积 (m²)
商业服务	(29) 浴室	含理发部与小吃部		1000~1300	—
	(30) 洗染门市部	含洗染、织补		100~150	—
	(31) 书店	一般图书及科技书刊		300~1000	—
	(32) 弹棉花门市部	弹棉胎		150~200	—
	(33) 自行车修理部	修理自行车		100~150	—
	(34) 综合修理部	除自行车外的其他物品修理		300~500	—
	(35) 旅店	住宿	宜与浴室合设	1000~1200	1000
	(36) 物资回收站	废旧物品回收	应设于对居民干扰小和便于转运的地段	60~80	100~200
	(37) 综合服务站	公用电话、取牛奶等	宜与居(里)委合设	70~100	—
	(38) 综合基层店	烟、纸、调料等	宜设于组团的出入口附近	50~60	—
	(39) 集贸市场	以销售农副产品和小商品为主	(1) 宜邻近菜市场(店)和副食店设置; (2) 设置方式应根据气候特点与当地传统的集市要求而定	居住区: 1000~1200 小区: 500~1000	1500~2000 800~1500
金融邮电	(40) 银行	存取业务	宜与商业服务中心结合或邻近设置	800~1000	400~500
	(41) 储蓄所	储蓄为主		100~150	—
	(42) 邮电局	信函、包裹、兑汇、电话、电报、报刊订售、储蓄等		1000~2500	600~1500
	(43) 邮政所	信函、包裹、兑汇和报刊零售		100~150	—

续表

设施名称	项目名称	服务内容	设置规定	每处一般规模 建筑面积（m²）	每处一般规模 用地面积（m²）
市政公用	(44) 锅炉房	采暖供热	非采暖地区不设	根据供暖规模规定	—
	(45) 变电室		每个变电室负荷半径不应大于250m，尽可能设于其他建筑内	30～50	—
	(46) 开闭所		1.2～2.0万户设一所，独立设置	200～300	≥500
	(47) 路灯配电室		可与变电室合设于其他建筑内	20～40	—
	(48) 煤气调压站		按每个中低调压站负荷半径500m设置；无管道煤气地区不设	50	100～120
	(49) 高压水泵房		一般为低水压区住宅加压供水附属工程	40～60	—
	(50) 公共厕所		每1000～1500户设一处，宜设于人流集中之处	30～60	60～100
	(51) 垃圾转运站		应采用封闭式设施，力求垃圾存放和转运不外露，当用地规模为0.7～1km²设一处，每处面积不应小于100m²，与周围建筑物的间隔不应小于5m	—	—
	(52) 垃圾站		服务半径不应大于70m	—	—
	(53) 居民存车处	存放自行车、摩托车	宜设于组团内或靠近组团设置，可与居（里）委会合设于组团的入口处	1～2辆/户；地上0.8～1.2m²；地下1.5～1.8m²/辆；	—
	(54) 居民小汽车停车场	存放居民小汽车、通勤车等	宜设于组团入口处	各地根据情况而定	—
	(55) 公共小汽车停车场（库）	存放自行车、机动车	宜设于居住区、小区人流集中地段	—	—
	(56) 公交始末站		可根据具体情况设置	—	—
	(57) 出租汽车站		可根据具体情况设置	100～200	250～1000
	(58) 电话总机房	电话总机	可根据具体情况设置	—	—
	(59) 消防站		可根据具体情况设置	—	—

续表

设施名称	项目名称	服务内容	设置规定	每处一般规模 建筑面积（m²）	用地面积（m²）
行政管理	（60）街道办事处		3～5万人设一处	700～1200	300～500
	（61）派出所	户籍治安管理	3～5万人设一处；宜有独立院落	700～1000	600
	（62）居（里）委会		300～700户设一处	30～50	—
	（63）粮食办公室	粮油票证管理	3～5万人设一处，可与派出所合设	75～200	—
	（64）房管所	房屋管理与维修	3～5万人设一处，应有独立院落	700～1500	1000～3000
	（65）房管段	房屋管理与维修	2000～4000户设一处	100～200	250～300
	（66）市政管理机构（所）	供电、供水、雨污水等管理与维修	宜合并设置	550～900	500～1000
	（67）绿化、环卫管理点	环卫与绿化管理	2000～4000户设一处，宜合并设置	80～120	150～200
	（68）市场管理用房	集贸市场管理	3～5万人设一处，可结合集贸市场设置	100	—
	（69）工商管理及税务（所）	税收管理	1万户左右设一处；可与街道办事处合设	100	—
	（70）居住区综合管理处	居住区管理和服务	居住区或小区设一处	200	250
其他	（71）防空地下室	掩蔽体、救护站、指挥所等	在国家确定的一、二类人防重点城市中，凡高层建筑下设满堂人防，另以地面建筑面积2%配建。出入口宜设于交通方便的地段，考虑平战结合	—	—
	（72）街道第三产业	残废人福利工厂等	交通方便，与居民互不干扰	各地根据情况而定	

(三) 公共服务设施规划布置的要求和方式

居住区配套公建的配建水平，必须与居住人口规模相对应，并应与住宅同步规划、同步建设和同时投入使用。

1. 公共服务设施规划布置的要求

居住区配套公建各项目的规划布局，应符合下列规定：

(1) 根据不同项目的使用性质和居住区的规划组织结构类型，应采用相对集中与适当分散相结合的方式合理布局，并应利于发挥设施效益，方便经营管理、使用和减少干扰；

(2) 商业服务与金融邮电、文体等有关项目宜集中布置，形成居住区各级公共活动中心，在使用方便、综合经营、互不干扰的前提下，可采用综合楼或组合体；

(3) 基层服务设施的设置应方便居民，满足服务半径的要求。

各类公建应有合理的服务半径，一般认为居住区级公建的服务半径不应大于1000m；小区级不大于500m；组团级不大于150m。不同的公建项目又有其各自的服务半径要求。

居住区内公共活动中心、集贸市场和人流较多的公共建筑，必须相应配建公共停车场（库），并应符合下列规定：

(1) 配建公共停车场（库）的停车位控制指标，应符合表8-2-13的规定。

配建公共停车场（库）停车位控制指标　　　　表8-2-13

名　称	单　位	自行车	机动车
公共中心	车位/100m² 建筑面积	7.5	0.3
商业中心	车位/100m² 营业面积	7.5	0.3
集贸市场	车位/100m² 营业场地	7.5	—
饮食店	车位/100m² 营业面积	3.6	1.7
医院、门诊所	车位/100m² 建筑面积	1.5	0.2

注：1. 本表机动车停车位以小型汽车为标准当量表示；
　　2. 其他各型车辆停车位的换算办法，应符合本章第四节中有关规定。

停车场属于静态交通，它的合理设置与道路网的规划具有同样意义。表8-2-13中配建停车位控制指标均为最小配建数值，有条件的地区宜多设一些，以适应居住区内车辆交通的发展需要。

(2) 配建停车场（库）的设置位置要尽量靠近相关的主体建筑或设施，以方便使用及减少对道路上车辆交通的干扰。

(3) 为了节约用地，在用地紧张地区或楼层较高的公共建筑地段，应尽可能地采用多层停车楼或地下停车库。

2. 公共服务设施规划布置的方式

居住区公建规划布置的方式基本上可分为两种，即按二级或三级布置（图8-2-13、图8-2-14）。

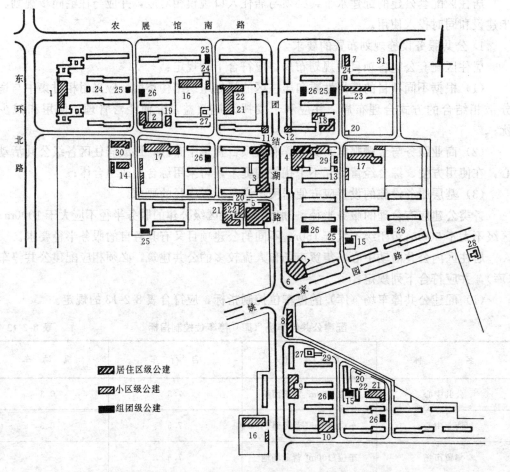

图 8-2-13 北京团结湖居住区公建分布图（三级布置）

1—理发、饭店、食品店；2—副食、粮店；3—百货店；4—菜场、房管所；5—服务楼；6—饮食店；7—小吃店；8—修理部；9—小吃店、粮店；10—副食店；11—储蓄所；12—修缮鞋店；13—废品回收站；14—八班幼托；15—三班幼托；16—小学；17—中学；18—门诊部；19—高压配电站；20—变电室；21—锅炉房；22—房屋管养段；23—房管所材料库；24—气压泵房；25—活动站；26—存车处；27—煤气调压站；28—高中压调压站；29—公共厕所；30—街道办事处；31—公共汽车首末站

第一级（居住区级）公建项目主要包括一些专业性的商业服务设施和文化活动中心、医院、街道办事处、派出所、邮电局、银行、粮管所、房管所、工商管理及税务所等为全区居民服务的机构。

第二级（小区级）内容主要包括粮油店、菜站、综合副食店、煤（气）站、小吃部、小百货店、幼托、小学等。

第三级（组团级）内容主要包括居委会、卫生站、综合基层店、早晚服务点、文化活动站、自行车存车处等。

第二级和第三级的公共服务设施都是居民日常必须的，通称为基层公建，这些公建可以如上述分为二级，也可不分。基层公建一般为居住区部分居民服务。

（四）居住区级公建的规划布置

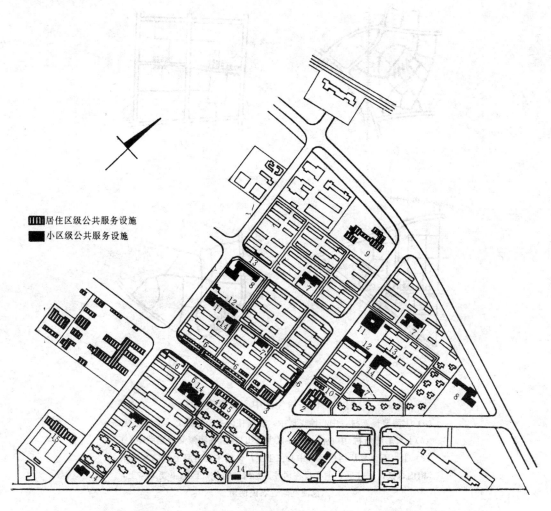

图 8-2-14 上海石化总厂居住区公建分布图（二级布置）

1—影剧院；2—旅馆；3—百货商店；4—邮电局；5—银行；6—商业服务设施；7—幼儿园、托儿所；8—小学；
9—中学；10—浴室；11—菜场；12—商业服务设施（小区级）；13—居委会用房；14—食堂；15—游泳池

居住区级公建一般宜相对集中布置，以形成居住区中心。居住区中心主要由文化娱乐、商业服务设施所组成。

1. 居住区中心的位置选择

应以城市总体规划或分区规划为依据，并考虑居住区不同的类型和所处的地位以及地形等条件。图 8-2-15 为居住区文化商业服务中心位置布置的实例分析。

2. 居住区中心的布置方式

根据我国居住区规划和建设的实践，居住区中心的布置方式大致有以下几种类型：

（1）沿街线状布置（图 8-2-16）。这种布置方式应根据道路的性质和走向等综合考虑。在交通过于繁忙的城市干道上一般不宜布置。在沿城市主要道路或居住区主要道路布置时，如交通量不大，可沿道路两侧布置；当交通量较多时，则宜布置在道路一侧，以减少人流和车流的相互干扰。道路的走向也影响建筑的布置，如当道路为南北走向时，往往产生建

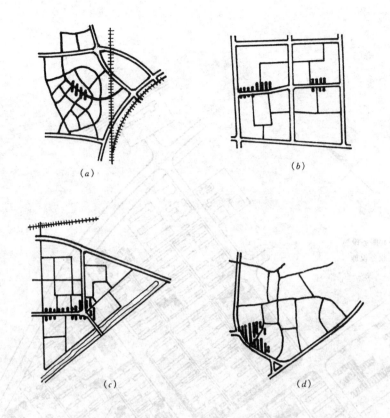

图 8-2-15 居住区中心位置实例
(a) 上海曹杨新村,中心地点居中,在居住区主要道路上,交通方便;
(b) 上海彭浦新村,中心位于居住区主要出口处,在西侧又设辅助中心;
(c) 上海石化总厂居住区,中心位于至厂区的主要道路上;(d) 南京梅山炼铁厂居住区,中心设在居住区边缘,沿往厂区的主要道路上,也便利附近农民使用

筑朝向与沿街面貌要求之间的矛盾。在这种情况下,一般应在保证住宅有良好朝向的前提下考虑沿街建筑群体的艺术要求。一般不宜把有大量人流的公建布置在交通量大的交叉口。在道路交叉口布置公建时,应将建筑适当后退,留出小广场,以作人流集散的缓冲。沿街线状布置公建时,应根据公建的功能要求和行业特点相对成组集中布置。

沿街线状布置公建,特别是一些吸引人流较多且时间集中的项目如饭店、文化活动中心、集贸市场等,必须保证有足够供人流集散用的人行道宽度和车辆停放的场地。沿街线状布置公建时,车行道和人行道最好用绿化带分隔,以保证行人的安全和减少灰尘和汽车噪声的干扰。

(2) 成片集中布置(图 8-2-17)。成片集中布置公建时,应根据各类建筑的功能要求和行业特点成组结合分块布置,在建筑群体的艺术处理上既要考虑沿街立面的要求,又要注意内部空间的组合,以及合理地组织人流和货流的线路。

成片集中布置的方式实际上是一种步行区的形式,它无论在功能组织、居民使用、经营管理等方面都比沿街线状布置有利,但用地可能比较多一些。

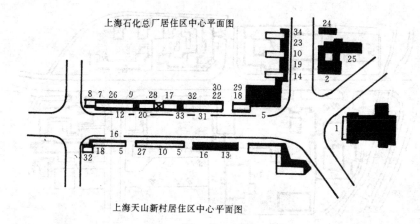

上海石化总厂居住区中心平面图

上海天山新村居住区中心平面图

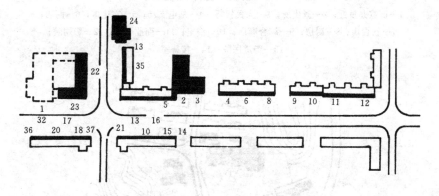

图 8-2-16 沿街线状布置

1—影剧院；2—饭店；3—小剧场；4—食品店；5—百货店；6—布店；7—鞋帽店；8—服装店；9—照相馆；10—理发店；11—钟表店；12—五金、交电店；13—银行；14—洗染店；15—药店；16—邮电所；17—陶瓷杂品店；18—书店；19—点心店；20—熟食店；21—油酱店；22—水果店；23—综合服务；24—浴室；25—旅馆；26—家具店；27—饮食店；28—玻璃仪器店；29—书店仓库；30—冷饮店；31—糕点店；32—烟糖杂货店；33—清真食品店；34—司机休息处；35—粮店；36—杂货店；37—手工业品店

(3) 沿街和成片集中相结合的布置方式（图 8-2-18）。这是上述两种方式的结合。布置得当可充分发挥两种方式各自的优点，而克服其缺点。

居住区中心采用何种方式为好，要根据当地居民的传统习惯、气候条件、自然地形以及用地的紧张程度等综合考虑。此外，居住区中心除了考虑平面的规划布置外，还应考虑空间的规划布局，如充分利用地下空间和地形等。

(五) 小区级公建的规划布置

小区级公建是居民日常必须使用的，因此，须布置在步行安全、方便到达的范围内。其服务半径不应超过 500m，其中有些项目的服务范围还应小些。

1. 小区中心的规划布置

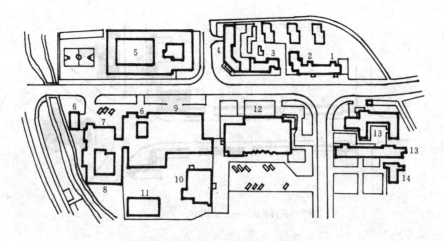

图 8-2-17 上海曹杨新村居住区中心
1—街道办事处；2—派出所；3—人民银行；4—邮电支局；5—文化馆；6—商店；
7—饮食店；8—厨房；9—综合商店；10—浴室；11—商业仓库；12—影剧院；
13—街道医院；14—接待室

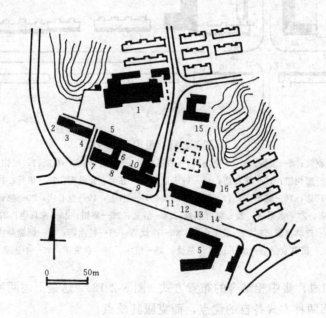

图 8-2-18 南京梅山炼铁厂居住区中心
1—电影院；2—银行；3—居民委员会；4—邮电局；5—招待所；
6—日用杂品商店；7—理发店；8—饭店；9—幼儿园；10—综
合修理所；11—食品店；12—新华书店；13—照相馆；14—洗染
店；15—文娱活动室；16—中药房

为方便居民使用，通常将小区级的商业、服务等设施集中布置，以形成小区的生活服务中心。其规划布置应根据居住区总的公共服务设施分布系统来确定，一般可结合公共绿地布置在小区的中心地段或小区的主要出入口，既要考虑方便居民使用，又要适当注意商店的营业额。其建筑的规划布置，可设在住宅底层或在独立地段联合设置。

根据环境条件，小区可分为两种：一种是独立式小区，即小区周围是非居住用地，人流活动很少，形成比较封闭的边界，规划布局有"内向性"的特点，小区中心一般布置在用地中心；另一种是毗连式小区，即小区周围是城市干道，人流活动比较多，形成比较开敞的边界，规划布局有"多向性"的特点，小区中心一般安排在用地外围靠近干道的小区入口附近。还可将小区中心布置在小区外围沿城市干道一侧，除为本区使用外，还可为附近地区服务，有利于商业服务设施营业额的增加和丰富街景。图 8-2-19 为小区中心规划布置的实例。

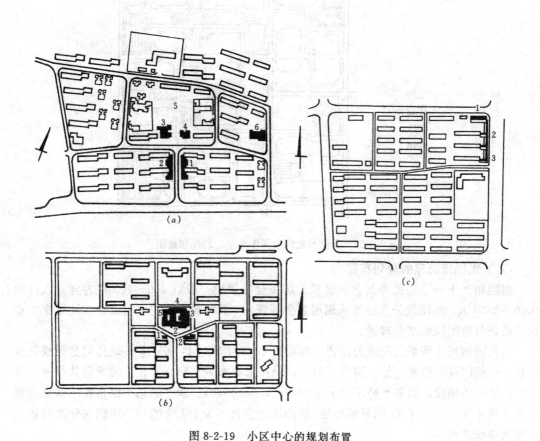

图 8-2-19 小区中心的规划布置
(a) 常州市花园新村居住小区中心，布置在小区主要出入口；
1—百货商店；2—副食品店；3—文化站；4—邮电所；5—小区花园；6—菜场、粮店、煤店
(b) 北京龙潭居住小区中心，布置在小区中心地段；
1—售菜棚；2—副食基层店；3—小吃店；4—粮店；5—房管
(c) 上海凤城新村居住小区中心，布置在城市干道旁边
1—菜场；2—综合商店；3—饮食店

2. 中小学的规划布置

中小学是小区级公建中占地面积和建筑面积最大的项目，它们的规划布置对居住小区

和居住区的规划布局有较大影响。中小学的布置应保证学生就近上学，一般小学的服务半径不宜大于 500m，中学不宜大于 1000m，学生上学（特别是小学生）不应穿越铁路干线、厂矿生产区、城市干道和城市中心等人多车杂的地段。小学一般应设在小区的边缘沿次要道路比较僻静的地方，不宜沿交通频繁的城市干道或铁路干线附近布置，以免噪声干扰，同时也应避免学校本身对居民的干扰。中学可布置在小区和街坊用地边缘或用地以外的独立地段。也可两个小区设一所中学。学校总平面布置应尽可能使校舍接近出入口，并保证操场和教室有良好的朝向（图 8-2-20）。

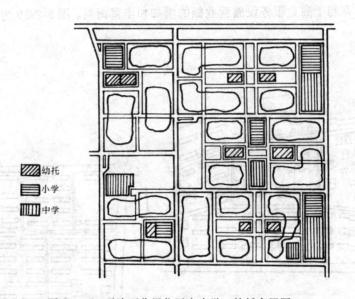

图 8-2-20　天津石化居住区中小学、幼托布置图

（六）组团级公建的规划布置

组团相当于一个居民委员会的规模。居委会的规模一般以 300～700 户为宜，人口约 1000～3000 人。组团级公建往往从属居委会管理，一般可设在住宅底层或独立地段集中布置，最好与组团绿地结合布置。

幼儿园和托儿所是组团级公建的主要项目（有时作为小区级公建），幼托可分设或联合设置，一般以联合设置为好，可节约用地。幼托最好布置在阳光充足、接近公共绿地、便于家长接送的地段，服务半径不宜大于 300m（图 8-2-20）。幼托的总平面布置应保证主要房间满足冬至日不小于 2h 的日照标准，活动场地应有不少于 1/2 的活动面积在标准的建筑日照阴影线之外。

随着居民拥有自行车数量的不断增加（很多城市平均每户就有两辆），自行车在居住区内的存放问题越来越突出。自行车存放处在规划上可尽量利用地下室或住宅间距独立建造存车库（棚）。集中设置的存车处需有人看管。另外，存车处还可兼存摩托车，以及兼管收发信件、报刊、公用电话和安全防卫等。存车处的位置宜接近住宅，其服务半径不宜大于 150m，可与居委会合设于组团的入口处。从方便存取、易于管理和维持管理人员足够的费用综合考虑，每个存车库的规模以 200～300 辆为宜，而每辆自行车所需面积：地上为 0.8～1.2m²/辆；地下为 1.5～1.8m²/辆。北京富强西里小区将自行车库放在住宅组团的入口处，车库入口正对组团入口，居民进出存车都是顺路（图 8-2-21）。

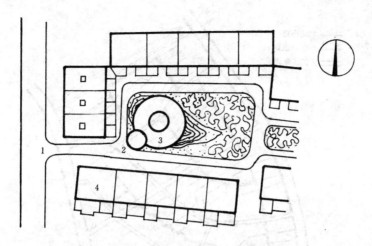

图 8-2-21 富强西里小区自行车库位置
1—组团入口；2—自行车库入口；3—半地下自行车库；4—住宅底层居民委员会

四、居住区道路的规划布置

（一）居住区道路的功能和分级

1. 居住区道路的功能

居住区内的道路是城市道路系统的组成部分，它不仅要满足居住区内部的功能要求，而且还要与城市总体取得有机的联系。居住区内部道路的功能要求一般有以下几个方面：

（1）满足居民日常生活方面的交通活动需要，如上下班、上学、去幼托和采购商品等，这些活动是居住区内最多、最主要的活动，一般以步行或自行车为主；

（2）满足市政公用车辆的通行需要，如垃圾的清除、邮电信件的传递等；

（3）满足居住区内货运交通的需要，如公共服务设施进货，街道第三产业运送原材料、成品等；

（4）满足特殊的、非经常性的交通需要，如供救护、消防和搬运家具等车辆的通行。

2. 居住区道路的分级

根据道路的功能要求和居住区规模的大小，居住区道路一般可分为三级或四级（图8-2-22、图8-2-23）。各级道路的宽度，主要根据交通方式、交通工具、交通量及市政管线的敷设要求而定，对于重要地段，还要考虑环境及景观的要求作局部调整。

（1）居住区级道路　居住区级道路是整个居住区内的主干道，要考虑城市公共电、汽车的通行，两边应分别设置有非机动车道及人行道，并应设置一定宽度的绿地种植行道树、草坪和花卉（如图8-2-24）。按各种组成部分的合理宽度，居住区级道路红线（城市道路及居住区道路用地的规划控制线）的最小宽度不宜小于20m，有条件的地区宜采用30m。机动车道与非机动车道在一般情况下采用混行方式，其车行道宽度一般为10～14m。

（2）小区级道路　小区级道路是联系小区各组成部分之间的道路，其宽度考虑以非机动车与行人交通为主，不应引进公共电、汽车交通，一般可采用人车混行方式。路面宽度

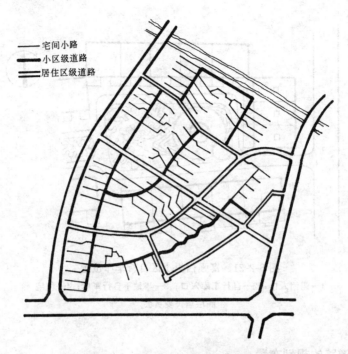

图 8-2-22 上海康健新村居住区设计竞赛方案
（按三级布置）

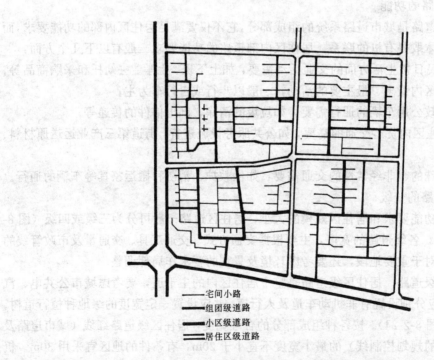

图 8-2-23 上海彭浦新村居住区道路分级示意图
（按四级布置）

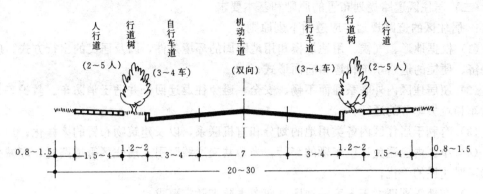

图 8-2-24 居住区级道路一般断面（m）

为5～8m，即车行道的最小宽度为5m，如两侧各安排一条宽度为1.5m的人行道，总宽度为8m，就可满足一般功能需要。同时，小区级道路往往又是市政管线埋设的通道，在非采暖区，按六种基本管线的最小水平间距，它们在建筑控制线（也称建筑线，是指建筑物基底位置的控制线）之间的最小极限宽度为10m（图 8-2-25），此距离与小区级道路交通车行、人行所需宽度基本一致。在采暖区，由于要有暖气沟的埋设位置及其左右间距，建筑控制线的最小极限宽度约为14m。

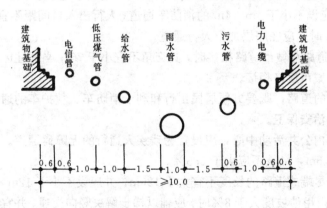

图 8-2-25 非采暖区小区级道路市政管线最小埋设走廊宽度（m）

（3）组团级道路 组团级道路是进出组团的主要通道，路面为人车混行，一般按一条自行车道和一条人行带双向计算，路面宽度为4m。在用地条件有限制的地区，最低极限为3m。在利用路面排水、两侧要砌筑道牙子的特殊要求下，路面宽度就要加宽至5m。这样，在有机动车出入时，也不影响自行车或行人的正常通行。组团级道路宽度还应满足地下管线的埋设要求，在非采暖区一般要求建筑控制线之间应有8m宽度，在采暖区至少应有10m的宽度。

（4）宅间小路 宅间小路为进出住宅的最末一级道路，这级道路平时主要供居民出入，基本是自行车及人行交通，并要满足清运垃圾、救护和搬运家具等需要，其路面宽度不宜小于2.5m。为兼顾必要时大货车、消防车的通行，路面两边至少还要各留出宽度不小于1m的路肩。

（二）居住区道路规划布置的原则和基本要求

1. 居住区的道路规划，应遵循下列原则

（1）根据地形、气候、用地规模和用地四周的环境条件，以及居民的出行方式，应选择经济、便捷的道路系统和道路断面形式；

（2）使居住区内外联系通而不畅、安全，避免往返迂回，并适于消防车、救护车、商店货车和垃圾车等的通行；

（3）有利于居住区内各类用地的划分和有机联系，以及建筑物布置的多样化；

（4）小区内应避免过境车辆的穿行，当公共交通线路引入居住区级道路时，应减少交通噪声对居民的干扰；

（5）在地震烈度大于6度的地区，应考虑防灾救灾要求；

（6）满足居住区的日照通风和地下工程管线的埋设要求；

（7）城市旧区改造，其道路系统应充分考虑原有道路特点，保留和利用有历史文化价值的街道；

（8）考虑居民小汽车的通行；

（9）便于寻访、识别和街道命名。

2. 居住区内道路设置，应符合下列基本要求

（1）小区内主要道路至少应有两个出入口；居住区内主要道路至少应有两个方向与外围道路相连；机动车道对外出入口数应控制，其出入口间距不应小于150m。沿街建筑物长度超过160m时，应设不小于4m×4m的消防车通道；人行出入口间距不宜超过80m，当建筑物长度超过80m时，应在底层加设人行通道。

（2）居住区内道路与城市道路相接时，其交角不宜小于75°；当居住区内道路坡度较大时，应设缓冲段与城市道路相接。

（3）进入组团的道路，既要方便居民出行和利于消防车、救护车的通行，又应维护院落的完整性和利于治安保卫。

（4）在居住区内公共活动中心，应设置为残疾人通行的无障碍通道。通行轮椅车的坡道宽度不应小于2.5m，纵坡不应大于2.5%。

（5）居住区内尽端式道路的长度不宜大于120m，并应设不小于12m×12m回车场地。

（6）当居住区内用地坡度大于8%时，应辅以梯步解决竖向交通，并宜在梯步旁附设推行自行车的坡道。

（7）在多雪严寒的山坡地区，居住区内道路路面应考虑防滑措施；在地震设防地区，居住区内的主要道路，宜采用柔性路面。

（8）居住区内道路边缘至建筑物、构筑物的最小距离，应符合表8-2-14的规定。

（9）居住区内宜考虑居民小汽车和单位通勤车的停放。

（三）居住区道路的基本形式

居住区道路系统的形式应根据地形、现状条件、周围交通情况以及规划组织结构等因素综合考虑，不应只追求形式与构图。

居住区内主要道路的布置形式常见的有丁字形、十字形、山字形等。

小区内部道路的布置形式常见的有环通式、半环式、尽端式、混合式等（图8-2-26）。在地形起伏较大的地区，为使道路与地形紧密结合，还有树枝状、环形、蛇形等形式。

道路边缘至建、构筑物最小距离（m）　　　　表 8-2-14

与建、构筑物关系	道路级别	居住区道路	小区路	组团路及宅间小路
建筑物面向道路	无出入口	高层 5 多层 3	3 3	2 2
	有出入口	—	5	2.5
建筑物山墙面向道路		高层 4 多层 2	2 2	1.5 1.5
围墙面向道路		1.5	1.5	1.5

注：居住区道路的边缘指红线；小区路、组团路及宅间小路的边缘指路面边线。当小区路设有人行便道时，其道路边缘指便道边线。

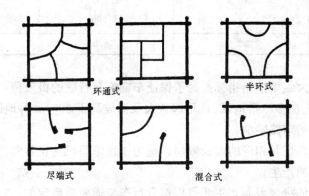

图 8-2-26　小区内部道路的布置形式

环通式道路系统的特点是：小区内车行和人行通畅，组团划分明确，便于设置环状工程管网，但如果布置不当，则会导致过境交通穿越小区，居民易受过境交通的干扰，不利于安静和安全。

尽端式道路系统的特点是：可减少汽车穿越干扰，宜将机动车辆交通集中在几条尽端式道路上，步行系统连续，人行、车行分开，小区内部居住环境较为安静、安全，同时可以减少道路面积，节省投资，但机动性差，对自行车交通不够方便。

混合式道路系统的特点是：综合以上两种形式的优点，即发挥环通式的优点，以弥补自行车交通的不便；保持尽端式安静、安全的优点。

（四）居住区道路设计的技术要求

1. 道路平曲线和路口转弯半径

当道路中线按走向和地形要求，折角大于 3 度时应设平曲线，居住区内道路的平曲线半径一般为 125~200m，在地形复杂地段或受现状条件限制时可采用最小半径 25~50m。

道路的转弯半径按机动车行驶速度为 15km/h 计算，转弯半径的大小根据机动车的最小转弯半径和道路的等级来确定，一般分以下几种：

（1）居住区级道路和居住区级以上道路相交，转弯半径 $R=10\sim15m$；

（2）居住区级道路和小区级道路相交；$R=9\sim10m$；

(3) 小区级道路与小区级以下道路相交，$R=6m$；

(4) 小区级道路与城市干道相交，$R=10\sim15m$。

2. 道路的纵横坡度

道路的纵坡与路面材料、气候特点和行车性能密切相关。居住区内道路纵坡控制指标应符合表 8-2-15 的规定，当机动车与非机动车混行时，其纵坡宜按非机动车道要求，或分段按非机动车道要求控制。

居住区内道路纵坡控制指标（%） 表 8-2-15

道路类别	最小纵坡	最大纵坡	多雪严寒地区最大纵坡
机动车道	≥0.3	≤8.0 L≤200m	≤5 L≤600m
非机动车道	≥0.3	≤3.0 L≤50m	≤2 L≤100m
步行道	≥0.5	≤8.0	≤4

注：L 为坡长，m。

居住区内道路最大纵坡控制指标是为了保证车辆安全行驶的极限值，在一般情况下最好尽量少出现，尤其是在多冰雪地区、地形起伏大及海拔高于 3000m 等地区要严格控制，并要尽量避免出现孤立的道路陡坡。

机动车道的最大纵坡及相应的坡长限制，是为了保障司机的正常驾驶状态而不至产生心理紧张，防止事故的产生。

对于非机动车道的纵坡限制，主要是根据自行车交通要求确定的，它对于我国大部分城市是极为重要的，因为在现阶段，自行车对一般居民来说不仅是出行代步的交通工具，而且也是运载日常物品的运输工具。据普查数据显示，往往城市越小和公共交通不发达的地区，自行车出行量在全部出行量中所占的比重也越高（山区城市除外），例如：北京 54.0%，唐山 71.2%，延安 82.9%。

根据调查测试，自行车道适宜的纵坡及相应的坡长限制值如表 8-2-16。

不同纵坡相应坡长限制值 表 8-2-16

纵坡（%）	坡长限制（m）行驶方式	连续行驶	骑行与推行结合
<0.6		不限制	不限制
0.6~1		130~600	不限制
1~2		50~130	110~250
2~3		<50	40~100

至于道路最小纵坡值，从驾驶车辆角度出发，道路越平越好，但纵坡的最低限还必须保证顺利地排除地面雨水。不同的路面材料所适宜的最小纵坡也是不同的：水泥及沥青混凝土路面不小于 0.3%，整齐块石路面不小于 0.4%，其他低级路面不小于 0.5%。

道路横坡的大小也随路面情况而异：水泥及沥青混凝土路面为1.5%～2.5%，整齐块石路面为2.5%～3%，其他低级路面为3%～4%。当道路宽度大于6m时一般采用双坡面，小于4m时，可采用单坡面。当车行道路面纵坡小于1%时，才可采用最大横坡。人行道横坡为1%～2%，坡向车行道。

3. 回车场

回车场设在尽端式道路上，其最小面积为12m×12m，用地条件允许时最好按不同的回车方式安排相应规模的回车场（图8-2-27）。

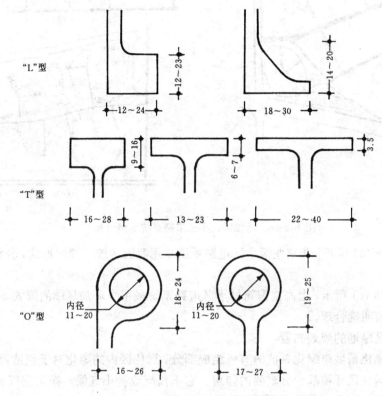

图 8-2-27 回车场的一般规模（m）

注：图中下限值适用于小汽车（车长5m，最小转弯半径5.5m）；
上限值适用于大汽车（车长8～9m，最小转弯半径10m）

4. 道路横断面

道路横断面一般由车行道、人行道和绿带等组成。各组成部分的宽度应根据道路等级、性质、红线宽度和有关交通情况来确定。道路横断面的设计要满足交通、路面排水、地下、地上管线的布置和城市面貌等要求。道路横断面的形式一般为对称式，也可以不对称，在地形起伏的地段甚至可不在同一高度。道路横断面一般分为一块板、二块板、三块板三种形式。居住区道路由于宽度不大，一般都采用一块板的断面形式（如图8-2-25）。

（五）居住区道路规划设计实例分析

如图8-2-28(a)所示，上海康健新村道路系统采用了按功能分级的环形尽端道路形式。新村道路分为机动车道、自行车道和步行道三级，比较经济，且交通便捷，分工明确，避免了人车混杂和穿越交通，保证了居住区有一个宁静安全的环境。

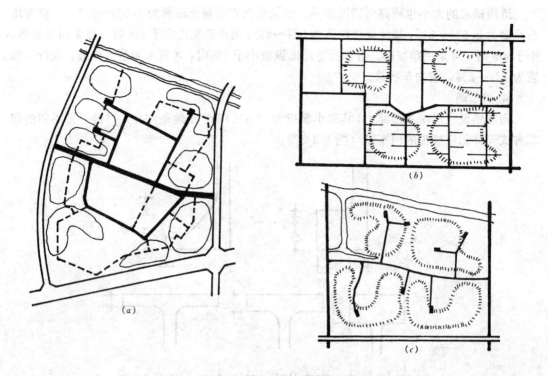

图 8-2-28　居住区、小区道路系统实例分析

如图 8-2-28（b）所示，北京龙潭小区道路系统采用我国传统的胡同形式，分组明确，且便于门牌编号。

如图 8-2-28（c）所示，上海沏塘新村小区道路系统采用半环加尽端的形式，比较经济，道路的功能也较明确合理。

五、居住区绿地的规划布置

居住区的绿化是城市绿化系统的有机组成部分。居住区内的绿化对于创造舒适、安静、卫生和美观的居住区环境起十分重要的作用。它不仅能改善小气候、净化空气、防止噪声和具有经济价值，而且还有助于形成多样化的居住环境。

（一）居住区绿地的组成和标准

1. 居住区绿地的组成

（1）公共绿地　指居住区内居民公共使用的绿化用地。如居住区公园、小游园、组团绿地、林荫道等。这类绿化用地往往与居住区内的青少年活动场地、老年人和成年人休息场地等结合布置。

（2）公共服务设施所属绿地　指居住区内配套公建所属绿地。如医院、中小学、托幼等用地内的绿化用地。

（3）宅旁绿地　指住宅四旁的绿化用地。

（4）道路绿地　指道路红线内规划的绿地面积，如行道树、草坪、花卉等。

2. 居住区绿地的标准

居住区绿地标准是以每一居民平均占有多少平方米公共绿地面积来表示。居住区内公共绿地的总指标，应根据居住人口规模分别达到：组团不少于 $0.5m^2$/人，小区（含组团）不

少于 $1m^2$/人，居住区（含小区与组团）不少于 $1.5m^2$/人。旧区改造可酌情降低，但不得低于相应指标的 50%。此外，绿地率：新区建设不应低于 30%；旧区改造不宜低于 25%。

公共绿地指标的具体使用，应根据所采用的居住区规划组织结构类型统一安排，灵活使用。如采用居住区-组团两级组织结构的居住区，可在总指标的控制下设置居住区公园和组团绿地两级，也可在两级的基础上增设若干中型（相当于小区级）公共绿地；组团绿地的设置也应按组团布局形式灵活安排。

（二）居住区绿地的规划布置

1. 基本要求

（1）居住区内的绿地规划，应根据居住区的规划组织结构类型、不同的布局方式、环境特点及用地的具体条件，采用集中与分散相结合，点、线、面相结合的绿地系统，并与城市的绿地系统相协调。

（2）充分利用自然地形和现状条件，尽可能利用一些坡地、劣地和洼地作为绿化用地，对规划或改造范围内的原有树木和绿地应加以保留和利用，以节约用地和建设投资。

（3）合理地选择和配置绿化树种。力求投资省、有收益，易生长、且便于管理，既能满足使用功能的要求，又能美化居住环境，随四季变化而产生不同的景观效果。

2. 规划布置

(1) 公共绿地的规划布置　居住区内的公共绿地根据居民的使用要求一般分级布置，即根据居住区不同的规划组织结构类型，设置相应的中心公共绿地，包括居住区公园（居住区级）、小游园（小区级）和组团绿地（组团级），以及儿童游戏场和其他的块状、带状公共绿地等，并应符合下列规定：

1) 中心公共绿地的设置应符合表 8-2-17 的规定，表内"设置内容"可根据具体条件选用。

各级中心公共绿地设置规定　　　　表 8-2-17

中心绿地名称	设 置 内 容	要　　求	最小规模 (ha)
居住区公园	花木草坪、花坛水面、凉亭雕塑、小卖部、茶座、老幼设施、停车场地和铺装地面等	园内布局应有明确的功能划分	1.0
小游园	花木草坪、花坛水面、雕塑、儿童设施和铺装地面等	园内布局应有一定的功能划分	0.4
组团绿地	花木草坪、桌椅、简易儿童设施等	灵活布局	0.04

2) 中心公共绿地至少应有一个边与相应级别的道路相邻。

3) 中心公共绿地的绿化面积（含水面）不宜小于 70%。

4) 中心公共绿地应便于居民游憩，散步和交往之用，宜采用开敞式，以绿篱或其他通透式院墙栏杆作分隔。

5) 组团绿地的设置应满足有不少于 1/3 的绿地面积在标准的建筑日照阴影线范围之外的要求，并便于设置儿童游戏设施和适于成人游憩活动。其中院落式组团绿地的设置还应同时满足表 8-2-18 中各项要求，其面积计算起止界应符合本章第四节中有关规定。

6) 其他块状、带状公共绿地，如街头绿地、儿童游戏场地和设于组团之间的绿地等，一般均为开敞式，四邻空间环境较好，其最小面积不宜小于 400m²；用地宽度不应小于 8m，否则难以设置儿童活动设施和满足基本功能的要求。同时还应满足第 2)、3)、4) 项及第 5) 项中的日照环境要求。

院落式组团绿地设置规定　　　　　　表 8-2-18

封闭型绿地		开敞型绿地	
南侧多层楼	南侧高层楼	南侧多层楼	南侧高层楼
$L \geqslant 1.5L_2$ $L \geqslant 30m$	$L \geqslant 1.5L_2$ $L \geqslant 50m$	$L \geqslant 1.5L_2$ $L \geqslant 30m$	$L \geqslant 1.5L_2$ $L \geqslant 50m$
$S_1 \geqslant 800m^2$	$S_1 \geqslant 1800m^2$	$S_1 \geqslant 500m^2$	$S_1 \geqslant 1200m^2$
$S_2 \geqslant 1000m^2$	$S_2 \geqslant 2000m^2$	$S_2 \geqslant 600m^2$	$S_2 \geqslant 1400m^2$

注：1. L——南北两楼正面间距，m；
　　　L_2——当地住宅的标准日照间距，m；
　　　S_1——北侧为多层楼的组团绿地面积，m²；
　　　S_2——北侧为高层楼的组团绿地面积，m²。
　　2. 开敞型院落式组团绿地应符合图 8-4-4 的规定。

7) 公共绿地的位置和规模，应根据规划用地周围的城市级公共绿地的布局综合确定。

居住区公园　主要供本区居民就近使用，面积不宜太大，一般用地在 1 万 m² 以上的居住区公园，即可建成具有较明确的功能划分，较完善的游憩设施和容纳相应规模的出游人数的基本要求。居住区公园还应设置一些文体活动方面的内容，如画廊、球场、阅览室等。居住区公园应在居民步行能到达的范围之内，最大服务半径不宜超过 800～1000m，位置最好与居住区的商业文化中心结合在一起。北京古城公园占地 2.35ha（图 8-2-29），中心是雕塑广场，周围有热闹的儿童游戏区，供观赏的山水园和幽静的花卉盆景区。

小游园　主要供小区内的居民就近使用，一般用地在 4000m² 以上的小游园，即可以满足有一定的功能划分，一定的游憩活动设施和容纳相应的出游人数的基本要求。小游园应以绿化为主，多设些坐椅让居民在此休息和交往，适当开辟铺装地面的活动场地，也可以有些简单的儿童游戏设施。小游园的位置最好与小区中心结合布置，步行到达小游园不宜超过 400～500m（图 8-2-30）。

组团组地　最接近居民的公共绿地，主要供组团内的居民使用，特别是老年人和幼儿活动及休息的场所。组团绿地一般结合住宅建筑群布置，用地应大于 400m²，离住宅入口的最大步行距离在 100m 左右。绿地内以种植乔木为主，适当点缀一些观赏性灌木和花卉，此外还可设置部分场地或硬地以及桌、凳等供居民活动和休息（图 8-2-31～图 8-2-33）。

儿童游戏场地　各级公共绿地的组成中，儿童活动场地的规划布置是一个十分重要的组成内容，世界各国都予以极大的关注。我国近年来也得到各方面的重视，如 1980 年北京已把儿童游戏场地的建设纳入居住区的统建内容。

儿童游戏场地的布置应根据不同年龄的活动特点和要求，分级均匀分布。游戏场地的

图 8-2-29 北京古城公园（2.35ha）
1—中心雕塑广场；2—水榭；3—亭；4—水池；5—盆景园；
6—儿童游戏场；7—主入口

位置应避免对居民的干扰，场地要有良好的日照通风，不被交通所穿越，一般可与各类绿地结合布置。图 8-2-34 是各类游戏场地的规划布置实例。

目前，我国对儿童游戏场定额指标和标准尚无正式的规定，表 8-2-19 是对各类儿童游戏场地规划布置的建议。

各类儿童游戏场地的布置要求　　　　表 8-2-19

名称	年龄（岁）	位置	场地规模（m²）	内容	服务户数（户）	离住宅入口距离（m）
幼儿游戏场地	3～6	住户能照看到的范围，住宅入口附近	100～150	硬地、坐凳、沙坑、砂地等	60～120	≥50

279

续表

名　称	年龄（岁）	位　置	场地规模（m²）	内　容	服务户数（户）	离住宅入口距离（m）
名　称	年龄（岁）	位　置	场地规模（m²）	内　容	服务户数（户）	离住宅入口距离（m）
学龄儿童游戏场地	6~12	结合小块公共绿地布置	300~500	多功能游戏器械、游戏雕塑、戏水池、沙场等	400~600	200~250
青少年活动场地	12~16	结合小区公共绿地布置	600~1000	运动器械、多功能球场等	800~1000	400~500

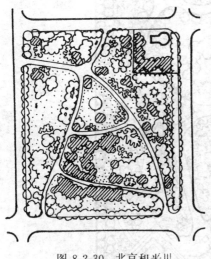

图 8-2-30　北京和平里小游园（0.54ha）

（2）配套公建所属绿地的规划布置　居住区内的配套公建所属绿地占有很大比重，它们的规划布置除了满足公建本身的功能要求外，还应考虑与周围环境的关系，使之成为整个居住区绿化系统的有机组成部分。图 8-2-35 中幼儿园的绿化布置，东侧的树丛对住宅起了防止西晒和阻隔噪声的作用，而西边的树丛则划分了幼儿园院落与相邻公共绿地的空间。

（3）宅旁绿地的布置　宅旁绿地在居住环境绿地中占的比重最大，分布面也最广，它主要满足居民的休息、幼儿活动和安排杂务等的需要。宅旁绿地的布置与住宅类型、层数、间距及建筑的组合形式等密切相关，还因背阴和向阳的不同而异。低层住宅一般都带有独用小庭院，多层住宅底层住户也可设置独用的小院，这些庭院的绿化可由住户经营管理，效果较好。在多层住宅或高层住宅的阳台及屋顶平台还应考虑为居民创造盆栽花木的必要条件，以增加居住区绿化在垂直方向上的效果。

宅旁绿地由小路划分成整齐的地段，在绿地中宜配植观赏性植物。绿地边缘围以绿篱

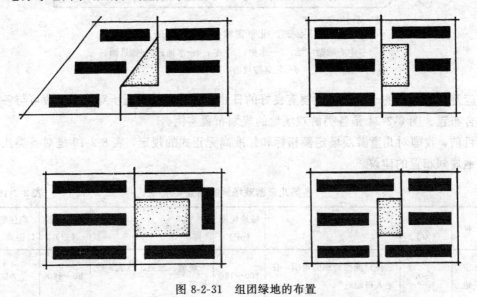

图 8-2-31　组团绿地的布置

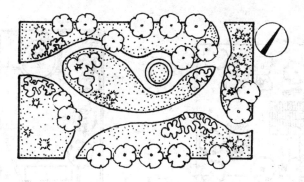

图 8-2-32 天津乐大楼组团绿地

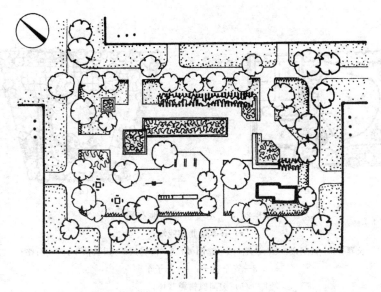

图 8-2-33 天津勤建里组团绿地

或低矮栏杆,各块绿化在树种选择上力求变化,能起识别不同住宅单元的作用。

(4) 道路绿地的布置 道路绿地的功能主要是遮阳、通风、防噪声和尘土,以及美化街景等,占地较少,遮荫效果好,管理方便。道路绿地的布置要根据道路的断面组成、交通状况、气候条件等而定。在居住区的主要道路和职工上下班必经之路的两侧应绿树成荫,这在南方炎热地区尤为重要。一些次要道路和组团道路的绿化可断续灵活的栽种。行道树带宽一般不应小于 1.5m,在旧区当人行道较窄,而人流又较大时可采用树池的方式,树池的最小尺寸为 1.2m×1.2m。在道路交叉口的视距三角形内,不应栽植高大乔灌木,以免妨碍驾驶员的视线。绿地的分段长度一般为 30~50m。行道树的株距为 6~8m,树干中心距侧石外缘应大于 0.75m,树木分叉高度应控制在 3.0~3.5m,以免影响车道的有效宽度。

绿化种植一般所需的宽度为:低灌木丛 0.8m,中灌木丛 1.0m,高灌木丛 1.2m。草坪与花丛 1.0~1.5m。单行乔木 1.25~2.0m,双行乔木平列为 2.5~5.0m;错列为 2.0~4.0m。

(三) 居住区绿化的树种选择和植物配置

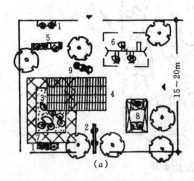 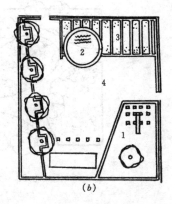

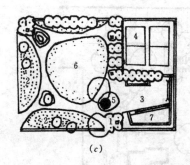 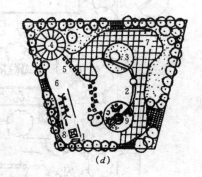

图 8-2-34 儿童游戏场地布置

(a) 日本幼儿游戏场；

1—长凳；2—钻空穴；3—沙坑；4—遮阳棚；5—滑梯；6—四联秋千；7—石路；

8—安全秋千；9—母子车

(b) 美国枫树游戏场；

1—沙场；2—水面；3—混凝土架；4—沥青游戏场地

(c) 美国戴娜小游园；

1—桌椅区；2—小丘；3—沥青游戏场地；4—篮排球场；5—喷泉；6—沙地；7—沙坑；

(d) 日本儿童游戏场

1—长凳；2—高低道；3—沙坑；4—水池及饮水台；5—滑梯；6—四联秋千；7—铺装地面；

8—安全秋千；9—叠石假山

在选择和配置植物时，一般应考虑以下几点：

(1) 居住区绿化是大量的普遍的绿化，因此应选择易管、易长、少虫害和具有地方特点的优良乔木为主，也可选择一些有经济价值的植物。在一些重点绿化地段，如居住区的公共中心，则可选种一些观赏性的乔灌木或少量花卉等植物。

(2) 应考虑不同的功能需要，如行道树宜用遮阳好的落叶乔木，儿童游戏场地则忌用有毒或带刺植物，而体育活动场地应避免采用大量扬花、落果、落花的树木。

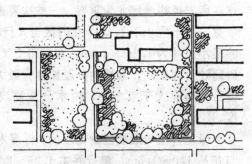

图 8-2-35 幼儿园的绿化布置

（3）为了使新建居住区的绿化面貌较快形成，可选用速生和慢长的树种相结合，以速生树木为主。

（4）树种配置应考虑四季景色的变化，可采用乔木与灌木、常绿与落叶，以及不同树姿和色彩变化的树种，搭配组合，以丰富居住区的面貌。

（四）各类绿化种植与建筑物、构筑物和管线的间距（见表 8-2-20）

种植树木与建筑物、构筑物、管线的水平距离　　　　表 8-2-20

名　称	最小间距 (m)		名　称	最小间距 (m)	
	至乔木中心	至灌木中心		至乔木中心	至灌木中心
有窗建筑物外墙	3.0	1.5	给水管、闸	1.5	不限
无窗建筑物外墙	2.0	1.5	污水管、雨水管	1.0	不限
道路侧面、挡土墙脚、陡坡	1.0	0.5	电力电缆	1.5	
人行道边	0.75	0.5	热力管	2.0	1.0
高 2m 以下围墙	1.0	0.75	弱电电缆沟、电力电讯杆、路灯电杆	2.0	
体育场地	3.0	3.0	消防龙头	1.2	1.2
排水明沟边缘	1.0	0.5	煤气管	1.5	1.5
测量水准点	2.0	1.0			

第三节　城市中心规划

一、城市中心的构成

城市中心是城市主要公共建筑分布集中的地区，是居民进行各种活动、互相交往的场所，是城市社会生活的中心。主要由各类建筑、活动场地、绿地、环境设施和道路等构成。

人们在城市中心的各种行为活动都与各类建筑有直接关系，因此公共建筑是构成城市中心的主要内容，一般包括以下几个部分：

行政管理机构　如党政机关、经济管理机构、社会团体等的建筑。

科学文化机构　如科学技术馆、工业、农业展览馆，广播、电视台、文化馆、图书馆、博物馆、学校等。

文娱、体育设施　如电影院、俱乐部、体育馆、运动场等。

商业服务设施　如综合商场、专业商店、宾馆、饭店、招待所等。

邮电、金融机构　如邮政局、电信局、银行、保险公司等。

医疗卫生设施　如综合医院、各类专业医院、卫生站、防疫站等。

交通设施　如各类车站、码头、航空港等。

二、城市中心的布局形式

（一）沿街线状布置

城市中心主要公共建筑布置在街道两侧，沿街呈线状发展，是传统的布置方式，有便利的交通条件，易于形成繁华热闹的城市景观。

1. 沿主要街道布置

沿城市主要道路布置公共建筑时，应注意将功能上有联系的建筑成组布置在道路一侧，或将人流量大的公共建筑集中布置在道路一侧，以减少人流频繁穿越街道。在人流量大、人群集中的地段应适当加宽人行道，或建筑适当后退形成集散场地，减少对道路交通的影响。

在过街人流量较大的区域，应结合具体环境设高架或地下人行通道。

2. 步行商业街

城市中心是人流、车流集中的区域，人车混行，既妨碍车辆行驶，又威胁行人安全。因此，在城市中心采用封锁，部分封锁，或定时封锁车流的方法开辟步行街，把商业中心从人车混行的交通道路中分离出来，形成步行商业街，目前，有以下几种方式：

（1）完全步行街　步行街上禁止任何车辆通行，供应商店货物的车辆只能在专用道路或步行街两侧的交通性道路上行驶。

（2）半步行街　以步行交通为主，但允许专为本中心区服务的车辆慢速行驶。如美国纽约的依脱卡公共小区的半步行街（HHACACOMMONS），在道路中设置绿地、建筑小品，形成一条曲折的"车行小巷"，从而迫使在其中运行的服务性车辆减速行驶。这些绿地、小品的设置也加强了步行街的吸引力和步行气氛。

（3）定时步行街　在交通管理上限定白天步行，夜间通车，或星期天，节假日为步行街，其他时间允许车辆通行。

（4）公交步行街　只允许公交车辆通行，其他车辆禁止通行。在街道上布置"街道家具"，如路灯，电话亭、坐椅、花池、垃圾箱等。美国明尼亚波利斯市尼古莱大街是市中心区的主要商业街，其车形道有意设计成曲线形，宽度为7m，只允许公共汽车通行。人行道有宽有窄，局部宽度可达11m。车辆呈曲线形缓慢行驶，以保证行人安全（如图 8-3-1）。

（二）在街区内呈组团状布置

在城市干道划分的街区内，根据使用功能呈组团状布置各类公共建筑组群，使步行道路、场地、环境设施、绿地与建筑群有机结合在一起。这种组团式的集中布局，有利于城市交通的组织，同时也避免了城市交通对中心区域公共活动的干扰。如英国哈罗新城中心，位于城市干道围成的街区内，中心区的核心部分为步行区，周围是带状停车场，有一条环形道路将这些停车场连接起来。城市的独立自行车道和步行道从干道下面穿过，并与自行车停车场和内环路系统相连。主要商业街由百货商店和其他大商店组成，这条街的南端由一组行政办公建筑为对景，北部是市场广场。市场的南面和东面由树带限定空间范围，并且在周围布置了坐椅，雕塑，形成休息空间。中心的南部由三个相互联系的广场形成市民广场，中央是市民集会场所。市民广场所在的高地在建筑物下方逐渐扩展为有绿化的谷地平台，由坡道和层层台地将建筑环境与自然环境有机地联系在一起（如图 8-3-2）。

（三）多层立体化布置

在满足城市中心各种功能要求的同时，为综合解决日益发展

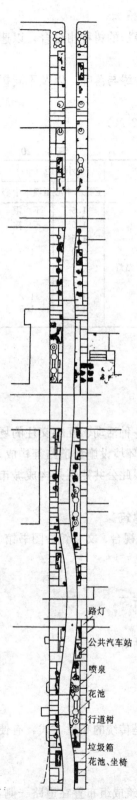

图 8-3-1　明尼亚波利斯市尼古莱大街

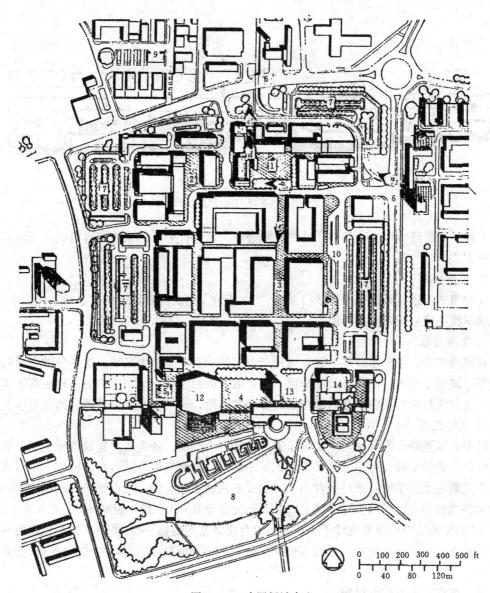

图 8-3-2 哈罗新城中心
1—市场；2—电影院广场；3—主要商店街；4—市民广场；5—教堂广场；
6—地下自行车道；7—停车场；8—几何形庭园；9—服务区；10—公共
汽车站；11—科技大学；12—公会堂；13—行政建筑；14—法院

的交通运输与城市中心的矛盾，国外一些城市中心采取多层立体化的布置形式。把立体化的道路系统引入城市中心，在地下设地下商业街、库房群及停车场等，发展地上大体量的综合性建筑，把办公楼、旅馆、剧院、超级市场等组织在一幢或一组建筑中。如法国巴黎台方斯新区中心、日本东京新宿副中心、英国考文垂城市中心和坎伯诺尔德城市中心等均为此种布置的实例。

三、城市中心的交通组织

城市中心是行人密集、交通频繁的地区，既要有良好的交通条件，又要避免交通拥挤、

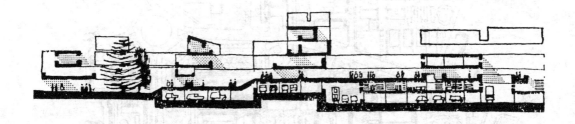

图 8-3-3 HOOK 中心剖面示意

人车干扰。为保证城市中心各项活动的正常进行，要进行中心区域的交通组织，一般有以下几种方式。

1. 人车分流

在城市中心区或开辟完整的步行系统，把人流量大的公共建筑组织在步行系统之中，使人流和车流明确分开，各行其道。

2. 交通分散

在城市中心区设分散道路，避免城镇交通穿越中心人流密集区域。这种分散交通的道路可平行城市主干道，也可环绕中心区。在分散交通的道路与城市中心之间建立若干连接道路，这种连接路对城市中心内部交通起着分散作用，确保中心区交通循环的灵活性。

3. 立体交通

将中心区道路分为两层，下层为车道，上层为人行道。各类公共建筑均布置在上层人行道两侧。公共交通、运输、公共建筑供货车辆等，均能畅通直达各点，人们下车后通过垂直交通到达上层空间，进行各种活动。供货车到达底层仓库，由电梯送到上层空间。步行活动和城市中心的机动交通运输由二层空间完全分开，既保持一定联系，又相互不干扰。英国 HOOK 新城中心规划设计了步行者可以自由活动的购物平台，平台下面是由道路网和服务区组成。将中心区的步行系统与机动交通系统分别布置在二层，各成系统（如图 8-3-3）。

四、城市中心的空间组织

（一）步行商业街

1. 步行商业街的特点

（1）多功能 随着经济、社会的发展，生活方式的变化，人与社会之间的交往越来越多，对各种社会生活的要求越来越高。人们在中心区的活动常常是购物、消遣、休息、娱乐、交往等相结合。因此，步行商业街的功能呈现多样化，把商业与游憩结合起来，布置绿地、水面、雕塑、坐椅等环境设施。有的还布置儿童游戏场、小型影剧院等文娱设施。

（2）多空间 现代步行商业街区已不再是简单的平面型布置，而是向多层多空间发展。如瑞典斯德哥尔摩卫星城魏林比中心区，加拿大蒙特利尔"城下城"的步行商业街，前西德汉诺威下沉式商业街等。

(3) 有方便、舒适的环境设施　如休息用具——坐椅、凳子；卫生用具——饮水器、废物箱；情报信息设施——电话亭、标志、导游图、布告栏；景观设施——种植容器、雕塑、路灯、喷泉、钟塔等。

2. 步行商业街的形式

(1) 街道式　在步行街的两端出入口处进行处理，限定车辆出入。布置建筑时应避免街道视线穿透整个商业街，用建筑立面限定视线，形成相对封闭的活动空间（如图 8-3-4）。

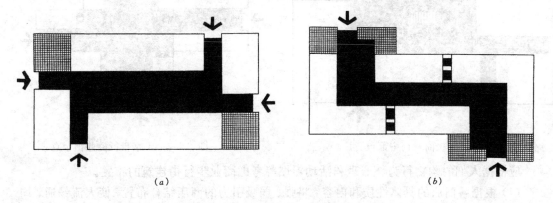

图 8-3-4　步行商业街入口处理示意

(2) 商业街与广场结合　在商业街的端部或中部设广场。图 8-3-5 为端部设广场的形式，其广场是视线交点，位于街道的一端。广场上宜布置水面、绿地、坐椅等环境设施，丰富空间内容，满足不同行为要求。图 8-3-6 所示广场位于商业街的中部，这是市民购物时易于集聚的场所。这种形式适合于占地较少的多层商业区，当周围建筑超过 2 层时，应考虑其空间有充足的光线和通风。空间内可设自动梯和楼梯解决垂直交通。

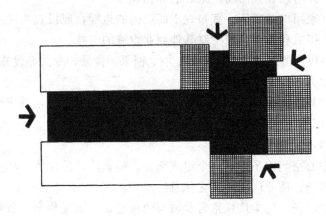

图 8-3-5　商业街端部设置广场示意

(3) 十字步行商业街　十字街布置的关键是封闭视线，可在中央设广场，使四角的建筑均成为四条道路视线的集点（如图 8-3-7）。布置建筑时应注意让每一条街道都成为人流量较大的步行街，应把公共汽车站、停车场等布置在出入口附近。通向中心广场的街道应尽可能短，减少步行者的疲劳感。

3. 建筑布置

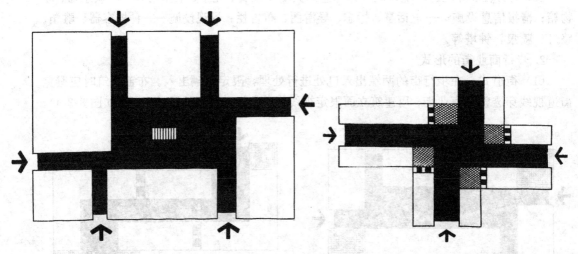

图 8-3-6 商业街中部设置广场示意　　　　图 8-3-7 十字步行商业街示意

应根据人们的购物行为、心理和活动习惯等考虑商业步行街建筑的布置。

(1) 根据各商店的具体性质和内容，将强、弱吸引力的商店结合布置，使人流畅通、均衡。避免因人流密度悬殊使某一时间、某一地段的人流过于拥挤。

(2) 同类商业服务设施宜成组布置，以利顾客比较选择，易产生更大吸引力。

(3) 日用百货商店、杂货店等宜布置在街区边缘，提供便捷服务。

(4) 大型综合商场是商业街区的重要建筑，宜布置在商业街的中部或端部，并应设休息和集散广场。

(5) 以妇女为主要顾客的商店，如妇女用品、儿童用品、床上用品、化妆品商店等，宜布置在街道内部，并与综合性商场、服装店等相邻。

(6) 家具店、家用电器商店，宜布置于商业街的边缘，应设置相应的场地，以利家具及大件家用电器的停放和搬运，减少对其他商业设施的干扰。

(7) 使用频率较高的服务项目，如烟、酒、糖果、食品、冷饮等设施应分散间隔布置，可随时提供方便服务。

(8) 影剧院和其他文娱场所，应布置在街区边缘，以利疏散，并应设置集散场地。

(二) 中心区广场

1. 广场的分类

广场是城市中心空间体系中的一个组成部分。根据广场的性质，功能可分为市民集会广场、交通集散广场、商业广场、文化休息广场等。

(1) 市民集会广场　这类广场常常是城市的核心，供市民集会、节假日欢庆、休息等活动使用。一般由行政办公、展览性、纪念性建筑结合雕塑、水体、绿地等形成气氛比较庄严、宏伟、完整的空间环境。一般布置在城市中心交通干道附近，便于人流，车流的集散。如北京天安门广场、莫斯科红场等，都与城市干道有良好的联系。

(2) 交通集散广场　主要解决人流、车流的集散。如大型影剧院、体育馆、展览馆前的广场，车站前广场及桥头广场等。各类集散广场对人流、车流、客流、货流的组织要求有不同的侧重。影剧院以人流为主，大型体育馆以人流、车流为主，而站前广场则要综合考虑人、车、货三大流线的关系。如天津火车站，地处海河弯道岸畔，是城市中心九条放射路交汇点，是日送旅客10万人次的大型铁路枢纽站。天津站站前交通复杂，用地不规则，规划中综合考虑用地的具体环境，采用Y字形建筑平面，将站广场划分为主广场和副广场；同时又规划了解放桥桥头广场和车站另一侧出入站的子广场。这些广场将过于集中的人流、车流适当分散，较好地解决了人流、车流交叉的矛盾。特别是主、副广场的划分，充分考虑了入站的连续流及出站的脉冲流等特点，使出站人流能迅捷多向分流；将公交车站（公共汽车、地铁、出租车）设在出站口的副广场，成功地解决了大型车站站前广场人流冲突的问题。

(3) **商业广场** 是布置商业贸易建筑，供市民集中购物或进行市场贸易和游憩活动的广场，常与步行商业街结合设置。设计时应注意处理好广场出入口和活动区域的关系，并且在时间与空间上避免进出广场的车辆与人们步行活动的相互干扰。

(4) **文化休息广场** 是一种为市民提供历史、文化教育和休息的室外空间。广场的建筑、环境设施等均要求有较高的艺术价值。广场的空间、比例、尺度、视线和视角均应有良好的设计。

2. **广场的空间环境规划**

广场的空间环境包括形体环境和社会环境两方面。形体环境由建筑、道路、场地、植物、环境设施等物质要素构成。社会环境由人们的各种社会活动构成，如欣赏、游览、交往、购买、聚会等。形体环境是社会生活活动的场所，对各种行为活动起容纳、促发或限制、阻碍作用。因此，形体环境的规划设计应满足人的生理、心理需求，符合行为规律，为人们的各种活动提供环境支持，创造适合时代要求的广场空间。

(1) **广场的比例、尺度** 广场的大小应与其性质功能相适应，并与周围建筑高度相称。舍特（COSIITTE）等从艺术观点考虑的结论是：广场的大小是依照与建筑物的相关因素决定的。设计成功的广场大致有下列的比例关系：

1) $1 \leqslant D/H < 2$；
2) $L/D < 3$；
3) 广场面积＜建筑物界面面积×3。

式中，D 为广场宽度；L 为广场长度；H 为建筑物高度。

广场过大，与周围建筑不发生关系，就难于形成有形的、可感觉的空间。越大给人的印象越模糊，大而空、散、乱的广场是吸引力不足的主要原因，对这种广场应采取一些措施来缩小空间感。如天安门广场，周围建筑高度均在30~40m之间，广场宽度为500m，宽高比为12:1，以致使人感到空旷，但由于广场中布置了人民英雄纪念碑、纪念堂、旗杆、花坛、林带等分隔了空间，避免了过大的感觉。

(2) **广场的形态** 广场的平面形状可以分为规则和不规则的两种，其空间形状多由方形、圆形、三角形等几何体通过变形、重合、融合、集合、切除、变位等演变而来。可以是对称和外形完整的，也可以是不对称和外形不完整的。广场平面形状不同，给人的感受是不同的。一般地，正方形广场，无明显的纵横方向，可以突出表现广场中央部位。如要强调方向上的主次，可借助于建筑群朝向，借助于道路系统关系，亦可借助于建筑的艺术处理（如体量、色彩上的变化）。长方形广场，有纵横方向的区别。纵向、横向都可设计为主要方向，应根据实际需要和环境条件而定。其纵横向长短边之比以3:4，1:2为宜。当越过 1∶3 时，便难于处理，易失去广场的理想空间效果。梯形广场有明显的方向性，主轴线只有一条，易于突出主题。主要建筑布置在短边上，可显雄伟庄重，布置在长边上则亲切宜人，可利用透视效果增加空间的纵深感。圆形广场，可突出中央圆心部位。不规则形广场，适宜于特殊的环境条件，可以打破严谨的对称的平面构图，比较活泼。

广场的空间形态有平面型与空间型两种，平面形的广场其空间形态主要取决于空间平面形状的变化。空间型广场又可分为上升式广场与下沉式广场，其目的主要是为解决交通问题，实行人车分流。上升式广场可以行人，让车辆在低的地面上行驶；也可以相反，让轻轨交通等在高架的平台上行驶，而把地面留给行人。如某市中心广场（图 8-3-8），广场上升空间是步行区，其下层为公交车辆、小汽车站场与通行层，再下部为地下商场，三者既不干扰，又便于换乘、游憩和购买，为市民和旅客提供了极大方便。下沉式广场，其下沉部分多供步行者使用，常布置在闹市中以创造闹中取静的空间环境（图 8-3-9）。也可结合地下空间或地铁车站的出入口设置，以方便出入，有利于地上与地下结合，可以把自然光线和空气渗透到地下空间。为保证下沉广场有适宜的空间环境，其下沉面积不宜小于 400m² 最小宽度不小于 12m，或不小于其深度的 3 倍。

（3）广场空间的艺术处理　在《街道美学》一书中，芦原仪信指出，作为名符其实的广场应具备下列四个条件：

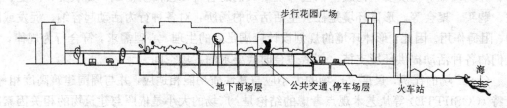

图 8-3-8　某市中心广场剖面示意

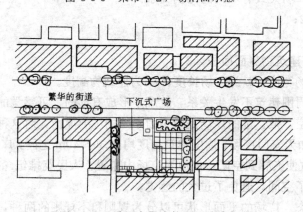

图 8-3-9　设置在街边的下沉式广场

1）广场的边界线清楚，能成为"图"。此边界线最好是建筑物的外墙，而不是仅仅遮挡视线的围墙；
2）具有良好的封闭条件——阴角，容易形成"图"；
3）铺装面直到边界，空间领域明确，容易形成"图"；
4）周围的主要建筑具有某种统一和协调，D/H 有良好的比例。

这些是城镇广场处理的基本要求。此外，在处理中尚应重视以下各点：

1) 广场周围的主要建筑物和主要出入口，是空间设计的重点和吸引点，处理得当，可以为广场增添光彩。

2) 应突出广场的视觉中心。特别是较大的广场空间，假如没有一个视觉焦点或心理中心，会使人感觉虚弱空泛，所以一般在公共广场中利用雕塑、水池、大树、钟塔、旗杆、纪念柱等形成视线焦点，使广场产生较强的凝聚力。

3) 广场绿地布置，应适合广场使用性质要求，植物配置力求简洁。公共活动广场集中成片绿地的比重，一般不宜少于广场总面积的 25%；站前广场、集散广场的集中成片绿地不宜少于 10%，一般为 15%～25%。

第四节 详细规划的技术经济分析

城市是一个有机体，要达到生产与生活各方面的协调发展，它反映在各项事业的建设上和用地上，必然存在一定的内在联系。通过编制城市建设用地平衡表（表 8-4-1），检验各项用地的分配比例以及是否符合规定的定额指标，为合理分配城市用地提供了必要的依据。当进行城市局部地段或居住区详细规划时，则可按上述表中的第 1 项单独编制详细规划用地平衡表。

居住区是城市的主要组成部分，也是详细规划的主要内容，由于其建设量大面广，涉及国家的经济发展水平，因此，很多国家对居住区规划和建设的定额指标和技术经济要求是作为重要的技术政策来制定的。对居住区规划的技术经济分析，一般包括用地分析、技术经济指标和建设投资等三个方面。

一、城市总体规划用地统计表

城市总体规划用地的数据计算应统一按表 8-4-1 和表 8-4-2 的格式进行汇总。在计算城市现状和规划的用地时，应统一以城市总体规划用地的范围为界进行汇总统计。分片布局的城市应先按上述规定分片计算用地，再进行汇总。城市用地应按平面投影面积计算，每块用地只计算一次，不得重复计算。城市总体规划用地应采用 1/10000 或 1/5000 比例尺的图纸进行分类计算，分区规划用地应采用 1/5000 或 1/2000 比例尺的图纸进行分类计算。现状和规划的用地计算应采用同一比例尺的图纸。城市用地的计量单位应为万平方米（公顷）。数字统计精确度应根据图纸比例尺确定：1/10000 图纸应取正整数；1/5000 图纸应取小数点后一位数；1/2000 图纸应取小数点后两位数。

二、居住区综合技术经济指标

居住区综合技术经济指标由两部分组成：土地平衡和主要技术经济指标，其项目应包括必要指标和可选用指标两类。即反映基本数据和习惯上要直接引用的数据为必要指标；可由其他数据推算和习惯上较少采用的数据或根据规划需要有可能出现的内容列为可选用指标。

综合技术经济指标是从量的方面衡量和评价规划质量和综合效益的重要依据，有现状和规划之分。为了统一计算口径，如实地反映规划设计水平及其经济合理性，以及有利于核实、审批和比较，居住区综合技术经济指标的计算应按国家统一的列表格式、内容、必要的指标和计算中采用的标准等要求，即其项目及计量单位应符合表 8-4-3 的规定。

城市建设用地平衡表   表 8-4-1

序号	用地代号	用地名称		面积（万 m²）		占城市建设用地（%）		人均(m²/人)	
				现状	规划	现状	规划	现状	规划
1	R	居住用地							
2	C	公共设施用地							
		其中	非市属办公用地						
			教育科研设计用地						
			……						
3	M	工业用地							
4	W	仓储用地							
5	T	对外交通用地							
6	S	道路广场用地							
7	U	市政公用设施用地							
8	G	绿地							
		其中：公共绿地							
9	D	特殊用地							
合计		城市建设用地				100.0	100.0		

备注：_____年现状非农业人口_____万人
　　　_____年规划非农业人口_____万人

城市总体规划用地汇总表   表 8-4-2

序号	类别名称		面积（万 m²）	占城市总体规划用地比例（%）
1	城市总体规划用地			100.0
2	城市建设用地			
3	水域和其他用地			
	其中	水域		
		耕地		
		园地		
		林地		
		牧草地		
		村镇建设用地		
		弃置地		
		露天矿用地		

备注：_____年现状非农业人口_____万人
　　　_____年规划非农业人口_____万人

（一）居住区用地平衡表

1. 用地平衡表的作用

居住区用地平衡表主要是对现状和规划设计方案的土地使用情况进行分析和比较，检验各项用地的分配比例是否符合国家规定的指标，此外，还可作为居住区规划设计方案比较和审批的依据之一。

综合技术经济指标系列一览表　　　　表 8-4-3

项　目	计量单位	数　值	所占比重（%）	人均面积（m²/人）
居住区规划总用地	ha	▲	—	—
1. 居住区用地（R）	ha	▲	100	▲
（1）住宅用地（R01）	ha	▲	▲	▲
（2）公建用地（R02）	ha	▲	▲	▲
（3）道路用地（R03）	ha	▲	▲	▲
（4）公共绿地（R04）	ha	▲	▲	▲
2. 其他用地（E）	ha	▲	—	—
居住户（套）数	户（套）	▲	—	—
居住人数	人	▲	—	—
户均人口	人/户	△	—	—
总建筑面积	万 m²	▲	—	—
1. 居住区用地内建筑总面积	万 m²	▲	100	▲
（1）住宅建筑面积	万 m²	▲	▲	▲
（2）公建面积	万 m²	▲	▲	▲
2. 其他建筑面积	万 m²	△	—	—
住宅平均层数	层	▲	—	—
高层住宅比例	%	▲	—	—
中高层住宅比例	%	▲	—	—
人口毛密度	人/ha	▲	—	—
人口净密度	人/ha	△	—	—
住宅建筑套密度（毛）	套/ha	△	—	—
住宅建筑套密度（净）	套/ha	△	—	—
住宅面积毛密度	万 m²/ha	▲	—	—
住宅面积净密度	万 m²/ha	▲	—	—
（住宅容积率）	—	▲	—	—
居住区建筑面积（毛）密度	万 m²/ha	△	—	—
（容积率）	—	△	—	—
住宅建筑净密度	%	▲	—	—
总建筑密度	%	△	—	—
绿地率	%	▲	—	—
拆建比	—	△	—	—
土地开发费	万元/ha	△	—	—
住宅单方综合造价	元/m²	△	—	—

注：▲必要指标；△选用指标。

2. 用地平衡表的内容

居住区用地包括住宅用地、公共服务设施用地（也称公建用地）、道路用地和公共绿地四项，它们之间存在一定的比例关系，主要反映土地使用的合理性与经济性。它们之间的比例关系及每人平均用地水平是必要的基本指标。在规划范围内还包括一些与居住区没有直接配建关系的其他用地，如外围道路或保留的企事业单位，不能建设的用地、城市级公建用地、城市干道、自然村等。这些都不能参与用地平衡，否则无可比性。但"其他用地"在居住区规划中也必定存在（如外围道路），因此它也是一个基本指标。居住区用地加"其他用地"即为居住区规划总用地。居住区用地平衡表的基本格式如8-4-4所示。

居住区用地平衡表 表 8-4-4

用　　地	面积(ha)	所占比例(%)	人均面积(m²/人)
一、居住区用地（R）	▲	100	▲
1　住宅用地（R01）	▲	▲	▲
2　公建用地（R02）	▲	▲	▲
3　道路用地（R03）	▲	▲	▲
4　公共绿地（R04）	▲	▲	▲
二、其他用地（E）	△	—	—
居住区规划总用地	△		

注："▲"为参与居住区用地平衡的项目。

3. 各项用地的计算方法（图 8-4-1）

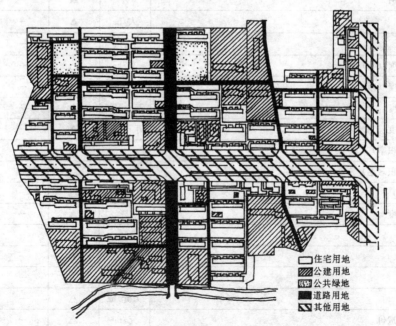

图 8-4-1　居住区各项用地的划分

居住区各项用地的计算应以实际使用效果为准，如公共绿地，应是实际上起到公共使用效果的，区别于宅旁绿地和公共建筑的专用绿地；又如河流，若结合绿化，则可作为绿化用地，若主要作为通航或水面较大时，则不能计入居住区公共绿地。具体的计算方法如下：

(1) 规划总用地范围应按下列规定确定：

1) 当规划总用地周界为城市道路、居住区（级）道路、小区路或自然分界线时，用地范围划至道路中心线或自然分界线；

2) 当规划总用地与其他用地相邻，用地范围划至双方用地的交界处。

(2) 底层公建住宅或住宅公建综合楼用地面积应按下列规定确定：

1) 按住宅和公建各占该幢建筑总面积的比例分摊用地，并分别计入住宅用地和公建用地；

2) 底层公建突出于上部住宅或占有专用场院或因公建需要后退红线的用地，均应计入公建用地。

(3) 底层架空建筑用地面积的确定，应按底层及上部建筑的使用性质及其各占该幢建筑总建筑面积的比例分摊用地面积，并分别计入有关用地内。

(4) 绿地面积应按下列规定确定：

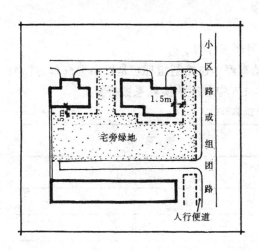

图 8-4-2 宅旁（宅间）绿地
面积计算起止界示意图

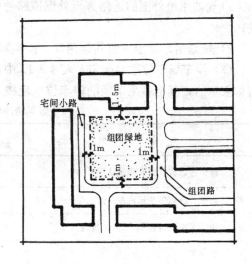

图 8-4-3 院落式组团绿地面
积计算起止界示意图

1) 宅旁（旁间）绿地面积计算的起止界应符合图 8-4-2 的规定：绿地边界对宅间路、组团路和小区路算到路边，当小区路设有人行便道时算到便道边，沿居住区路、城市道路则算到红线；距房屋墙脚 1.5m；对其他围墙、院墙算到墙脚。

2) 道路绿地面积的计算，以道路红线内规划的绿地面积为准进行计算。

3) 院落式组团绿地面积计算起止界应符合图 8-4-3 的规定：绿地边界距宅间路、组团路和小区路路边 1m；当小区路设有人行便道时，算到人行便道边；临城市道路、居住区级道路时算到道路红线；距房屋墙脚 1.5m。

4) 开敞型院落组团绿地，应符合表 8-2-17 的要求；至少有一个面面向小区路，或向建筑控制线宽度不小于10m的组团级主路敞开,并向其开设绿地的主要出入口和满足图8-4-4的规定。

5)其他块状、带状公共绿地面积计算的起止界同院落式组团绿地。沿居住区(级)道路、城市道路的公共绿地算到红线。

(5)居住区用地内道路用地面积应按下列规定确定:

1)按与居住人口规模相对应的同级道路及其以下各级道路计算用地面积,外围道路不计入;

2)居住区(级)道路,按红线宽度计算;

3)小区路、组团路,按路面宽度计算,当小区路设有人行便道时,人行便道计入道路用地面积;

4)非公建配建的居民小汽车和单位通勤车停放场地及回车场,按实际占地面积计算;

5)宅间小路不计入道路用地面积。

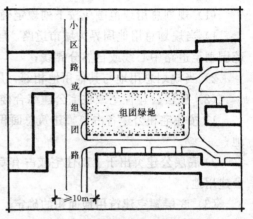

图 8-4-4 开敞型院落式组团绿地示意图

(6)其他用地面积应按下列规定确定:

1)规划用地外围的道路算至外围道路的中心线;

2)规划用地范围内的其他用地,按实际占用面积计算。

(7)停车场车位数的确定:表8-2-13中机动车停车位控制指标,是以小型汽车为标准当量表示的,其他各型车辆的停车位,应按表8-4-5中相应的换算系数折算。

各型车辆停车位换算系数   表 8-4-5

车　　　型	换 算 系 数
微型客、货汽车机动三轮车	0.7
卧车、2t 以下货运汽车	1.0
中型客车、面包车、2~4t 货运汽车	2.0
铰接车	3.5

(二)居住区规划设计的技术经济指标

居住区规划设计的技术经济指标一般包括表8-4-3所列的内容。

1. 居住区规模

反映居住区规模有用地面积、建筑面积和人口(户、套)数量三个方面内容,除用地面积外,人口(户、套)数量、住宅和配建公共服务设施的建筑面积及其总量也是基本数据,为必要指标。非配套的其他建筑面积,或有或无,因此,是一个可选用的指标。

2. 平均层数

平均层数是指各种住宅层数的平均值,等于住宅总建筑面积与住宅基底总面积的比值(层)。

【例】已知：　　　　　　　5 层住宅建筑面积 20000m²
　　　　　　　　　　　　6 层住宅建筑面积 90000m²
　　　　　　　　　　　10 层住宅建筑面积 30000m²

　　　　　　　合计：住宅总建筑面积为 140000m²

求平均层数。

【解】　先求出各种层数的基底面积：

$$\left.\begin{array}{l} 5\text{层}=\dfrac{20000}{5}=4000\text{m}^2 \\ 6\text{层}=\dfrac{90000}{6}=15000\text{m}^2 \\ 10\text{层}=\dfrac{30000}{10}=3000\text{m}^2 \end{array}\right\}\text{总基底面积}=22000\text{m}^2$$

平均层数＝住宅总建筑面积÷总基底面积＝140000÷22000≈6.36 层

平均层数与住宅建筑密度关系密切，是基本数据，属必要指标。层数比例是指居住区中各种层数住宅建造数量的比例。如高层住宅（大于等于 10 层）比例，即高层住宅总建筑面积与住宅总建筑面积的比率（%）；中高层住宅（7～9 层）比例，即中高层住宅总建筑面积与住宅总建筑面积的比率（%）。它们也是住宅建设中的控制标准，属必要指标。层数比例取决于国家投资标准，建筑材料供应条件，城市公用设施水平，施工力量和城市规模及用地情况等。

3. 人口净密度

$$\text{人口净密度}=\dfrac{\text{规划总人口}}{\text{住宅用地面积}}\text{（人/ha）}$$

4. 人口毛密度

$$\text{人口毛密度}=\dfrac{\text{规划总人口}}{\text{居住区用地面积}}\text{（人/ha）}$$

人口毛密度与人口净密度不仅反映了住宅分布的密集程度，还反映了平均居住水平，及在总体上相对的经济合理性，因此规划中通常作为概算用地的综合指标。表 8-4-6 所列为人口毛密度指标参考数值。

人口毛密度（人/ha）　　　　　　　　　　　表 8-4-6

	层　　数	大　城　市	中　等　城　市	小　城　市
居　住　区	多　层	500～600	500～670	—
	高　层	670～800		
小　区	低　层	400～450	320～700	300～400
	多　层	550～670	500～700	400～600
	高多层	710～830		
	高　层	830～1000	—	—

5. 住宅建筑套密度（毛）

$$\text{住宅建筑套密度（毛）}=\dfrac{\text{住宅建筑总套数}}{\text{居住区用地面积}}\text{（套/ha）}$$

6. 住宅建筑套密度（净）

$$住宅建筑套密度（净）=\frac{住宅建筑总套数}{住宅用地面积}（套/ha）$$

住宅建筑套密度是一个日渐被人们认识、重视的指标。在详细规划的实施阶段根据户型的比例、标准的要求等去选定住宅类型后，可以通过居住区用地、住宅用地等基本数据来计算。它在商品房开发区反映的是出房率。

7. 住宅面积毛密度

$$住宅面积毛密度=\frac{住宅建筑总面积}{居住区用地面积}（万\ m^2/ha）$$

8. 住宅面积净密度

$$住宅面积净密度=\frac{住宅建筑总面积}{住宅用地面积}（万\ m^2/ha）$$

住宅面积净密度也可用住宅容积率表示，即以住宅建筑总面积（万 m^2）与住宅用地面积（万 m^2）的比值表示。如住宅面积净密度为 1.2 万 m^2/ha，则住宅容积率表示为 1.2：1，即平均每 1 万 m^2 住宅用地上可建 1.2 万 m^2 的住宅建筑面积。

住宅面积净密度是按居住区的用地条件、建筑气候分区、日照要求、住宅层数等因素对住宅建设进行控制的指标，是一个实用性强，习惯上也是控制居住区环境质量的重要指标之一，属必要指标。表 8-4-7 所列为住宅面积毛密度指标参考值。

住宅面积毛密度(m²/ha)　　　　　　　　　表 8-4-7

	层 数	大 城 市	中 等 城 市	小 城 市
居 住 区	多 层	6400~9600	6400~10700	—
	高 层	10700~15000		
小 区	低 层	5700~6400	4600~5800	4300~5800
	多 层	8800~10700	8000~11400	6400~9600
	高多层	11000~14000		
	高 层	15000~18000	—	—

9. 建筑面积毛密度

建筑面积毛密度是指每公顷居住区用地上拥有的各类建筑的建筑面积（万 m^2/ha），由于公建在控制性详细规划阶段还没有进行单体设计而是按指标估算，因配建的公建与住宅建筑面积有一定的比例关系，即住宅是基数，住宅面积一确定，配建公建量也相应确定，因而当前以住宅建筑面积的毛、净密度（也称住宅容积率）为常用的基本指标，建筑面积毛密度（也称容积率）因较少采用，为可选用指标。

10. 住宅建筑净密度

$$住宅建筑净密度=\frac{住宅建筑基底总面积}{住宅用地面积}\times100\%$$

住宅建筑净密度主要取决于房屋布置对气候、防火、防震的要求和地形等条件，与房屋间距、建筑层数、房屋排列方式等密切相关。在建筑面积不变的情况下，住宅层数越高，住宅建筑净密度越低。居住区规划中采取适当的住宅建筑净密度，对节约用地、减少工程投资有一定的经济意义。

表 8-4-8

6个居住区技术经济指标比较

居 住 区	北京安贞西里			上海宛平新村			天津体院北居住区			自贡钟云山居住区			常州清潭小区			呼市阿吉勒居住区		
总用地面积(ha)	33.00ha	100%	13.6m²/人	30.4	100	10.7	89.75	100	18.1	21.60	100	14.0	32.10	100	16.9	31.72	100	18.3
居住区用地面积	22.75	69.0	9.4	20.1	66.1	7.0	44.80	49.9	9.0	13.83	64.0	9.0	16.97	52.9	8.9	16.51	54.0	9.9
其中:住宅用地																		
公建用地	4.69	14.2	1.9	3.9	12.8	1.4	23.27	25.9	4.7	4.15	19.2	2.6	7.65	23.8	4.0	8.38	27.4	5.0
道路用地	2.58	7.8	1.1	5.0	16.4	1.8	12.92	14.4	2.6	2.16	10.0	1.4	3.53	11.0	1.9	2.48	8.1	1.5
绿化用地	2.98	9.0	1.2	1.4	4.7	0.5	8.76	9.8	1.8	1.46	6.8	1.0	3.96	12.3	2.1	3.22	10.5	1.9
其他用地(ha)																1.13		
总建筑面积(m²)	453100			317300			826500			247400			307000			221200		
其中:住宅建筑面积(m²)	409900			285300			709700			225000			279000			190800		
公共建筑面积	43200m²	10.5%		32000	11.2		116800	16.9		22400	10.0		28000	10.0		30400	15.9	
居住户数(户)	6944			8143			14194			3857			4777			4766		
居住人数(人)	24304			28500			49680			13500①			16720②			16681③		
住宅平均层数(层)	9.2						4~12			7.46			5.2			4.86		
高层住宅比例(%)	53.3									0			0			0		
人口毛密度(人/ha)	736			938			553			625			521			545		
人口净密度(人/ha)	1068			1418			1109			976			985			1010		
住宅面积毛密度(m²/ha)	12412			9385			7907			10417			8692			6237		
住宅面积净密度(m²/ha)	18018m²/ha			14194			15842			16268			16446			11557		
容积率(m²/m²)	1.37m²/m²			1.04			0.92			1.15			0.96			0.72		

①原为15428人,4人/户;②原为19000人,4人/户;③原为21446人,4.5人/户。
注:表上数字系按3.5人/户折算。

表 8-4-9 6个小区技术经济指标比较

小区	北京西坝河东里			上海曲阳新村西南区			自贡金沟湾小区			杭州翠苑新村四区			天津西湖村三小区			包头友谊小区		
	ha	%	m²/人	ha	%	m²/人	ha	%	m²/人	ha	%	m²/人	ha	%	m²/人	ha	%	m²/人
总用地面积(ha)	15.66	100	12.17	10.29	100	10.54	12.53	100	15.0	11.65	100	15.8	10.12	100	12.2	11.39	100	19.3
居住区用地面积	8.63	55.1	6.71	6.63	64.4	8.9	8.71	69.5	10.4	6.00	51.5	8.2	7.51	74.2	9.1	7.71	67.7	13.1
其中:住宅用地	4.83	30.9	3.75	2.62	25.5	2.3	2.00	16.0	2.4	4.00	34.3	5.4	1.45	14.3	1.7	2.19	19.2	3.7
公建用地	0.83	5.3	0.65	0.47	4.6	0.4	0.96	7.6	1.2	0.45	3.9	0.6	1.00	9.9	1.2	0.70	6.1	1.2
道路用地	1.37	8.7	1.06	0.57	5.5	0.5	0.86	6.9	1.0	1.20	10.3	1.6	0.16	1.6	0.2	0.79	7.0	1.3
绿化用地																		
其他用地(ha)				0.25														
总建筑面积(m²)	249,400			152900			166300			138200			140000			108300		
其中:住宅建筑面积(m²)	218,400			135300			133900			120600			130000			94700		
公共建筑面积(m²)	31,000	14.2%		17600	13		32400	24		17600	14.6		10000	7.6		13600	14.4	
居住户数(户)	3,676			3292			2385			2330			2364			1687		
居住人数(人)	12,866			11522			8348①			8155②			8274			5905③		
住宅平均层数(层)	9.19			6~12			6.2			6~7			4~18			5		
高层住宅比例(%)	63			34			0			0						0		
人口毛密度(人/ha)	821			1120			666			700			818			518		
人口净密度(人/ha)	1,491			1738			958			1359			1102			766		
住宅面积毛密度(m²/ha)	13,944			13149			10686			10352			12846			8313		
住宅面积净密度(m²/ha)	25,300			20407			15352			20100			17303			12286		
容积率(m²/m²)	1.59 m²/m²			1.49			1.33			1.19			1.38			0.95		

①原为 8586 人,3.6 人/户; ②原为 7350 人,3.15 人/户; ③原为 7600 人,4.5 人/户。
注:表上数字系按 3.5 人/户折算。

与住宅环境最密切的是住宅周围的空地率，习惯上以住宅建筑净密度来反映，即以住宅用地为单位1，空地率＝1－住宅建筑净密度。住宅建筑净密度越低，其对应的空地率就越高，为环境质量的提高提供了更多的用地条件。

11. 绿地率

绿地率是指居住区用地范围内各类绿地的总和占居住区用地的比率（％），即：

$$绿地率 = \frac{各类绿地总和}{居住区用地面积} \times 100\%$$

绿地应包括：公共绿地、宅旁绿地、公共服务设施所属绿地和道路绿地（即道路红线内的绿地），不应包括屋顶、晒台的人工绿地。

绿地率是反映居住区内可绿化的土地比率，它为搞好环境设计、提高环境质量创造了物质条件，属必要指标。

12. 总建筑密度

总建筑密度是指居住区用地内，各类建筑的基底总面积与居住区用地面积的比率（％），因在详细规划方案阶段，配套公建的体型、层数未定，其基底占地尚难敲定，故很少表示，而以住宅建筑净密度和绿地率来反映，所以总建筑密度不作为必要的指标。

此外，经济性指标可反映开发建设的投资效益，居住区的开发可进行土地的开发，也可进行全面的综合开发，它的投资效益可用每公顷土地的开发费（万元/ha）（即每公顷居住区用地开发所需的前期工程的测算投资，包括征地、拆迁、各种补偿、平整土地、敷设外部市政管线设施和道路工程等各项费用）或住宅建筑单方综合造价（元/m²）（即每平方米住宅建筑面积所需的工程建设的测算综合投资，应包括土地开发费用和居住区用地内的建筑、道路、市政管线、绿化等各项工程建设投资及必要的管理费用）来表示。由于旧区改建规划范围内一般都有拆迁，因此可用"拆建比"（即拆除的原有建筑总面积与新建的建筑总面积的比值）反映开发的经济效益，这是一个在有拆迁情况下，简单、明了、直观而又实用地反映拆建情况的指标，是旧区改建中的一个必要的指标。

为了可比及数值的一定精度，除户、套和人口数及其对应的密度数值外，其余数值均采用小数点后两位。

表8-4-8、表8-4-9为居住区和小区综合技术经济指标实例分析。

三、居住区综合造价

居住区综合造价即建成居住区所必须的各项投资的总值（不包括建成后的经常维护费用）。各项投资包括居住建筑建设费（如住宅和单身宿舍）、公共建筑建设费（如行政管理、商业服务、文化体育、卫生教育等）、室外市政工程建设费（如给水、排水、道路、煤气、供热、供电、消防等）、绿化工程建设费、人防设施建设费、土地使用准备费用（如土地征用费、青苗补偿费、房屋拆迁费、围海造地费等）以及其他费用（如工程建设中未能预见到的后备费用，一般预留总造价的5％）。在居住区造价中住宅建筑的造价所占比重最大，约占60％～70％，其次是公共建筑造价，因此降低住宅建筑单方造价是降低居住区综合造价的一个重要方面。

研究和计算居住区综合造价的目的，一是可用综合造价衡量及检验居住区建设的经济性，从而提高居住区建设的经济效益；二是可作为收取分散零星建造住宅的配套费和居住区费用总结算以及出售商品住宅的价格依据；三是可为国家有关部门研究和确定城市住宅配套设施投资合理比例提供参考，促进住宅建设的综合开发。

居住区综合造价的衡量指标可用下列四种指标折算表示：

(1) 将综合造价的总值折算到每平方米住宅建筑面积上，单位为元/平方米；

(2) 将综合造价的总值折算到每公顷居住区用地面积上，单位为元/公顷；

(3) 将综合造价的总值折算到每个居民身上，单位为元/人；

(4) 将综合造价的总值折算到每个居民户上，单位为元/户。

以上四项指标的折算值都系平均值。它们不仅是分析总造价的折算指标，而且也可用来计算各单项造价情况。

居住区综合造价概算表的格式和实例分析见表8-4-10～表8-4-12。

居住区总造价概算表 表 8-4-10

编号	项目	单位	数量	单价（元）	造价（万元）	占总造价比重（%）	备注
1	土地使用准备费 (1) 土地征用费 (2) 房屋拆迁费 (3) 青苗补偿费 ……	万 m² 间 万 m²					
2	住宅建筑	m²					
3	公共建筑	m²					
4	室外市政工程设施 (1) 土石方工程 (2) 车行和人行道 (3) 水暖电外线	m³ m² m					
5	绿化	m²					
6	其他						
7	居住区总造价	万元					
8	平均每居民占造价	元/人					
9	土地开发费	万元/ha					
10	住宅单方综合造价	元/m²					

北京市劲松居住区建设造价分析（1977～1978年） 表 8-4-11

编号	工程名称	建筑面积 (m²)	工程造价 (万元)	%	备注
1	住宅	318383	4011.63	58.9	
2	公共服务设施	53938.7	706.69	10.4	1. 行政管理系统面积中，包括设在居委会内的生产组、服务站、少年活动站的面积 2. 包括邮局造价
	其中：				
	（1）儿童教育系统	19966	203.51		
	（2）医疗卫生系统	1000	13.00		
	（3）经济系统	4929	2.85		
	（4）商业服务系统	13709.3	200.32		
	（5）文娱系统	1293.8	22.12		
	（6）行政管理系统	8561.2	90.29		
	（7）公用设施系统	4479.4	174.60		
3	拆迁		1263.24	18.5	
4	室外市政工程设施		835.04	12.2	1. 不包括劲松路市政造价176.70万元 2. 绿化造价系设计估算
	其中：				
	（1）道路、人行道、土方等		432.84		
	（2）给排水、煤气、外线照明		399.20		
	（3）绿化		3.00		
5	居住区总造价		6816.6	100	
6	平均每居民所需总造价		2666.1 (元/人)		
7	土地开发费		249.69 (万元/ha)		
8	住宅单方综合造价		214.1 (元/m²)		

注：本表系建设银行初步测算之造价，不包括人防造价。

居住区和居住小区造价分析 表 8-4-12

编号	名称	总人口 (人)	总造价 (万元)	占总造价（%）				平均每居民造价 (元/人)	平均每万平方米居住区用地造价 (万元/万m²)	平均每平方米建筑面积造价 (元/m²)
				住宅	单身宿舍	公共建筑	室外工程			
1	南京梅山炼铁厂居住区第一期工程（1969～1971年）	18500	1081.55	55.16	7.86	25.75	11.23	584.62	52.07	74.08
2	武汉市武东居住区（1959～1972年）	15000	1071.92	46.3	8.7	24.3	20.7	714.61	36.59	89.03
3	大连市金家街居住区（1954～1975年）	22000	2231.3	72.2	5.22	12.08	10.50	1014.2	67.37	111.5

续表

编号	名称	总人口（人）	总造价（万元）	占总造价（%）				平均每居民造价（元/人）	平均每万平方米居住区用地造价（万元/万m²）	平均每平方米建筑面积造价（元/m²）
				住宅	单身宿舍	公共建筑	室外工程			
4	铜陵新桥新村居住小区（1973~1977年）	5954	526.03	56.9	3.5	16.4	23.2	883.5	52.45	117.1
5	广西维尼路居住小区（1972~1974年）	4110	326.04	47.8	13.3	14.8	24.1	793.3	44.91	83.3
6	湖北化肥厂居住小区（1975~1977年）	5483	491.48	54.2	5.5	27.6	12.7	896.4	47.12	125.0
7	山东辛店发电厂居住小区（1973~1977年）	2570	326.01	37.5	9.6	21.4	31.5	1268.5	46.24	157.0
8	广州黄浦新港居住小区（1975~1980年）	9750	784.13	76.7	—	11.3	12.0	804.2	62.68	93.0
9	大连新港居住小区（1974~1976年）	4600	1223.55	21.2	15.0	19.5	41.3	2659.9	64.13	313.6
10	襄阳轴承厂万山新村居住小区（1973~1978年）	11335	1067.00	56	11.1	20.7	12.2	941.3	60.08	116.9
11	长沙市朝阳二村居住小区（1976~1978年）	14000	1309.25	77.9	—	8.2	13.9	935.2	94.33	83.5
12	上海明园新村住宅群（1973~1978年）	4963	515.40	83.2		6.7	10.1	1038.5	163.10	102.2
13	北京市龙潭小区（1964~1965年）	9702	1128.36	73.7	—	9.4	16.9	1163.02	144.58	118.82
14	陕西汽车齿轮厂居住小区（1970~1973年）	5700	376.82	54.98	8.65	20.48	15.89	661	57.9	76.2

第九章 城市规划中的经济与社会研究

第一节 城市经济学与城市发展

一、概述

在任何一个社会中，经济都是基础。城市经济是城市产生和发展的基础。城市经济学是研究城市在形成，发展与城市现代化过程中的经济规律。城市经济学运用经济分析的理论、方法为城市规划与建设提供科学的依据，在认识与综合解决城市问题的实践中，具有不可替代的作用。

（一）城市经济学的研究对象和性质

城市经济学是经济学科中的一门以城市为系统，研究如何为现实城市经济服务的应用性学科。城市经济学的任务就是把城市作为一个有机整体，从经济学的角度阐明城市化的发展过程和途径，制定正确的城市政策和城市管理方法，合理地使用和开发城市土地，科学地评价和促使城市的各个组成部分以及各项经济活动的协调发展，从而取得城市社会总体的和长远的最佳效益。

城市经济学关于研究对象问题，目前尚无一个统一看法。一种观点认为城市经济学是从"总体"上对城市问题进行"综合性"研究的带有综合的学科，另一种观点认为其学科是研究城市特有经济关系的科学，是以城市本身固有的诸如城市管理、交通、住宅、商业、环境等各种经济问题为研究对象；再一种观点是认为城市经济学是研究城市经济规律的学科，要把城市化和城市现代化的过程作为城市经济学的研究对象。英国的城市经济学家K·J巴顿认为没有必要把这一门内容本身十分广泛的学科加以约束。"在这门学科发展的现阶段，最现实的做法是把任何系统地运用经济学原理去解决城市问题的企图，都当作城市经济学。"因此，我们国家也应当允许多种意见、多种学派的继续探索，继续争鸣。

（二）学习和研究城市经济学的意义

通过城市经济学的研究，可以认识和掌握城市经济的发展规律，科学地指导城市经济的发展。在新的形势、新的情况下，城市经济体系结构、布局、方向如何才能符合科技和生产力的发展，达到城市经济的繁荣，这就需要我们对城市经济进行科学的、全面的、系统的研究，使制定的战略、对策建立在对客观事物正确认识的基础上。

学习城市经济学可以提高城市经济管理水平，为解决城市建设的现实问题服务。城市是由许多单位和部门组成的经济综合体，要搞好城市建设，管理好城市，必须全面地、系统地研究城市经济发展规律，使各个部门、各项经济活动协调发展。

二、城市化问题

（一）城市化的概念

农村人口转变成城市人口的过程就是城市化。由于城市较农村而言能提供更多的就业机会和更优越的生活条件，所以城市的吸引力自然很大。而创造众多的就业机会和优越的生活条件的关键在于第二产业和第三产业在空间上的城市集中,所以城市化的本质过程是第二产业和第三产业趋向城市的区位。

地域景观的变化是城市化最直观的变化。农村地区逐渐转变为城市地区可以被称之为城市化,而原有城市地区由一般地域向更繁华地域转化,这种城市内部地域级差的变化也可以被称之为城市化。

(二)城市化的机制

城市的产生与发展,必须要有充足的粮食和相当数量的非农业劳动力。正是由于农业生产力的提高,产生了剩余粮食和富余的农村人口并输送给城市,城市才能得以发展壮大。城市通过向农村提供各种生产资料和财富,使农村进一步提高生产能力和生活水准,促使其产生更多的剩余粮食和剩余农业人口并不断地充实城市。可以说,城市与农村是相辅相成的关系,城市离不开农村,农村依附于城市。

1. 城市化与工业化

一般认为,现代城市化始于18世纪的产业革命。城市的人口集中和各种服务设施的集中(如交通条件、金融服务等等),吸引第二产业向城市聚集,西方许多资本主义国家这一时期城市人口都是高速增长的,而且其增长速度与工业职工人数的增长速度近乎相等。可以说,工业化是城市化的动力,工业的发展开始支配城市的发展。

2. 城市化与第三产业

城市中的工业并不是一直无限度发展的。当工业现代化达到一定程度后,城市中的第二产业发展速度开始减慢,相应的第三产业增长速度加快。如现在的荷兰是欧洲城市化水平最高的国家之一,在其产业结构中,农业劳动力占15%,工业劳动力占35%,而第三产业就业人数为60%。

3. 城市化与国民经济发展水平

一个国家的城市化水平与它的经济发展状况是密切相关的。北大学者周一星对137个国家和地区进行研究,得出了城市化水平和国家经济发展水平成正比的规律性结论。据统计,世界上城市化水平超过60%以上的34个国家中,人均国民生产总值达到3858美元;城市化水平在40%~59%之间的43个国家,人均国民生产总值为700美元;而城市化水平低于19%的42个国家,人均国民生产总值为310美元。所以说城市化的进程,归根结底取决于经济发展水平。

(三)城市化的发展

1. 现代城市化的发展特点

城市化的发展随着现代化的进程,其速度愈来愈快了。据联合国人口统计资料表明,世界城市人口占总人口比重:1950年为28.7%,1960年为33.9%,1970年为37.5%,1980年为41.3%;根据预测,到2000年城市人口将占世界总人口的50%以上。

城市化的发展随地区经济发展水平不同、城市规模不同而有较大的差异。经济发达的国家和地区的城市化水平远远高于发展中国家,如1979年统计表明西欧和北欧的国家城市化水平一般都在70%以上,前西德为92%,比利时为95%,亚洲则在20%~25%之间,而非洲为19.3%。另外,大城市的城市化速度远远的高于中小城市。统计资料表明,从20年代到60年代之间,2~10万人的城市其人口增加了1.3倍;10~50万人的城市人口则增加了1.9倍;50~250万人的城市人口增加了2倍,而250万人以上的城市人口增加近4倍。

2. 中国城市化发展的趋势

中国是一个农业大国，随着现代化的发展，农村将会产生大量的剩余劳动力。但是中国不能走西方发达国家曾出现的大量农村人口涌入城市的道路。据测算，城市每增加1人要增加基础设施费用1万元。中国的城市由于长期以来城市建设投入少，欠帐多，故绝承受不起大量人口进城所带来的各种问题。农村实行联产承包责任制以后，大量剩余劳动力就地转入非农业行业，实行"离土不离乡""进厂不进城"，在一些经济发达的地区大量发展乡镇的工贸企业，走出了一条大量发展农村集镇，积极发展小城镇的中国式的城市化道路。

三、城市土地经济问题

（一）城市土地使用特点

土地是自然资源中较为特殊的一种，具有数量有限和可以永久持续利用这两个特点。我国因人口众多，人均占有土地数量仅是世界人均的29.6%，所以我们应该正视这一严酷的现实。在城市内，土地更显得紧张，尤其是城市中心地带，一些特大城市的市中心区土地每平方米地价高达数万元。因此，在城市土地使用上，一般都注重集约化，所以在城市里，尤其是中心区的人口和建筑密度都是很高的。

土地的使用一般不像其他物品那样有消耗或折旧的问题，但是也不能像其他产品那样可以重复生产。在私有制条件下，土地是垄断者谋求私利的手段。谁占有了土地，谁就可以向社会索取"贡赋"。地价的昂贵是商品经济中的必然产物，尤其在资本主义国家更为突出。各发达资本主义国家中大城市的中心地带，从50年代到90年代，其地价都上涨了数十倍。正因为地权可以谋利，放在商品社会中，对土地的占有往往不是为了使用，而主要是为了投机，以取得高额利润。地产市场实际上是重要的金融交易领域。

显然，因不同的城市区位及不同的土地条件在同等的劳动支出时，其收效是大不相同的。在城市的开发经营中，土地买方必须使其经营效益足以补偿高额地价或地租的成本支出。城市土地的（私人和单位）垄断，在一定程度上妨碍了土地利用的合理性，造成社会与环境的弊病。所以，资本主义国家许多学者提出要对私有土地的利用进行公共干涉，而且很多国家和地区的政府已通过实施经济措施和法律措施对土地市场加强了管理。在社会主义条件下，也存在着一些土地管理中的弊病，我们应当对此加以重视，使城市土地中巨大的效益和潜力服务于社会。

（二）城市土地开发经营与城市结构布局

因为城市土地可用于多种用途，所以在商品经济条件下，城市土地的价格和租金总是趋向于收入最高的用途，因此商品经济条件下城市土地的价格或地租的级差水平主要取决于城市的微观区位条件和使用方式。像金融、商业服务业、办公事务所等，需要在市中心地区开办业务，以便获得中心区的种种便利条件。它们一方面就行业本身来说，属于单位面积经营收益较高的高级职能类型，另一方面还可以通过提高建筑容积率来集约化用地，以抵销高额地租的压力。而一般城市居民和工厂对市中心地区的依赖程度与上述行业相比则小得多，因而在高额租金的压力下常分布在市中心区以外的地域。

在资本主义国家和旧中国，土地的价格级差是十分惊人的。如旧上海黄浦区的外滩和南京路一带土地价格一直是最高的，1947年为征收地租定的地价为83万元法币/m²，与同期的漕泾区900元法币/m²的最低地价的地段相比相差900倍。新中国成立后，对土地实行公有化，用行政手段来进行城市土地的管理。这种管理虽然有效，但也有一些缺陷，尤其是改革开放以来，在土地实际使用过程中经济的影响往往大于行政力量，出现了如土地变相买卖、非法出租等现象，在城市规划与建设当中的用地功能的合理调整也常常因经济上的原因而很难实现。

为了适应改革的需要和商品经济发展的新形势，在坚持土地国有管理的同时，也应考虑适应客观经济规律，不能简单地否认土地市场的调节作用，把土地的市场机制与行政机制对立起来。同时，城市规划的管理方式也要有所改革，城市规划要尊重和发挥城市土地的内在使用价值，所制定的行政管理手段要遵循价值规律，进而使城市规划的制定更具科学性和权威性。

第二节 城市社会学与城市规划

一、概述

城市社会学是以城市社会总体作为研究单位，对城市的社会结构及其特点、生活方式、居民心理及文化价值观、城市社会管理和社会问题、城乡关系与城市化等从实用角度研究的应用性学科。

现代社会中的城市规划已从传统的重视物质规划发展到今天的开始重视社会与经济等非物质环境的研究。通过对与规划有关的社会问题的调查与研究，将有助于城市规划的深入与设计质量的提高，使城市规划更具可行性。

二、城市社会学中一些问题探讨

城市社会学的研究领域十分广泛，有许多内容直接与城市规划学科相关，下面作简要介绍。

（一）城市规划与建设中的社会效益

进行城市规划的主要目的之一就是通过规划指导城市建设，可以提高城市的经济效益、社会效益和环境效益。在这三个效益中，经济效益可以通过数字来显示计量，环境效益除了可以用数字来显示之外，许多内容还能看得见，摸得着，唯有社会效益因其内容比较复杂，至今尚无一套较为科学的测度和评价的方法与指标体系，而且也是在城市规划与建设中最易被忽视的一种效益。

在城市建设发展过程中，这三个效益实行上是相辅相成、缺一不可的。如在城市新区开发或旧区再开发工作中，若不注意配套设施的建设，单纯追求住宅竣工面积和住宅单方造价，那么这样的住宅再便宜，因缺少生活必需的公共服务设施，使得购物、上学、就医及娱乐等都不方便，人们是不会愿意来此居住的。这样的经济效益还有何实际意义呢？又如，我国几乎所有的大城市都存在着交通问题，许多上班的职工，因交通堵车和车速降低使每天在路上消耗许多时间，有的甚至达4h之久。这样一方面因职工在交通途中消耗了许多精力而影响了生产或工作应有的效率，进而降低经济效益；另一方面这种长距离乘车导致的"运输疲劳"对职工的身体健康有不良影响，易生病；同时带来的第三个问题是减少了职工的闲暇时间。这是一种典型的不良社会效果。闲暇时间的多少是社会文明与进步的一个重要标志。上述后面两个问题的后果同样会影响经济效益的正常增长。再如，在一些刑事案件多发地区，常是路灯设施缺乏，物质环境脏乱，人们无事不愿多停留的地方。而这将直接影响途经此地上班、上学的人们，使这些人缺乏安全感，尤其是对上夜班的职工来说更是如此。这是典型的社会效益不好的现象，也将会影响到经济效益。试想，假如人们的生活环境都是充满了阳光和鲜花，没有任何噪声、污染物或不安全因素的影响，孩子可以就近上学、入托、老人能有适合自己消遣的方式与空间，因公建配套使购物方便、娱乐随心，在这里的人们可以得到充分的休息和享乐，能在最短的时间恢复工作疲劳，带着愉快的心情和充沛的精力去迎接工作的挑战。如果企业的员工都是这样干劲十足，那么企业的经济效益能不好吗？企业的经济效益好了，员工因多劳多得而增加了收入，城市因企业效益好保证了税收，使城市建设的资金有了保障，从而有能力把城市环境建设得越来越好，使在这里居住的人们能够安居乐业，这样就能使社会、经济与环境效益都得到提高，真正形成良性循环。

三、城市规划中的公众参与问题

城市规划是一项直接涉及城市居民千家万户切身利益的工作，因而要求每个搞城市规划工作的人在工作中要以人民群众的利益为重，认真细致地进行专业设计或管理。工作中许多具体问题不是单纯靠为人民服务的热心就能处理得好的。因为城市规划所服务的人有各种类型，分布的行业也是五花八门，爱好、性格以及文化层次更是参差不齐，仅靠一二个规划师是解决不了人们的众多需求问题的。因此，如何使社会各界的公众能参与规划，以促进公众对规划的理解与支持，并使规划工作水平得以提高，便成了一个需要解决的很现实的问题。

公众参与城市规划这项活动20年前在西方国家就已开始兴起了，发展至今，公众参与已是许多国家城市规划中必不可少的内容了。80年代后在我国，这项活动也已进入规划领域。如在上海里弄改建中，从方案确定到住房分配各个环节都能注意听取居民意见，收到明显的积极效果。海口市的总体规划编制后，首先在当地报纸上专版刊登了规划说明书的概要，公开欢迎各界人士对其进行评议，提意见。类似的做法在其他城市也有过。

公众参与的方式有多种，如召开专题的有公众参与的会议、规划展览、电视与报纸等新闻媒介的公共宣传、面向社会的问卷调查、走访调查、专题调查座谈会等等。公众参与的目的是通过上述各种方式增进规划师与公众之间的理解与信任，以达到集思广益，使城市规划更趋完善。公众参与规划是社会发展的必然产物，也是规划学科发展的必然要求。在我国今后的规划实践过程中，除了进一步向社会宣传外，还应采取相应的法律、经济、行政、教育等方面的措施进行巩固和加强，使之不断完善并形成一种制度。

四、城市规划与城市居民的生活方式

城市规划的目的就是要创造良好的城市生活环境，与城市生活环境密切相关的是城市居民的生活方式。不同的生活方式应有与其相适应的物质环境，但是物质环境也会对生活方式产生影响。时间分配是生活方式所包含的众多内容之一。国内外的社会学研究人员都把生活时间分配作为社会指标的一项重要内容，投入人力、物力对其进行调查研究。

余暇时间以及消费方式是衡量社会文明和进步程度的一个重要标志，随着社会向现代化发展，人们受教育程度的提高和生活观念的改变，余暇时间和消费方式愈来愈多，尤其是我国实行5天工作制之后，与西方发达国家的5h/d余暇时间更接近了（6天工作制时我国为8h/d）。据80年代后期北京的一项调查表明，当地居民平均每人每天看电视1.95h，占全部余暇时间的65%，这说明我国大部分城市居民的余暇时间消费还处于较低的发展水

沈阳、重庆等四城市职工一天生活时间分配与构成情况

表 9-2-1

(单位：小时：分钟，%)

	工 作 日				休 息 日				一周七天平均			
	沈阳	大连	重庆	成都	沈阳	大连	重庆	成都	沈阳	大连	重庆	成都
1.用于工作和上下班路途时间	8:57	9:00	9:05	8:57	2:32	1:31	2:49	0:37	8:02	7:56	8:10	7:46
	37.3	37.4	37.8	37.3	10.5	6.3	11.7	2.6	33.5	33.1	34.0	32.4
1.用于个人必需生活时间（睡眠、用餐、其他）	9:42	9:49	10:10	9:34	10:29	11:20	11:28	10:42	9:49	10:01	10:24	9:45
	40.4	40.9	42.4	39.9	43.7	47.2	47.8	44.6	40.9	41.7	43.3	40.6
3.用于家务劳动时间（购物、做饭、缝洗、看孩子、其他）	2:11	2:00	2:11	2:53	5:41	5:32	4:44	6:24	2:41	2:30	2:32	3:22
	9.1	8.3	9.1	12.0	23.7	23.1	19.7	26.7	11.2	10.4	10.6	14.0
4.用于自由支配时间（业余学习、文体活动、社交、教育子女、其他）	3:10	3:11	2:34	2:36	5:18	5:37	4:59	6:17	3:28	3:33	2:54	3:07
	13.2	13.3	10.7	10.8	22.1	23.4	20.8	26.2	14.4	14.8	12.1	13.0

平。我国社会统计把生活时间分配归为四类：(1) 用于工作和上下班路途时间；(2) 用于个人生活必需时间；(3) 用于家务劳动时间；(4) 用于自由支配时间。表 9-2-1 是我国在 80 年代末进行的生活时间分配的抽样调查。余暇生活如何渡过是一个很重要的社会问题，余暇时间活动的空间和设施的规划已成为一项必不可少的工作内容，也是城市规划工作需要研究的新课题。

第十章 城市规划管理

第一节 城市规划的审批

城市规划编制完成之后,必须经过一定的程序,报送有关主管部门,待主管部门批准之后,方能成为城市各项建设必须遵守的法规性文件。这个过程就是通常所说的城市规划的审批过程。

一、城市规划实行分级审批

1989年12月颁布的《中华人民共和国城市规划法》第二十一条明确规定,我国城市规划实行分级审批:

直辖市的城市总体规划,由直辖市人民政府报国务院审批。

省和自治区人民政府所在城市、城市人口在100万以上的城市及国务院指定的其他城市的总体规划,由省、自治区人民政府审查同意后,报国务院审批。

除上述城市以外的设市城市和县级人民政府所在地镇的总体规划,报省、自治区、直辖市人民政府审批。其中,市管辖的县级人民政府所在地镇的总体规划,报市人民政府审批。

除以上规定以外的其他建制镇的总体规划,报县级人民政府审批。

城市人民政府和县级人民政府在向上级人民政府报请审批城市总体规划前,必须经同级人民代表大会或者其常务委员会审查同意。

城市分区规划由城市人民政府审批。

城市详细规划由城市人民政府审批,编制分区规划的城市的详细规划,除重要的详细规划由城市人民政府审批外,由城市人民政府城市规划行政主管部门审批。

此外,中华人民共和国《城市规划法》第二十二条还规定:城市人民政府可以根据城市经济和社会发展需要,对城市总体规划进行局部调整,报同级人民代表大会常务委员会和原批准机关备案;但涉及城市性质、规模、发展方向和总体布局重大变更的,须经同级人民代表大会或者其常务委员会审查同意后报原批准机关审批。

二、城市规划审批程序

城市规划的具体审批程序,以省人民政府审批的城市规划为例,大致可分为以下几个步骤:

(一)上报

总体规划编制完成后,需将全部正式图纸与说明书(包括附图与附件),以及设市城市或县级人民政府、人大常委会的审查报告等文件,一一备齐,按规定的要求,上报省人民政府。

(二)转批交办

省人民政府将审批工作批交有关部门办理(一般批交给省计委和省建委办理,以省建委为主)。

(三) 具体进行审批

具体审批可分为以下几步:

(1) 省建委接到批办通知后,要将有关规划文件送交有关部门(如铁路、交通等部门)征求意见,如意见不一致,需进行协商处理。

(2) 进行技术性审查。一般可委托一个专业规划设计机构,去现场进行调查了解,考察一些主要方针政策性和技术性问题,并提出全面审查意见。

(3) 省建委的业务部门,根据有关部门的意见,以及专业规划设计机构的技术性审查意见,草拟审批意见(有时需要到当地进行调查研究,并与市或县里的有关部门共同研究审批中的问题),工作中一般要征求市或县的意见。

(4) 拟定审批报告,经省建委主管负责同志审查同意后上报省人民政府审批。

(5) 经省人民政府审批,发布审批文件,同意该市或县的总体规划。

第二节 城市规划的实施与管理

完成城市规划的编制与审批工作并不等于规划工作的结束,恰恰相反,从某种意义上讲,有了一套经上级人民政府批准的城市规划文件,正是城市规划工作的新起点。城市规划是需要付诸实施的,并且在实施过程中还需不断完善和修改。我们经常讲"三分规划,七分管理"是很有道理的。因此,对于一个城市来讲,抓好规划的实施和建设的管理,就显得尤为重要。

一、城市规划的实施

城市规划要想得以顺利地实施,必须依靠有效的建设管理和必要的资金来源,同时要认真解决好规划与计划、规划与管理、总体规划与详细规划三者之间的衔接。结合我国城市的实际情况与特点,在城市规划的实施中应注意以下几个方面。

(一) 加强领导,健全机构

经验证明:一个城市的规划能否付之实施,关键的问题在于领导是否积极支持。如有的城市,领导对城市规划和建设十分重视,城市重要的建设项目都由领导审批,并尊重规划部门意见。还有的城市,由于计委负责同志兼管城市规划工作,故规划与建设计划紧密结合。像这样的城市,规划的实施就比较顺利。

经验还证明,健全机构是搞规划管理工作的前提。如有的城市成立"城市建设管理委员会",下属各区则设有"城市建设管理领导小组",从上到下保证了城市建设与管理工作按规划的要求正常开展。

(二) 法规制度的建立

为了确保城市规划的实施,必须制定和建立起切实有效的法规与制度,使城市规划具有法律效应。1984年1月5日,我国颁发了《城市规划条例》,1989年12月26日,我国又颁发了《中华人民共和国城市规划法》。从规划条例到规划法,足以证明我国城市规划走向法制化迈出的重要步骤。它对于加强城市规划、城市建设与城市管理,都具有十分重要的意义。规划法的颁布与实施,已成为我国城市规划的基本法律依据。在《中华人民共和国城市规划法》中,对城市规划的编制、审批、城市规划的实施,城市土地使用,城市各项建设的规划管理，以及法律责任等都作出了明确的规定，以保证城市规划、城市建设和城市管理有章可循，有法可依。

（三）城市建设经费的落实

为了确保城市规划的实施，落实城市建设经费就显得十分重要，按照我国现行体制，城市建设的经费来源有以下几个方面：

1. 国家和各级人民政府拨款

主要是指规划经审批并获批准的城市，其市政公用事业和环境保护设施的建设已纳入国家和地方国民经济与社会发展计划，国家与地方人民政府应按计划逐年对这些建设项目拨款。

2. 城市建设配套费

根据国家规定，建设单位在城市中建设，应按建设工程量的大小向城市建设部门交纳一定比例的城市公共服务网点和市政公用设施的配套费。

3. 城市建设维护费

根据国家规定，由城市建设部门收取5%的水电附加税作为城市建设维护费。

4. 工商税提成

根据国家规定，由税务部门向城市建设部门拨2%的工商税作为城市建设费用。

5. 其他

是指银行低息贷款、土地使用费、有偿使用城市市政公用设施费和集体、个人的闲散资金等。

（四）规划工作的群众路线

发动城市居民，坚持群众路线是城市规划得以顺利实施的一条成功的经验。城市规划方案应积极创造条件进行公开展览陈列，广泛听取市民意见，以改进和完善城市规划工作，建设好社会主义的城市。

二、城市建设的管理

城市建设管理工作是一项政策性强、涉及面广、矛盾多的工作。必须贯彻自力更生，勤俭建国的精神，正确处理工业与农业，城市与农村、生产与生活、以及需要与可能等关系。在规划设计中，这些方面的关系问题，其中大多是通过城市建设管理工作来具体体现和解决的。由于城市建设工作关系到生产的发展，关系到人民的生活，因此必须树立高度的整体观念和群众观点。在城市管理工作中，安排一项建设工程或处理一起事件，都要认真执行党的方针和政策，深入调查研究，坚持原则，热心协助，保证城市合理发展（见图10-1-1）。

由于各城市的规模、历史和现状、发展的要求和条件都各不相同，所以城市建设管理内容不可能有一个统一的要求，必须从实际出发，针对各城市的不同性质、特点和要求来决定管理的具体内容，一般有如下几个方面：

1. 建设用地管理

（1）掌握和检查城市和规划区内各项用地的使用情况，调查使用不合理的用地，并进行及时调整；

（2）对申请拟建的用地，根据城市规划布局。要求和有关法规的规定，确定具体位置范围，核定其用地面积以及用地上规定的种种指标，如建筑密度、容积率、高度等；

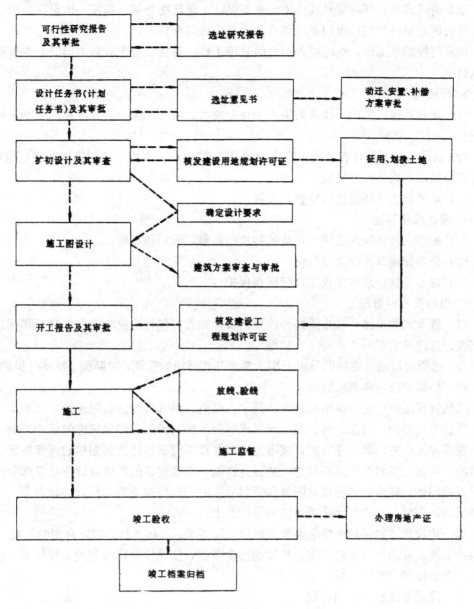

图 10-1-1

(3) 配合有关部门向土地所有者和使用者进行土地征用动员，安置及补偿等；
(4) 配合有关部门协助做好使用权的转移工作。

2. 房屋修建管理

制定房屋修建章程或法规，按章程对新建、扩建、改建的房屋建造工程进行审批。

(1) 审核总平面设计和单项设计中有关事项；
(2) 审核和确定各种工程管线的走向、平面布置和竖向位置，综合解决其矛盾；
(3) 具体确定房屋用地位置标高；
(4) 签发施工许可证及其他有关执照；
(5) 对违章建造的房屋进行调查和处理。

重要街区或重点项目应对其房屋的建筑设计，建筑物外貌、高度、体量、色彩、群体关系等问题，根据规划提出的要求和有关的规定加以审核。

房屋门牌编号工作，也应纳入房屋的管理工作，都应在城市规划中研究，在管理工作中执行。

3. 环境管理

（1）审核新建、扩建、改建的生产企业中废水、废气、废渣的处理和综合利用的具体措施；

（2）会同有关部门检查现有生产企业的"三废"程度，对城市的污染情况进行监测，对有害部分提出责成处理的措施；

（3）对城市生活环境进行检查、监督。

4. 园林绿化管理

（1）城市内公共绿地及树木花草的种植、修整、养护和更换；

（2）公共绿地以及绿化带的保护；

（3）对非公共绿地作出规定，管理和保护。

5. 道路交通的管理

（1）各单元的道路与城市道路相连接的设计布置（包括道路的走向、坐标和标高、道路宽度、道路等级等）；

（2）短期占用城市道路以及由于施工要求开挖路面的管理，对路面、路基的保护措施；

（3）协助交通的观测和管理。

其他管理工作还有，城市的给水、排水、供电、燃气管线的输配连接以及桥梁、涵洞等工程的维修养护；对江、河、湖、塘、水库等水体的保护；测量标志的保护等等。

在管理工作的内部业务方面，城市建设和管理部门必须建立起图档的保管制度，对于城市的地形图、规划图以及各项建设的设计图纸，申请建造的房屋设计图纸等都分门别类有系统地归档。城市的各种现状图纸和资料必须时刻保持在最新、最近的状态上，不断地把勘测的新资料、新建和拆除项目内容及时补上。

每一建设管理的项目，都应根据当地的实际要求、具体条件，拟定合理的法规、条例或规章制度，并制定出实施细则、具体的程度办法，使建设单位和有关工程技术人员、管理人员有所依据，有所遵循。

三、建设管理的方法和步骤

城市的建设管理是按照城市规划要求进行工作的，不同性质和规模的城市，具有不同的管理内容和要求，下面着重于城市用地和房屋修建二个方面作个简述。

1. 城市用地管理

（1）建设项目用地位置的确定 须根据城市规划布局的要求，对建设项目的内容有一个了解，明确被安排的建设项目的性质和要求后，再具体落实；另外，还须考虑拟安排建设项目用地周围的情况，如道路、交通运输、供电、给水、排水等情况，以及其他用地使用情况等。对扩建的项目，还须考虑城市规划对它是否有制约条件，如防止发展过大，对附近地区造成污染，或对交通运输、生活供应、建筑密度等方面产生不良影响等。

（2）建设用地面积的确定 一方面参照该项工程主管机关审核面积，另一方面充分考虑城市规划中现状条件的可能，本着工程实际的需要，本着节约用地的精神，按规定的用地指标，核实后批拨。同时，还必须审查总平面设计，着重研究房屋间距和密度设计定额和规划指标、空地的使用效果等。分期建设的项目，可采取一次核定其用地面积，按分期建设逐次核拨，防止过早征地，浪费用地。

（3）确定建设用地的步骤　一个建设单位因建设需要用地时，先持国家批准建设项目的有关文件，向城市规划行政主管部门申请用地的位置。经过核定之后，即可进一步测量地形，钻探地质，做出总平面布置图，送交城市建设部门审核，并发出通知到有关部门，诸如农业、民政、房地产，有时还有劳动部门，征求意见。用地如属农田，或者有需拆迁的房屋和住户，须按有关规定及审批权限，由城市规划行政主管部门向上报请批准，经批准后方可颁发建设用地规划许可证，然后建设单位向土地管理部门办理征地手续，或动员拆迁，必须妥善安排好被动迁的住户。

2. 房屋修建管理

房屋修建管理要按照城市规划要求、房屋修建的规章制度及法规、规范，确定每项建筑工程的修建。

首先，由建设单位向城市规划行政主管部门提出申请，建设单位必须提供该单位上级部门对这项工程的批准文件和这项工程的设计图纸。对于未列入有关部门计划的工程，不准施工。

城市规划行政主管部门随即对设计进行审查，对其中不符合城市规划和房屋修建法规及其他有关规范、制度要求的部分提出意见，发回修改；若有涉及其他有关部门掌握的问题，须送有关部门审核，如送消防部门审核，防火规范所规定的内容等。待设计修改符合要求后，建设单位可以进行建设工程施工图设计。在审查协商研究过程中，要认真贯彻有关方针政策，严格掌握国家及地方规定的有关定额指标。建设单位在获得建设工程规划许可证件之后，方可申请办理开工手续。

为了确保建设单位能够按照建设许可证的规定组织施工，城市规划行政主管部门应派专门人员或认可勘测单位到施工现场进行放线。建设工程经城市规划行政主管部门验线后，方可破土动工。在施工过程中，建设和施工单位应按各种规定，于施工的某些阶段，通知城市建设管理部门到现场进行检查。城市规划行政主管部门亦有责任对在施工过程中的工程随时进行检查。及时发现问题，及时修改解决。在城市中，往往会出现违章建筑，有的是私自建造，甚至是私自占地建造；有的在原有房屋上擅自添建，城市建设管理部门应随时进行调查，予以处理。

城市规划行政主管部门应参加建设工程的竣工验收。建设单位在竣工验收后6个月向城市规划行政主管部门报送有关竣工资料。各项工程在建设完工、交付使用之后，还有经常性的管理工作，包括经营、运转的业务和维修等，归各有关部门负责。